全国高等农林院校教材

数 理 统 计

(第4版)

贾乃光　张　青　李永慈 编著

中国林业出版社

图书在版编目（CIP）数据

数理统计/贾乃光，张青，李永慈编著. —4 版. —北京：中国林业出版社，2006.7（2024.8 重印）

（全国高等农林院校教材）

ISBN 978-7-5038-3668-8

Ⅰ. 数… Ⅱ.①贾…②张…③李… Ⅲ. 数理统计－高等学校-教材 Ⅳ. O212

中国版本图书馆 CIP 数据核字（2006）第 068123 号

中国林业出版社·教材建设与出版管理中心

策划编辑：牛玉莲　　责任编辑：杜建玲
电话：(010) 83143555　　传真：(010) 83143516

出　版	中国林业出版社（100009　北京市西城区德内大街刘海胡同 7 号） E-mail：jiaocaipublic@163.com　电话：(010) 83143500 https://www.cfph.net
经　销	新华书店
印　刷	三河市祥达印刷包装有限公司
版　次	1980 年 10 月第 1 版 2006 年 7 月第 4 版
印　次	2024 年 8 月第 9 次印刷
开　本	850mm×1168mm　1/16
印　张	18.5
字　数	391 千字
定　价	46.00 元

凡本书出现缺页、倒页、脱页等质量问题，请向出版社图书营销中心调换。

版权所有　侵权必究

前 言

什么是数理统计？一方面它以观测（或搜集）到的样本数据（data）为基础；另一方面以经验和其他各方面的知识提出一个模型为基础，对总体（population）做描述、参数估计及检验（决策）（description、parameter estimation & test——decision）和预报（prediction）。

本课程是以它前行课概率论（probability）为基础的，后续课程有多元统计（multivariate statistical analysis）、统计决策论（statistical decision theory）、随机过程（random process）等。

抽样比全面观测当然省时、省力、省经费，然而由于哪些单元被抽中而成为样本是有偶然性（随机性）的，这就产生抽样误差（sampling error）。那么，抽样误差的大小与哪些因素有关，如何减少它，它对统计结论产生什么影响等问题就成为本课程贯彻始终的内容。

作为教材必须考虑哪些是最基本的原理和方法，结合学时数慎重取舍。根据因材施教和对应用本书内容较多的专业，对此课更感兴趣的学生设立带星号的内容、注和附录，使所授内容有一定的弹性（灵活性 flexibility）。

数理统计的内容近来有长足的发展。我们目录中的每一章差不多都发展为一个分支，如《抽样技术》、《实验设计》、《正交设计》、《近代回归分析》、《非参数统计方法》等。本教材的内容，可以说是入门，在实际应用中肯定还应参考相应的专著。

在我们统计方法的背后，有坚实的数学理论基础。我们涉及的所有的统计量所服从的分布，都有严格的数学证明。这里，在应用中有一个问题：我们说某一变量 X 是正态变量，当 Z 代表的是现实中的某一变量时，它就不大可能是严格正态的，只能是近似正态的。那么，$(Z-EZ)/\sigma(Z)$ 是标准正态也是近似的，而且 EZ 和 $\sigma(Z)$ 又往往是不知道的，用 $\bar{Z}$ 及 S 代替，这就又增加了一层近似，从而其平方为 $\chi^2(1)$ 分布就包含了这些近似。所以，只有严格的理论基础还是不够的，还要能在现实中使许多的近似尽量做得好、近似得好。

当然，在抽样中又出现了抽样误差，在计算中还有计算误差。所有这些近似和误差都加在一起之后形成怎样的情形，这里实践经验及在每一个步骤中细节的慎重就是很重要的了。所以，在应用中，应该注重反复的实践，和在实践中的思考、经验的总结。

美国的一些教材是值得参考的，它们更注重操作方法和对理论的直观理解，而且淡化理论的数学证明和充满数学特色的陈述。比如，连续型随机变量 X 的

定义，大多数中文教材都表述为 X 的分布函数 $F(x)$ 可表述为

$$F(x) = \int_{-\infty}^{x} \varphi(t) \mathrm{d}t$$

可积函数 $\varphi(x)$ 被称为 X 的概率密度。而许多美国非数学、非统计专业的书籍都避免以上充满数学美的定义，而更看重于让学生更易于接受，顺利和自然地理解。

  本书无星号的内容是最基本、简要的部分，适于约 40 学时的教学内容；加带"*"部分适于约 70 学时的教学；带"**"部分适于约 100 个学时。带"#"号的内容为编者个人的理解，仅供参考。每章中的注，多为数学性较强的内容，供有兴趣的读者参考；每章的附录属于内容上的扩张，大多安排一段外文教材中的内容，便于与中文内容对比及专业英语的学习。

  编者学识浅陋，错误、不妥之处望读者及同行们多多指教。

编 者

2005 年 11 月

目 录

前 言

第1章 概率论 (1)
  §1.1 随机事件与集合 (1)
  §1.2 概率的定义 (5)
  §1.3 古典概型 (5)
  §1.4 概率的性质 (7)
  §1.5 条件概率及概率乘法公式 (8)
  §1.6 随机变量及其分布 (12)
  §1.7 随机变量的数字特征 (29)
  §1.8 常用统计分布表 (36)
  *§1.9 大数定律与中心极限定理 (37)
  习题1 (46)
  第1章附录 (53)
    1. 伽玛函数 $\Gamma(a)$ 及贝塔函数 $B(a, b)$ (53)
    2. 复合分布简介 (53)
    3. 关于概率的概念的贝叶斯观点简介 (54)
    4. Subjective Probability and Bayes Theorem (54)
    5. 泊松过程简介 (56)

第2章 统计中的一些基本概念 (57)
  §2.1 总 体 (57)
  §2.2 样 本 (58)
  §2.3 数据的特征值 (63)
  §2.4 统计量 (66)
  #§2.5 样本的随机性与独立性的重要性 (67)
  习题2 (70)
  第2章附录 (73)
    1. 正态、正偏态、负偏态 (73)
    2. 关于指数及非随机(有意选择的)样本 (74)
    3. 关于经验 (74)
    4. 统计学要解决的问题以及统计学家们的职责 (74)

第 3 章 参数估计 (76)

- §3.1 样本均值 $\bar{x}$ 与样本方差 S^2 的性质 (76)
- §3.2 大样本 ($n \geq 50$) 方法 (77)
- §3.3 统计学三大分布：χ^2 分布；t 分布；F 分布 (85)
- §3.4 小样本方法 (87)
- 习题 3 (96)
- 第 3 章附录 (99)
  - Inferences Small Sample Results (99)

第 4 章 假设检验 (101)

- §4.1 统计假设检验的步骤 (101)
- §4.2 总体平均数 μ 的假设检验 (102)
- §4.3 总体频率 W 的假设检验 (108)
- §4.4 差异显著性检验 (109)
- *§4.5 正态总体的方差齐性检验 (114)
- §4.6 总体分布的假设检验 (116)
- *§4.7 随机性检验 (117)
- §4.8 联列表分析（同质性检验） (120)
- **§4.9 符号检验 (124)
- *§4.10 关于犯两类错误的概率 (125)
- 习题 4 (127)
- 第 4 章附录 (131)
  1. 孟德尔的植物杂交试验 (131)
  2. 关于 α 与 β (131)
  3. 关于非参数统计 (131)

第 5 章 方差分析 (134)

- §5.1 方差分析及其逻辑基础 (134)
- §5.2 单因素方差分析 (136)
- §5.3 多重比较 (140)
- *§5.4 双因素方差分析 (144)
- 习题 5 (154)
- 第 5 章附录 (159)
  1. The Model (159)
  2. 非正态总体的方差分析及多重比较 (159)
  3. 对没有重复试验的交互作用的检验 (161)
  4. 方差非齐性的差异显著性检验 (162)

  5. 两个非正态总体的差异显著性检验 …………………………………… (163)
  6. 两个非正态总体的方差齐性检验 ……………………………………… (164)

第6章 回归分析 …………………………………………………………… (166)
 §6.1 一元线性回归 …………………………………………………………… (166)
 *§6.2 常用的线性化方法 ……………………………………………………… (178)
 **§6.3 多元线性回归 …………………………………………………………… (179)
 习题6 ………………………………………………………………………… (189)
 第6章附录 …………………………………………………………………… (192)
  1. 简易拟合法 ……………………………………………………………… (192)
  2. 简易检验法 ……………………………………………………………… (192)
  3. 过坐标原点的直线回归 ………………………………………………… (192)
  4. 秩相关系数（Rank correlation coefficient） ………………………… (193)
  5. 最优经验回归函数的选择 ……………………………………………… (194)
  6. 逐步回归简介 …………………………………………………………… (194)
  7. 协方差分析 ……………………………………………………………… (195)
  8. Some Uses of Regression ……………………………………………… (197)

第7章 用 Excel 进行统计分析 ………………………………………………… (200)
 §7.1 统计数据的整理 ………………………………………………………… (200)
 §7.2 常用统计量的计算 ……………………………………………………… (202)
 §7.3 三种常用的概率分布 …………………………………………………… (204)
 §7.4 参数估计 ………………………………………………………………… (207)
 §7.5 假设检验 ………………………………………………………………… (208)
 §7.6 方差分析 ………………………………………………………………… (211)
 §7.7 回归分析 ………………………………………………………………… (212)

部分习题答案（仅供参考）………………………………………………… (216)
中英文名词对照表 ………………………………………………………… (232)
参考文献 …………………………………………………………………… (238)
附表：常用数理统计用表 ………………………………………………… (239)

第 1 章 概率论

【本章提要】 正如几何学是测地学的理论基础,概率论是统计学的理论基础。统计方法和结论的依据是样本、是抽样,于是就有抽样误差,它的描述、计算和控制方法即要研究概率、随机变量及其分布、常用的一些分布、分布的数字特征、大数定律及中心极限定理。

§1.1 随机事件与集合

1.1.1 随机事件

今后我们常举两个例:掷骰子和打靶。前者只可能出现 6 种可能,即出现的点数可能为$\{1,2,3,4,5,6\}$,它是全集、有限集,所有可能出现的事件都是全集的子集。如'出现奇数点'这一事件即$\{1,3,5\}$;'出现点数小于等于 2'这一事件即集合$\{1,2\}$等等。在掷一颗骰子这一随机试验中,有可能出现的事件被称为随机事件。

定义 在某一随机试验中有可能出现、也可能不出现的事件被称为随机事件,或简称为事件。用 $A,B,C,\cdots$ 等表示。

如果把试验可能出现的基本事件(即不能再分解得更小的事件)组成的集合称为全集 Ω,则事件就是 Ω 的子集。

空集 $\varnothing$ 也是 Ω 的子集,与 $\varnothing$ 相应的事件我们称为不可能事件,即试验之前我们已经知道此事件不可能出现。如掷骰子中出现'点数大于 7'的事件、'点数小于 1'的事件、'点数为 1.25'的事件等都是不可能事件。不可能事件用 $\varnothing$ 表示。

全集 Ω 自己也是 Ω 的子集,与 Ω 相应的事件我们称为必然事件,即试验之前我们已肯定知道此事件必然出现。如掷骰子中出现'点数为整数'的事件;'点数在区间$[0,6]$内'的事件;'点数为 1 或 2 或 3 或 4 或 5 或 6'的事件等等皆为必然事件。必然事件用 Ω 表示,有时也用 U 表示。

我们常举的第 2 个例子是打靶。如图 1.1 所示。假设打中的是图中正方形的一个点。此时全集 U 为无穷集,图中的 A,B 皆为 U 的子集,是随机事件(此例不考虑脱靶)。按图 1.1 则'既打中 A 又打中 B'的事件为一个不可能事件。

这里,我们将事件与集合建立了对应的关系:

事件 $\longleftrightarrow$ 集合   记为 $A,B,C,\cdots$

必然事件 ⟷ 全集　记为 U 或 Ω

不可能事件 ⟷ 空集　记为 $\varnothing$

于是有：任意的事件 A，则

$$\varnothing \subset A \subset \Omega \tag{1.1}$$

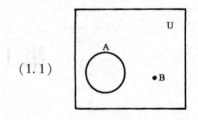

图 1.1

1.1.2　事件之间的关系与运算

1. 包含关系

事件 A 包含事件 B，记为 $A \supset B$；或事件 B 被事件 A 包含，记为 $B \subset A$。

$A \supset B$ 或 $B \subset A$ 均表示若有元素 $\omega \in B$，则必有 $\omega \in A$。如图 1.2 所示。

或者说，若事件 B 发生，则事件 A 一定发生。如在掷一骰子中，若 B 为'出现 3 点'的事件，A 表示'出现奇数点'的事件，则 B 发生肯定也有 A 发生，所以 $B \subset A$。

注意，我们有

$$A \subset A \tag{1.2}$$

即包含关系是自返的。

在公式(1.1)中，$\varnothing \subset A$，可以用反证法证明（请读者自己练习并作为习题）。

2. 事件的相等 $A = B$

若 $A \subset B$ 且又有 $B \subset A$，则称 A、B 相等，记为 $A = B$。即事件 A 若发生，必有事件 B 发生。反之亦然。

3. 事件的和（或并）$A + B$

事件 A、B 中至少一个发生的事件被称为事件 A、B 的和，记为 $A + B$。如图 1.3 阴影部分所示。

同样事件 $A_1, A_2, \cdots, A_m$ 中至少一个发生的事件被称为 $A_1, A_2, \cdots, A_m$ 的和，记为 $A_1 + A_2 + \cdots + A_m$。显然有：

$$A + B = B + A;(A + B) + C = A + (B + C) \tag{1.3}$$

$$A + A = A; A + \varnothing = A; A + U = U \tag{1.4}$$

$$\sum_{i=1}^{m} A_i = A_1 + A_2 + \cdots + A_m$$

例如图 1.4 表示电路的两开关并联时，至少一个开通电路的事件。

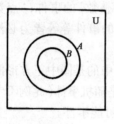

图 1.2

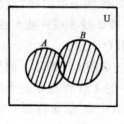

图 1.3

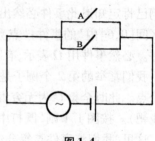

图 1.4

又如,在掷骰子时,若 A 表示'出现 1,3,4'的事件;B 表示'出现 2,4'的事件,则 $A+B$ 为'出现 1,2,3,4'的事件。

4. 事件的积(或交) $A \cdot B$

事件 A、B 同时发生的事件被称为 A、B 的积,记为 $A \cdot B$。如图 1.5 中的阴影部分所示。

同样,$A_1, A_2, \cdots, A_m$ 的积为同时发生的事件,记为 $A_1 \cdot A_2 \cdot \cdots \cdot A_m$。显然有

$$A \cdot B = B \cdot A; (A \cdot B) \cdot C = A \cdot (B \cdot C) \qquad (1.5)$$

$$A \cdot A = A; A \cdot \varnothing = \varnothing; A \cdot U = A \qquad (1.6)$$

$$\prod_{i=1}^{m} A_i = A_1 \cdot A_2 \cdot \cdots \cdot A_m$$

在和与积之间还容易证明有以下的分配律:

$$(A + B) \cdot C = A \cdot C + B \cdot C \qquad (1.7)$$

$$A \cdot (B + C) = A \cdot B + A \cdot C \qquad (1.8)$$

另外还有(证明留给读者):

$$A \subset A + B; B \subset A + B \qquad (1.9)$$

$$A \cdot B \subset A; A \cdot B \subset B \qquad (1.10)$$

例如,图 1.6 表示电路两开关 A、B 串联时,只有 A、B 同时开通,线路才能通的事件。

图 1.7 中,3 个事件 A,B,C 的交的事件为图中阴影部分。

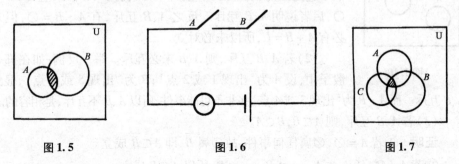

图 1.5　　　　　图 1.6　　　　　图 1.7

5. 事件的差 $A - B$

事件 A 发生但事件 B 不发生的事件被称为 $A - B$,如图 1.8 阴影部分所示。

如在掷一骰子的试验中,设 A 为'出现 1,2,3 点'的事件,B 为'出现 3,4 点'的事件,则 $A - B$ 为'出现 1,2 点'的事件。即将事件 A 中同时属于 B 的部分挖去。显然有

$$A - B \neq B - A; A - A = \varnothing; A - \varnothing = A \qquad (1.11)$$

$$A - B = A - A \cdot B; A - U = \varnothing \qquad (1.12)$$

$$(A - B) + B \neq A (左端 = A + B) \qquad (1.13)$$

$$(A + B) - B \neq A (左端 = A - B) \qquad (1.14)$$

$$A - (B + C) = (A - B) - C$$

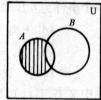

图 1.8

6. 事件的补(或逆) $\bar{A}$

事件 A 未发生也是一个事件,被称为 A 的补或逆,记为 $\bar{A}$,如图 1.9 阴影部分所示。

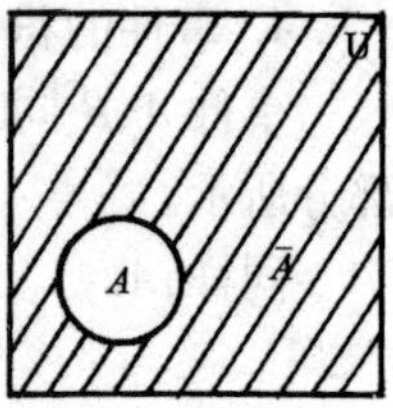

显然

$$\bar{A} = U - A; A - B = A \cdot \bar{B} \quad (1.15)$$

$$\bar{\varnothing} = U; \bar{U} = \varnothing; \bar{\bar{A}} = A \quad (1.16)$$

式(1.17)被称为对偶律(或摩尔律):

$$\overline{A + B} = \bar{A} \cdot \bar{B}; \overline{A \cdot B} = \bar{A} + \bar{B} \quad (1.17)$$

图 1.9

例如,事件 A 为某一班内会英语的同学,事件 B 为会日语的同学,则 $A + B$ 为英、日语至少会一门的同学,$\overline{A+B}$ 则为两门都不会的同学,即 $\bar{A} \cdot \bar{B}$。

又如,在掷一骰子中,设 A 由'1,2,3 点'组成,B 由'3,4 点'组成,则 $A + B$ 由'1,2,3,4 点'组成,于是 $\overline{A+B}$ 由'5,6 点'组成。而 $\bar{A}$ 由'4,5,6 点'组成,$\bar{B}$ 由'1,2,5,6 点'组成,故 $\bar{A} \cdot \bar{B}$ 也由'5,6 点'组成。

7. 事件的互斥(或互不相容)

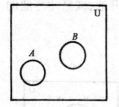

图 1.10

若 $A \cdot B = \varnothing$,则称 A、B 互斥或互不相容。如图 1.10 所示。

A 与 $\bar{A}$ 被称为对立的事件。则有:

(1)两事件对立,则必互斥。但反之未必。

这是因为,若 A、B 对立,即 $B = \bar{A}$,有 $A + B = U$,且 $A \cdot B = \varnothing$,后者说明 A、B 互斥。反之 A、B 互斥,有 $A \cdot B = \varnothing$,但未必有 $A + B = U$,所以未必对立。

(2)若 A、B 互斥,则 $\bar{A}$、$\bar{B}$ 未必互斥。举一反例:如在掷一骰子中,设 A 为'出现 1 或 2 点';B 为'出现 5 或 6 点',显然 A、B 互斥。而 $\bar{A} \cdot \bar{B}$ 为'出现 3 或 4 点'并非不可能事件,所以 $\bar{A}$、$\bar{B}$ 不互斥,是相容的。

(3)若 A、B 互斥,则 $A \subset \bar{B}$,$B \subset \bar{A}$。

证明 ①若 $A = \varnothing$,$\varnothing$ 属任何事件,故 $\varnothing$ 属 $\bar{B}$,即 $A \subset \bar{B}$ 成立。

②若 $A \neq \varnothing$,任 $\omega \in A \to \omega \notin B \to \omega \in \bar{B}$,所以 $A \subset \bar{B}$ 成立。

(4)若 A、B 互斥,则 $\bar{A} + \bar{B} = U$。

此题之证明留给读者作为思考题。

8. 互斥事件完备群

若 $A_1, A_2, \cdots, A_m$ 这 m 个事件满足以下两条件,则称这 m 个事件为互斥事件完备群。如图 1.11 所示。

$$\begin{cases} A_1 + A_2 + \cdots + A_m = U \\ A_i \cdot A_j = \varnothing \ (i \neq j; i, j = 1, 2, 3, \cdots, m) \end{cases} \quad (1.18)$$

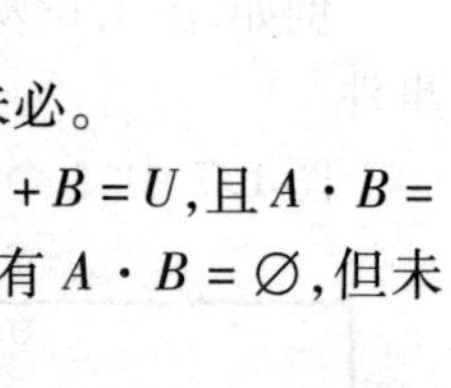

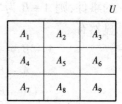

图 1.11

【例 1.1】 设在某一图书馆,令 A 表示数学类书,B 表示中文书,且已知非数学类书都是中文的。问是否外文书都是数学类书?

解 非数学类书为 $\bar{A}$,都是中文的,即
$$\bar{A} \subset B (由于若 A \subset B 可推出 \bar{B} \subset \bar{A})$$
所以
$$\bar{B} \subset \bar{\bar{A}} = A$$
而 $\bar{B}$ 为外文书,上式说明外文书都是数字类书。

【例1.2】 是否有 $A-(B-C)=(A-B)+C$ 或 $A-(B-C)=A-B-C$

解 以上等式都不成立。可举反例如下:在掷一骰子中,令 $A=\{1,2\}$, $B=\{2,3,4\}$, $C=\{1,4,5\}$。

上式左端 $A-(B-C)=\{1\}$,而右端为 $\{1,4,5\}$,两者不等;第二个式子的右端为 $\varnothing$,也不等于 $\{1\}$。

§1.2 概率的定义

某事件 A 的频率:设同一试验被重复进行 n 次,其中有 m 次 A 出现,$n-m$ 次 A 未出现,则称 m/n 为 A 的频率。

定义 以上当 n 充分大时,一般地有:A 的频率愈来愈稳定,其稳定中心被称为 A 的概率,记为 $P(A)$。

以上若 n 充分大时,A 的频率并不趋于稳定,则 A 并无概率可言(如混沌状态即是)。

这里的 $P(A)$ 是事件 A 发生的客观的可能性的大小,与试验无关;而频率是与具体的试验有关的。一个与试验有关的量 m/n,当 n 充分大之后其稳定中心变得与试验无关了,这充分显示了 n 充分大所发挥的作用。当 n 小时,两组 n 次试验所得的频率可以相差很大。以上所说正是概率论中的一个本质特征,即我们在本章的最后要介绍的"大数定律"。

虽然 n 大时频率可以摆脱具体试验的偶然性而逐渐显现概率值大小的客观真值,但它的缺点是,依此要做概率的计算变得几乎不可能。古典概型的计算方法可以帮助我们解决这个问题。

§1.3 古典概型

一个随机试验所可能出现的事件若不能再分解为更简单的事件时,这样的事件被称为基本事件,记为 $\omega_1,\omega_2,\cdots$。所有基本事件组成的集合被称为样本空间,记为 Ω 或 U,也就是我们在上一节所讲的全集。

若 Ω 是有限的,由 $\omega_1,\omega_2,\cdots,\omega_n$ 组成,且每个 ω_i 的出现具有等可能性,则

$$P(A) = \frac{A 中所包含的基本事件的个数}{n} \tag{1.19}$$

例如,掷一骰子,当骰子质地均匀且充分旋转时,即为古典概型,其中 $\omega_1=\{1\}$, $\omega_2=\{2\},\cdots,\omega_6=\{6\}$。若 A 为出现奇数点,则

$$P(A) = 3/6 = 1/2$$

那么,公式(1.19)与我们所定义的概率是频率的稳定中心是否一致呢?不少科学家对掷钱币做了多次试验,证明两者是一致的。他们的试验结果为表1.1。

表 1.1 掷钱币试验

试验者	所掷次数	出现正面的次数	出现正面的频率
摩 根[德]	2 048	1 061	0.518 1
蒲 丰[法]	4 040	2 048	0.506 9
皮尔逊[英]	12 000	6 019	0.501 6
皮尔逊[英]	24 000	12 012	0.500 5

古典概型的计算方法公式(1.19)的缺点是要求样本空间 Ω 是有限集,且要求每一基本事件 $\omega_i(i=1,2,3,\cdots,n)$ 是等可能的。而这两点在我们现实生活中是常常得以满足的。在第 2 章中我们将知道,我们要研究的总体即 Ω 往往都是有限的,而我们要求抽样必须是随机的,即保证每一个总体单元被抽中都是等可能的。另外,在概率的频率稳定中心的定义中,试验必须是可重复进行的,而且要能够无限次地重复进行。那么,不能重复进行的试验、不能重复观测的事件就没有概率可言了。而古典概型的概率计算方法公式(1.19)式则避免了这一点,只要理论上认定各 ω_i 是等可能性的,即可按公式(1.19)计算概率。

【例 1.3】 在打靶的例子中,由于靶中的点无穷,样本空间 Ω 是无限集,故不能按古典概型应用公式(1.19),但若假设靶中每一点被击中的可能性是相同的(即不瞄准打枪,随机地打),则可以如下定义概率(图 1.12):

$$P(B) = \frac{B \text{ 的面积}}{U \text{ 的面积}} \qquad (1.20)$$

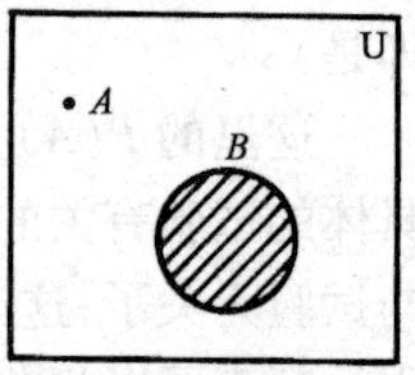

图 1.12

若 B 收缩到一个点成为 A,由于 A 的面积为 0,故 $P(A)=0$

$P(A)=0$ 即 A 为概率为零的事件,但 A 不是绝对不可能发生的事件,只是一个几乎不可能发生的事件。这说明:不可能事件 $\varnothing$ 的概率为 0,但概率为 0 的事件未必是不可能事件。

【例 1.4】 设同一宿舍中有 4 个同学,4 人的生日可能为星期 1,2,…,6,日共 7 个可能,假定它们是等可能的。问此 4 人恰好在同一个星期几的概率为多少?

解 先求总的可能数。每人在 7 个可能中任选一个,有 7 种可能,4 个人的搭配数为 7^4 个可能。

所求的事件设为 A,为同一个星期几,在 7 个可能中只能选一个。按公式(1.19)有

$$P(A) = 7/7^4 = 1/7^3$$

【例 1.5】 设有 4 人同乘一电梯,他们可能在第 2,3,…,8 层下。问 4 人恰好在同一层下这一事件 A 的概率?

解 由例 1.4 易知,$P(A)=1/7^3$。

通过以上两例让我们看到,完全不同领域的问题归结到数学上变成同一个问题,这就启发我们采用模型的方法将现实问题分类。

§1.4 概率的性质

1. $0 \leqslant P(A) \leqslant 1$ \hfill (1.21)

其中 A 为任意的一个事件。因为频率 m/n 中有 $0 \leqslant m \leqslant n$,故频率必在 $[0,1]$ 内,其稳定值 $P(A)$ 也在 $[0,1]$ 内。

2. $P(\varnothing) = 0, P(U) = 1$ \hfill (1.22)

因为每一实验 $\varnothing$ 都不会出现,其频率 m/n 中之 $m = 0$,频率为 0,其稳定值 $P(\varnothing)$ 也为 0。类似知 $P(U) = 1$。

3. 若 $A \cdot B = \varnothing$,则

$$P(A + B) = P(A) + P(B) \tag{1.23}$$

例如,按图 1.13 知

$$P(A+B) = \frac{A\text{ 的面积} + B\text{ 的面积}}{U\text{ 的面积}} = \frac{A\text{ 的面积}}{U\text{ 的面积}} + \frac{B\text{ 的面积}}{U\text{ 的面积}}$$
$$= P(A) + P(B)$$

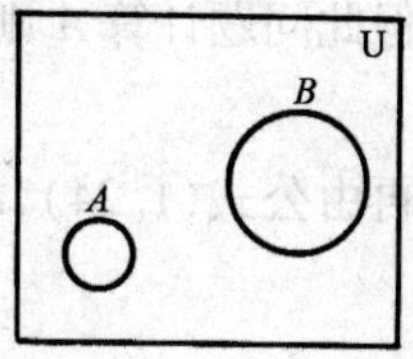

公式(1.23)又被称为概率的可加性。

* 以上 3 个性质可以作为概率的公理定义方法中的 3 个公理。概率的公理定义方法是前苏联柯尔莫廓洛夫提出的。

图 1.13

4. $P(\overline{A}) = 1 - P(A)$ \hfill (1.24)

因为 $A + \overline{A} = U, A、\overline{A}$ 互斥。由公式(1.23),$1 = P(U) = P(A + \overline{A}) = P(A) + P(\overline{A})$,再移项即得公式(1.24)。

5. 若 $A \subset B$,则

$$P(B - A) = P(B) - P(A) \tag{1.25}$$

因为,$B = AB + (B - AB)$,而 $AB = A$

所以 $B = AB + (B - A)$

而 AB 与 $B - A$ 互斥,由(1.23)知

$P(B) = P(AB) + P(B - A) = P(A) + P(B - A)$

移项即得公式(1.25)。

6. 加法公式

$$P(A + B) = P(A) + P(B) - P(A \cdot B) \tag{1.26}$$

因为,$A + B = A + (B - AB)$,而 A 与 $(B - AB)$ 互斥(因为 $A \cdot (B - AB) = AB - AB = \varnothing$),由公式(1.23)有

$$P(A + B) = P(A) + P(B - AB)$$

再由公式(1.25)得

$$P(B - AB) = P(B) - P(AB)$$

代入上式即得所求。

加法公式如图 1.14 所示。从面积的意义来讲，$A \cdot B$ 的面积被 A 的面积及 B 的面积重复地计算，故相加时应将重复计算部分去除。

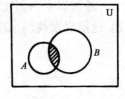

图 1.14

【例 1.6】 一副扑克(52 张)中任抽 13 张。问 13 张中至少有 1 张黑桃的概率？

解 设 A 为 13 张中至少有 1 张黑桃的事件；A_i 为 13 张中恰有 i 张黑桃的事件。于是

$$A = A_1 + A_2 + \cdots + A_{13}$$

上式右端各事件显然两两互斥，多次应用公式(1.23)得

$$P(A) = \sum_{i=1}^{13} P(A_i)$$

而

$$P(A_i) = \frac{C_{13}^i C_{39}^{13-i}}{C_{52}^{13}}$$

但此问题计算 $\overline{A}$ 则更简单。$\overline{A}$ 为 13 张中没有黑桃的事件，于是

$$P(\overline{A}) = C_{39}^{13}/C_{52}^{13}$$

再由公式(1.24)，$P(A) = 1 - P(\overline{A})$，即得所求。

§1.5 条件概率及概率乘法公式

例如，设肺癌发病率在成年人中为 3/1 000，在抽烟的成年人中为 1/100。这里，全集 U 为成年人，A 为成年人中之肺癌发病者；B 为成年人中之吸烟者。以上假设可写为

$$P(A) = 3/1\,000; P(A \mid B) = 1/100$$

其中 $A \mid B$ 表示 B 条件下的 A。以上 3/1 000 为 A 的无条件概率，后者为在 B 条件下 A 的条件概率，显然两者是不同的。

1. 条件概率

定义 若 $P(B) \neq 0$，记 $A \mid B$ 为在已知 B 已发生的条件下 A 发生的事件，则定义：

$$P(A \mid B) = P(A \cdot B)/P(B) \tag{1.27}$$

2. 概率乘法公式

从公式(1.27)得

$$P(A \cdot B) = P(B) \cdot P(A \mid B) \tag{1.28}$$

若 $P(A) \neq 0$，显然也有

$$P(A \cdot B) = P(A) \cdot P(B \mid A) \tag{1.29}$$

公式(1.28)及公式(1.29)被称为概率的乘法公式。它们还可以推广到多个，如

$$P(A \cdot B \cdot C) = P(A) P(B \mid A) P(C \mid AB) \tag{1.30}$$

因为，上式左端 $= P[(A \cdot B) \cdot C] = P(A \cdot B) P(C \mid A \cdot B)$，再应用公式(1.29)即得公式(1.30)。

【例 1.7】 设有围棋手甲、乙两人共下两盘棋。设 A_1 为甲第 1 盘胜的事件；A_2 为甲第 2 盘胜的事件。已知,甲第 1 盘的胜率为 0.7,在甲第 1 盘胜的条件下第 2 盘的胜率为 0.8;甲在两盘中至少胜 1 盘的概率为 0.9。问 $P(A_2)$ 为多少?

解 $P(A_1+A_2) = P(A_1) + P(A_2) - P(A_1 \cdot A_2)$
$$= P(A_1) + P(A_2) - P(A_1)P(A_2|A_1)$$

即 $\qquad 0.9 = 0.7 + P(A_2) - 0.7 \times 0.8$

所以 $\qquad P(A_2) = 0.9 - 0.14 = 0.76$

(注意 $P(A_2) > P(A_1)$。读者能够解释为什么吗?)

3. 两事件 A、B 的相互独立

(1) 定义:若有
$$P(A \cdot B) = P(A) \cdot P(B) \qquad (1.31)$$
则称 A、B 相互独立。

(2) 若 $P(A) \neq 0$, $P(B) \neq 0$, A、B 独立

则
$$P(A|B) = P(A)$$
$$P(B|A) = P(B) \qquad (1.32)$$

因为,由公式(1.28)、公式(1.29)及公式(1.31)立刻得到公式(1.32)。

反之,由公式(1.32)也可推出公式(1.31)。所以公式(1.31)及公式(1.32)是等价的。

公式(1.32)表明的是,在已知 B 已发生条件下,A 发生概率与 A 的无条件概率一样,即 A 的概率不受 B 是否发生的影响。

【例 1.8】 如图 1.15,将一个正方形等分为 1、2、3、4 共 4 个小正方形。设 A 由 $\{1,3\}$ 组成,B 由 $\{3,4\}$ 组成。假设我们是按面积计算概率,并设 U 的面积为 1。显然有
$$P(A) = 1/2; \quad P(B) = 1/2$$
$A \cdot B$ 为小正方形 3,故
$$P(A \cdot B) = 1/4 = P(A) \cdot P(B)$$
所以,A、B 两事件独立。

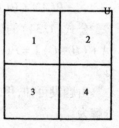

图 1.15

这里,若已知 B 发生对 A 是有影响的(A 中的小正方形 1 就不可能发生了),但对 A 的概率没有影响,即
$$P(A|B) = \frac{1}{2} = P(A)$$

* 正方形的分点可以任取,如图 1.16 所示,此时 A、B 仍相互独立,读者可自行证明。

> **思考题** 若 A、B 相互独立,则:A、$\bar{B}$ 相互独立;$\bar{A}$、$\bar{B}$ 相互独立。

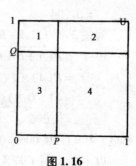

图 1.16

*4. 3个事件 A、B、C 的相互独立

(1) 定义:若满足以下两条件

$$\begin{cases} A, B, C \text{ 皆两两独立} \\ P(A \cdot B \cdot C) = P(A) \cdot P(B) \cdot P(C) \end{cases} \quad (1.33)$$

则称 A、B、C 三事件相互独立。

(2) 公式(1.33)的第一个条件成立并不能保证第 2 个条件成立。反例如下:
设 $U = \{1,2,3,4,5,6,7,8\}$ 且取各数字等概,即 $P(i) = 1/8 (i = 1,\cdots,8)$,令 $A = \{1,2,3,4\}$;$B = \{3,4,5,6\}$;$C = \{1,2,5,6\}$

则 $P(A) = P(B) = P(C) = 1/2$

$A \cdot B = \{3,4\}$;$B \cdot C = \{5,6\}$;$A \cdot C = \{1,2\}$

故 $P(A \cdot B) = P(B \cdot C) = P(A \cdot C) = 1/4$

于是 A、B、C 两两独立,但

$$A \cdot B \cdot C = \varnothing$$

$$P(A \cdot B \cdot C) = 0 \neq P(A) \cdot P(B) \cdot P(C) = 1/8$$

(3) 若 A、B、C 三者独立,则 $\overline{A}$、$\overline{B}$、$\overline{C}$ 三者独立(证明从略)。

【例 1.9】 今有甲、乙、丙 3 人射击同一目标,设 A、B、C 分别表示甲、乙、丙射中的事件,已知 $P(A) = 0.9$,$P(B) = 0.8$,$P(C) = 0.7$。问目标被射中的概率 P 为多少?

解法 1 目标被射中应该是甲、乙、丙 3 人至少有 1 人射中,即 A、B、C 至少 1 个发生的事件,就是 $A + B + C$,故

$$P = P(A + B + C)$$
$$= P(A) + P(B) + P(C) - P(AB) - P(AC) - P(BC) + P(ABC) \quad (1.34)$$

公式(1.34)的证明可两次应用加法定理公式(1.26)得到,$P(A + B + C) = P[A + (B + C)] = P(A) + P(B + C) - P[A(B + C)]$,然后再次应用公式(1.26)即可。

由题设可知,甲、乙、丙 3 人的射击是相互独立的,于是公式(1.34)可进一步分解为:

$$P = P(A) + P(B) + P(C) - P(A) \cdot P(B) - P(A) \cdot P(C) - P(B) \cdot P(C) + P(A) \cdot P(B) \cdot P(C)$$
$$= 0.9 + 0.8 + 0.7 - 0.72 - 0.63 - 0.56 + 0.504$$
$$= 0.994$$

解法 2 为求 $A + B + C$ 的概率,可先求 $\overline{A + B + C}$ 的概率 $1 - P$,即

$$1 - P = P(\overline{A + B + C}) = P(\overline{A} \cdot \overline{B} \cdot \overline{C})$$
$$= P(\overline{A}) \cdot P(\overline{B}) \cdot P(\overline{C})$$
$$= (1 - 0.9)(1 - 0.8)(1 - 0.7) = (0.1)(0.2)(0.3)$$
$$= 0.006$$

所以 $P = 1 - 0.006 = 0.994$

以上就应用了若 A、B、C 相互独立,则 $\overline{A}$、$\overline{B}$、$\overline{C}$ 相互独立这一结论。

【例1.10】 若A、B独立,B、C独立。问A、C是否一定独立?

解 未必。反例如图1.15。与例1.8中的A、B相同,设$C=\{2,4\}$,则易证A、B独立,B、C独立;而由于$A\cdot C=\varnothing$,故A、C并不独立。
$$[P(A\cdot C)=P(\varnothing)=0\neq P(A)\cdot P(C)=1/2\times 1/2=1/4]$$

【例1.11】 若A、B独立,今有事件C且$P(C)\neq 0$。问$A|C$与$B|C$是否独立,即是否有下式成立
$$P(A\cdot B|C)=P(A|C)\cdot P(B|C) \tag{1.35}$$

解 未必。反例仍取例1.8及图1.15。

令$C=\{1,2,4\}$,由$A\cdot B=\{3\}$,故公式(1.35)之左端$P(A\cdot B|C)=0$
而 $P(A|C)=1/3$,$P(B|C)=1/3$,故公式(1.35)不成立。

> **思考题** 若A、B独立,$A_1\subset A$。问:A_1与B是否相互独立?(提示:仍可利用例1.8及图1.15考虑)

5. 独立试验序列

以上我们已看到,3个事件的相互独立不只要$P(A\cdot B\cdot C)=P(A)\cdot P(B)\cdot P(C)$,而且还要两两独立;4个事件的相互独立,不只要有$P(A_1\cdot A_2\cdot A_3\cdot A_4)=P(A_1)\cdot P(A_2)\cdot P(A_3)\cdot P(A_4)$,而且还要两两独立、三三独立。这样,要想证明$m$个事件独立是很复杂的一件事。

然而,我们今后遇到的,常常是事件的独立是已知,是前提条件。比如,从由N个单元构成的总体Ω中,有放回的抽取n个样本(被称为重复抽样),它的特点是每一次所抽的结果都不受前面抽样结果的影响,这样的抽样就属于n次独立试验序列。

我们把在同样条件下重复进行试验的序列称为独立试验序列。

独立试验序列下,不同试验中的事件都是相互独立的。比如掷两次骰子是两次独立试验,那么第1次出$\{$偶数点$\}$与第2次出$\{1,2\}$点这两个事件是相互独立的。

【例1.12】 一袋中装有除颜色外都相同的球100个,其中30个黑球、70个白球。今从中取5个球。问所抽5球中有4个白球的概率?

解 此问题必须说明抽样的方式,是有放回的还是不放回的,两者得出的结果不同。情况如下:

(1)不放回的:这种抽取和1次取5个的方法是一致的。总可能有C_{100}^5;4白1黑的组合搭配数为$C_{70}^4\cdot C_{30}^1$,故所求P为
$$P=C_{70}^4\cdot C_{30}^1/C_{100}^5$$

(2)有放回的:它属5次独立试验序列,每次抽得白球的概率皆为0.7,5次所抽的事件相互独立,故所求P为
$$P=C_5^4(0.7)^4\cdot(0.3)$$

这里的C_5^4是因为,5次中任意4次为白球另一次为黑球的方法个数,$C_5^4=C_5^1$,亦即

5次中出现黑球是在哪一次,有 $C_5^1 = 5$ 种可能。

【例1.13】 今有甲、乙两只袋,袋中所放的球分别为2白5黑及7白2黑;第1步从甲袋中任取1球放入乙袋;第2步再从乙袋中任取1球。问第2步所取之球为白球的概率?

解 设 B 为第2步所取之球为白球的事件;A_1 表示第1步从甲袋取得白球放入乙袋的事件;A_2 表示第1步取得黑球放入乙袋的事件。

$$P(B) = P(BU) = P[B(A_1 + A_2)]$$
$$= P(BA_1 + BA_2) = P(BA_1) + P(BA_2)$$
$$= P(A_1)P(B|A_1) + P(A_2)P(B|A_2)$$
$$= 2/7 \times 8/10 + 5/7 \times 3/10 = 31/70$$

【例1.14】 总体为某一人群,从中任抽1人,令 A 为所抽中之人为吸毒者的事件,且已知 $P(A) = 0.01$;B 为所抽之人的化验结果为阳性的事件。又知 $P(B|A) = 0.98$;$P(\bar{B}|\bar{A}) = 0.95$。求在化验结果为阳性的条件下,此人确为吸毒者的概率,即求 $P(A|B)$。

解 $P(A|B) = P(A \cdot B)/P(B)$

而 $P(B) = P(BA + B\bar{A}) = P(A)P(B|A) + P(\bar{A})P(B|\bar{A})$
$= 0.01 \times 0.98 + 0.99 \times 0.05 = 0.0593$

$P(A \cdot B) = P(A)P(B|A) = 0.01 \times 0.98 = 0.0098$

所以 $P(A|B) = 0.0098/0.0593 = 0.165$

思考题

(1) 例1.14之 $P(A|B)$ 为什么那么小,化验结果为阳性时并未吸毒的可能竟然有0.835,此化验的问题何在?

(2) 今有3个阄,其中只有1个为中奖,某甲从中抽取1个但不准看结果,主持人在剩余的2个中去掉1个不中的阄,即还只剩1个阄。问某甲是否将手中的阄与剩下的那个阄交换,换与不换中奖的概率是否相同?各为多少?

---

§1.6 随机变量及其分布

随机变量首先是一个变量,即它可以取不同的值,如可能取值为 $x_1, x_2, \cdots, x_n$ 即 n 个(有限个)值;也可能取某一区间 (a, b) 内所有的实数(无限不可列的)值。它与微积分中的变量不同的是,它的取值可以具有不同的概率。

1.6.1 离散型随机变量及其概率函数

定义 若 X 的可能取值为 $x_1, x_2, \cdots$(有限或无限可列),且 $P(X = x_i) = p_i$,并满足

$$\begin{cases} p_i \geq 0 & i = 1,2,3,\cdots \\ \sum_i p_i = 1 \end{cases} \tag{1.36}$$

则称 X 为离散型随机变量。并称

X	x_1	x_2	$\cdots$	x_n	$\cdots$	$p_i \geq 0$
P	p_1	p_2	$\cdots$	p_n	$\cdots$	$\sum_i p_i = 1$

为 X 之概率函数。当可能值为无限可数个时，$\sum_i p_i$ 为一正项无穷级数，它应收敛到 1。

【例 1.15】 设随机试验为掷一质地均匀的骰子，设 X 为骰子出现的点数，可能取值为 $1,2,3,4,5,6$，为有限个孤立点。问 X 是否为离散型随机变量？如是，写出其概率函数。

解 显然有

$$\begin{cases} P(X=i) = 1/6 \geq 0 & i=1,2,\cdots,6 \\ \sum_{i=1}^{6} P(X=i) = 1 \end{cases}$$

满足条件(1.36)，所以 X 是离散型随机变量。其概率函数为：

X	1	2	3	4	5	6	
P	1/6	1/6	1/6	1/6	1/6	1/6	1

将以上表示可画为图形，如图 1.17 所示。注意：X 只可能在数轴上 6 个孤立点 $1,2,3,4,5,6$ 上取值，在其他点取值均为不可能事件。只在数轴的孤立点取值是离散型随机变量的特点。

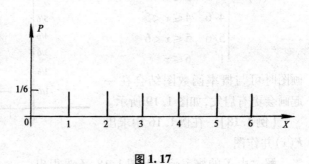

图 1.17

【例 1.16】 随机试验为：掷一硬币，硬币中可设某一面为正面，另一面为反面。正、反两面本身不是数，故设 X 为出现正面的次数。因为只掷 1 次，故 X 的可能值为 $0,1$ 两个值。如此硬币质地均匀，则显然有：

$$\begin{cases} P(X=0) = P(X=1) = 1/2 \geq 0 \\ \sum_{i=0}^{1} (X=i) = 1 \end{cases}$$

故 X 为一离散型随机变量，其概率函数及相应图形（图 1.18）如下：

X	0	1
P	1/2	1/2

以上两例 X 所取各值的概率相同,此类分布被称为均匀分布。

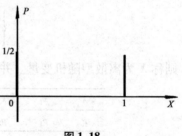

图 1.18

1.6.2 随机变量的分布函数 $F(x)$

X 的分布函数 $F(x)$ 表示 X 累积到 x 点的累积概率。正如生物学中常用的积温即累积起来的温度值一样,它也是表示随机变量 X 的概率分布状态的一个方法,以后我们将看到,它非常重要,特别在连续型随机变量中更是不可少的。

1. 定义

$$F(x) = P(X \leq x) \tag{1.37}$$

【例 1.17】 在例 1.15 中求出 $F(x)$ 并画图。

解 由 X 的概率函数不难得出 $F(x)$ 为

$$F(x) = \begin{cases} 0 & x < 1 \\ 1/6 & 1 \leq x < 2 \\ 2/6 & 2 \leq x < 3 \\ 3/6 & 3 \leq x < 4 \\ 4/6 & 4 \leq x < 5 \\ 5/6 & 5 \leq x < 6 \\ 1 & 6 \leq x \end{cases}$$

画图时可与概率函数图结合在一起画会更有启发,如图 1.19 所示。

【例 1.18】 在例 1.16 中求出 $F(x)$ 并作图。

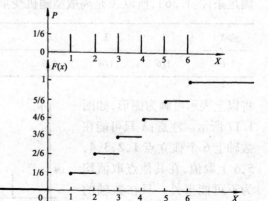

图 1.19

解 由 X 的概率函数及图 1.18,不难得出

$$F(x) = \begin{cases} 0 & x < 0 \\ 1/2 & 0 \leq x < 1 \\ 1 & 1 \leq x \end{cases}$$

相应的图形为图 1.20。

2. $F(x)$ 的性质

(1) $0 \leq F(x) \leq 1$

这是因为 $F(x)$ 是概率,而一切概率都在 $[0,1]$ 之内。

(2) $F(-\infty) = \lim_{x \to -\infty} F(x) = 0$

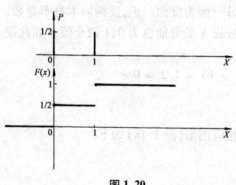

图 1.20

$$F(+\infty) = \lim_{x \to +\infty} F(x) = 1$$

这说明 $F(x)$ 图形中,其左端必从零开始,而到右端至 1 结束。

(3)若 $x_1 < x_2$ 则
$$F(x_1) \leqslant F(x_2)$$
即为不减的函数,因为 $F(x)$ 是累积函数,集合 $\{X \leqslant x_1\} \subset \{X \leqslant x_2\}$,所以
$$F(x_1) = P(\{X \leqslant x_1\}) \leqslant P(\{X \leqslant x_2\}) = F(x_2)$$

(4)当 X 为离散型随机变量时,$F(x)$ 为阶梯形函数。

(5)$F(x)$ 是右连续的[如果定义 $F(x) = P(X < x)$,则 $F(x)$ 是左连续的;也有的书是这样定义的]。

1.6.3 二项分布 $B(n,p)$ 及 0-1 分布

若随机试验的结果只有两个,我们不妨将其中一个叫做'成功',另一个叫做'失败'。如例 1.16 中掷一硬币,出现正面叫成功,出现反面叫失败。当然,也可以将出现反面叫成功,出现正面叫失败,只要随后都遵从这一约定即可。另外,还假设此试验共重复地进行了 n 次,且构成 n 次独立试验序列。即每次出现成功这一事件的概率皆为 $p(0 \leqslant p \leqslant 1)$,出现失败这一事件的概率皆为 $q(q=1-p)$,而且 n 次试验相互独立,那么不同试验下的事件相互独立。

满足以上条件的试验序列被称为贝努里概型。设 X 为 n 次试验中出现成功的次数。当然,其余的就是出现失败的次数。于是,不难求出:

$$P(X=m) = C_n^m p^m q^{n-m}, \quad m=0,1,2,\cdots,n \tag{1.38}$$

显然,公式(1.38)的右端 $\geqslant 0$,又有
$$\sum_{m=0}^{n} C_n^m p^m q^{n-m} = (p+q)^n = 1^n = 1$$

所以,X 是一离散型随机变量,按公式(1.38)计算概率,这样的 X 所遵从的分布被称为二项分布(或贝努里分布),记为 $B(n,p)$。其中的 n、p 被称为分布的参数;只要给定了 n、p,X 取任何 m 值的概率皆可由公式(1.38)计算出,附表 4 给出一部分 n、p 值的计算结果。

【例 1.19】 设生男、生女是等概的。求:(1)在有 3 个小孩的家庭中,3 个孩子都为女孩的概率 p_1。(2)在已知有两个女孩的情况下,第 3 的孩子仍为女孩的概率 p_2。

解 生 3 个孩子是 3 次独立试验序列,在不同的试验中,各自生男、生女都是相互独立的。故

$p_1 = P($第 1 次生女孩,第 2 次生女孩,第 3 次生女孩$) = P($第 1 次生女孩$) \cdot P($第 2 次生女孩$) \cdot P($第 3 次生女孩$) = \frac{1}{2} \times \frac{1}{2} \times \frac{1}{2} = 1/8$

或令 X 为生 3 次小孩中女孩的个数,$X \sim B(3,1/2)$,所以

$$P(X=3) = C_3^3\left(\frac{1}{2}\right)^3 = \frac{1}{8}$$

然而,p_2 与 p_1 不同,p_2 是条件概率:

$p_2 = P($第 3 次生女孩|前两次生女孩$)$
　　$= P($第 3 次生女孩$) = 1/2$

[因为当 A、B 独立且 $P(B) \neq 0$ 时,$P(A|B) = P(A)$]。

在二项分布 $B(n,p)$ 中,当 $n=1$ 时,即只进行 1 次试验,那么在试验中成功的次数 X 的可能取值只有 0 或 1,此时的二项分布 $B(1,p)$ 也被称为 0-1 分布。例 1.16 及例 1.18 就是 0-1 分布时的概率函数及分布函数。

【例 1.20】 一游戏机如图 1.21 所示,球从上方入口进入后,经与钉子碰撞到达最底部。钉子共有 10 排,从 1 个钉到第 10 排有 10 个钉。一个球从上到下面共有 11 个洞有可能进入。今打入 100 个球。问这 100 个球从理论上讲进入最下边的 11 个格内是如何分布的?

解 球每碰到一个钉就可能从钉的左侧或右侧进入下一排。每一个球都有 10 次选择:左或右,是等可能的,即 $P($左$) = P($右$) = 1/2$。

今进入钉之左侧被约定为成功,右侧被约定为失败。并设 X 为 10 次选择中成功的次数。

$X = 0$ 时球落入第 1 格。

$X = 1$ 时球落入第 2 格。

$X = m$ 时球落入第 $m+1$ 格($m = 0, 1, \cdots, 10$)

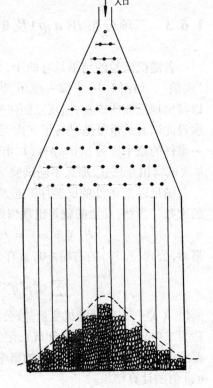

图 1.21

显然有:

$X \sim B(10, 1/2)$,即 $n = 10, p = 1/2$

$$P(X = m) = C_n^m p^m q^{n-m} \quad (m = 0, 1, \cdots, n)$$

现在 $n = 10, p = q = 1/2$,故

$$P(X = m) = C_{10}^m (1/2)^n$$

当 $m = 0, 1, 2, \cdots, 10$,落入各格的概率为 $C_{10}^m \left(\frac{1}{2}\right)^{10}$ ($C_{10}^0 = 1$)。

这是典型的按牛顿二项式分布概率的大小,最大值为最中间的第 5 格,进入第 5 格的概率为 $C_{10}^5 (1/2)^{10}$。

【例 1.21】 今有一批热水器共 N 件,其中 M 件质量较差。N 件中卖出了 n 件。问被卖出的 n 件中有 m 件属于 M,即属于质量较差的概率为多少?

解 令 X 表示 n 件中属质量较差的件数。在 N 件中抽取 n 件,总共的可能有

C_N^n。而当 $X = m$,即有 m 件质量较差的,$n - m$ 件质量好的,这种可能的搭配有 $C_M^m \cdot C_{N-M}^{n-m}$ 种,所以得

$$P(X = m) = C_M^m \cdot C_{N-M}^{n-m}/C_N^n \tag{1.39}$$

1.6.4 超几何分布 $H(N,M,n)$

定义 在总体共有 N 个单元中,随机(不放回的)一次抽取 n 个,N 个单元中设有 $M(M \leqslant N)$ 个为有某种特色的,$N - M$ 个为没有此特色的,则被抽中的 n 个中有 m 个有特色的概率为公式(1.39),其中 X 为 n 个中有特色的个数。此时称 X 服从超几何分布,记为 $X \sim H(N,M,n)$。

【例 1.22】 今从 52 张扑克中任意抽取 13 张,问 13 张中有 3 张 A 的概率?

解 设 X 为 13 张牌中 A 的张数,X 的可能值为 0,1,2,3,4。显然有:

$$X \sim H(52,4,13)$$

故

$$P(X = 3) = C_4^3 \cdot C_{48}^{10}/C_{52}^{13}$$

【例 1.23】 有某区欲设置电话自动交换的程控系统,在某特定的 10 分钟内,电话呼叫的次数可能为 0,1,2,…;与二项分布不同,它的可能取值不是有限的,而是无限可列的(为非负整数值)。设 X 为此最忙的(如上午 10:00 到 10:10)10 分钟内,电话的呼叫次数。

又设此(特定的)10 分钟内之平均呼叫次数为 λ,则可以证明:

$$P(X = m) = \frac{\lambda^m}{m!}e^{-\lambda}, \qquad m = 0,1,2,\cdots \tag{1.40}$$

1.6.5 泊松(Poisson)分布 $P(\lambda)$

定义 若 X 的可能取值为非负整数 0,1,2,…;且取各值的概率为公式(1.40)。则称 X 服从泊松分布,记为 $P(\lambda)$,其中 $\lambda > 0$。

泊松分布对一部分 λ 值列为附表 5,我们可以方便地查得。从附表 5 可看出,虽然从理论上说,X 可以取无穷个值,但实际上,如 $\lambda = 6$ 时,$X \geqslant 22$ 的概率已小于 0.000 001,在现实中已经是几乎不可能的了。

现实中,属于泊松分布的例子很多。如纺织中某一固定大小布的疵点数;一个商店在某一特定时间内(如星期天上午)的顾客数;某一路口在某一特定时间段的流量数;或被堵的汽车个数;北京市某一个月(如 12 月)交通事故的死亡人数;或癌症死亡人数等等。

1.6.6 二维离散型分布

【例 1.24】 掷 2 次质地均匀的骰子的随机试验,必须掷 2 次试验才算完成。

试验的可能结果有:

$(1,1)(1,2),\cdots,(1,6)$

$(2,1)(2,2),\cdots,(2,6)$

$\vdots$

$(6,1)(6,2),\cdots,(6,6)$

共 36 个。显然,这 36 个可能结果是等概的,都是 1/36,即

$$P[\text{结果为}(i,j)] = 1/36 \quad i=1,2,3,\cdots,6; j=1,2,3,\cdots,6$$

若令 X_1 为第 1 次掷出的结果,X_2 为第 2 次掷出的结果,则上式可写为:

$$P(X_1=i, X_2=j) = 1/36 \quad i=1,2,3,\cdots,6; j=1,2,3,\cdots,6$$

也可将上式写为以下表格:

概率 P		X_2						Σ
		1	2	3	4	5	6	
X_1	1	1/36	1/36	$\cdots$	$\cdots$	$\cdots$	1/36	1/6
	2	1/36	1/36	$\cdots$	$\cdots$	$\cdots$	1/36	1/6
	3	$\vdots$	$\vdots$	$\vdots$	$\vdots$	$\vdots$	$\vdots$	$\vdots$
	4							
	5	1/36	1/36	$\cdots$	$\cdots$	$\cdots$	1/36	1/6
	6	1/36	1/36	$\cdots$	$\cdots$	$\cdots$	1/36	1/6
Σ		1/6	1/6	$\cdots$	$\cdots$	$\cdots$	1/6	1

这里 X_1、X_2 皆为随机变量。而 (X_1,X_2) 为二维随机变量。

上表右端之表列被称为二维随机变量 (X_1,X_2) 的概率函数。

1. 定义

若 X_1 为离散型随机变量,可能取值为 $x_1,x_2,\cdots,x_n$(也可以是无穷可列个点 $x_1,x_2,\cdots$);X_2 也为离散型随机变量,可能取值为 $y_1,y_2,\cdots,y_m$(也可以是无穷可列个点 $y_1,y_2,\cdots$)。若

$$P(X_1=x_i, X_2=y_j) = p_{ij} \quad i=1,2,3,\cdots,n; j=1,2,3,\cdots,m$$

且满足

$$\begin{cases} p_{ij} \geqslant 0 & i=1,2,3,\cdots,n; j=1,2,3,\cdots,m \\ \sum_{i,j} p_{ij} = 1 \end{cases} \quad (1.41)$$

则称 (X_1,X_2) 为二维离散型随机变量。称下表之右端表列为 (X_1,X_2) 的概率函数,又称为二维离散型随机变量的联合分布。

二维离散型随机变量在现实中也是非常常见的。如血压中的(收缩压,舒张压);会计中的(收入,支出);比赛中的(预赛得分,决赛得分);医院中的(出院人数,入院人数);树的(胸径,树高);夫妻结婚时的(丈夫的年龄,妻子的年龄);家庭遗传中(母亲所生子女的个数,女儿所生子女的个数);某城市每年(本地离婚人数,外地人离婚人数);某商店每天(当地最高气温,商店顾客数)等。我们看到,以

上例中的两个变量有时关系很密切,如树的胸径与树高,有的几乎没有什么关系;有的两者相互独立,如例 1.24,掷两次骰子的点数。

P		X_2				$\sum$
		y_1	y_2	$\cdots$	y_m	
X_1	x_1	p_{11}	p_{12}	$\cdots$	p_{1m}	$\sum_j p_{1j} = p_1$
	x_2	p_{21}	p_{22}	$\cdots$	p_{2m}	$\sum_j p_{2j} = p_2$
	$\vdots$	$\vdots$	$\vdots$	$\vdots$	$\vdots$	$\vdots$
	x_n	p_{n1}	p_{n2}	$\cdots$	p_{nm}	$\sum_j p_{nj} = p_n$
$\sum$		$\sum_i p_{i1} = q_1$	$\sum_i p_{i2} = q_2$	$\cdots$	$\sum_i p_{im} = q_m$	1

2. 边际分布

按以上 (X_1, X_2) 之联合分布可以看出,

X_1	x_1	x_2	$\cdots$	x_n	
P	$\sum_{j=1}^m p_{1j} = p_1$	$\sum_j p_{2j} = p_2$	$\cdots$	$p_n = \sum_j p_{nj}$	1

为以上二维随机变量中第一个分量 X_1 的概率函数,它是可以通过联合分布计算出来的。

同理有

X_2	y_1	y_2	$\cdots$	y_m	
P	$q_1 = \sum_i p_{i1}$	$q_2 = \sum_i p_{i2}$	$\cdots$	$q_m = \sum_i p_{im}$	1

为 (X_1, X_2) 中第 2 个分量 X_2 的概率函数。

我们将以上 X_1、X_2 两个一维随机变量的概率函数称为 (X_1, X_2) 二维随机变量的两个边际分布。它们是可以由联合分布中的 $p_{ij}(i=1,2,3,\cdots,n; j=1,2,3,\cdots,m)$ 计算出来的。

3. 两分量 X_1、X_2 的相互独立

定义 如果联合分布与两个边际分布有关系:

$$p_{ij} = p_i \cdot q_j \tag{1.42}$$

对所有的 $i=1,2,3,\cdots,n$ 及 $j=1,2,3,\cdots,m$ 都成立(共有 $n \cdot m$ 个等式),则称 X_1、X_2 是相互独立的。

如例 1.24 中的 X_1 与 X_2 就是相互独立的。因为 $1/36 = 1/6 \times 1/6$,36 个等式皆成立。

【例 1.25】 某医院某病房 4 个床位共有 4 个病人,设 X 为每天在 4 个人中出

院的人数,X 取 0、1、2、3、4 是等概的。又令 Y 是这 4 人中出院后新病人进入此病房的人数,它的可能值为 $0 \sim X$,设所有可能值也是等概的。求 (X,Y) 的联合分布。

解 已知 $P(X=i) = 1/5 \quad i = 0,1,2,3,4$

显然
$$P(X=0, Y=0) = 1/5$$
$$P(X=0, Y=j) = 0 \quad j=1,2,3,4$$

及
$$P(X=1, Y=0) = P(X=1)P(Y=0|X=1) = 1/5 \times 1/2 = 1/10$$
$$P(X=1, Y=1) = 1/10$$
$$P(X=1, Y=j) = 0 \quad (j=2,3,4)$$

同理可计算出以下的联合分布及两个边际分布,从中不难看出 X 与 Y 不是相互独立的。

概率 p_{ij}		Y					Σ
		0	1	2	3	4	
X	0	1/5	0	0	0	0	1/5
	1	1/10	1/10	0	0	0	1/5
	2	1/15	1/15	1/15	0	0	1/5
	3	1/20	1/20	1/20	1/20	0	1/5
	4	1/25	1/25	1/25	1/25	1/25	1/5
Σ		137/300	77/300	47/300	9/100	1/25	1

1.6.7 连续型随机变量

定义 若 X 可在某区间所有的点取值设区间为 (a,b) [也可能为 $(-\infty,\infty)$ 即全直线,或 $(-\infty,b)$,或 $(a,+\infty)$,即 X 取值的点已不是离散型的孤立点,而是某一区间或一个线段的连续的点]。又有可积函数

$$f(x) = \begin{cases} \varphi(x) & x \in (a,b) \\ 0 & \text{其他} \end{cases}$$

满足

$$\begin{cases} \varphi(x) \geq 0 \\ \int_a^b \varphi(x) \, dx = 1 \end{cases} \tag{1.43}$$

X 在任意区间 (α,β) 的概率为 $\varphi(x)$ 在 (α,β) 下的面积。

$$P(\alpha < X < \beta) = \begin{cases} \int_\alpha^\beta f(x) \, dx \\ \int_\alpha^\beta \varphi(x) \, dx & (\alpha,\beta) \subset (a,b) \end{cases} \tag{1.44}$$

如图 1.22 所示。称 $f(x)$ 或 $\varphi(x)$ 为 X 的密度或概率密度函数。且将此连续型随机变量的分布记为 $X \sim \varphi(x), (a,b)$。

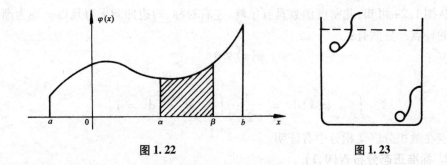

图 1.22　　　　　　　　　　图 1.23

显然,当 α,β 合并到一个点时,面积为 0,故有,对任意点 x_0,
$$P(X = x_0) = 0 \tag{1.45}$$
所以公式(1.44)左端的(α,β)区间也可写为[α,β]或[α,β)或(α,β],结果是一样的。

从公式(1.45)我们可以看到连续型随机变量与离散型随机变量的不同,后者只在一些孤立点有概率,而前者在所有的孤立点上概率皆为 0,只在连续取值的区间上有概率。这正如一只金属棒,在棒上任何一个几何点上都没有质量或者说质量为 0,取一小段则有质量。但在任何一个点上都有密度,点 A 的密度大于点 B,说明在 A 点取一小段的质量大于在 B 点取同样大小的一小段的质量。将这里的质量换为概率质量,密度换为概率密度就与连续型随机变量相一致了。

再如,一杯水加入糖后不搅拌,那么,在不同位置的一勺水中含糖量也不同,如图 1.23 所示。现在,将勺缩小,缩小到一个几何点,则含糖量皆为 0,但这个点具有浓度,浓度高的点的附近的一勺水其含糖量也高。

1.6.8　正态分布 $N(a, b^2)$ $(b > 0)$

1. 定义

若 $X \sim \varphi(x) = \dfrac{1}{\sqrt{2\pi}\, b} e^{-\frac{(x-a)^2}{2b^2}}$ 　$(-\infty, +\infty); (b > 0)$ 　(1.46)

则称 X 服从正态分布,记为 $N(a, b^2)$,如图 1.24 所示。

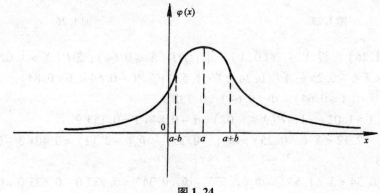

图 1.24

从图 1.24 可知,此密度函数具有单峰、左右对称、两边伸向无穷且以 x 轴为渐近线的特点。显然有:

$$\varphi(x) \geqslant 0$$

而

$$\int_{-\infty}^{\infty} \varphi(x) \mathrm{d}x = \frac{1}{\sqrt{2\pi}\, b} \int_{-\infty}^{\infty} \mathrm{e}^{-\frac{(x-a)^2}{2b^2}} \mathrm{d}x = 1$$

这一点在微积分广义积分中有证明。

2. 标准正态分布 $N(0,1)$

在公式(1.46)中,若 $a = 0, b = 1$;即密度函数为

$$\varphi_0(x) = \frac{1}{\sqrt{2\pi}} \mathrm{e}^{-\frac{x^2}{2}} \quad (-\infty, \infty) \tag{1.47}$$

则 X 被称为服从标准正态分布,记为 $N(0,1)$,如图 1.25 所示。

3. $N(0,1)$ 分布的概率查表计算

设 $X \sim N(0,1)$

令

$$\Phi_0(u) = \int_{-\infty}^{u} \varphi_0(x) \mathrm{d}x \tag{1.48}$$

即 $\Phi_0(u)$ 为标准正态变量 X 的分布函数。则

$$P(\alpha < X < \beta) = \Phi_0(\beta) - \Phi_0(\alpha) \tag{1.49}$$

即 (α, β) 之上的面积为 $(-\infty, \beta)$ 之上的面积减去 $(-\infty, \alpha)$ 之上的面积。如图 1.26 所示。而 $(-\infty, \beta)$ 之上的面积即为 $\Phi_0(\beta)$,可查附表 2。同理,$(-\infty, \alpha)$ 之上的面积为 $\Phi_0(\alpha)$,也可查附表 2。

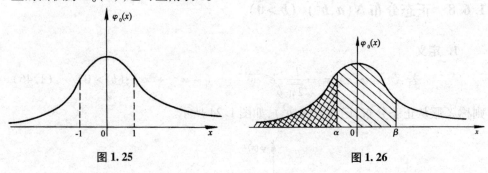

图 1.25　　　　　　　　图 1.26

【例 1.26】 设 $X \sim N(0,1)$。求:①$P(X \leqslant 0.64)$;②$P(X > 1.02)$;③$P(-2.12 < X < -0.25)$;④$P(0.34 < X < 1.53)$;⑤$P(-0.54 < X < 0.84)$。

解 ①$P(X \leqslant 0.64) = \Phi_0(0.64) = 0.7389$

②$P(X > 1.02) = 1 - P(X \leqslant 1.02) = 1 - 0.8461 = 0.1539$

③$P(-2.12 < X < -0.25) = \Phi_0(-0.25) - \Phi_0(-2.12) = 0.4013 - 0.0170 = 0.3843$

④$P(0.34 < X < 1.53) = \Phi_0(1.53) - \Phi_0(0.34) = 0.9370 - 0.6330 = 0.3040$

⑤$P(-0.54 < X < 0.84) = \Phi_0(0.84) - \Phi_0(-0.54) = 0.7990 - 0.2950 = 0.5040$

4. $N(0,1)$分布的常用值(图1.27)

以下为$N(0,1)$分布的常用值(图1.27)。

设$X \sim N(0,1)$

(1) $P(|X|<1) = P(-1<X<1) = 0.683 = 68.3\%$

(2) $P(|X|<2) = P(-2<X<2) = 0.955 = 95.5\%$

(3) $P(|X|<3) = P(-3<X<3) = 0.997 = 99.7\%$

(4) $P(|X|<1.645) = 90\%$

(5) $P(|X|<1.960) = 95\%$

(6) $P(|X|<2.576) = 99\%$

$$(1.50)$$

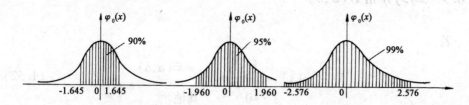

图1.27

5. $N(a,b^2)$的查表概率计算方法

若$Y \sim N(a,b^2)$ $(b>0)$

则

$$X = \frac{Y-a}{b} \sim N(0,1)$$

所以

$$P(\alpha<Y<\beta) = P\left(\frac{\alpha-a}{b} < \frac{Y-a}{b} < \frac{\beta-a}{b}\right)$$

$$= P\left(\frac{\alpha-a}{b} < X < \frac{\beta-a}{b}\right)$$

$$= \Phi_0\left(\frac{\alpha-a}{b}\right) - \Phi_0\left(\frac{\beta-a}{b}\right) \quad (1.51)$$

*以上公式是因为

$$P(\alpha<Y<\beta) = \frac{1}{\sqrt{2\pi}b}\int_\alpha^\beta e^{-\frac{1}{2}\left(\frac{x-a}{b}\right)^2}dx$$

作积分变换,令$u=(x-a)/b$ $dx=bdu$

$$x = \alpha \longleftrightarrow u = (\alpha-a)/b$$
$$x = \beta \longleftrightarrow u = (\beta-a)/b$$

上式变为

$$\frac{1}{\sqrt{2\pi}}\int_{\frac{\alpha-a}{b}}^{\frac{\beta-a}{b}} e^{-\frac{u^2}{2}}du = \Phi_0\left(\frac{\beta-a}{b}\right) - \Phi_0\left(\frac{\alpha-a}{b}\right)$$

【例1.27】 已知$Y \sim N(25,(5.04)^2)$

求:①$P(Y<25)$;②$P(Y>25)$;③$P(21.64<Y<32.48)$。

解 ① $P(Y<25) = \Phi_0\left(\dfrac{25-25}{5.04}\right) = \Phi_0(0) = 0.50$

② $P(Y>25) = 1 - P(Y<25) = 1 - 0.5 = 0.5$

③ $P(21.64<Y<32.48)$

$= \Phi_0\left(\dfrac{32.48-25}{5.04}\right) - \Phi_0\left(\dfrac{21.64-25}{5.04}\right)$

$= \Phi_0(1.43) - \Phi_0(-0.68) = 0.92364 - 0.24830$

$= 0.67534$

1.6.9 均匀分布 $U(a,b)$

若

$$X \sim \varphi(x) = \begin{cases} \dfrac{1}{b-a} & x \in (a,b) \\ 0 & \text{其他} \end{cases} \tag{1.52}$$

则称 X 服从 (a,b) 区间上的均匀分布,记为 $U(a,b)$,其密度函数 $\varphi(x)$ 如图 1.28 所示。显然有

$$\begin{cases} \varphi(x) \geqslant 0 \\ \displaystyle\int_a^b \dfrac{1}{b-a}\mathrm{d}x = 1 \end{cases}$$

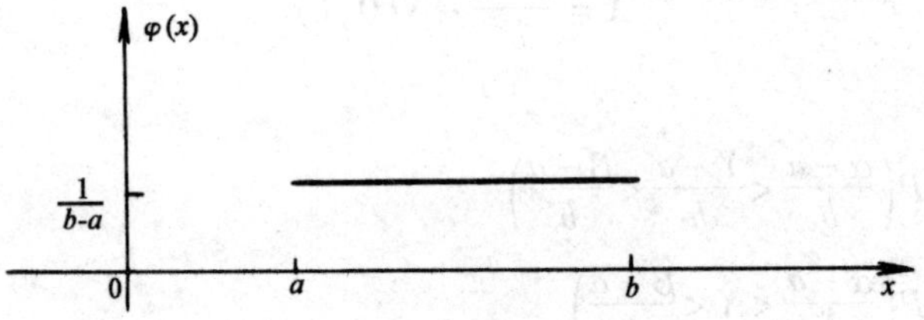

图 1.28

所以它满足对密度函数的两个条件,此密度的特点与离散型均匀分布每个可能值都有相等的概率类似,每个 x 点都有相等的概率密度值。此分布的概率计算非常简单,无需造表,当 $(\alpha,\beta) \subset (a,b)$ 时,有公式:

$$P(\alpha<X<\beta) = (\beta-\alpha)/(b-a) \tag{1.53}$$

【例 1.28】 设 $X \sim U(1,3)$,求 $P(0<X<1.5)$ 及 $P(1.5<X<4)$。

解 $P(0<X<1.5) = P(0<X<1) + P(1 \leqslant X<1.5)$

$= 0 + (1.5-1)/(3-1) = 0.5/2 = 1/4$

$P(1.5<X<4) = P(1.5<X \leqslant 3) + P(3<X<4)$

$= (3-1.5)/(3-1) + 0 = 1.5/2 = 3/4$

*1.6.10 二维连续型随机变量

1. 定义

设 X、Y 皆为连续型随机变量,有函数

$$f(x,y) = \begin{cases} \varphi(x,y) & x \in (a,b), y \in (c,d) \\ 0 & 其他 \end{cases}$$

满足

$$\begin{cases} f(x,y) \geqslant 0 \\ \int_a^b \mathrm{d}x \int_c^d \varphi(x,y) \mathrm{d}y = 1 \end{cases} \quad (1.54)$$

且

$$P(\alpha_1 < X < \beta_1, \alpha_2 < Y < \beta_2) = \int_{\alpha_1}^{\beta_1} \mathrm{d}x \int_{\alpha_2}^{\beta_2} f(x,y) \mathrm{d}y \quad (1.55)$$

则称 (X,Y) 为二维连续型随机变量;$f(x,y)$ 或 $\varphi(x,y)$ 被称为 (X,Y) 的联合概率密度函数或密度。

2. 边际密度

二维连续型随机变量 (X,Y) 的两个分量的密度函数可以从联合密度 $\varphi(x,y)$ 求出。结论为:

$$X \sim f_1(x) = \begin{cases} \varphi_1(x) & x \in (a,b) \\ 0 & 其他 \end{cases}$$

$$\varphi_1(x) = \int_c^d \varphi(x,y) \mathrm{d}y \quad (1.56)$$

$$Y \sim f_2(y) = \begin{cases} \varphi_2(y) & y \in (c,d) \\ 0 & 其他 \end{cases}$$

$$\varphi_2(y) = \int_a^b \varphi(x,y) \mathrm{d}x \quad (1.57)$$

公式 (1.56) 与离散时 $p_1 = \sum_j p_{1j}, \cdots, p_n = \sum_j p_{nj}$ 是很类似的,$\sum$ 是离散型的和,积分是连续型的和。

3. X、Y 相互独立的定义

若

$$\varphi(x,y) = \varphi_1(x) \cdot \varphi_2(y) \quad (1.58)$$

对 $x \in (a,b), y \in (c,d)$ 都成立,则称 X、Y 相互独立。

这个定义与古典概率时 A、B 两事件独立的定义为 $P(A \cdot B) = P(A) \cdot P(B)$ 也是类似的,只不过将概率改为密度函数了。

*1.6.11 二维正态分布 $N_2(a_1, a_2, b_1^2, b_2^2, r)$

若 (X,Y) 之联合密度函数

$$\varphi(x,y) = \frac{1}{2\pi b_1 b_2 \sqrt{1-r^2}} \exp\left\{-\frac{1}{2(1-r^2)}\left[\left(\frac{x-a_1}{b_1}\right)^2 \right.\right.$$
$$\left.\left. - 2r\left(\frac{x-a_1}{b_1}\right)\left(\frac{y-a_2}{b_2}\right) + \left(\frac{y-a_2}{b_2}\right)^2\right]\right\} \quad (1.59)$$

$$x \in (-\infty, +\infty); y \in (-\infty, +\infty); b_1 > 0; b_2 > 0$$

则称 (X,Y) 为二维正态分布，记为 $N_2(a_1, a_2, b_1^2, b_2^2, r)$，密度 $\varphi(x,y)$ 如图 1.29 所示。其曲面构成一个边缘向无穷伸展的钟形。

1.6.12 随机变量的函数的分布

若 X 为随机变量，则 $Y = f(x)$ 也为随机变量。

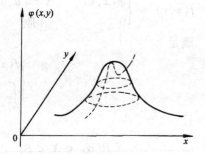

图 1.29

如离散型，当 $X = x_0$ 有概率 p_0 时，$X = x_0$ 对应之 $Y = f(x_0) = y_0$，它相应的概率也为 p_0。因为函数 $Y = y_0$ 来源于 $X = x_0$，故 $Y = y_0$ 的可能也即 $X = x_0$ 的可能。

这一节我们不引入公式，只以例题加以说明。

【例 1.29】 若 X 有概率函数

X	-2	-1	0	1/2	3/2	
P	0.05	0.1	0.5	0.2	0.15	1

求 $Y = 3X + 2$ 及 $Z = X^2$ 的概率函数。

解 当 $X = -2$ 时，$Y = 3 \cdot (-2) + 2 = -4$，$Z = (-2)^2 = 4$
它们相应的概率因为来自 $X = -2$，所以也为 0.05。我们可以容易地列出以下的表：

$Z = X^2$	4	1	0	0.25	2.25	
$Y = 3X + 2$	-4	-1	2	3.5	6.5	
X	-2	-1	0	0.5	1.5	
P	0.05	0.1	0.5	0.2	0.15	1

将此表中的 Y 与 P 两行构成的表即 Y 的概率函数；将 Z 与 P 两行构成的表即 Z 的概率函数。

【例 1.30】 设 (X,Y) 有以下二维联合分布：

概率 p_{ij}		Y					
		1	2	3	4	5	6
X	1	0.101	0.174	0.113	0.102	0.078	0.043
	2	0.101	0.099	0.064	0.025	0.020	0.017
	3	0	0.011	0.031	0.009	0.008	0.004
							1

求 $X+Y, X-Y, X^2$ 的概率函数。

解 由于 X、Y 都是等间隔取值，$X+Y$ 将按以下斜线方法取相同的值，只需将线中各结点的概率相加即可。

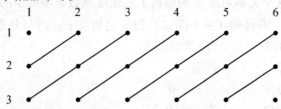

如此所得 $X+Y$ 之概率函数为：

$X+Y$	2	3	4	5	6	7	8	9	
P	0.101	0.275	0.212	0.177	0.134	0.072	0.025	0.004	1

类似有 $X-Y$

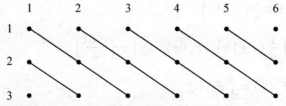

$X-Y$ 之概率函数按以上连线之概率相加，为：

$X-Y$	-5	-4	-3	-2	-1	0	1	2	
P	0.043	0.095	0.126	0.146	0.247	0.231	0.112	0	1

至于 X^2，要在二维联合分布中各行相加得出 X 这一边际分布，然后 X^2 为将边际分布之 X 值平方（如相同的值应合并将相应的概率相加），结果如下：

X^2	1	4	9	
X	1	2	3	
P	0.611	0.326	0.063	1

*当 X 为连续型随机变量时,要利用 X 的分布函数 $F_X(x)$ 才能求出 X 的函数的分布。由

$$F_X(x) = \int_{-\infty}^{x} \varphi_X(t)\,\mathrm{d}t \left(= \int_{a}^{x} \varphi_X(t)\,\mathrm{d}t \right) \tag{1.60}$$

式中 $\varphi_X(x)$——X 的密度函数。

若 $\varphi_X(x)$ 只在 $[a,b]$ 区间有定义时,积分下限由 $-\infty$ 改为 a。

所以

$$F_X'(x) = \varphi(x) \tag{1.61}$$

公式(1.60)与公式(1.61)是连续型随机变量 X 的分布函数 $F_X(x)$ 与密度函数 $\varphi_X(x)$ 的关系。这个关系对求 X 的函数 Y 的密度函数是不可少的。

*【例 1.31】 若已知 $X \sim U(0,2)$,即 X 之密度 $\varphi_X(x)$ 与分布函数 $F_X(x)$ 为:

$$\varphi_X(x) = \begin{cases} 1/2 & \text{当 } x \in (0,2) \\ 0 & \text{其他} \end{cases}$$

$$F_X(x) = \begin{cases} 0 & \text{当 } x < 0 \\ x/2 & \text{当 } x \in (0,2) \\ 1 & \text{当 } x \geq 2 \end{cases}$$

设 $Y = 4X - 1$。求 Y 的分布密度函数 $\varphi_Y(y)$。

解 由 Y 的分布函数 $F_Y(y)$ 之定义知

$$\begin{aligned} F_Y(y) &= P(Y \leq y) \\ &= P(4X - 1 \leq y) \\ &= P\left(X \leq \frac{1}{4}(y+1)\right) \\ &= F_X\left(\frac{1}{4}(y+1)\right) = F_X(u) \qquad \left(u = \frac{y+1}{4}\right) \end{aligned}$$

$$\begin{aligned} \varphi_Y(y) &= \frac{\mathrm{d}}{\mathrm{d}y} F_Y(y) = \frac{\mathrm{d}}{\mathrm{d}y} F_X(u) \\ &= \frac{\mathrm{d}}{\mathrm{d}u} F_Z(u) \cdot \frac{\mathrm{d}u}{\mathrm{d}y} \\ &= \varphi_X(u) \cdot \frac{1}{4} = \frac{1}{4} \varphi_X\left(\frac{y+1}{4}\right) \\ &= \begin{cases} \frac{1}{4} \times \frac{1}{2} & \text{当 } \frac{y+1}{4} \in (0,2) \\ 0 & \text{其他} \end{cases} \end{aligned}$$

而 $0 \leq \frac{y+1}{4} \leq 2$,可解得

$$-1 \leq y \leq 7$$

故 $\varphi_Y(y)$ 可写为

$$\varphi_Y(y) = \begin{cases} 1/8 & y \in (-1,7) \\ 0 & \text{其他} \end{cases}$$

这说明 $Y \sim U(-1,7)$。

*【例 1.32】 设 $X \sim \varphi_X(x)$ (a,b)

这表示密度函数为 $\begin{cases} \varphi_X(x) & x \in (a,b) \\ 0 & \text{其他} \end{cases}$ (1.62)

今后都如此约定，不再作出说明。

令 $Y = X^2$，求 Y 的密度 $\varphi_Y(y)$。

解 $F_Y(y) = P(Y \leqslant y) = P(X^2 \leqslant y)$

对 $y \geqslant 0$，有

$$F_Y(y) = P(|X| \leqslant \sqrt{y}) = P(-\sqrt{y} \leqslant X \leqslant \sqrt{y})$$
$$= F_X(\sqrt{y}) - F_X(-\sqrt{y})$$

故

$$\varphi_Y(y) = \frac{\mathrm{d}}{\mathrm{d}y} F_Y(y) = \frac{\mathrm{d}}{\mathrm{d}y} [F_X(u) - F_X(-u)]$$

其中 $u = \sqrt{y}$，于是

$$\varphi_Y(y) = \frac{\mathrm{d}}{\mathrm{d}y} [F_X(u) - F_X(-u)]$$
$$= \frac{\mathrm{d}}{\mathrm{d}u} [F_X(u) - F_X(-u)] \cdot \frac{\mathrm{d}u}{\mathrm{d}y}$$
$$= [\varphi_X(u) + \varphi_X(-u)] \cdot \frac{\mathrm{d}}{\mathrm{d}y}(\sqrt{y})$$
$$= [\varphi_X(\sqrt{y}) + \varphi_X(-\sqrt{y})] \cdot \left(\frac{1}{2\sqrt{y}}\right) \quad (1.63)$$

例 1.32 中的公式(1.62)及公式(1.63)都是普遍适用的公式。

§1.7 随机变量的数字特征

随机变量的概率函数或概率密度固然是我们对一个随机现象最彻底的了解，然而由此可以计算出的概率分布的中心位置、分散程度、是否对称等特征，是随机变量分布的带有特色的性质，这些性质精确到数字化，被称为数字特征。有时，我们只需了解这些特征已经足够了；有时，在已知分布的类型（如已知正态分布），需要确定此类型中的参数值[如 $N(\mu,\sigma^2)$ 中的 μ，σ^2 值]，决定了参数值，这个分布就完全被掌握了。而参数值往往就是分布的数字特征[如 $N(\mu,\sigma^2)$ 中的 μ 和 σ^2 就分别是分布的中心位置中的平均值和分布对此均值的分散程度之方差]。均值、方差都是分布的数字特征。

1.7.1 数学期望 $E[X]$

【例 1.33】 设有一个班共 92 个学生，其期终英语成绩如下：

成绩	差 (按45分计算)	中等 (65分)	良好 (75分)	优秀 (90分)	
人数	9	31	37	15	$\sum = 92$

若从 92 人中任抽取 1 人,其分数设为 X,则显然 X 是一随机变量,其可能值为 45,65,75,90,其相应的概率如以下之概率函数所示:

X	45	65	75	90	
P	9/92	31/92	37/92	15/92	1

现在,我们求此班的平均分数。

$$\text{平均分数} = \frac{1}{92}[45 \times 9 + 65 \times 31 + 75 \times 37 + 90 \times 15]$$
$$= 45 \times 9/92 + 65 \times 31/92 + 75 \times 37/92 + 90 \times 15/92$$
$$= 71.14$$

以上正是 X 的概率函数中 X 的取值与相应的概率相乘之和。

定义

(1) 若 X 为离散型随机变量,有概率函数:

X	x_1	x_2	...	x_n	
P	p_1	p_2	...	p_n	1

则 X 的数学期望 $E[X]$ 定义为

$$E[X] = \sum_i x_i p_i \tag{1.64}$$

若 X 的可能值为可列无穷时,以上之和号 $\sum$ 表示级数,要求此级数绝对收敛,否则认为数学期望不存在。

由例 1.33 知,数学期望的含义为平均值。

(2) 若 X 为连续型随机变量,有密度函数

$$\begin{cases} \varphi(x) & x \in (a,b) \\ 0 & \text{其他} \end{cases}$$

则 $E[X]$ 定义为

$$E[X] = \int_a^b x\varphi(x) \, \mathrm{d}x \tag{1.65}$$

其中,若 $a = -\infty$ 或 $b = +\infty$,或同时有 $a = -\infty, b = +\infty$,则公式(1.65)为广义积分,要求此广义积分绝对收敛,否则认为数学期望不存在。

【例 1.34】 若 X 为掷一质地均匀的骰子所得点数,求 X 的数学期望 $E[X]$。

解 由 X 的概率函数

X	1	2	3	4	5	6
P	1/6	1/6	1/6	1/6	1/6	1/6	1

知,$E[X] = 1 \times \frac{1}{6} + 2 \times \frac{1}{6} + \cdots + 6 \times \frac{1}{6}$

$= \frac{1}{6}(1 + 2 + 3 + 4 + 5 + 6) = 21/6$

$= 3.5$

对均匀分布来说,其平均值正在其对称中心,这与直观是一致的。

*【例 1.35】 设 $X \sim N(a, b^2)$,求 $E[X]$。

解 由密度 $\varphi(x) = \frac{1}{\sqrt{2\pi}b} e^{-\frac{1}{2}(\frac{x-a}{b})^2}$ $(-\infty, \infty)$ 及公式(1.65)得

$$E[X] = \frac{1}{\sqrt{2\pi}\,b} \int_{-\infty}^{\infty} x e^{-\frac{1}{2}(\frac{x-a}{b})^2} dx$$

令 $y = \frac{x - a}{\sqrt{2\pi}b}$, $dx = \sqrt{2}b dy$

$$E[X] = \frac{1}{\sqrt{2\pi}\,b} \int_{-\infty}^{\infty} (a + \sqrt{2}by) e^{-y^2} \cdot \sqrt{2}b dy$$

$$= \frac{a}{\sqrt{\pi}} \int_{-\infty}^{\infty} e^{-y^2} dy + \frac{\sqrt{2}b}{\sqrt{\pi}} \int_{-\infty}^{\infty} y e^{-y^2} dy$$

$$= \frac{a}{\sqrt{\pi}} \int_{-\infty}^{\infty} e^{-y^2} dy = a$$

因为 ye^{-y^2} 为奇函数,在任意$(-c, c)$中的积分为零。$\int_{-\infty}^{\infty} e^{-x^2} dx = \sqrt{\pi}$ 是微积分中的著名的泊松积分(或 $\Gamma(x)$ 中之 $\Gamma(1/2) = \sqrt{\pi}$)。

以上说明 $N(a, b^2)$ 中参数 a 正是数学期望 $E[X]$,我们常将 $E[X]$ 记为 μ,故以后常将 a 写为 μ。由于 $\varphi(x)$ 是对称的,其对称中心为 $x = a$,所以它正是平均值 $E[X]$。

【例 1.36】 设某地有可能地下有石油,我们在出租给外国勘探和自己勘探之间作出决策,有油、无油的概率已知分别为 0.4 及 0.6,两者给我们带来的收益(单位:亿元)如右表所示。问单从经济收益的观点看,该如何决策。

	经济收益(亿元)	
	有油	无油
出租	3	0
自探	10	−3
概率	0.4	0.6

解 设出租的收益为 X_1,其可能值为 3、0,相应的概率为 0.4、0.6,故

$$E[X_1] = 3 \times 0.4 + 0 \times 0.6 = 1.2$$

类似,自探的收益为 X_2

$$E[X_2] = 10 \times 0.4 + (-3) \times 0.6 = 2.2$$

后者的平均收益为 2.2 亿元,大于前者,故决策为自探。

1.7.2 方差及标准差

【例 1.37】 今有 X、Y 两个随机变量,各自的概率函数如下:

X	-10	-1	1	10	
P	0.4	0.1	0.1	0.4	1

Y	-10	-1	1	10	
P	0.1	0.4	0.4	0.1	1

求 X、Y 的数学期望 $E[X]$、$E[Y]$。

解 易证,由对称性知
$$E[X] = 0; \quad E[Y] = 0$$

上例中两者的期望相同皆为零。但从直观也可看出,两者的分布有很大不同,将分布作成图 1.30。

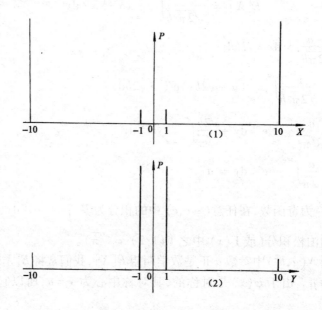

图 1.30

(1)中 80% 都距均值 0 很远,只有 20% 距均值 0 较近;而(2)正相反。虽然两者分布的差异如此之大,但在数学期望上却反映不出来,两者的期望值相等,皆为 0。可见,还应该有一个反映分布分散程度的特征数,这个特征数就是随机变量的方差。

1. 方差

定义 随机变量 X 的方差 $D[X]$ 或 $\sigma^2[X]$ 的定义为

$$D[X] = \begin{cases} \sum_i [x_i - E(X)]^2 p_i & \text{当 } X \text{ 为离散型} \\ \int_a^b [x - E(X)]^2 \varphi(x) \mathrm{d}x & \text{当 } X \text{ 为连续型} \end{cases} \quad (1.66)$$

其中,当 X 为离散型时设其概率函数为

X	x_1	x_2	$\cdots$	
P	p_1	p_2	$\cdots$	1

当 X 为连续型时,假设其密度函数为
$$\begin{cases} \varphi(x) & x \in (a,b) \\ 0 & \text{其他} \end{cases}$$

【例 1.38】 按例 1.37 之 X、Y 的概率函数,计算 $D[X]$,$D[Y]$。

解 由 $E[X] = E[Y] = 0$,代入公式(1.66)得
$$D[X] = \sum_{i=1}^{4} x_i^2 p_i$$
$$= (-10)^2 \times 0.4 + (-1)^2 \times 0.1 + 1^2 \times 0.1 + 10^2 \times 0.4$$
$$= 40 + 0.1 + 0.1 + 40 = 80.2$$
$$D[Y] = \sum_{i=1}^{4} y_i^2 p_i$$
$$= (-10)^2 \times 0.1 + (-1)^2 \times 0.4 + 1^2 \times 0.4 + 10^2 \times 0.1$$
$$= 10 + 0.4 + 0.4 + 10 = 20.8$$

两者相差很大,$D[Y] < D[X]$,说明 Y 的分散程度低,X 各可能值按其概率距中心位置 $E[X]$ 的分散程度很高。虽然它们的数学期望相同,但它们的方差不同,相差很大,表明了它们分布的状态不同。

将公式(1.66)写为另外一个形式,为
$$D[X] = E[(X - E(X))^2] \tag{1.67}$$
$$= E(X^2) - [E(X)]^2 \tag{1.68}$$

公式(1.68)我们稍后即可得到证明。公式(1.68)在计算上很方便,可以称为 $D[X]$ 的计算公式。

2. 标准差 $\sigma[X]$

定义 X 的标准差 $\sigma[X]$ 定义为
$$\sigma[X] = \sqrt{D[X]} \tag{1.69}$$

即方差的开方。因为在方差的计算中,X 的单位被平方了。如 X 表示树高,单位为米(m),而 $D[X] = \sum x_i^2 p_i - (E[X])^2$ 中 x_i^2 的单位变成平方米了,为了将单位仍与 X 原来的单位相同,故作开方。一般地说,标准差很少被直接计算,大多是先计算出方差,然后再开方就得到标准差了。以后我们会看到,在许多公式中标准差还是常常出现的。

1.7.3 数学期望与方差的性质

我们先将随机变量 X 的数学期望 $E[X]$ 与方差 $D[X]$ 的性质对比地列出,然后再加以证明(今后凡写出 $E[X]$ 及 $D[X]$ 皆表示它们都是存在的,不再每次声明)。

(1) 若 C 为常量,则
$$E[C] = C; \quad D[C] = 0 \tag{1.70}$$
(2) 若 C 为常量,则
$$E[CX] = CE[X]; \quad D[CX] = C^2 \cdot D[X] \tag{1.71}$$
(3) 若 X、Y 为两个随机变量,则
$$E[X \pm Y] = E[X] \pm E[Y] \tag{1.72}$$
当 X、Y 相互独立时,有
$$D[X \pm Y] = D[X] + D[Y] \tag{1.73}$$
(4) 若 X、Y 为两个随机变量,且相互独立,则
$$E[X \cdot Y] = E[X] \cdot E[Y] \tag{1.74}$$
(5) 若 X、Y 为两个随机变量,则
$$D[X \pm Y] = D[X] + D[Y] \pm 2\text{Cov}(X,Y) \tag{1.75}$$
其中
$$\text{Cov}(X,Y) = E[(X - E(X))(Y - E(Y))] \tag{1.76}$$
被称为 X、Y 的协方差,其计算上更为方便的公式为:
$$\text{Cov}(X,Y) = E[X \cdot Y] - E[X] \cdot E[Y] \tag{1.77}$$
由公式(1.71)及公式(1.74)易得公式(1.77)。

(6) 若 X、Y 相互独立,则
$$\text{Cov}(X,Y) = 0 \tag{1.78}$$
由公式(1.74)及公式(1.77)知 $\text{Cov}(X,Y)$ 是有量纲的量,量纲的改变会使协方差的值有很大的改变。为了使这个量不受量纲改变的影响,即使其变为量纲为 1 的量,定义
$$\rho(X,Y) = \text{Cov}(X,Y)/(\sigma(X) \cdot \sigma(Y)) \tag{1.79}$$
为 X、Y 的相关系数。*易证
$$\begin{cases} \text{若 } X\text{、}Y \text{ 相互独立} \Rightarrow \rho(X,Y) = 0 \\ \text{若 } Y = aX + b(a \neq 0) \Rightarrow \rho(X,Y) = \begin{cases} 1 & a > 0 \\ -1 & a < 0 \end{cases} \end{cases} \tag{1.80}$$

*1.7.4 随机变量 X 的矩

1. 定义

$$\nu_k = E[X^k] \tag{1.81}$$

被称为 X 的 k 阶原点矩。

$$\mu_k = E\left[(X - E(X))^k\right] \tag{1.82}$$

被称为 X 的 k 阶中心矩。

显然,X 的数学期望 $E[X]$ 为 X 的一阶原点矩,X 的方差 $E[(X - E(X))^2]$ 为 X 的二阶中心矩。

2. 矩的性质

所有的矩都受个别极端值的影响较大。这一点可从以下的例中看出。

【例 1.39】 设 X、Y 皆为离散型随机变量,且有以下概率函数。求 X,Y 的期望及方差。

X	1	2	3		
P	1/3	1/3	1/3	1	

Y	1	2	3	100	
P	0.3	0.3	0.3	0.1	1

解 显然有(由对称性及均匀分布)

$E[X] = 2$

$E[X^2] = 1 \times \dfrac{1}{3} + 4 \times \dfrac{1}{3} + 9 \times \dfrac{1}{3} = \dfrac{14}{3}$

$D[X] = \dfrac{14}{3} - 2^2 = \dfrac{2}{3}$

$E[Y] = 0.3 \times (1 + 2 + 3) + 100 \times 0.1 = 1.8 + 10 = 11.8$

$E[Y^2] = 0.3 \times (1 + 4 + 9) + 10\,000 \times 0.1$
$\qquad = 4.2 + 1\,000 = 1\,004.2$

$D[Y] = 1\,004.2 - 11.8^2 = 864.96$

可见 Y 的 3 个值 $E[Y]$、$E[Y^2]$、$D(Y)$ 都比 X 相应的 3 个值大得多。说明个别的极端值 100(概率 0.1)对这些矩的影响很大。

1.7.5 随机变量 X 的中位数、分位数与众数

1. 定义

设 $F(x)$ 为 X 的分布函数,则使 $F(x) = \dfrac{1}{2}$ 的 x 值被称为 X 的中位数。记为 $M_e(X)$。使 $F(x_1) = \dfrac{1}{4}, F(x_3) = \dfrac{3}{4}$ 的 x_1, x_3 被称为 X 的 4 分位数。

类似还可以有其他分位数。

设 $\varphi(x)$ 为 X 的密度函数(X 为连续型),则 $\varphi(x)$ 的极大值 x_0 被定义为 X 的众数,记为 $M_0(X)$。

若 X 为离散型,将其可能值按从小到大排列为 $x_1 < x_2 < \cdots < x_k < \cdots$,其相应的概率为 $p_1, p_2, \cdots, p_k, \cdots$。

若 $\qquad\qquad\qquad p_i > p_{i-1}$ 且 $p_i > p_{i+1}$

则称 x_i 为 X 的众数。

以上之中位数、分位数及众数有可能不存在,存在时也有可能不惟一。

2. 中位数、分位数及众数的性质

它们最重要的一个性质是,它们不是矩,不受个别极端值的影响,有影响也极小,因而是非常稳健的数字特征。这一性质受到近代统计学家的高度重视。

§1.8 常用统计分布表

名称	概率函数或密度函数	数学期望 $E[\xi]$	方差 $\sigma^2[\xi]$
两点分布 $\xi \sim (0-1)$	$P\left(\xi = {0 \atop 1}\right) = {p \atop q}$ $q = 1-p, 0 < p < 1$	p	pq
二项分布 $\xi \sim B(n,p)$	$P(\xi = m) = C_n^m p^m q^{n-m}$ $m = 0,1,\cdots,n, 0 < p < 1, q = 1-p$	np	npq
泊松分布 $\xi \sim P(\lambda)$	$P(\xi = m) = \dfrac{\lambda^m}{m!} e^{-\lambda}$ $m = 0,1,2,\cdots; \lambda > 0$	λ	λ
超几何分布 $\xi \sim H(n,M,N)$	$P(\xi = m) = C_M^m C_{N-M}^{n-m} / C_N^n$ $m = 0,1,2,\cdots,\min(M,n)$ n, M, N 为正整数, $0 \leq M \leq N$, $0 \leq n \leq N$	$\dfrac{nM}{N}$	$\dfrac{nM}{N} \cdot \dfrac{(N-n)(N-M)}{N \cdot (N-1)}$
均匀分布 $\xi \sim U[a,b]$	$f(x) = \begin{cases} \dfrac{1}{b-a} & x \in [a,b] \\ 0 & \text{其他} \end{cases}$	$\dfrac{a+b}{2}$	$\dfrac{(b-a)^2}{12}$
正态分布 $\xi \sim N(a,\sigma^2)$	$f(x) = \dfrac{1}{\sigma\sqrt{2\pi}} e^{-\frac{(x-a)^2}{2\sigma^2}}$ $\sigma > 0, -\infty < x < +\infty$	a	σ^2
指数分布 $\xi \sim e(\lambda)$	$f(x) = \begin{cases} \lambda e^{-\lambda x} & x \geq 0 \\ 0 & x < 0 \end{cases}$ $\lambda > 0$	$1/\lambda$	$1/\lambda^2$
威布尔分布 $\xi \sim W(\alpha,\beta,\delta)$	$f(x) = \begin{cases} \dfrac{\alpha}{\beta}(x-\delta)^{\alpha-1} e^{-\frac{(x-\delta)^\alpha}{\beta}}, & x \geq \delta \\ 0 & x < \delta \end{cases}$	$\beta^{1/\alpha} \Gamma\left(1 + \dfrac{1}{\alpha}\right) + \delta$	$\left[\Gamma\left(1+\dfrac{1}{\alpha}\right) - \Gamma^2\left(1+\dfrac{1}{\alpha}\right)\right]\beta^{2/\alpha}$
χ^2 分布 $\xi \sim \chi^2(k)$	$f(x) = \begin{cases} \dfrac{1}{2^{k/2} \Gamma(k/2)} x^{k/2-1} e^{-x/2} & x > 0 \\ 0 & x \leq 0 \end{cases}$	k	$2k$
t 分布 $\xi \sim t(k)$	$f(x) = \dfrac{\Gamma[(k+1)/2]}{\sqrt{k\pi}\, \Gamma(k/2)} \left(1 + \dfrac{x^2}{k}\right)^{-\frac{k+1}{2}}$ k 为正整数	0 $k > 1$	$\dfrac{k}{k-2} (k > 2)$
F 分布 $\xi \sim F(k_1,k_2)$	$f(x) = \begin{cases} \left(\dfrac{k_1}{k_2}\right)^{\frac{k_1}{2}} \dfrac{\Gamma\left(\dfrac{k_1+k_2}{2}\right) x^{\frac{k_1}{2}-1}}{\Gamma\left(\dfrac{k_1}{2}\right) \cdot \Gamma\left(\dfrac{k_2}{2}\right)\left(1+\dfrac{k_1}{k_2}x\right)^{\frac{k_1+k_2}{2}}}; & x > 0 \\ 0 & x \leq 0 \end{cases}$ $(k_1, k_2$ 为正整数$)$	$\dfrac{k_2}{k_2 - 2}$ $(k_2 > 2)$	$\dfrac{2k_2^2(k_1+k_2-2)}{k_1(k_2-2)^2(k_2-4)}$ $(k_2 > 4)$

(续)

名称	概率函数或密度函数	数学期望 $E[\xi]$	方差 $\sigma^2[\xi]$
截尾正态 $(\xi \geq x_0)$ $\xi \sim f(x/\xi \geq x_0)$	$f(x/\xi \geq x_0) = \dfrac{f(x)}{\int_{x_0}^{\infty} f(x)\mathrm{d}x}$ 其中 $f(x) = \dfrac{1}{b\sqrt{2\pi}}\exp\left\{-\dfrac{(x-a)^2}{2b^2}\right\}$	$a + \lambda b$ 其中 $\lambda = \dfrac{\Phi'\left(\dfrac{x_0-a}{b}\right)}{1-\Phi\left(\dfrac{x_0-a}{b}\right)}$	$b\lambda(x_0-a)+b^2(1-\lambda^2)$
负二项分布 $NB(k,r,p)$ $k=0,1,2,\cdots$	$P(\xi=k)=C_{k+r-1}^{k}p^r q^k$ $k=0,1,2,\cdots$	rq/p	rq/p^2
几何分布 $G(k,p)$	$P(\xi=k)=pq^{k-1}$ $k=1,2,\cdots$	$1/p$	q/p^2

*§1.9 大数定律与中心极限定理

1.9.1 车比雪夫不等式

设 X 为一随机变量,有数学期望 $E[X]=\mu$,方差 $D[X]=\sigma^2$,则

$$P(|X-\mu| \geq \varepsilon\sigma) \leq \frac{1}{\varepsilon^2} \tag{1.83}$$

或等价地,为

$$P(|X-\mu| \geq \varepsilon) \leq \sigma^2/\varepsilon^2 \tag{1.84}$$

或

$$P(|X-\mu| < \varepsilon) > 1 - \frac{\sigma^2}{\varepsilon^2} \tag{1.85}$$

证明 ① 当 X 为离散型

$$P(|X-\mu| \geq \varepsilon\sigma) = P((X-\mu)^2 \geq \varepsilon^2\sigma^2) = P\left(\left(\frac{X-\mu}{\varepsilon\sigma}\right)^2 \geq 1\right)$$

$$= \sum_{\left(\frac{x_i-\mu}{\varepsilon\sigma}\right)^2 \geq 1 \text{的}i} P_i \leq \sum_{\left(\frac{x_i-\mu}{\varepsilon\sigma}\right)^2 \geq 1 \text{的}i} \left(\frac{x_i-\mu}{\varepsilon\sigma}\right)^2 P_i$$

$$\leq \sum_{\text{所有的}i} \left(\frac{x_i-\mu}{\varepsilon\sigma}\right)^2 P_i = \frac{1}{\varepsilon^2\sigma^2}\sum_{\text{所有的}i}(x_i-\mu)^2 P_i = \frac{1}{\varepsilon^2\sigma^2} \cdot \sigma^2 = \frac{1}{\varepsilon^2}$$

② 当 X 为连续型,设其密度为 $\begin{cases} \varphi(x) & x \in (a,b) \\ 0 & \text{其他} \end{cases}$

$$P(|X-\mu| \geq \varepsilon\sigma)$$
$$= P((X-\mu)^2 \geq \varepsilon^2\sigma^2)$$

$$= \int_{(x-\mu)^2 \geq \varepsilon^2\sigma^2} \varphi(x)\mathrm{d}x \leq \int_{(x-\mu)^2 \geq \varepsilon^2\sigma^2} \left(\frac{x-\mu}{\varepsilon\sigma}\right)^2 \varphi(x)\mathrm{d}x$$

$$\leq \int_a^b \frac{(x-\mu)^2}{\varepsilon^2\sigma^2}\varphi(x)\mathrm{d}x = \frac{1}{\varepsilon^2\sigma^2}\int_a^b (x-\mu)^2\varphi(x)\mathrm{d}x$$

$$= \frac{1}{\varepsilon^2\sigma^2} \cdot \sigma^2 = \frac{1}{\varepsilon^2}$$

我们容易地从证明的过程看到,从公式(1.83)的左端出发经两次放大得到公式(1.83),所以这个不等式是很保险的。实际上,公式(1.83)式左端要比右端小得多,这一点可以从下面的例表明。

【例1.40】 设 $X \sim N(0,1)$。请将公式(1.83)具体写出 $\varepsilon = 1.96$ 的结果。

解 X 为标准正态分布,即 $\mu = 0, \sigma = 1$,代入公式(1.80)得

$$P(|X-\mu| \geq 1.96) = P(|X| < 1.96) \leq \frac{1}{(1.96)^2} = 0.26$$

而由查附表2计算

$$P(|X| \geq 1.96) = 1 - P(|X| < 1.96) = 1 - 0.95 = 0.05$$

0.05 远远小于 0.26,故由车比雪夫不等式得出的 $|X-\mu| > \varepsilon$ 的概率小于 0.26 的这一论断是非常保守的。车比雪夫不等式的主要应用是在以下理论方面。

1.9.2 引 理

若 $X_1, X_2, \cdots, X_k, \cdots$ 为一随机变量序列;μ_k, σ_k 为 X_k 之期望与方差($k = 1, 2, \cdots$),且 $\lim_{k \to \infty} \sigma_k = 0$ 则

$$\lim_{k \to \infty} P(|X_k - \mu_k| > \varepsilon) = 0 \tag{1.86}$$

证明 由公式(1.84)

$$P(|X_k - \mu_k| > \varepsilon) < \frac{\sigma_k^2}{\varepsilon} \to 0 \quad (k \to \infty)$$

公式(1.86)用语言来表述为:若随机变量序列的方差愈来愈小且趋于0,那么随机变量就变得几乎为一常量,这个常量就是它的期望值。

1.9.3 车比雪夫定理

设 $X_1, X_2, \cdots$ 为相互独立之随机变量序列,$E[X_k] = \mu_k, D[X_k] = \sigma_k^2, k = 1, 2, \cdots$;且有 $\sigma_k^2 \leq C$ 对一切 k 成立。则:

$$\lim_{n \to \infty} P\left\{\left|\frac{1}{n}\sum_{k=1}^n X_k - \frac{1}{n}\sum_{k=1}^n \mu_k\right| < \varepsilon\right\} = 1 \tag{1.87}$$

式中 C——某一常数;

$\varepsilon > 0$ 为任意常数。

证明 由

$$D\left[\frac{1}{n}\sum_{k=1}^{n}X_k\right] = \frac{1}{n^2}\sum_{k=1}^{n}D[X_k] = \frac{1}{n^2}\sum_{k=1}^{n}\sigma_k^2 \leq \frac{1}{n^2}\cdot nc = \frac{c}{n} \to 0(n\to\infty)$$

满足引理的条件,故按公式(1.86),有公式(1.84)成立。

1.9.4 贝努里(Bernoulli)定理

设有 n 次贝努里实验,$P(成功)=p$,$P(失败)=q=1-p$,n 次试验中成功的频率为 m/n,此频率依概率收敛于 p,即

$$\lim_{n\to\infty}P\left\{\left|\frac{m}{n}-p\right|<\varepsilon\right\}=1 \tag{1.88}$$

式中 $\varepsilon>0$ 为任意常量。

证明 n 次中成功的次数 m 可以认为是

$$m = \sum_{i=1}^{n}X_i$$

其中 X_i 皆为 0-1 分布

$$P(X_i=1)=p;\ P(X_i=0)=q=1-p.$$

显然,由常用统计分布表知:

$$E[X_i]=p;\ D[X_i]=pq$$

$$E[m]=E\left[\sum_{i=1}^{n}X_i\right]=\sum_{i=1}^{n}E[X_i]=\sum_{i=1}^{n}p=np$$

显然,可以找到 C(如取 $C=1$)使

$$D[X_i]=p\cdot q<C\quad i=1,2,\cdots$$

满足车比雪夫定理的条件,故公式(1.87)成立。在公式(1.88)中,

$$\frac{1}{n}\sum_{i=1}^{n}X_i = \frac{m}{n}$$

$$\frac{1}{n}\sum_{i=1}^{n}E[X_i] = \frac{1}{n}\left(\sum_{i=1}^{n}p\right) = \frac{1}{n}\cdot np = p$$

代入公式(1.87)即得公式(1.88)。

1.9.5 中心极限定理

设 $X_1,X_2,\cdots$ 为相互独立、同分布的随机变量序列,且有

$$E[X_i]=\mu,D[X_i]=\sigma^2\quad i=1,2,\cdots$$

令 $Z_n=\left(\sum_{i=1}^{n}X_i-n\mu\right)/\sqrt{n}\sigma$,$Z_n$ 的分布函数记为 $F_n(Z)$。
则

$$\lim_{n\to\infty}F_n(Z) = \frac{1}{\sqrt{2\pi}}\int_{-\infty}^{Z}e^{-\frac{x^2}{2}}dx \tag{1.89}$$

(证明从略)。

中心极限定理又称李亚普诺夫定理,它可一般地陈述为:当总和的每一项对总和都不起特别突出的作用时,大量相互独立的随机变量之和,或它们的算术平均是渐近正态分布的。此定理在1901年由俄国数学家李亚普诺夫给出了严谨的证明。

这个定理充分地说明了正态分布在数理统计中的特殊地位。

在数理统计的应用中,即使总体本身不是正态总体,当进行的抽样是大样本的重复抽样时,其样本的算术平均值 $\bar{x}$(称为样本均值)按中心极限定理,$\bar{x}$ 是近似正态分布的,这一点给整个数理统计的应用带来极大的、其他分布无法与之相比的方便。

【例 1.41】 设 $X \sim P(\lambda)$。则当 λ 充分大时,此泊松分布近似为正态分布。

解 首先证明,泊松分布具有可加证,即若 $X_1 \sim P(\lambda_1)$,$X_2 \sim P(\lambda_2)$,且 X_1、X_2 相互独立,则

$$X_1 + X_2 \sim P(\lambda_1 + \lambda_2) \tag{1.90}$$

因为

$$P(X_1 + X_2 = k)$$
$$= P(X_1 = k) \cdot P(X_2 = 0) + P(X_1 = k-1)P(X_2 = 1) + \cdots + P(X_1 = 0)P(X_2 = k)$$
$$= \frac{\lambda_1^k}{k!}e^{-\lambda_1} \cdot \frac{\lambda_2^0}{0!}e^{-\lambda_2} + \frac{\lambda_1^{k-1}}{(k-1)!}e^{-\lambda_1}\frac{\lambda_2}{1!}e^{-\lambda_2} + \cdots + \frac{\lambda_1^0}{0!}e^{-\lambda_1} \cdot \frac{\lambda_2^k}{k!}e^{-\lambda_2}$$
$$= e^{-(\lambda_1+\lambda_2)}\left[\frac{\lambda_1^k}{k!} \cdot \frac{\lambda_2^0}{0!} + \frac{\lambda_1^{k-1}}{(k-1)!} \cdot \frac{\lambda_2}{1!} + \cdots + \frac{\lambda_1^0}{0!} \cdot \frac{\lambda_2^k}{k!}\right]$$
$$= e^{-(\lambda_1+\lambda_2)} \cdot \frac{(\lambda_1 + \lambda_2)^k}{k!}$$

故公式(1.87)成立。

今 $X \sim P(\lambda)$,且 λ 充分大,可以认为

$$X = X_1 + X_2 + \cdots + X_n$$

$X_1, \cdots, X_n$ 相互独立,且 $X_i \sim P(\lambda/n)$,X 符合中心极限定理,故为渐近正态。

注 1 常用分布表中数学期望与方差的计算(部分分布)

ε_i	0	1
P	q	p

$i = 1, 2, \cdots, n; q = 1 - p$

(1) 二项分布 $\xi \sim B(n, p)$

则 $E[\xi] = np, \sigma^2[\xi] = npq$

证 设 ξ_i 为第 i 次试验'出现成功'的次数,显然,ξ_i 的可能取值为 0,1。设 $P\{出现成功\} = p, i = 1, 2, \cdots, n$。则 ξ_i 遵从两点分布,有概率函数

$$E[\xi_i] = 0 \cdot q + 1 \cdot p = p$$
$$\sigma^2[\xi_i] = (0-p)^2 \cdot q + (1-p)^2 \cdot p = pq。$$

故 n 次试验出现成功的次数 $\xi = \xi_1 + \xi_2 + \cdots + \xi_n$,且 $\xi_1, \cdots, \xi_n$ 相互独立,故

$$E[\xi] = E[\xi_1] + E[\xi_2] + \cdots + E[\xi_n] = p + p + \cdots + p = np$$
$$\sigma^2[\xi] = \sigma^2[\xi_1] + \sigma^2[\xi_2] + \cdots + \sigma^2[\xi_n] = pq + pq + \cdots + pq = npq。$$

(2) 泊松分布 $\xi \sim P(\lambda)$

则 $$E[\xi] = \lambda, \sigma^2[\xi] = \lambda$$

证 $E[\xi] = \sum_{k=1}^{\infty} k p(\xi = k) = \sum_{k=1}^{\infty} k \cdot \frac{\lambda^k}{k!} e^{-\lambda}$

$$= e^{-\lambda} \cdot \lambda \sum_{k=1}^{\infty} \frac{\lambda^{k-1}}{(k-1)!} = e^{-\lambda} \cdot \lambda \cdot e^{\lambda} = \lambda$$

$\sigma^2[\xi] = E[(\xi - E\xi)^2] = \sum_{k=0}^{\infty} (k - \lambda)^2 p(\xi = k)$

$$= \sum (k^2 - 2\lambda k + \lambda^2) \frac{\lambda^k}{k!} e^{-\lambda}$$

$$= \sum k^2 \frac{\lambda^k}{k!} e^{-\lambda} - 2\lambda^2 + \lambda^2$$

$$= \sum [k(k-1) + k] \frac{\lambda^k}{k!} e^{-\lambda} - \lambda^2$$

$$= \lambda^2 + \lambda - \lambda^2$$

$$= \lambda$$

(3) 均匀分布 $\xi \sim U[a, b]$

则 $$E[\xi] = (a+b)/2, \sigma^2[\xi] = (b-a)^2/12$$

证 由均匀分布 $U[a, b]$ 的概率密度 $f(x) = \frac{1}{b-a}$

故 $E[\xi] = \int_a^b x \cdot \frac{1}{b-a} dx = \frac{1}{b-a} \cdot \frac{x^2}{2} \Big|_a^b = \frac{1}{2(b-a)} (b^2 - a^2)$

$$= (a+b)/2$$

$\sigma^2[\xi] = E[\xi^2] - (E[\xi])^2 = \int_a^b x^2 \cdot \frac{1}{b-a} dx - \left(\frac{a+b}{2}\right)^2$

$$= \frac{1}{3(b-a)}(b^3 - a^3) - \frac{a^2 + 2ab + b^2}{4}$$

$$= \frac{4(b^2 + ab + a^2) - 3(a^2 + 2ab + b^2)}{12} = (b-a)^2/12$$

(4) 指数分布 $\xi \sim e(\lambda)$，密度函数

$$f(x) = \begin{cases} \lambda e^{-\lambda x} & x \geqslant 0 \\ 0 & x < 0 \end{cases}$$

则 $$E[\xi] = 1/\lambda, \sigma^2[\xi] = 1/\lambda^2$$

证 $E[\xi] = \int_0^{\infty} x \lambda e^{-\lambda x} dx = \lambda \int_0^{\infty} x e^{-\lambda x} dx$

$$= -\int_0^{\infty} x d e^{-\lambda x} = -\left[x e^{-\lambda x} \Big|_0^{\infty} - \int_0^{\infty} e^{-\lambda x} dx \right]$$

$$= \int_0^{\infty} e^{-\lambda x} dx = -\frac{1}{\lambda} e^{-\lambda x} \Big|_0^{\infty} = 1/\lambda$$

$E[\xi^2] = \int_0^{\infty} x^2 \lambda e^{-\lambda x} dx = -\int_0^{\infty} x^2 d e^{-\lambda x} = \int_0^{\infty} 2x e^{-\lambda x} dx = 2/\lambda^2$

$\sigma^2[\xi] = E[\xi^2] - (E[\xi])^2 = \frac{2}{\lambda^2} - \frac{1}{\lambda^2} = \frac{1}{\lambda^2}$

(5) $X \sim N(a, b^2)$；密度 $\varphi(x) = \frac{1}{\sqrt{2\pi} b} e^{-\frac{(x-a)^2}{2b^2}} \quad (-\infty, \infty)$

我们已知 $E[X] = a$，现在证明 $D[X] = b^2$。

证 $D[X] = E[(X - E(X))^2] = E[(X - a)^2] = \int_{-\infty}^{\infty} (x - a)^2 \varphi(x) dx$

$$= \frac{1}{\sqrt{2\pi}b}\int_{-\infty}^{\infty}(x-a)^2 e^{-\frac{(x-a)^2}{2b^2}}dx$$

令 $u = \dfrac{x-a}{b}, dx = bdu$ 代入上式

$$D[X] = \frac{1}{\sqrt{2\pi}b}\int_{-\infty}^{\infty} b^2 \cdot u^2 e^{-\frac{u^2}{2}} \cdot bdu$$

$$= \frac{b^2}{\sqrt{2\pi}}\int_{-\infty}^{\infty} u^2 e^{-\frac{u^2}{2}} du = b^2$$

因为 $\int_{-\infty}^{\infty} u^2 e^{-\frac{u^2}{2}} du = -\int_{-\infty}^{\infty} u d e^{-\frac{u^2}{2}}$

$$= -ue^{-\frac{u^2}{2}}\Big|_{-\infty}^{\infty} + \int_{-\infty}^{\infty} e^{-\frac{u^2}{2}} du = \sqrt{2\pi}$$

因为 $ue^{-\frac{u^2}{2}}\Big|_{-\infty}^{\infty} = 0$ 是由洛必大法则得出的,而

$$\int_{-\infty}^{\infty} e^{-\frac{u^2}{2}} du = \sqrt{2}\int_{-\infty}^{\infty} e^{-\left(\frac{u}{\sqrt{2}}\right)^2} d\left(\frac{u}{\sqrt{2}}\right)$$

再利用 $\int_{-\infty}^{\infty} e^{-x^2} dx = \sqrt{\pi}$ 这一著名泊松积分即得以上结果。

注2 不相关,即 $\mathrm{Cov}(X,Y) = 0$,但 X、Y 未必相互独立的例
① 设 (X,Y) 之联合概率函数如下表所示:

概率 p_{ij}		Y			Σ
		-1	0	1	
X	-1	1/8	1/8	1/8	3/8
	0	1/8	0	1/8	2/8
	1	1/8	1/8	1/8	3/8
Σ		3/8	2/8	3/8	1

容易从以上联合分布得出两个边际分布,分别为:

X	-1	0	1	
P	3/8	2/8	3/8	1

Y	-1	0	1	
P	3/8	2/8	3/8	1

由联合分布还可求出 $X \cdot Y$ 的概率函数为:

$X \cdot Y$	1	0	-1	0	0	0	-1	0	1
P	1/8	1/8	1/8	1/8	0	1/8	1/8	1/8	1/8

经合并得

$X \cdot Y$	-1	0	1	
P	2/8	4/8	2/8	1

$$\mathrm{Cov}(X,Y) = E[X \cdot Y] - E[X] \cdot E[Y]$$

$$= \left(-1 \times \frac{2}{8} + 0 \times \frac{4}{8} + 1 \times \frac{2}{8}\right) - \left(-1 \times \frac{3}{8} + 0 \times \frac{2}{8} + 1 \times \frac{3}{8}\right)$$

$$\times \left(-1 \times \frac{3}{8} + 0 \times \frac{2}{8} + 1 \times \frac{3}{8}\right)$$
$$= 0 + 0 \times 0 = 0$$

但 X, Y 不相互独立。因为
$$P(X=0, Y=0) = 0 \neq P(X=0)P(Y=0) = \frac{2}{8} \times \frac{2}{8} = \frac{1}{16}$$

② 设 $X \sim U(-1, 1)$

均匀分布的密度 $\varphi(x) = \begin{cases} 1/2 & x \in (-1, 1) \\ 0 & \text{其他} \end{cases}$

如图 1.31，由对称性知 $E[X] = 0$，令 $Y = X^2$，显然 X, Y 不相互独立，因为
$$P\left(X < \frac{1}{2}, Y = X^2 > \frac{1}{2}\right) = 0$$
$$\neq P\left(X < \frac{1}{2}\right) \cdot P\left(Y = X^2 > \frac{1}{2}\right)$$

以上由于 $X < \frac{1}{2}$ 与 $X^2 > \frac{1}{2}$ 不可能同时成立，所以同时成立的概率为 0。但显然有
$$P\left(X < \frac{1}{2}\right) \neq 0 \quad P\left(X^2 > \frac{1}{2}\right) \neq 0$$

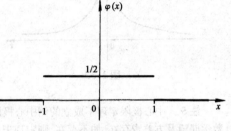

图 1.31

然而 X 与 $Y = X^2$ 不是(线性)相关的，由
$$\text{Cov}(X, Y = X^2) = E[X \cdot X^2] - E[X] \cdot E[X^2] = E[X^3] - 0 \cdot E[X^2] = 0$$

因为
$$E[X^3] = \int_{-1}^{1} x^3 \varphi(x) \mathrm{d}x = \frac{1}{2} \int_{-1}^{1} x^3 \mathrm{d}x = 0 \quad (x^3 \text{ 为奇函数})$$
$$E[X^2] = \int_{-1}^{1} x^2 \varphi(x) \mathrm{d}x = \frac{1}{2} \int_{-1}^{1} x^2 \mathrm{d}x = \frac{1}{6} x^3 \bigg|_{-1}^{1} = \frac{1}{6} \times (1+1) = \frac{1}{3}$$

注3 随机变量的数学期望不存在的例

设 $X \sim \varphi(x) = \frac{1}{\pi} \frac{1}{1+x^2} \quad (-\infty, \infty)$

有
$$\begin{cases} \varphi(x) \geq 0 \\ \int_{-\infty}^{\infty} \varphi(x) \mathrm{d}x = \frac{1}{\pi} \arctg x \bigg|_{-\infty}^{\infty} = \frac{1}{\pi}\left(\frac{\pi}{2} + \frac{\pi}{2}\right) = 1 \end{cases}$$

所以此 $\varphi(x)$ 的确为一概率密度函数，X 为一连续型随机变量。然而
$$\int_{-\infty}^{\infty} |x| \cdot \varphi(x) \mathrm{d}x = \frac{2}{\pi} \int_{0}^{\infty} \frac{x}{1+x^2} \mathrm{d}x = \infty$$

$x \cdot \varphi(x)$ 不绝对收敛，所以 X 的数学期望不存在。

以上的分布由此而变得著名，被称为哥西分布。

对一般的分布，绝大多数其期望都是存在的。

注4 正态分布 $\Rightarrow$ 单峰、对称、左右伸向无穷，且以 x 轴为渐近线，但反之不成立

反例① 如注3之哥西分布，其密度也有以上所说之性质，如图 1.32 所示。

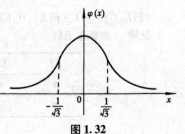

图 1.32

反例② $\varphi(x) = \frac{1}{2}e^{-|x|}$ $(-\infty, \infty)$ 也有以上所说之性质。此分布被称为拉普拉斯分布，其密度函数如图 1.33 所示。

反例③ 我们今后常用的统计学三大分布之一的 $t(k)$ 分布。k 为其自由度。图 1.34 为 $t(3)$ 分布的密度函数。

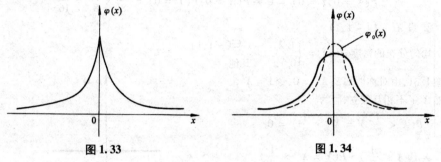

图 1.33　　　　　　　　　　图 1.34

注 5 中心极限定理不成立的例 中心极限定理要求随机变量序列中的每一个随机变量的数学期望及方差皆存在。如不存在，则定理未必成立。如：

$X_1, X_2, \cdots$ 为相互独立且同分布的随机变量，它们都服从注 3 的哥西分布（期望与方差皆不存在），即

$$X_i \sim \varphi(x) = \frac{1}{\pi(1+x^2)} \quad (-\infty, \infty)$$
$$i = 1, 2, 3, \cdots$$

则

$X = X_1 + X_2 + \cdots + X_n$ 仍为哥西分布，其密度函数为

$$\varphi_n(x) = \frac{1}{n\pi\left[1+\left(\frac{x}{n}\right)^2\right]} \quad (-\infty, \infty)$$

即 $\varphi_n(x)$ 并不以正态分布为其极限分布。
（证明从略）。

注 6 随机变量的数学期望与方差的性质的证明

(1) $E[C] = C, D[C] = 0$ 的证明

证明 $E[C] = C \cdot 1 = C$
$D[C] = E[C^2] - (E[C])^2 = C^2 \cdot 1 - (C)^2 = 0$

X^2	C^2	其他值
X	C	其他值
P	1	0

(2) $E[CX] = C \cdot E[X]$; $D[CX] = C^2 \cdot D[X]$ 的证明

证明 由概率函数

CX	Cx_1	Cx_2	$\cdots$	
X	x_1	x_2	$\cdots$	
P	p_1	p_2		1

得 $E[CX] = Cx_1 \cdot p_1 + Cx_2 \cdot p_2 + \cdots$
$ = C[x_1 p_1 + \cdots + x_k p_k + \cdots]$
$ = C \cdot E[X]$

$D[CX] = E\big[(CX - E(CX))^2\big]$
$ = E\big[(CX - CE[X]^2)\big]$
$ = E\big[C^2(X - E(X))^2\big]$
$ = C^2 \cdot E\big[(X - E(X))^2\big]$
$ = C^2 \cdot D[X]$

(3) $E[X+Y] = E[X] + E[Y]$ 的证明

证明 设 (X,Y) 的联合分布如下表:

概率		Y				$\sum$
		y_1	y_2	$\cdots$	y_m	
X	x_1	s_{11}	s_{12}	$\cdots$	s_{1m}	$p_1 = \sum_j s_{1j}$
	x_2	s_{21}	s_{22}	$\cdots$	s_{2m}	$p_2 = \sum_j s_{2j}$
	$\vdots$	$\vdots$	$\vdots$		$\vdots$	$\vdots$
	x_n	s_{n1}	s_{n2}	$\cdots$	s_{nm}	$p_n = \sum_j s_{nj}$
$\sum$		$\sum_i s_{i1} = q_1$	$\sum_i s_{i2} = q_2$	$\cdots$	$\sum_i s_{im} = q_m$	$\sum_{i,j} s_{ij} = 1$

$E[X+Y] = \sum_{i,j}(x_i + y_j)s_{ij} = \sum_{i,j} x_i s_{ij} + \sum_{i,j} y_j s_{ij}$
$ = \sum_i x_i \sum_j s_{ij} + \sum_j y_j \cdot \sum_i s_{ij}$
$ = \sum_i x_i \cdot p_i + \sum_j y_j \cdot q_j$
$ = E[X] + E[Y]$

若 (X,Y) 为连续型也可类似证明，只是要将和号 $\sum$ 改变为积分号，不赘述。

(4) $\mathrm{Cov}\,(X,Y) = E[X \cdot Y] - E[X] \cdot E[Y]$ 的证明

证明 由定义
$\mathrm{Cov}\,(X,Y) = E\big[(X - E(X))(Y - E(Y))\big]$
$\phantom{\mathrm{Cov}\,(X,Y)} = E[X \cdot Y - X \cdot E(Y) - Y \cdot E(X) + E(X) \cdot E(Y)]$
$\phantom{\mathrm{Cov}\,(X,Y)} = E[X \cdot Y] - E[X \cdot E(Y)] - E[Y \cdot E(X)] + E(X) \cdot E(Y)$
$\phantom{\mathrm{Cov}\,(X,Y)} = E[X \cdot Y] - E[X] \cdot E[Y] - E[Y] \cdot E[X] + E(X) \cdot E(Y)$
$\phantom{\mathrm{Cov}\,(X,Y)} = E[X \cdot Y] - E[X] \cdot E[Y]$

以上因为 $E[X]$、$E[Y]$ 已是常量，可以提到 E 的外边去。

(5) 若 $Y = aX + b\,(a \neq 0)$，则
$$\rho(X,Y) = \begin{cases} 1 & \text{当 } a > 0 \\ -1 & \text{当 } a < 0 \end{cases}$$
之证明

证明 由 $E[Y] = E[aX + b] = a \cdot E[X] + b$

$$\text{Cov}(X,Y) = E[X \cdot Y] - E[X] \cdot E[Y]$$
$$= E[X \cdot (aX+b)] - E[X] \cdot (aE[X]+b)$$
$$= a \cdot E[X^2] + bE[X] - a(E[X])^2 - bE[X])$$
$$= a[E[X^2] - (E[X])^2]$$
$$= a \cdot D[X]$$
$$\rho(X,Y) = \text{Cov}(X,Y)/(\sigma[X] \cdot \sigma[Y])$$

由 $D[Y] = D[aX+b] = a^2 \cdot D[X]$

故 $\rho(X,Y) = a \cdot D[X]/\sigma[X] \cdot \sqrt{a^2 \cdot D[X]}$
$$= a \cdot D[X]/|a| \cdot D[X]$$
$$= a/|a| = \begin{cases} 1 & \text{当 } a > 0 \\ -1 & \text{当 } a < 0 \end{cases}$$

(6) 若 X,Y 相互独立，则 $\text{Cov}(X,Y) = 0$ 的证明

证明 $\text{Cov}(X,Y) = E[X \cdot Y] - E[X] \cdot E[Y]$

当 X,Y 相互独立时有：
$$E[X \cdot Y] = E[X] \cdot E[Y]$$

代入上式即得 $\text{Cov}(X,Y) = 0$

(7) 当 X,Y 相互独立时，有 $E[X \cdot Y] = E[X] \cdot E[Y]$ 的证明

证明 仍以 (X,Y) 为离散型二维联合分布为例，联合分布如注6(3)所列。
$$E[X \cdot Y] = \sum_{i,j} x_i y_j \cdot s_{ij}$$

但由于 X,Y 相互独立，所以
$$s_{ij} = p_i \cdot q_j$$

对一切 $i = 1,\cdots,n, j = 1,\cdots,m$ 成立，代入上式有
$$E[X \cdot Y] = \sum_{i,j} x_i \cdot y_j \cdot p_i \cdot q_j$$
$$= \sum_i x_i p_i \cdot \sum_j y_j q_j$$
$$= E[X] \cdot E[Y]$$

(8) $D(X \pm Y) = D[X] + D[Y] \pm 2\text{Cov}(X,Y)$ 的证明

证明 $D[X+Y] = E[((X \pm Y) - E(X \pm Y))^2]$
$$= E[(X - E[X]) \pm (Y - E(Y))]^2$$
$$= E[(X-E(X))^2] + E[(Y-E(Y)^2)] \pm 2E[(X-E(X))(Y-E(Y))]$$
$$= D[X] + D[Y] \pm 2\text{Cov}(X,Y)$$

习 题 1

1. 射击3次，设 $A_i(i=1,2,3)$ 为第 i 次命中的事件。则至少一次命中的事件为（　）

a. $A_1 + A_2 + A_3$

b. $U - \overline{A}_1 \cdot \overline{A}_2 \cdot \overline{A}_3$

c. $A_1 + (A_2 - A_1) + ((A_3 - A_2) - A_1)$

d. $A_1 \cdot \overline{A}_2 \cdot \overline{A}_3 + \overline{A}_1 \cdot A_2 \cdot \overline{A}_3 + \overline{A}_1 \cdot \overline{A}_2 \cdot A_3$

2. 以上恰好2次命中的事件为（　）

a. $A_1A_2\bar{A}_3 + A_1\bar{A}_2A_3 + \bar{A}_1A_2A_3$
  b. $\overline{A_1A_2 + A_1A_3 + A_2A_3}$
  c. $A_1A_2\bar{A}_3 + A_1\bar{A}_2A_3 + \bar{A}_1A_2A_3 + A_1A_2A_3$
  d. $\overline{\bar{A}_1\bar{A}_2} + \overline{\bar{A}_1\bar{A}_3} + \overline{\bar{A}_2\bar{A}_3}$

3. 若 A、B 为两个相互独立的事件,则( )成立
  a. $P(\bar{A}\cdot\bar{B}) = 0$
  b. $P(B\mid A) = 0\ (P(A) \neq 0)$
  c. $P(\bar{A}\mid B) = 0\ (P(B) \neq 0)$
  d. $P(A+B) < 1$

4. 以下( )为互斥但非对立的事件。
  a. $|x-a| < \delta$ 与 $|x-a| \geq \delta$
  b. $x > 20$ 与 $|x| \leq 20$
  c. $x > 20$ 与 $x < 18$
  d. $x > 0$ 与 $x \leq 22$

5. 对事件 A、B,命题( )是正确的。
  a. 若 A、B 互斥,则 $\bar{A}$、$\bar{B}$ 互斥
  b. 若 A、B 独立,则 $\bar{A}$、$\bar{B}$ 独立
  c. 若 A、B 相容,则 $\bar{A}$、$\bar{B}$ 相容
  d. 若 A、B 对立,则 $\bar{A}$、$\bar{B}$ 对立

6. 以下( )是正确的。
  a. $A + A = A$
  b. $A + B = A + \bar{A}B$
  c. $A - B = A - AB$
  d. $(A - B) + B = A + B$
  e. $A + B = A\bar{B} + \bar{A}B$
  f. 若 $B \subset A$,则 $A + B = A$
  g. $P(A+B) \geq P(A) + P(B)$

7. 若 $P(A) > 0, P(B) > 0$ 且 $P(A\mid B) = P(A)$ 则( )成立。
  a. $P(B\mid A) = P(B)$
  b. $P(\bar{A}\mid \bar{B}) = P(\bar{A})\ \ (P(\bar{B}) \neq 0)$
  c. A, B 相容
  d. A, B 互斥

8. 设 A、B 为两事件,则 $\overline{\bar{A} + \bar{B}} = ($)。
  a. $A \cdot B$
  b. $\bar{A} \cdot \bar{B}$
  c. $\overline{A \cdot B}$
  d. $A + B$

9. 若 A、B 互不相容,则( )成立。
  a. $P(\bar{A} \cdot B) = 0$
  b. $P(B\mid \bar{A}) = 0$
  c. $P(A) = P(A+B) - P(B)$
  d. $1 - P(\bar{A} \cdot \bar{B}) \neq 0$

10. 事件 $A - B$ 与( )等价。
  a. $A - A \cdot B$
  b. $(A + B) - B$
  c. $\overline{A}\overline{B}$
  d. $A\bar{B}$

11. 当 $\bar{A}$、$\bar{B}$ 互不相容时,$P(\bar{A} + \bar{B}) = ($)。
  a. $1 - P(A) - P(B)$
  b. $P(\bar{A}) \cdot P(\bar{B})$
  c. 1
  d. 0

12. 已知 $P(A) > 0, P(B) > 0$。按从小到大排列以下值:$P(B), P(A+B), P(A\cdot B), P(A) + P(B)$

13. 若 $X \sim \varphi(x)(-\infty, +\infty)$ 则 $P(\alpha < X < \beta) = ($)
  a. $P(\alpha \leq X \leq \beta)$
  b. $\varphi(\beta)$
  c. $\varphi(\beta) - \varphi(\alpha)$
  d. $\varphi(x)$ 在 $[\alpha, \beta]$ 上曲边梯形的面积

14. 设 X 的分布函数为 $F(x)$,密度函数为 $\varphi(x)$。则 $P(1 < X < 3) = ($)。
  a. $\varphi(3) - \varphi(1)$
  b. $F(3) - F(1)$
  c. $\int_1^3 F(x)\,dx$
  d. $\int_1^3 \varphi(x)\,dx$
  e. $\int_1^3 F'(x)\,dx$

15. 设 $X \sim N(0,1)$;密度为 $\varphi_0(x)$,则( )成立。
  a. $\varphi_0(0) = 0.5$
  b. $\varphi_0(0) = 1/\sqrt{2\pi}$

c. $\varphi_0(0) = 0.3989$ d. $\int_{-\infty}^{0} \varphi_0(x)dx = 1/2$

e. $\lim_{x\to -\infty}\varphi_0(x) = 0$ 且 $\lim_{x\to +\infty}\varphi_0(x) = 0$ f. $\Phi_0(x) = \int_{-\infty}^{x}\varphi_0(u)du$ 为一对称函数。

16. 若 $X \sim N(0,1)$；$\Phi_0(x)$ 为 X 之分布函数，则（　　）成立。

     a. $\Phi_0'(x)$ 为 X 之密度函数   b. $\Phi_0(0) = 1/2$

     c. $\Phi_0(0) = 0$ d. $P(\alpha < X < \beta) = \Phi_0(\beta) - \Phi_0(\alpha)$

17. 若 $X \sim N(-1,2)$，则密度函数 $\varphi(x) = ($ $)$。

     a. $\frac{1}{\sqrt{2\pi}}e^{-\frac{(x+1)^2}{2}}$ $(-\infty, +\infty)$ b. $\frac{1}{2\sqrt{2\pi}}e^{-\frac{x^2}{4}}$ $(-\infty, +\infty)$

     c. $\frac{1}{2\sqrt{\pi}}e^{-\frac{(x+1)^2}{4}}$ $(-\infty, +\infty)$ d. $\frac{1}{2\sqrt{\pi}}e^{-\frac{(x-1)^2}{4}}$ $(-\infty, +\infty)$

18. 若 $X \sim N(-1,2)$，则 $P(-1 < X < 1) = ($ $)$。

     a. $P(|X| < 1) = 0.683 = 68.3\%$ b. $\int_{-1}^{1}\frac{1}{\sqrt{2\pi}}e^{-\frac{x^2}{2}}dx$

     c. $\Phi_0(1) - \Phi(-1) = 2\Phi_0(1) - 1$ d. $\Phi_0\left(\frac{2}{\sqrt{2}}\right) - \Phi_0(0) = \Phi_0(\sqrt{2}) - 0.5$

19. 若 $\begin{cases}\varphi(x) & x \in (a,b) \\ 0 & 其他\end{cases}$ 为 X 之密度函数，则（　　）成立。

     a. $E[X^2] = \int_{a}^{b}x^2\varphi(x)dx$ b. $E[\cos X] = \int_{a}^{b}\cos x \cdot \varphi(x)dx$

     c. 若 $a = -b$，且 $\varphi(x)$ 对 Y 轴对称，则 $E[X] = E[X^3] = 0$

     d. $E[\alpha \cdot X + \beta] = \alpha \cdot E[X] + \beta$ e. $E[X + X^2] = E[X] + E[X^2]$

20. 若 $\begin{cases}\varphi(x) & x \in (a,b) \\ 0 & 其他\end{cases}$ 为 X 的密度函数，则（　　）成立。

     a. $D[X] = \int_{a}^{b}x^2\varphi(x)dx$ b. $D[X] = E[X^2] - (E[X])^2$

     c. $E[X^2] - (E[X])^2 = 0$ d. $D[\alpha - X + \beta] = \alpha \cdot D[X] + \beta$

     e. $D[X^2] = (D[X])^2$

21. 以下陈述正确的有（　　）。

     a. 随机变量可以说是对一随机现象所有可能发生的事件的数量化表达。

     b. 如掷一骰子,可能出现的点数为 $1,2,3,4,5,6$ 共六种可能，我们定义变量 X 取值 -1，$-2,-3,-4,-5,-6$ 分别对应以上六种可能，则 X 也为一随机变量，也描述了掷一骰子这一随机现象。

     c. 离散型随机变量的分布函数 $F(x)$ 为一阶梯函数，此函数之跳跃点正是此随机变量的具有概率的孤立点。

     d. 随机变量只有离散型与连续型两种，非此即彼。

22. 若 $P(X = k) = \frac{1}{k(k+1)}(k = 1,2,3,\cdots)$，其他点均为概率零。问：$X$ 是否为一随机变量，以上函数可否构成一概率函数？

23. 已知 $Z \sim P(\lambda)(\lambda > 0)$ 及 $P(Z = 1) = P(Z = 2)$，求 λ 值、$P(Z = 4)$、$E[Z]$ 及 $D[Z]$。

24. 某长途汽车在甲、乙两城市间行驶，甲、乙两城距离 100 km。此汽车出现故障的地点距甲城的距离设为 X。已知 $X \sim U(0,100)$，求：(1) $P(X \leq 60)$；(2) $P(X > 75)$；(3) 汽车在距甲城 75 km 之内未发生故障的条件下，在其余 25 km 内发生故障的概率及在 $(75,90)$ 发生故障的概率。

25. 已知 $X \sim \varphi(x)$ $(-\infty, \infty)$

$$\varphi(x) = \begin{cases} 1/2 & 0 \leq x < 1 \\ Ax & 1 < x < 3 \\ 0 & \text{其他} \end{cases}$$

求 A。

26. 已知 $X \sim N(5,4)$。求 $P(3 < X < 7)$。

27. 已知 X 为离散型随机变量,其分布函数 $F(x)$ 为:

$$F(x) = \begin{cases} 0 & x < -1 \\ 0.3 & -1 \leq x < 0 \\ 0.4 & 0 \leq x < 3 \\ 1 & x \geq 3 \end{cases}$$

求 X 的概率分布列(即概率函数)。

28. 已知 $X \sim$ 密度 $\varphi(x) = \begin{cases} \dfrac{1}{2\sqrt{x}} & x \in (0,1) \\ 0 & \text{其他} \end{cases}$

求 X 的分布函数 $F(x)$。

*29. 已知 (X, Y) 的联合密度函数为:

$$\varphi(x, y) = \begin{cases} 1/\pi & \text{当 } x^2 + y^2 \leq 1 \\ 0 & \text{其他} \end{cases}$$

(1) 证明:$\varphi(x, y)$ 满足密度函数的条件。
(2) 求 (x, y) 的两个边际密度函数。
(3) 问 X, Y 是否相互独立?是否相关?

30. 设 X 为一离散型随机变量,其概率分布列如下,求 X 的分布函数 $F(x)$,并画出 $F(x)$ 的图形。

X	0	1	
P	3/8	5/8	1

31. 已知 $X \sim \varphi(x) = \begin{cases} \lambda e^{-\lambda x} & x \geq 0 \\ 0 & x < 0 \end{cases}$ $(\lambda > 0)$

求 X 的分布函数 $F(x)$ 及 $P(|X| \leq 1), P(-2 < X < 1)$。

32. 一副扑克52张,从中抽5张,令 X 为所抽5张中 K 个张数。求 X 的概率分布列(应对有放回之抽样及无放回抽样分别求出)。

33. 在52张扑克中作有放回的抽取,令 X 为一直到抽中 K 牌为止所抽的次数。求 X 的概率分布列。

34. 设 $X \sim 0$—1 分布;X 取 0 的概率为 X 取 1 的概率之3倍。求 X 的概率分布列。

35. 设 $X \sim B(n, 1/2)$,即有 $P(X = m) = C_n^m \left(\dfrac{1}{2}\right)^n$ $m = 0, 1, 2, \cdots, n$

求证:$\sum_{m=0}^{n} P(X = m) = 1$

36. 已知 X 的分布函数

$$F(x) = \begin{cases} 2x & 3 \leq x \leq 4 \\ 0 & \text{其他} \end{cases}$$

求:$P(3.6 < X < 3.7)$;X 之密度函数 $\varphi(x)$,并对 $\varphi(x)$、$F(x)$ 画图。

37. 设 $X \sim \varphi(x) = Ae^{-|x|}$ $(-\infty, +\infty)$

求 A 值,对 $\varphi(x)$ 作图,并求分布函数 $F(x)$(此分布为著名的拉普拉斯分布)。

38. 已知 X 的概率分布列为:

X	-1	1	2	
P	1/7	2/7	4/7	1

求:(1) X^2 的概率函数;

(2) $2X-1$ 的概率函数;

(3) $E[X^2]$ 及 $E[2X-1]$。

39. 某工厂生产某产品,一等品率为 82%,二等品率为 11%,等外品率为 7%,它们相应的产值分别为 1.5 元、0.6 元及 -0.4 元。求产值 X 的概率分布列;如每月平均产量为 200 件,那么每月的平均总产值为多少。

40. 设 $X \sim N(0,1)$,求:$P(X<1)$;$P(X>1.96)$;$P(X^2<4)$;$P(|X|<2.576)$;$P(X\leq 0)$;$P(X=1.96)$。

41. 已知 $X \sim N(-1.4,(0.8)^2)$,求:$P(X\leq 0)$;$P(-2<X<-1)$;$P(-2\leq X\leq -1)$;$P(|X+0.4|<0.3)$。

42. 设有 2 排灯泡,第一排有 3 只,第 2 排有 5 只,令 ξ,η 分别表示在某一时间内第一排和第二排灯泡烧坏的个数。设 (ξ,η) 的联合概率函数为

				η			
		0	1	2	3	4	5
ξ	0	0.01	0.01	0.03	0.05	0.07	0.09
	1	0.01	0.02	0.04	0.05	0.06	0.08
	2	0.01	0.03	0.05	0.05	0.05	0.06
	3	0.01	0.01	0.04	0.06	0.06	0.05

求:(1) 第一排烧坏的灯泡不超过 1 个;

(2) 第二排烧坏的灯泡 < 第一排烧坏的灯泡;

(3) 两排烧坏的灯泡数相等。

以上三事件的概率,及

(4) ξ,η 是否相互独立;

(5) $\xi+\eta$ 的概率函数;

(6) $\xi-\eta$ 的概率函数。

43. 一专业围棋手同时与 10 个业余围棋爱好者下棋,他对每一业余爱好者的胜率皆为 0.95。问他至少输一盘的概率为多少?至少输 2 盘的概率为多少?恰好胜 8 盘、输 2 盘的概率为多少?

44. 一袋内有 5 个球,球上记有号码分别为 1,2,3,4,5。今从中任取两球;方式 I 为有放回的;方式 II 为无放回的。求不同方式所得之样本空间 $\Omega(\text{I})$ 及 $\Omega(\text{II})$。又令随机变量 X,Y 所取之值即为球上的号码值,X 为第一次所抽球之号码,Y 为第二次抽得之球的号码,对不同方式 I、II,写出 (X,Y) 的联合分布,此联合分布的两个边际分布,并判断 X,Y 是否相互独立。

45. 某病房住 4 位病人,每个病人平均每小时有 15min 需要护理。问此病房需设几名护士比较合理。

46. 已知 $P(A)=0.4$,$P(A+B)=0.6$ 及 $P(B)>0$,$P(A|B)=0.5$,求 $P(B)$。

47. 设事件 A 表示城市 A 下雨,事件 B 表示城市 B 下雨,且 $P(A)=0.3$;$P(B)=0.2$,又 $P(A\cdot B)=0.1$。求 $P(B|A)$;$P(A|B)$;$P(A+B)$。

48. 设 $A_i(i=1,2,\cdots,6)$ 为第 i 个元件正常,且已知 $P(A_i) = 0.9(i=1,2,3,\cdots,6)$ 求按图 1.35a 及图 1.35b 从 I 到 J 通路正常的概率。

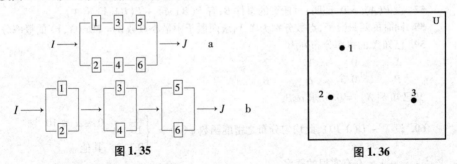

图 1.35 　　　　　　图 1.36

49. 如图 1.36,事件的概率按事件所围面积计算(设 U 的面积为1)。设事件 A 为点1,故有 $P(A) = 0$;事件 B 为点1、2、3 共3个点,也有 $P(B) = 0$。一方面 $P(A \cdot B) = P(A) = 0 = P(A) \cdot P(B)$ 故有 A,B 相互独立。而另一方面又有:$P(B|A) = 1$(因为 $A \subset B$)$\neq P(B) = 0$ 故 A、B 不独立。问:以上之矛盾如何解释。

50. 证明以下等式,其中 $\bar{x} = \frac{1}{n}\sum_{i=1}^{n} x_i$。

(1) $\sum_{i=1}^{n}(x_i - \bar{x}) = 0$

(2) $\sum_{i=1}^{n}\sum_{j=1}^{m}(x_{ij} - \bar{x}_i)(\bar{x}_i - \bar{x}) = 0$

其中
$$\bar{x}_i = \frac{1}{m}\sum_{j=1}^{m} x_{ij}$$
$$\bar{x} = \frac{1}{m \cdot n}\sum_{i=1}^{n}\sum_{j=1}^{m} x_{ij}$$

(3) $\sum_{i=1}^{n}(x_i - \bar{x})^2 = \sum_{i=1}^{n} x_i^2 - n\bar{x}^2$
$= \sum_{i=1}^{n} x_i^2 - \frac{1}{n}(\sum_{i=1}^{n} x_i)^2$

(4) $\sum_{i=1}^{n}(x_i - \bar{x})(y_i - \bar{y}) = \sum x_i y_i - \frac{1}{n}(\sum x_i)(\sum y_i)$
$= \sum_{i=1}^{n} x_i y_i - n \cdot \bar{x} \cdot \bar{y}$

其中 $\bar{y} = \frac{1}{n}\sum_{i=1}^{n} y_i$

(5) $\sum_{i=1}^{n}(x_i - \bar{x})(y_i - \bar{y}) = \sum_{i=1}^{n}(x_i - \bar{x})y_i$ 其中 $\bar{y} = \frac{1}{n}\sum_{i=1}^{n} y_i$。

51. 若事件 A、B 相互独立,且 $P(A) = 0.6, P(B) = 0.5$,求 $P(A|(A+B))$。

52. 若事件 A、B 互斥,且 $P(A) = 0.4, P(B) = 0.5$,求 $P(A|(A+B))$。

53. 设某理论真值 t 未知,从第 i 次试验所得之值为 $t+\omega$ 或 $t-\omega$,取此两值的概率各占 $1/2$ $(i=1,2,3\cdots)$。令 $\bar{t} = \frac{1}{n}\sum_{i=1}^{n} t_i (t_1, \cdots, t_n$ 相互独立) 求当 $n=1、2、3、4$ 时 $\bar{t}$ 的概率函数。

54. 以掷一骰子为例说明 $P(A) > P(A|B)$ 及 $P(A) < P(A|B)$ 都有可能出现。

55. 以面积为概率(可取全集 U 的面积为1)的图形方法为例,说明 $P(A) > P(A|B)$ 及 $P(A) < P(A|B)$ 都有可能出现。

56. 设某人每次射击的命中率皆为 0.3。问他至少要进行多少次独立射击才能使至少命中 1 次的概率大于等于 95%。

57. 设 $P(A) > 0$。证明:对任意的事件 B,有 $P(B|A) + P(\overline{B}|A) = 1$。

58. 同时掷两只骰子,点数分别为 X、Y,求两骰子中最小点数 $Z = \text{Min}(X,Y)$ 的概率分布列。

59. 已知 X 的概率分布列为

X	0	1	2
P	0.5	α	β

又已知 $E[X] = 0.6$。求 α, β。

60. 设 $X \sim U(0,10)$,此均匀分布之密度函数 $\varphi(x) = \begin{cases} \dfrac{1}{10} & 0 \leqslant x \leqslant 10 \\ 0 & \text{其他} \end{cases}$

求 $y^2 + xy + 1 = 0$ 有实根的概率。

61. 已知 $E[X] = 2, D[X] = 5$,求 $E[X^2]$。

62. 已知 $E[X] = 2.3, D[X] = 0.5$。

令 $Y = (X - 2.3)/\sqrt{0.5}, Z = X^2 - Y$

求 $E[Y], D[Y], E[Z]$。

63. 证明:$D[X] = E(X-C)^2 - (E(X)-C)^2$ 对任何常量 C 成立。此式的含义是什么?

64. 已知 $X \sim B(n,p)$,且 $E[X] = 12, D[X] = 8$,求 n, p。

65. 一批产品,每一件表面之疵点数 X 服从泊松分布 $P(\lambda)$,此批产品疵点数之平均值为 3,规定疵点数 $X \leqslant 1$ 的为优等品,价值 10 元;$1 < X \leqslant 4$ 的为中等品,价值 8 元;其余为次品,价值为 -3 元。求每件产品的平均价值。

66. 设 $X \sim B(1,p)$,证明 $D[X] \leqslant 1/4$。

67. 设有 40 个电子零件,其使用寿命 $T_1, \cdots, T_{40}$ 皆服从 $\lambda = 0.1[(\text{小时})^{-1}]$ 的指数分布,当第一个损坏时立即使用第二个,如此继续,令 T 为 40 个零件使用的总时间,求 T 超过(及等于)360 个小时的概率。

68. 设一商店负责供应一地区 1 000 人,某商品在一段时间内每人需用 1 件(2 件及 2 件以上忽略不计) 的概率为 0.7(设各人购买与否彼此独立),问商店应预备多少件这种商品才能以 99.7% 的概率保证不会脱销(假定每人最多买 1 件)。

69. 今有同样的机床 100 台,每台在某一固定的时间段 T 内停车的概率为 0.2。问 100 台机床同时工作,在时间 T 内停车的机床数不超过 10 台的概率及平均停车数。

70. 今有同样之机床 200 部,每部开动的概率为 0.8,各机床之开与关是相互独立的。开动时,每部(在某时间段 T) 消耗电能 16 个单位。问对此 200 部机床,在 T 时,电厂至少要供应多少单位电能,才能以 95% 的概率保证不致因供电不足而影响生产?

71. 估计以下概率:

(1) 废品率为 0.04,1 000 个产品中废品数多于 40 的概率。

(2) 100 个新生婴儿中,男孩数多于 30 但少于 50 的概率。

72. 某产品的寿命 X 服从指数分布,已知其平均寿命 $E[X] = 1 000(\text{小时})$,求 X 的概率密度函数,并计算 $P(1\ 000 < X < 1\ 200)$。

本章推荐阅读书目

[1] An Introduction to Liener and the Design and Analysis of Experiments. Lyman Ott., Duxbury Press, 1968.

[2] 统计决策论与贝叶斯分析. James O. Berger 著, 贾乃光译. 中国统计出版社, 1998.

[3] 统计分布. 方开泰, 许建伦. 科学出版社, 1987.

[4] 应用概率统计. 曾善玉. 科学出版社, 2000.

第1章附录

1. 伽玛函数 $\Gamma(a)$ 与贝塔函数 $B(a,b)$

(1) 定义

$$\Gamma(a) = \int_0^\infty x^{a-1} e^{-x} dx; \qquad a \geqslant 0$$

$$B(a,b) = \int_0^1 x^{a-1}(1-x)^{b-1} dx; \qquad a>0, b>0$$

(2) $\Gamma(a)$ 的性质

$$\Gamma\left(\frac{1}{2}\right) = \sqrt{\pi}$$

证 $\Gamma\left(\dfrac{1}{2}\right) = \int_0^\infty x^{-\frac{1}{2}} e^{-x} dx$

令 $y = x^{\frac{1}{2}}; x = y^2, dx = 2y dy$ 代入上式得

$$\Gamma\left(\frac{1}{2}\right) = \int_0^\infty \frac{1}{y} e^{-y^2} 2y dy = 2\int_0^\infty e^{-y^2} dy = \int_0^\infty e^{-y^2} dy = \sqrt{\pi}$$

(3) $B(a,b)$ 的性质

① $B(a,b) = B(b,a)$

证 $B(a,b) = \int_0^1 x^{a-1}(1-x)^b dx$

令 $y = 1-x; x = 1-y, dx = -dy$ 代入得

$$B(a,b) = \int_1^0 (1-y)^{a-1} y^{b-1}(-1) dy = \int_0^1 y^{b-1}(1-y)^{a-1} dy = B(b,a)$$

② $B(a,b) = \int_0^\infty \dfrac{y^{a-1}}{(1+y)^{a+b}} dy = \int_0^\infty \dfrac{x^{a-1}+x^{b-a}}{(1+x)^{a+b}} dx$

③ $B(a,b) = \dfrac{\Gamma(a) \cdot \Gamma(b)}{\Gamma(a+b)}$

2. 复合分布简介

【例】 设随机变量 $\varepsilon \sim B(N,p)$，而其中 N 也为随机变量，且 $N \sim P(\lambda)$ 这样，二维随机变量 (ε, N) 有

$$p(\varepsilon = k, N = n) = p(\varepsilon = k \mid N = n) \cdot p(N = n)$$

$$= C_n^k P^k (1-p)^{n-k} \cdot \frac{\lambda^n}{n!} e^{-\lambda}$$

$$= \frac{p^k e^{-\lambda}}{k!(n-k)!} \lambda^n (1-p)^{n-k}$$

故

$$p(\varepsilon = k) = \sum_{n=k}^\infty p(\varepsilon = k, N = n)$$

$$= \frac{p^k e^{-\lambda}}{k!} \sum_{n=k}^\infty \frac{\lambda^n (1-p)^{n-k}}{(n-k)!}$$

$$= \frac{(\lambda p)^k e^{-\lambda}}{k!} \sum_{n=k}^\infty \frac{(\lambda(1-p))^{n-k}}{(n-k)!}$$

$$= \frac{(\lambda p)^k e^{-\lambda}}{k!} \cdot e^{\lambda(1-p)} = \frac{(\lambda p)^k}{k!} e^{-\lambda p}$$

所以，ε 的复合分布为泊松分布，参数为 λp；其中 p 为二项分布的参数，λ 为泊松分布的参数。

以上说明，一个分布的参数本身又可以是随机变量。这个观点很重要，这正是贝叶斯统计学派的主要观点之一。

3. 关于概率的概念的贝叶斯观点简介

比如，我们问 2008 年北京发生地震的概率为多少，因为是指定 2008 年，所以不能进行重复试验，没有频率可言，从而也没有概率可言。然而，我们却可以根据经验给出它发生可能性的大小，这就是主观概率。还有的情形我们关心的问题本身也是不可重复的，如"明年的失业率？""某陆地或海域下有石油的可能性多大？""明天的足球赛中国队胜可能性多大？"等等，由于不可重复就没有频率，更没有频率与 n 充分大的稳定点，所以无概率可言。但我们却不能说以上的问题没有可能性可言，只能说它的可能性不能用频率来理解和体现。

贝叶斯学派认为不能大量重复的事件就无概率可言是难以接受的。所以认为概率是对事件发生机会（可能性）大小这一数量的个人信念。如某人认为明天的比赛胜比败的机会应大 1 倍，那么胜的概率就是 2/3，败的概率为 1/3。有人认为以上的概率有主观性，即主观随意性，贝叶斯派对此的答辩是：(1) 主观概率不是不受约束的滥用，比如概率要满足一致性，可交换性及公理系统（即我们概率的性质）等。(2) 抽样是对主观概率的修正，我们在下面利用贝叶斯公式给出一个例子来说明这一点。(3) 任何概率的定义不要说纯客观，就是近似客观也做不到，如上例感冒药的实验就不可能重复同一实验。

Good(1973) 说得十分精彩，他说："主观主义者直述他的判断，而客观主义者以假设做掩盖并以此享受着科学客观性的荣耀。"

【例】 孪生问题

设 M 表示同卵孪生，此时总是同性别的，或两男，或两女，概率相同。

D 表示异卵孪生，有可能性别不同。

$P(两男 | D) = 1/4, P(两女 | D) = 1/4, P(一男一女 | D) = 1/2$

（因为一男一女有男女或女男两种情况）

根据经验给出主观的先验概率

$$P(M) = 2/3 \Rightarrow P(D) = 1 - 2/3 = 1/3$$

任意抽一对孪生的孩子，发现是两男记为 BB，记 $P(M|BB)$ 为对先验概率 2/3 的修正，被称为后验概率，由贝叶斯定理

$$P(M|BB) = \frac{P(M)P(BB|M)}{P(BB)} = \frac{P(M)P(BB|M)}{P(M)P(BB|M) + P(D)P(BB|D)}$$

$$= \frac{1/3 \times 1/2}{2/3 \times 1/2 + 1/3 \times 1/4} = \frac{1/3}{5/12} = 4/5$$

以上只是说明主观概率可以通过抽样这一现实来加以修正，上例中只抽了一个样本。4/5 可以看成新的主观概率，再抽样本再进行修正，可以一直进行下去，最后得出更难可靠的概率值。

4. Subjective Probability and Bayes Theorem（引自本章推荐阅读书目）

The probabilities discussed in this chapter have all been objective in the sense that we have taken the probability of an event as being a property of the event itself. Statistics is sometimes placed in the framework of a different conception of probability——subjective, or personal, probability. This is the Bayesian approach to statistics. Here we can give only a very brief description of the ideas lying behind this approach.

Consider the hypothesis that there is life on Mars; let H denote this hypothesis and let $\bar{H}$ denote the opposite hypothesis, that Mars supports no life. Certainly, people have varying degrees of belief in H and say things like, "It is fairly likely that there is life on Mars" or "It is improbable that there is life on Mars." Adherents of the theory of subjective probability hold that it is possible to assign to H a probability $P(H)$ that represents numerically the degree of a person's belief in H. The idea is that $P(H)$ will be different for different people because they have different information about H and assess it in different ways. This conception of probability does not require ideas of repeated trials and the stabilizing of relative frequencies.

Setting aside the problem of how subjective probabilities are to be arrived at in the first place, we consider here only a method for modifying them in the light of new information or data.

Suppose a space probe equipped with a life-detection device has landed on Mars and has sent back a message saying that there is indeed life there. This new item of information, call it D (for data), will certainly alter our attitude towards the hypothesis H. But we know the device is not foolproof. Suppose we know from previous laboratory tests of the life-detection device that if there is life on Mars, then the chance that the device will report the existence of life, which we denote $P(D|H)$, has numerical value 0.8. Suppose we also know that if there is no life on Mars, then the chance that the device will report the existence of life, which we denote $P(D|\overline{H})$, has numerical value 1.

We are to computer a new probability $P(H|D)$ of the hypothesis given the data from the probe. Since personal probabilities are assumed to obey the rules of Section 4.3, we can proceed as follows. By the definition (4.8) of conditional probability, $P(H|D)$ is equal to P(H and D)/P(D), and applying the formula (4.9) to the numerator gives

$$P(H|D) = \frac{P(H) \times P(D|H)}{P(D)} \qquad (4.24)$$

Now D happens if "H and D" happens or if "$\overline{H}$ and D" happens. Therefore, by the addition rule (4.4)

$$P(D) = P(H \text{ and } D) + P(\overline{H} \text{ and } D)$$

Using the formula (4.9) on each of these last two terms now give

$$P(D) = P(H)P(D|H) + P(\overline{H})P(D|\overline{H})$$

Substituting this for the denominator (4.24) gives the answer

$$P(H|D) = \frac{P(H) \times P(D|H)}{P(H) \times P(D|H) + P(\overline{H}) \times P(D|\overline{H})}$$

This formula constitutes Bayes rule, or Bayes theorem. Given the prior probability $P(H)$ (and $P(\overline{H}) = 1 - P(H)$) and the respective probabilities $P(D|\overline{H})$ and $P(D|\overline{H})$ of observing the data D if H and $\overline{H}$ hold. We can use Bayes' rule to compute the posterior probability $P(H|D)$—the personal probability for H after the information in D has been taken into account. In our example $P(D|H) = 8$ and $P(D|\overline{H}) = 1$, so the formula gives

$$P(H|D) = \frac{8 \times P(H)}{8 \times P(H) + 1 \times P(\overline{H})}$$

If $P(H) = 0.3$ say so that $P(\overline{H}) = 0.7$ then $P(H|D) = 0.77$. Notice that $P(H|D)$ exceeds $P(H)$ here, observing D increases our personal probability of H because H explains D better than $\overline{H}$ does ($P(D|H) > P(D|\overline{H})$).

It is sometimes said that Bayes' theorem is controversial. This is only party true. If probabilities satisfy the rules of Section 4.3, then they must also satisfy Equation (4.25). The question that is disputed is whether probabilities can sensibly be assigned to hypotheses in the first place. Many people feel quite comfortable with the notion that a scientific hypothesis can be true with a certain probability. Many others find that idea hard to accept, and regard a scientific hypothesis as being simply true or false. They feel that probability has nothing to do with hypotheses as such, and they prefer to formulate all statistical and probability concepts within the framework of the objective, or frequency, theory of probability. That is the course we follow here. For a treatment of statistics from the subjective point of view, see Reference 4.4.

The contents of this section are in no way required for an understanding of the material in subsequent chapters.

5. 泊松过程简介

现在,我们只关心某一事件 E 的发生与否。

设 $Z(t)$ 表示在 $(0,t)$ 时间内 E 发生的次数,如电话交换台在 $(0,t)$ 内电话呼唤的次数,或某商场在 $(0,t)$ 内的顾客数。

显然,对任何 t 值,$Z(t)$ 都是一个随机变量。这种对任何 t 值为随机变量的情况可记为:
$$\{z(t); 0 \leq t < +\infty\}$$

假设

(1) E 在不相交的时间内发生的次数是相互独立的。

(2) $Z(t+h) - Z(t)$ 只与 h 有关,与 t 无关。

(3) $P\{Z(t+h) - Z(t) = 1\} = \lambda h + 0(h)$

$P\{Z(t+h) - Z(t) \geq 2\} = 0(h)$

则
$$P(Z(t) = m) = \frac{(\lambda t)^m}{m!} e^{-\lambda t} \quad m = 0, 1, 2, \cdots$$

其中 $\lambda > 0$,被称为事件流 E 的强度,以上的过程被称为泊松过程。

很多情况因不满足条件(3)而不属于泊松过程。如电话呼叫次数不但与时间间隔 h 的大小有关也与时刻 t 有关,高峰时刻 t 与低峰时刻 t 在同样间隔(比如5分钟内)呼叫次数显然不同。进入商场的人数也有高峰时刻与非高峰时刻,通过某一路段的汽车数也有高峰时刻与非高峰时刻的巨大差异,故它们都不是泊松过程。

比如医院急诊的病人数似乎就没有高峰与低峰时刻的差异,因为看急诊的都属于突发事件,可以近似看作只与间隔 h 有关,与时刻 t 无关,不过也仅仅是近似,因为如心脑血管疾病常发生于清晨,交通事故受伤又往往与车流量有关。总之,任何数学模型仅仅是现实的理想化的近似。

第 2 章 统计中的一些基本概念

【本章提要】 首先要确定研究的对象即总体,然后从中抽取一部分为样本,这种抽取要随机独立地进行,所得样本为简单随机样本。由样本所得到的数据构成我们能够应用的统计量,常用的统计量有样本均值和样本方差等。

§2.1 总 体

定义 1 总体是指研究对象的全体。

如研究在校的男、女大学生的身高,则每一在校大学生都是总体中的一个单元,男大学生身高这一数据之全体为男大学生身高的总体,女大学生身高数据的全体是女大学生身高的总体,两者合在一起又成为全体大学生身高的总体。如果不只研究在校男、女大学生的身高,而是同时研究每一同学的体重及身高与体重的关系,则总体为在校男、女大学生(身高,体重)这一总体。这个总体是二维总体,即每一单元都由一个二维数构成。

总体单元数为有限个时被称为有限总体,否则被称为无限总体。

在同一个大学生身上有许多可以研究的特性,如身高、体重、年龄、智商、外语程度、考试的成绩等,每一特性可被称为一个标志,每一标志可构成一个总体,也可联合几个标志一起构成多元(或多维)总体。如身高总体是由所有大学生的身高的数据构成的,每个总体单元都是一个身高的数据。这一数据是观测得到的,在实际观测中当然要先找到大学生,再对此大学生观测其身高,故有时也可把每一个大学生作为一个总体单元,但严格地说,还是大学生的身高为一个总体单元。

例如,北京市夏季的最高温度(或最高温差,即一天中最高气温与最低气温之差)总体,这一总体包含着未来的总体单元,所以它不但是无限总体而且还是不可能全部观测到的总体。再如,地球上每一点的重力加速度值所构成的总体也是不可能全部观测完的无限总体。而这样的总体往往尤其需要我们去研究。

再如,在 1954 年小儿麻痹症的疫苗发明之前,孩子们的父母对小儿麻痹症是非常恐慌的。为了证明所发明的疫苗有效,当时抽取了共 40 万个儿童,并分为两组,一组注射疫苗,另一组不注射(常被称为对照组),结果后者患小儿麻痹的数量(接近 200 例)是前者的 3 倍以上,这说明疫苗是有效的。后来的儿童就都注射疫苗了。随着时间的推移,一代一代儿童其总体是个无限总体,不是一个已经存在着的实体,是概念上的总体。

又如,我们想知道某人张三的英语水平,他的水平是 $[0,100]$(百分制)中的一个点,可以认为此点是一个客观真值,但此真值是未知的。为了得到这个真值的近似值,我们对他可以进行许多次的考试,不论考试次数 n 多大,也只是样本,不可能观测到总体的每一单元,这个总体就是非实体的概念上的总体,也是无限总体。

在研究某一感冒药的疗效时,被观测的某一感冒病人即为一个实验单元,其疗效所规定的某个或某些数据为总体单元。如,此人过一段时间又患感冒,且又被观测,则此人又一次成为实验单元。再如研究某种汽车车胎的耐磨性,实验是将车胎安装在汽车上行驶若干公里,但由于汽车可安装不只一个车胎,一次实验可获得不只一个数据,故一次实验可以得到不只一个总体单元的观测值。

定义 2 若在某一总体中任意抽取一个单元,观测其值 X,则 X 为一随机变量,X 的分布也被称为总体的分布。

例如,今有一大批种子,其发芽率为 p,则从中任取一粒种子,若种子发芽则取 $X=1$,若在发芽实验中此粒种子为不发芽的,取 $X=0$,则 X 的分布为

$$X = \begin{cases} 1 & \text{概率 } p \\ 0 & \text{概率 } q = 1-p \end{cases}$$

这个分布(为 0—1 两点分布)也正是总体的分布,即总体中发芽的占 p,不发芽的占 $1-p$。

将以上种子的发芽改为造林的成活也完全一样,p 从发芽率改为成活率。

定义 2 中任意抽取一个单元的任意是指随机的抽取,所谓随机就是要保证总体的每一个单元都有同等的可能被抽中。换言之,随机的反面就是选择。如在药物实验中实验者选择身体条件好的病人用药,那么所得出的药物有效率就是不可靠的,与有效率的真值可能相差很远。当抽样保证具有随机性时,样本的每一个观测值才与总体同分布,从而可以通过样本来描述、推断、预报总体的性质,这一点正是我们在抽样设计方法中最重要的一个原则。

§2.2 样 本

定义 3 总体的一部分被称为样本。

显然,样本单元也都是总体单元,是从总体中抽出来的。

注意,数理统计与统计学的区别主要在于,前者是由样本来认识、描述、估计、预报总体的,其中的方法主要是数学的方法。而统计学常常是对总体直接观测记录。数理统计中的样本都要求是随机样本,否则定义 2 不能成立。以下着重说明随机抽样的方法。

2.2.1 随机抽样的方法

1. 简单随机抽样

随机即没有任何(有意的或无意的)挑选。或者说,总体中的每一个单元都有同等的机会被抽中。在不重复抽样中,若总体为有限的,设总体单元数为 N,要从中抽取 n 个样本,共有 C_N^n 种不同的可能,若其中每一种可能都有同等的机会被抽中,则称为此抽样是随机的。

为了保证没有任何挑选(包括无意的挑选),常用的方法为随机数字表或随机数 RAN(或 RND)方法。

(1)随机数字表法。给总体中每个单元编以号码$1,2,3,\cdots,N$。设$N=350$,要抽$n=50$个样本,从随机数字表中任取三列构成3位数,按事先规定的从左至右或从上至下的顺序取,当数在 001~350 之间时,则该号入样,当数在 401~750 时,该数减 400 后入样,其余 000, 351~400, 751~999 皆不要。重复号码仍入样为重复抽样,否则为不重复抽样。

随机数字表中从 0~9 的数字是没有任何规律地出现的,每个数字出现的频率应近似为 1/10,每个数字的出现与其上下左右等其他数字的出现与否应是无关的,即没有任何规律的。以上随机和独立的两个性质是要由统计检验来保证的。

(2)RAN(或 RND)是$[0,1]$区间内按均匀分布随机出现的一个数,其随机性由 RAN 的设计者保证,也保证各数出现的顺序无任何规律。若想得到$[a,b]$区间的随机数,可由公式 $a+\text{RAN}(或 \text{RND})\cdot(b-a)$ 得到。

本书所有的理论都是在假定了样本为简单随机样本的前提下做出的。除了这一抽样方法之外,还有以下的常用抽样方法,对这些方法以下只是简略地介绍,本书后列有参考文献,其中抽样技术即是专门研究和介绍抽样方法的。

2. 系统抽样法(又称机械抽样法)

选一正整数k,将总体中的N个个体逐个排列如下:
$$1,2,\cdots,k$$
$$k+1,k+2,\cdots,2k$$
$$2k+1,2k+2,\cdots,3k$$

直至排到N为止,对号码$1,2,\cdots,k$作随机抽样(常常只抽一个),若i入样,则$k+i,2k+i,3k+i,\cdots$皆入样。

如在森林资源清查中,将欲估总林地按平面图打成大小相等的网格,按横向或纵向每隔若干个抽取一个方格进行观测。又如工业产品检验中可设计为比如每5分钟检验一件产品等都叫系统抽样。当规定了每隔多少抽一个之后,如确定了第一个,以后的就随之定下来了。比如每5个抽取一个,那么如5个可以抽第1个或第2个…,或第5个,不论抽哪一个,后边的都随之决定了,所以共只有5种不同的方法。系统抽样简易方便,但要注意如果总体在地理分布或时间分布上有某种周期性,这时要注意抽样的间隔与总体周期互素,即它们的最大公约数为1才好。

3. 分层抽样

如在森林资源清查中已知总体中的有林地、无林地的面积,或针叶林、阔叶林、混交林的面积之后,可以分别把每一类当做小总体分别抽样,然后以各类面积作权重进行计算。

又如针对某问题向某城市居民进行民意测验的调查中,可将居民分成工人家庭、农民家庭、知识分子家庭、一般市民等若干类,如果已知各类居民所占比例即可按对每类居民作独立抽样,调查后作结论时应按各类居民数的比例进行计算总结。

这一方法必须知道总体中各类的面积或居民数所占的比例等权重情况,否则将无法计算。

4. 其他抽样方法

除以上三种之外,还有成团抽样、二阶抽样、多阶抽样等方法。这些属于抽样设计的内容。不同的方法有不同的要求和不同的计算公式,在抽样设计中有专门的讨论。可参看许宝禄著《抽样论》。

2.2.2 统计资料的分组及作图

1. 分组作图

【例 2.1】 从一个班抽 96 个同学,他们的外语考分从 20 分到 100 分,很分散,即使作图其分布的特点也不容易表现出来。故常用的方法是分组整理,如:

组号 i	1	2	3	4	5	6	7	8
各组上下限	[20~30)	[30,40)	[40,50)	[50,60)	[60,70)	[70,80)	[80,90)	[90,100]
组中值	25	35	45	55	65	75	85	95
频数 f_i	3	5	8	10	14	20	19	17
频率 p_i	0.03	0.05	0.08	0.10	0.15	0.21	0.20	0.18
累积频率 F_i	0.03	0.08	0.16	0.26	0.41	0.62	0.82	1

将频率及累积频率绘成图分别如图 2.1 和图 2.2 所示。

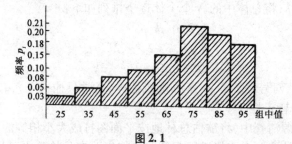

图 2.1

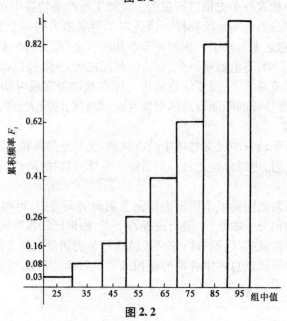

图 2.2

2. 确定组数的 Sturges(斯特捷斯)的经验法则

观测数	近似的组数	观测数	近似的组数
$2^3 = 8 \sim 2^4 = 16$	4	$2^7 = 128 \sim 2^8 = 256$	8
$2^4 = 16 \sim 2^5 = 32$	5	$2^8 = 256 \sim 2^9 = 512$	9
$2^5 = 32 \sim 2^6 = 64$	6	以下类似	以下类似
$2^6 = 64 \sim 2^7 = 128$	7		

3. 茎叶图

例如,今有百分制的某科考试结果,数据共 56 个如下:

```
83   69   82   72   63   88   92   81   54   47
86   17  100   27   57   79   84   99   74   85
71   94   71    8   39   66   72   94   80   51
68   81   84   92   63   99   91  100   21   44
49   82   89   96   75   83   93   74   77   81
57   38   40   55   62   60
```

将数据之十位数写成以下之竖线左侧,将个位数写于右侧,则全部数据可记为:

```
 0 | 8
 1 | 7
 2 | 7 1
 3 | 6 9 8
 4 | 7 4 9 0
 5 | 4 7 1 7 5
 6 | 9 3 6 8 3 2 0
 7 | 2 9 4 1 1 2 5 4 7
 8 | 3 2 8 1 4 5 0 4 2 9 3 1 1
 9 | 2 9 4 2 9 1 6 3
10 | 0 0
```

这种记法本身就把分布情况表现出来了,将上图逆时针旋转 90°,即分布状态图。

4. 资料分组中组距不同的情形

在例 2.1 中,若 45 分以下为不及格且不准补考必须重修者,45~59 分为不及格但准许补考者,60~75 分记为中,75~89 分记为良,90 分及以上记为优。设数据分组后如下表:

组号 i	1	2	3	4	5
各组上下限	[0,45)	[45,60)	[60,75)	[75,90)	[90,100]
组中值	22.5	52.5	67.5	82.5	95
频率 f_i	0.12	0.14	0.26	0.30	0.18
累积频率 F_i	0.12	0.26	0.52	0.82	1.00

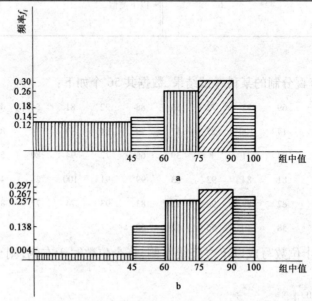

图 2.3

图 2.3 中 a 是不对的，b 是对的。b 要使得[0,45)组中所占的面积为 0.12，各组高应为

$$0.12/45 = 0.002\ 67 \qquad 0.14/15 = 0.009\ 3$$
$$0.26/15 = 0.017\ 3 \qquad 0.30/15 = 0.020\ 0$$
$$0.18/10 = 0.018$$
$$0.002\ 67 + 0.009\ 3 + 0.017\ 3 + 0.02 + 0.018 = 0.067\ 3$$

各组所占比例(总面积为1)为：

$$0.002\ 67/0.067\ 3 = 0.039\ 6 \approx 0.04$$
$$0.009\ 3/0.067\ 3 = 0.138$$
$$0.017\ 3/0.067\ 3 = 0.257$$
$$0.02/0.067\ 3 = 0.297$$
$$0.018/0.067\ 3 = 0.267$$

5. 频率及累积频率折线图

【例 2.2】 按例 2.1 的数据，以组中值为自变量，频率值或累积频率值为因变量各得出 8 个点，将这 8 个点用直线连结起来即形成折线图，如图 2.4 所示。其中 a 为频率折线图，它表明数据分布的状态，是否有对称，在哪里有高峰，有几个高峰等。b 为累积频率折线图，它总是增函数，总是最后到达 1，斜率高的陡峭部分说明

在相应的组频率增加得快,有此折线后,对自变量的任何点都可得出累积到此点的累积频率之近似值。

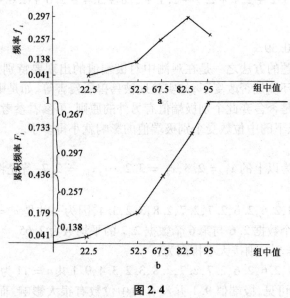

图 2.4

§2.3 数据的特征值

2.3.1 描述数据中心位置的特征值:算术平均数 $\bar{x}$;中位数 m_e、众数 m_0

1. 算术平均数 $\bar{x}$

定义为

$$\bar{x} = \frac{1}{n}\sum_{i=1}^{n} x_i \tag{2.1}$$

如果数据是分组整理过中,$x_{(i)}$ 为第 i 组的组中值,f_i 为第 i 组的频数,则有

$$\bar{x} = \frac{1}{n}\sum_{i=1}^{k} f_i x_{(i)} \tag{2.2}$$

其中 k 为组数,公式(2.2)又称为以 f_i 为权重的加权平均。

$\bar{x}$ 的优点主要是:①中心极限定理推出的,当 n 充分大时,$\bar{x}$ 为近似正态分布(每个样本所来自的总体可以是任意分布的)。②$D(\bar{x}) = \sigma^2/n$,方差为总体方差的 $1/n$ 倍,从而使 $\bar{x}$ 的抽样误差为只抽一个样本时的 $1/\sqrt{n}$ 倍,当 n 很大时,误差大大减少,精度提高。但算术平均数也有它的缺点,即它的值受个别极端大或极端小的值的影响较大,如有数据:

$x_1 = 2.3, x_2 = 3.2, x_3 = 2.1, x_4 = 2.7, x_5 = 2.1, x_6 = 2.8, x_7 = 3.4, x_8 = 2.6, x_9 = 2.6, x_{10} = 2.7$,得平均数

$$\bar{x} = \frac{1}{10}(2.3 + 3.2 + 2.1 + 2.7 + 2.1 + 2.8 + 3.4 + 2.6 + 2.6 + 2.7) = 2.65$$

现在如有一极端值 $x_{11} = 9.1$，则平均数改为：

$$\bar{x} = \frac{1}{11}(2.3 + 3.2 + 2.1 + 2.7 + 2.1 + 2.8 + 3.4 + 2.6 + 2.6 + 2.7 + 9.1)$$
$$= 3.24$$

平均数增加了约 0.59。

解决这个问题的方法之一是在观测中对极端值的出现要特别加以注意核实，观察实验条件或环境是否改变了，如实验地被鸟兽所侵害等。如是则舍弃这个极端值，如不是，那么是否舍弃此个别极端值有另外的原则。可参看参考文献[18]。

比较起来，以下的中位数受个别极端值的影响就小得多了。

2. 中位数 m_e

设有数据仍为以上的 $x_1 = 2.3, x_2 = 3.2, \cdots, x_{10} = 2.7$，首先将数据按大小排列如下：

2.1, 2.1, 2.3, 2.6, 2.6, 2.7, 2.7, 2.8, 3.2, 3.4，因为一共是 $n = 10$ 个数据，中位数为中间第 5 个数据 2.6 与第 6 个数据 2.7 的平均数为 2.65。

如增加 $x_{11} = 9.1$ 则按大小排列为：

2.1, 2.1, 2.3, 2.6, 2.6, 2.7, 2.7, 2.8, 3.2, 3.4, 9.1 共 $n = 11$ 为奇数，中位数为第 6 个数据 2.7，可见，极端值 9.1 并没有对中位数有很大影响。而平均数则变为 3.24（增加 0.59）。当然，对数据变化的稳健性增加了，那么敏锐性就减低了。

如数据为分组形式，$n = 500$，累积频数到 $n/2 = 250$ 时属于第 7 组，加到第 6 组时为 230，中位数的计算方法为

$$m_e = 13.01 + (250 - 230) \times \frac{1.00}{43} = 13.475$$

式中　　13.01——第 7 组之下限；

　　　　250 = $n/2$；

　　　　230——到第 6 组为止的累积频数；

　　　　1.00——组距；

　　　　43——第 7 组之频数。

以上的计算方法容易理解，中位数即位置在中间使其左边有一半数据，右边也有一半数据的数，那么以中位数来表示数据中心位置的想法显然是很自然的。

3. 众数 m_0

频数为极大的那一组的组中值为众数。或者说频率函数的极值点为众数。众数可能不惟一，但频率函数的最大值点却大都是惟一的。

2.3.2 描述数据以 $\bar{x}$ 为中心的分散程度的特征数：样本方差、样本标准差；样本极差

1. 样本方差 S^2

定义为

$$S^2 = \frac{1}{n-1} \sum_{i=1}^{n} (x_i - \bar{x})^2 \tag{2.3}$$

由于肯定有 $\sum(x_i - \bar{x}) = 0$，所以只有对 $(x_i - \bar{x})$ 取平方使之不能正负相消。但其缺点是量纲也被平方了（如 x_i 为克，则 S^2 的量纲为平方克，这量纲毫无意义）。于是有了样本标准差。

2. 样本标准差 S

定义为

$$S = \sqrt{\frac{1}{n-1}\sum_{i=1}^{n}(x_i - \bar{x})^2} \tag{2.4}$$

可以证明（作为习题）S^2 有以下计算公式

$$S^2 = \frac{1}{n-1}\left(\sum x_i^2 - n\bar{x}^2\right) \tag{2.5}$$

设有甲、乙两组同学的外语考分如下：
甲组：100,97,90,20,23,30
乙组：70,65,60,55,50,60

经计算得
$$\bar{x}(甲) = \bar{x}(乙) = 60$$
而
$$S^2(甲) \approx 1\,547.6, S(甲) \approx 39.34$$
$$S^2(乙) \approx 50.0, S(乙) \approx 7.07$$

显然，乙组成绩的分散程度要小得多。

3. 样本极差 R

定义为

$$R = \max x_i - \min x_i$$

即数据中的最大值与最小值之差。

按上例可得：
$$R_甲 = \max(100,97,90,20,23,30) - \min(100,97,90,20,23,30)$$
$$= 100 - 20 = 80$$
$$R_乙 = \max(70,65,60,55,50,60) - \min(70,65,60,55,50,60)$$
$$= 70 - 50 = 20$$

可见，极差也反映出两组数据分散性的差异。但极差显然受个别极端值的影响极大，不像方差和标准差那样，所有的数据都处于平等地位。

2.3.3 样本的变动系数

样本均值和样本标准差都是有量纲的，当量纲改变时，它们的数值的大小也改变。另外，量纲不同时也很难进行比较。变动系数 V 是单位为 1 的纯数值。V 的定义为

$$V = S/\bar{x}(\%) \tag{2.6}$$

如有一批中龄林的数据，其平均数 $\bar{x}_中 = 26.8(\text{cm})$，$S_中 = 6.2(\text{cm})$。另有幼龄林数据，$\bar{x}_幼 = 6.4(\text{cm})$，$S_幼 = 2.4(\text{cm})$。如果我们想比较一下这两部分数据变动程度的大小，如只从 $S_中$ 为 6.2 大于 $S_幼$ 的 2.4 看是不合理的，因为对幼龄林来说差

2.4 cm 较之对中龄林的差 2.4 cm 在变动上是大得多的。这正如相对误差限与绝对误差限的不同一样，计算

$$V_{中} = S_{中}/\bar{x}_{中} = 6.2/26.8 = 23.1\%$$
$$V_{幼} = S_{幼}/\bar{x}_{幼} = 2.4/6.4 = 37.5\%$$

结果和只看标准差相反，幼龄林的变动程度比中龄林的大。

2.3.4 样本的原点矩及中心矩

样本的 m 阶原点矩 v_m 定义为

$$v_m = \sum_{i=1}^{k} x_{(i)}^m f_i$$

式中　f_i——第 i 组的频率；
　　　$x_{(i)}$——第 i 组的组中值。

样本的 m 阶中心矩 μ_m 定义为

$$\mu_m = \sum_{i=1}^{k} (x_{(i)} - \bar{x})^m f_i \tag{2.7}$$

容易证明，两者之间有以下关系：

$$\begin{aligned}
\mu_1 &= 0 \\
\mu_2 &= v_2 - v_1^2 \\
\mu_3 &= v_3 - 3v_1 v_2 + 2v_1^3 \\
\mu_4 &= v_4 - 4v_1 v_3 + 6v_1^2 v_2 - 3v_1^4
\end{aligned} \tag{2.8}$$

§2.4　统计量

统计量为数据的函数，此函数不包括未知参数。即只要数据的具体值给定了，则统计量的具体数值也确定了。

我们常常并不直接由数据来研究总体，而更多的是通过统计量。数理统计学家们运用他们的数学推导能力得出了许多统计量的分布，由此可以对总体做很多研究，如统计推断、方差分析、联列表分析、回归分析等。可以说，本书的一切结论都离不开统计量。

以上所介绍的样本特征数 $\bar{x}$、S^2、R 等都是统计量。

但 $\dfrac{1}{n}\sum_{i=1}^{n}(x_i - \mu)^2$ 当总体均值 μ 未知时不是统计量。

统计量是由样本数据所能计算出的量，故显然也有随机性，也是随机变量。

抽样的必要性及抽样误差

有时观测有破坏性，就必须抽样而不能全体观测。如化验血、检验一批罐头食品、检验新设计的汽车安全气囊等。

对概念总体是不可能全体观测的。如考察某药物的疗效，无论有多少人服用此药也仍然只是样本。再如某人的英语水平，不论考他多少次也仅为样本观测值，也

只能得到真值的估计值。

即使是有实体的总体,如全国人口数(和人口的某些指标如学历、宗教信仰、健康状况、财产状况等),我们可以做全体观测的普查(目前是每十年一次)。而普查的成本极高而且耗时很长,等到计算出来之后,情况已可能发生很大变化了。所以对时效性要求很高的目标,也不宜进行全体观测。

再有一种情况是,有些事情恐怕并没有一个固定的客观真值,也不必要知道其确切真值。如明年来北京旅游的人数是多少,可能计划好要来的人因故不能来而未计划要来的人突然决定要来,这是无法准确到丝毫不差的。再如,北京市一天要消耗多少鸡蛋;明年北京商品房、经济型轿车的平均价格;北京应该建多少个高尔夫球场、多少大、中型花园、多少储蓄所、理发店、戏院等很难有精确的真值,只能通过抽样调查来做出一般性的回答。

以上说明了抽样的必要性,而且还是节省人力、物力、时间的好方法。然而,既然是只抽一部分,就会带来因抽样而引起的误差,即抽样误差。

对抽样误差做出估计;做出此估计的可靠性;分析影响此误差的因素;权衡一个各方面的可接受值;对总体的某一特征进行判断时,也因抽样误差的存在而产生错误的可能,对这种可能性的大小做出数字的描述。这些都是统计学的任务,也是本课程的重要内容。

根据统计资料所做出的决策具有风险。如设计 50 年一遇的水库可能在建成后第二年就遇到百年一遇的洪水;再如对股市的长、短期预报可能与实际完全相反。

所谓经验,正是多次经历同一事件或现象,对此现象的后果的总体分布有一个较为正确的认识,对出现某一事件的概率有较正确的估计(但有经验者不是算命先生,如某外科医生做某一手术的成功率为 99%,但对某一具体病人做此手术是否成功是不能像算命先生那样有 100% 的确切回答的)。

抽样的价值在于通过数据使我们得到前人通过多年经验才能得到的总体分布的大体认识。

§2.5 样本的随机性与独立性的重要性

首先获取样本常常是非常辛苦的。如北京协和医院的一项研究是《探讨胎儿宫内发育与老年慢性病之间的病因联系》。每一样本要具有婴儿母亲详细的身体情况的资料,而且要等到婴儿变为老年,要几十年的时间。

其次,数据的真实性常有问题。如世界著名的贝尔实验室的简·亨德里克·余恩在他的 16 篇论文中捏造、篡改数据(若干年后被发现,余恩被实验室开除)。再如,在调查气功是否可以治病时,由于被调查者很多是热爱气功运动的,他们的反响常常带有个人感情色彩,因而会有意或无意地夸大了气功的作用,使我们的调查缺乏客观性。

对有些问题,我们不能只做想当然的推理而不进行辛苦的实际调查。如某名牌的球鞋老板认为,中国13亿人口,每10年有1/10的人买一双,则年销量为1 300万双,那么建一个年产130万双的鞋厂,其销路应当不成问题。但事实是,一双800元以上的球鞋的购买者不到千分之一,销量大有问题。再如,很长一段时间,人们都想当然地同意一个说法,认为性格内向、郁闷的人更容易患癌症,而日本东京大学的坪野的研究小组调查了共30 277个志愿者,历经7年,结论为不存在所说的癌症性格,即癌症与人的性格无关。

有时,问题极其复杂,不应草率地妄下结论。如胎教是否有效;北京在今后50年内会不会发生大的地震;美国下届总统谁会当选;星座与人的性格、命运是否有关;中医中的经络是否存在,是否可用于治病;刮痧是否可缓和高血压;测谎仪是否准确;吸烟是否会减缓老年痴呆症;矮个子或秃顶是否会更长寿等等都不宜草率下结论。

为了得到真实的数据,统计工作者常常需要精心设计。如在药物实验中,对对照组也要给服药组外型相同的所谓安慰剂,而且哪些病人属对照组也要严格保密,以免病人产生心理波动从而影响调查结果。

* 关于平均数

作为数据的中心位置的平均数,不只算术平均数一种,最常见的还有几何平均数 G 及调和平均数 H。定义如下:

设有数据 $x_1, x_2, \cdots x_n$

$$\bar{x} = \sum_{i=1}^{n} x_i / n \quad \text{被称为算术平均数}$$

$$G = (x_1 \cdot x_2 \cdot \cdots \cdot x_n)^{1/n} \quad \text{为几何平均数}$$

$$H = \left[\frac{1}{n}\left(\frac{1}{x_1} + \frac{1}{x_2} + \cdots + \frac{1}{x_n}\right)\right]^{-1} \quad \text{为调和平均数}$$

如 $x_1 = x_2 = \cdots = x_9 = 8.0, x_{10} = 15$

则 $\bar{x} = 8.700, G = 8.519, H = 8.163$

可以证明,对任何数据有

$$H \leq G \leq \bar{x}$$

(证明见注1)

从以上10个数据的例子也可看出,$\bar{x}$ 受个别极端值($x_{10} = 15$)影响最大,也就是稳健性最差,而调和平均数的稳健性最好。

此外,还有一种平均被称为加权平均数 $\tilde{x}$,定义为

$$\tilde{x} = \sum_{i=1}^{n} \omega_i x_i$$

其中 $\sum_{i=1}^{n} \omega_i = 1, \omega_i \geq 0 (i = 1, \cdots, n)$;$\omega_i$ 被称为 x_i 的权重。

思考题1 作为数据的中心位置的指标之一,平均数至少应具备哪些性质?(见注2)

加权平均的含义是(图 2.5 中的 G)
$$(x_G - x_1)f_1 = (x_2 - x_G)f_2$$

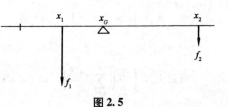

图 2.5

得
$$x_G = (f_1 x_1 + f_2 x_2)/(f_1 + f_2) = \omega_1 x_1 + \omega_2 x_2$$
其中, $\omega_1 = f_1/(f_1 + f_2)$; $\omega_2 = f_2/(f_1 + f_2)$

> **思考题 2** 证明对多个点 $x_1, \cdots, x_n$ 上分别有力 $f_1, \cdots, f_n$,则
> $$x_G = \sum_{i=1}^{n} \omega_i x_i; 其中 \omega_i = f_i/(f_1 + \cdots + f_n)$$
> (参见注 3)

注 1 证明 $H \leq G \leq \bar{x}$

(1) 先证明 $G \leq \bar{x}$

① 设 $n = 2^m$,对 m 用归纳法

当 $m = 1 \to n = 2$

由 $(a_1 - a_2)^2 \geq 0, \frac{1}{2}(a_1^2 + a_2^2) \geq a_1 a_2$

令
$$a_1 = \sqrt{x_1}, a_2 = \sqrt{x_2}$$
$$a_1 \cdot a_2 = (x_1 \cdot x_2)^{1/2} = G \leq \frac{1}{2}[(\sqrt{x_1})^2 + (\sqrt{x_2})^2]$$
$$= \frac{1}{2}(x_1 + x_2) = \bar{x}$$

若 $m = k$ 正确

当 $m = k + 1$

$$G = (x_1 \cdot \cdots \cdot x_{2k} \cdot x_{2k+1} \cdot \cdots \cdot x_{2k+1})^{\frac{1}{2^{k+1}}}$$
$$= [(x_1 \cdot x_2 \cdot \cdots \cdot x_{2k})^{\frac{1}{2^k}} \cdot (x_{2k+1} \cdot \cdots \cdot x_{2k+1})^{\frac{1}{2^k}}]^{\frac{1}{2}}$$
$$\leq \frac{1}{2}[(x_1 \cdot \cdots \cdot x_{2k})^{\frac{1}{2^k}} + (x_{2k+1} \cdot \cdots \cdot x_{2k+1})^{\frac{1}{2^k}}]$$
$$\leq \frac{1}{2}[\frac{1}{2^k}(x_1 + \cdots + x_{2k}) + \frac{1}{2^k}(x_{2k+1} + \cdots + x_{2k+1})]$$
$$= \frac{1}{2^{k+1}} \sum_{i=1}^{2k+1} x_i = \bar{x}$$

② 对任意的 n,总可找到 r 使 $n + r = 2^m$
$$(n + r)\bar{x} = \sum_{i=1}^{n} x_i + r\bar{x}$$

由①有
$$(x_1 \cdot x_2 \cdot \cdots \cdot x_n \cdot \bar{x}^r)^{1/(n+r)} \leq \frac{1}{n+r}\left(\sum_{i=1}^{n} x_i + r\bar{x}\right) = \bar{x}$$
$$(x_1 \cdot x_2 \cdot \cdots \cdot x_n \cdot \bar{x}^r) \leq \bar{x}^{n+r}$$
$$x_1 \cdot x_2 \cdot \cdots \cdot x_n \leq \bar{x}^n \to G \leq \bar{x}$$

(2) 再证 $H \leq G$

由 $G \leqslant \bar{x}$,有 $(b_1 \cdot b_2 \cdot \cdots \cdot b_n)^{1/n} \leqslant \frac{1}{n}\sum_{i=1}^{n}b_i$

令 $b_i = 1/x_i \ (i = 1,\cdots,n)$ 得

$$1/(x_1 \cdot x_2 \cdot \cdots \cdot x_n)^{1/n} \leqslant \frac{1}{n}\sum_{i=1}^{n}\frac{1}{x_i}$$

所以 $H = \left[\frac{1}{n}\left(\sum_{i=1}^{n}\frac{1}{x_i}\right)\right]^{-1} \leqslant (x_1 \cdot x_2 \cdot \cdots \cdot x_n)^{1/n} = G$。

注 2 $x_1,x_2,\cdots,x_n$ 的平均数 A 都应满足以下两条件:

(1) $\min_{i} x_i \leqslant A \leqslant \max_{i} x_i$

(2) 若 $x_i = a(i = 1,\cdots n)$

则 $A = a$

注 3 证明重心 $x_G = \left(\sum_{i=1}^{k}f_i x_i\right)/\left(\sum_{i=1}^{k}f_i\right)$

证明 对 k 作归纳法。

$k = 2$ 已被证明成立。

若 k 成立,证明 $k+1$ 成立。

$k+1$ 个点可看成 $x_1,\cdots,x_k$ k 个点的重心 $x_G(k)$ 点与 x_{k+1} 两个点分别在力 $(f_1+\cdots+f_k)$ 与 f_{k+1} 作用下的重心,于是

$$x_G(k+1) = \frac{(f_1+\cdots+f_k)x_G(k)+f_{k+1}x_{k+1}}{(f_1+\cdots+f_k)+f_{k+1}}$$

而 $(f_1+\cdots+f_k)x_G(k) = \sum_{i=1}^{k}f_i x_i$ 将此式代入上式即得所求。

以上说明,各点之权重正如各点受力之大小,当 $\omega_1 = \cdots = \omega_k$ 时,加权平均数即为算术平均数。

注 4 幂平均及加权幂平均

令 $M_r = \left[\frac{1}{n}(x_1^r+\cdots+x_n^r)\right]^{\frac{1}{r}} \quad (r \neq 0)$

则 M_r 被称为 $x_1,\cdots,x_n$ 的 r 次幂平均。

当 $r = 1$ 时 $M_1 = \bar{x}$。

$\widetilde{M}_r = \left[(\omega_1 x_1^r+\cdots+\omega_n x_n^r)/(\omega_1+\cdots+\omega_n)\right]^{\frac{1}{r}}[r \neq 0, \omega_i > 0(i = 1,\cdots,n)]$

被称为 $x_1,\cdots,x_n$ 的加权幂平均。

可以证明,M_r 及 $\widetilde{M}_r$ 满足注 2 所要求的两个性质。

习 题 2

1. 至少举一个无限总体的例子,说明总体单元。
2. 设总体单元数 $N = 125$,试按随机数字表用重复及不重复两种方式抽取 20 个样本。
3. 利用计算器中的随机数 RAN,在 $[12,17]$ 区间内抽取 10 个随机数。
4. 试根据下列马尾松胸径分组整理结果,求这个样本资料在胸径标志上的算术平均数、样本总量、标准差、极差、变动系数以及胸径不小于 10 cm 林木的样本频率。给出样本在胸径标志

上的频率分布图及累积频率图。

胸 径 分 组	株 数 f_i
0 ~ 1	25
1 ~ 2	21
2 ~ 3	110
3 ~ 4	186
4 ~ 5	199
5 ~ 6	181
6 ~ 7	132
7 ~ 8	68
8 ~ 9	37
9 ~ 10	21
10 ~ 11	7
11 ~ 12	7
12 ~ 13	4
13 ~ 14	1
14 ~ 15	0
15 ~ 16	1
∑	1 000

5. 某班同学分为三组，在一次考试中第一组 14 人，平均 82 分；第二组 10 人，平均 79 分；第三组 12 人，平均 97 分，试以加权平均方法求全班的平均分。

6. 第 5 题的一般化证明，即已知三组为 $n_1, \bar{x}_1; n_2, \bar{x}_2; n_3, \bar{x}_3$。求证合并后 $n = n_1 + n_2 + n_3$ 的平均 $\bar{x}$ 有 $\bar{x} = (n_1 \bar{x}_1 + n_2 \bar{x}_2 + n_3 \bar{x}_3)/n$。

7. 一批原木有红松和云杉共 50 根，平均长 10 m，其中 30 棵红松的平均长为 9.5 m，问云杉的平均长为多少？

8. 数据分组后的组中值及其相应的频数分别为 $x_1, f_1; x_2, f_2; \cdots; x_k, f_k$。试证

$$\sum_{i=1}^{k} (x_i - \bar{x}) f_i = 0$$

9. 若 $c \neq \bar{x}$，试证

$$\sum_{i=1}^{n} (x_i - \bar{x})^2 < \sum_{i=1}^{n} (x_i - c)^2$$

10. 说明以下的量是否为统计量，其中 $\bar{x}, s, d$ 分别为样本均值、标准差和极差；A, B, C 为未知常量。

(1) $\sqrt{\bar{x}^2} + \log s - \sin d$ (2) $d - \bar{x}$

(3) $AS^2 + BS + C$ (4) $\max_i x_i$

11. 令 $G = (x_1 \cdot x_2 \cdot \cdots \cdot x_n)^{1/n}$，及 $H = \left(\sum_{i=1}^{n} \frac{1}{x_i} / n \right)^{-1}$ 分别称为 $x_1, x_2, \cdots, x_n$ 的几何平均数及调和平均数。试举一具体数字的例子说明 $G, H, \bar{x}$ 的稳健性（或对极端值的敏感性）。

12. 设 $y_i = a + bx_i$ $(i = 1, 2, \cdots, n)$，证明 $\bar{y} = a + b\bar{x}, S_y^2 = b^2 S_x^2$ 或 $S_y = b S_x$。

13. 2003 年北京市对城镇居民做了一次 50 年以来最大规模的抽样调查，共抽取了 12 000 个家庭，问卷包括 60 多个问题。你认为在此调查中应注意些什么才能取得真实的数据。请你列出 5 个应在问卷中包括的对政府有所帮助的问题。

本章推荐阅读书目

[1] Elements of Statistical Inference, David V. Huntaberger and Patrick Billingsley, Allyn and Bacon INC, 1981.

[2] An Introduction to Liener and the Design and Analysis of Experiments, Lyman Ott. Duxbury Press, 1968.

[3] 统计决策论与贝叶斯分析. James O. Berger 著, 贾乃光译. 中国统计出版社, 1998.

[4] 抽样论. 许宝禄. 北京大学出版社, 1982.

[5] 实验误差估计与数据处理. 肖明耀. 科学出版社, 1984.

第 2 章附录

1. 正态、正偏态、负偏态

正态分布之概率密度 $\dfrac{1}{\sqrt{2\pi}\,\sigma}e^{-\frac{(x-\mu)^2}{2\sigma^2}}$ 是对直线 $x=\mu$ 左右对称的。它的均值（数字期望）、中位数、众数重合在 $x=\mu$ 这一点（图 2.6）。有

$$\int_{-\infty}^{\infty}(x-\mu)^3\varphi(x)\mathrm{d}x=0$$

其中 $\varphi(x)$ 为以上的密度函数。

若有随机变量 $\xi \sim f(x)$ $(-\infty,+\infty)$
其均值 $E[\xi]=\mu$，而

$$\int_{-\infty}^{\infty}(x-\mu)^3f(x)\mathrm{d}x>0$$

则称 ξ 是正偏态的，图形为右侧有一个长尾而左侧没有，此时众数 m_0 最小，其次为中位数 m_e，期望 μ 最大，如图 2.7 所示。

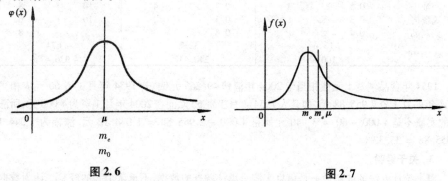

图 2.6 图 2.7

图 2.7 显示 x 取右侧极端值是有可能的，而均值 μ 受极端值的影响最大，m_e 与 m_0 受极端值的影响很小。这是因为均值是矩（一阶中心矩），无论是原点矩还是中心矩均受极端值的影响较大，如图 2.7，μ 值被右侧极端值拉向右方比 m_0 及 m_e 都大很多。m_0 与 m_e 不是矩，受极端值影响小得多，这是它们比均值 μ 优越的性质。

类似地，若 $\int_{-\infty}^{\infty}(x-\mu)^3f(x)\mathrm{d}x<0$，则称 ξ 为负偏态的，密度函数 $f(x)$ 在左侧有一个长尾而右侧没有，如图 2.8 所示，此时 μ 最小，m_e 其次，m_0 最大。

设 $\xi \sim f(x)$ $(-\infty,+\infty)$，$E(\xi)=\mu$，$\sigma(\xi)=\sigma$，则称

$$sk(\xi)=\frac{1}{\sigma^3}\int_{-\infty}^{\infty}(x-\mu)^3f(x)\mathrm{d}x$$

为 ξ 的偏度，当 $sk(\xi)=0$ 时，概率密度 $f(x)$ 对直线 $x=\mu$ 对称。

有时，中位数比均值提供更多的信息。如人的寿命的分布密度函数是正偏态的，即有个别人有很高的寿命。当我们说中国人的平均寿命是 71 岁时，并不表示我们有 1/2 的可能活到 71 岁。此时，若中位数 $m_e=65$ 时，则表示我们有 1/2 的可能活到 65 岁而不是

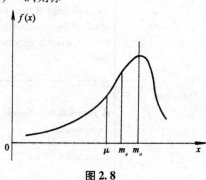

图 2.8

71 岁。正偏态时,分布的尾巴在右侧,中位数 m_e 总是比均数 μ 小的。

均值虽然有不稳健的缺点,但它有非常重要的优点是中位数和众数所无法取代的,因而后边的内容仍然是围绕着均值展开的。

2. 关于指数及非随机(有意选择的)样本

我们常见的有消费物价指数、消费者信心指数、上证指数、恒生指数、纳斯达克指数等等。

如消费品物价指数,由于日常用品及食品有几百种之多,故从中选择一部分作为指数的构成项目,它们具有代表性,指数的涨跌可以代表几百种商品价格的涨跌及未来涨跌的趋势。下表以 1954 年为基础来对比 1974 年共 20 年消费品物价的变化,和 2004 年又经 30 年物价指数的变化。

指数所包括的食品	1954 价格(元)	权重 (kg/月)	1974 价格(元)	权重 (kg/月)	2004 价格(元)	权重 (kg/月)
粮食(综合)	0.2	15	0.3	12	4	8
蔬菜(综合)	0.1	20	0.3	25	8	30
猪肉	1.5	3	2.5	4	15	8
牛羊肉	1.0	0.5	2.0	1.5	18	3
鱼	0.7	2	1.2	2.5	12	5
油	0.5	3	0.7	4	10	8
鸡鸭肉	0.3	1	0.5	2	10	6
奶制品	0.4	1	0.6	3	3	8
总 和	13.6 100%		32.7 240.44%		674 4 926.47%	

1954 年食品消费 1 元钱相当于 2004 年消费 49.265 元钱。若 1954 年月工资 60 元应相当于 2004 年的月工资 2 955.88 元。如某人 1954 年月工资 60 元而在 2004 年月工资为 4 000 元,所涨工资的实质不是 4 000 − 60 = 3 940 元而是 4 000 − 2 955.88 = 1 044.12 元。涨幅为 1 044.12/2 955.88 = 35.32%

3. 关于经验

概率统计方法的缺点之一是信息来源只承认调查的数据,不承认个人的经验。认为数据是客观的,个人的经验带有个人的主观性。事实上,个人的经验也是极为宝贵的,是多年实践凝聚的珍贵资源,其内核是客观真实的。所以,今后的发展方向应对经验给予恰当的地位,对其中的个人主观性部分应该由随机抽样方法来改进和修正。贝叶斯统计方法正是这方面富有成果的探索。

4. 统计学要解决的问题以及统计学家们的职责(以下引自本章参考书目[1])

Definition 1.1

Combining these common characteristics, we see that statistical problems involve the measurement of phenomena which we cannot predict with certainty in advance, sampling, the collection of measurements, and inference. Information is obtained by experimentation and is employed to make an inference about a large set of measurements called the population.

A population is the set of all measurements of interest to the experimenter.

Definition 1.2 | *A sample* is a subset of measurements selected from the population.

Definition 1.3 | The *objective of statistical inference* is to make an inference about a population based on information contained in a sample.

What Do Statisticians Do?

Statisticians, both in consulting and in research, devote their time to two major areas. The first concerns the acquisition of the sample data. Sample surveys and experiments cost money and they yield information—numbers on sheets of paper. By varying the survey or experimental procedure—how we select the data and how many observations we take from each source—we can vary the cost, quality, and quantity of information in the experiment. Rather simple modifications in the data selection procedure can reduce the cost of the sample to one hundredth or less of the cost of conventional sampling procedures. Thus statisticians study various methods for designing sample surveys and experiments and attempt to find the method that will yield a specified amount of information at a minimum cost.

_{1.2 design}

The second task facing statisticians is to select the appropriate method of inference for a given sample survey or experimental design. Some of these methods are good, some are bad, and some seem to be best for most occasions. It is the statistician's job to choose the appropriate method for a given situation. _{choose appropriate method}

The preceding discussion leads to the most important contribution of statistics to science and business. Anyone can devise a method to make inferences based on the sample data. The major contribution of statistics is in evaluating the "goodness" of the inference. In other words, when predicting, we seek an upper limit to the error of prediction. Or in making a decision concerning a characteristic of the population, we wish to know the probability of reaching a correct conclusion. _{measure goodness}

To summarize, statisticians first design surveys and experiments to minimize the cost of obtaining a specified quantity of information. Second, they seek the best method for making an inference for a given sampling situation. Finally, statisticians measure the goodness of their inference.

第3章 参数估计

【本章提要】 参数估计与下一章的假设检验构成概率统计方法中重要的、基础性的统计推断。它们是实际应用中最为常见的部分。总体中的均值、频率、方差是说明总体情况的最重要的参数。由于它们一般是未知的,我们找出适当的统计量作为它们的估计值,并从理论上评价这种估计量的优劣。

[#] 设总体变量 $\xi \sim N(\mu, \sigma^2)$,其中 μ 及 σ^2 分别为总体均值及方差。若 μ、σ^2 皆已知,那么分布 $N(\mu, \sigma^2)$ 为已知,ξ 在任一区间 (α, β) 取值的概率就已知 [为 $\Phi_0((\beta-\mu)/\sigma) - \Phi_0((\alpha-\mu)/\sigma)$]。这就完成了我们从概率意义上对总体最彻底的了解。然而,μ 和 σ^2 一般是未知的,需要通过抽样对它们做估计。

§3.1 样本均值 $\bar{x}$ 与样本方差 S^2 的性质

设 $x_1, \cdots, x_n$ 为 i.i.d. (identical independent) 样本,即独立同分布的。简单随机抽样所得的样本即 i.i.d 样本。此时,每一个 x_i ($i = 1,2,3,\cdots,n$) 都与总体同分布,故有

$$E(x_i) = \mu, D[x_i] = \sigma^2 \quad (i = 1,2,3,\cdots,n) \tag{3.1}$$

式中 μ 及 σ^2 —— 分别为总体均值及方差。
于是

$$(1) E[\bar{x}] = \mu, D[\bar{x}] = \frac{\sigma^2}{n} \tag{3.2}$$

因为 $\quad E[\bar{x}] = E\left[\frac{1}{n}\sum x_i\right] = \frac{1}{n}\sum E[x_i] = \frac{1}{n}\sum \mu = \mu$

$$D[\bar{x}] = D\left[\frac{1}{n}\sum x_i\right] = \frac{1}{n^2}\sum D[x_i] = \frac{1}{n^2}\sum \sigma^2 = \frac{1}{n}\sigma^2$$

这里,$E[\bar{x}] = \mu$ 说明以 $\bar{x}$ 作为 μ 的估计值是无偏的,而且 $\bar{x}$ 的方差为 σ^2/n,即随着 n 的增大而愈来愈小,即 $\bar{x}$ 愈来愈近似于 μ。$\bar{x}$ 的这一性质,即公式(3.2)是 $\bar{x}$ 一个重要的优点(是中位数和众数所没有的优点)。它从理论上保证了 $\bar{x}$ 是 μ 的一个理想的估计值。

(2) 若 $\hat{\theta}$ 是 θ 的估计值(统计量),
有 $$E[\hat{\theta}] = \theta \tag{3.3}$$
则称 $\hat{\theta}$ 为 θ 的无偏估计。

故 $E[\bar{x}] = \mu$，说明样本均值 $\bar{x}$ 是总体均值 μ 的无偏估计。

(3) 设 $\hat{\theta}$ 是 θ 的无偏估计且满足

$$\lim_{n \to \infty} P(|\hat{\theta} - \theta| > \varepsilon) = 0 \tag{3.4}$$

对任给的 $\varepsilon > 0$ 成立，则称 $\hat{\theta}$ 为 θ 的一致估计或相合估计。

由车比雪夫不等式，有

$$\lim_{n \to \infty} P(|\bar{x} - \mu| > \varepsilon) < \lim_{n \to \infty} \frac{D[\bar{x}]}{\varepsilon^2} = \lim_{n \to \infty} \frac{\sigma^2}{\varepsilon \cdot n} = 0 \tag{3.5}$$

所以，样本均值 $\bar{x}$ 又是总体均值 μ 的一致估计。它说明，当样本容量 n 很大时（即大样本），样本均值 $\bar{x}$ 依概率收敛于总体均值的客观真值 μ。

(4) 样本方差 $S^2 = \dfrac{1}{n-1} \sum_{i=1}^{n} (x_i - \bar{x})^2$ 为总体方差 σ^2 的无偏估计，即

$$E[S^2] = \sigma^2 \tag{3.6}$$

因为

$$\begin{aligned}
E[S^2] &= E\left[\frac{1}{n-1} \sum (x_i - \bar{x})^2\right] = \frac{1}{n-1} E\left[\sum \left((x_i - \mu) - (\bar{x} - \mu)\right)^2\right] \\
&= \frac{1}{n-1} E\left[\sum (x_i - \mu)^2 - n(\bar{x} - \mu)^2\right] \\
&= \frac{1}{n-1} \left[\sum E(x_i - \mu)^2 - nE(\bar{x} - \mu)^2\right] \\
&= \frac{1}{n-1} \left[\sum D[x_i] - nD[\bar{x}]\right] \\
&= \frac{1}{n-1} \left[\sum \sigma^2 - n \cdot \frac{\sigma^2}{n}\right] \\
&= \frac{1}{n-1} (n\sigma^2 - \sigma^2) = \sigma^2
\end{aligned}$$

*(5) 可以证明

$$D[S^2] = \frac{1}{n}(\mu_4 - \sigma^4) \tag{3.7}$$

其中，$\mu_4 = E[(x_i - \mu)^4]$ 为总体之 4 阶中心矩。当 $n \to \infty$ 时，公式(3.7)之右端也趋于零，故有

$$\lim_{n \to \infty} D[S^2] = 0 \tag{3.8}$$

说明样本方差 S^2 还是总体方差 σ^2 的一致估计。

§3.2　大样本($n \geq 50$)方法

3.2.1　总体均值 μ 的估计

由中心极限定理知，不论总体是否服从正态分布，只要 n 充分大，就有

$$\bar{x} \xrightarrow[n\text{大}]{\text{近似}} \text{正态分布}$$

由公式(3.2)得

$$\bar{x} \xrightarrow[n\text{大}]{\text{近似}} N\left(\mu, \frac{\sigma^2}{n}\right) \tag{3.9}$$

式中 μ——总体均值；

σ^2——总体方差。

如 σ^2 未知，可由样本方差 S^2 代替总体方差而得出以下公式

$$\frac{\bar{x} - \mu}{\sigma/\sqrt{n}} \quad \text{或} \quad \frac{\bar{x} - \mu}{S/\sqrt{n}} \xrightarrow[n\text{大}]{\text{近似}} N(0,1) \tag{3.10}$$

令

$$U = \frac{\bar{x} - \mu}{\sigma/\sqrt{n}} \ (\text{当 } \sigma \text{ 已知}); \text{或} \ U = \frac{\bar{x} - \mu}{s/\sqrt{n}} \ (\text{当 } \sigma \text{ 未知}) \tag{3.11}$$

有

$$P\left(|U| > \begin{matrix} 1.645 \\ 1.960 \\ 2.576 \end{matrix}\right) = \begin{matrix} 0.10 \\ 0.05 \\ 0.01 \end{matrix} \tag{3.12}$$

一般有

$$P(|U| > U_\alpha) = \alpha \tag{3.13}$$

我们称 α 为危险率，$(1-\alpha)$ 为可靠性或信度，U_α 为相应于 α 的标准正态分布的临界值。当 α 确定之后，U_α 可查表2得出。将公式(3.11)代入公式(3.13)，有

$$P\left(|\bar{x} - \mu| > \frac{S}{\sqrt{n}} U_\alpha\right) = \alpha \tag{3.14}$$

或

$$P\left(|\bar{x} - \mu| \leqslant \frac{S}{\sqrt{n}} U_\alpha\right) = 1 - \alpha \tag{3.15}$$

称

$$\Delta = \frac{S}{\sqrt{n}} U_\alpha \tag{3.16}$$

为估计值 $\bar{x} = \hat{\mu}$ 的绝对误差限。称

$$\Delta/\bar{x} = \frac{S}{\sqrt{n}\,\bar{x}} U_\alpha = \frac{V}{\sqrt{n}} U_\alpha \tag{3.17}$$

为 $\bar{x} = \hat{\mu}$ 之相对误差限。

式中 $V = \frac{S}{\bar{x}}$，为样本变动系数，

称

$$A = (1 - \Delta/\bar{x}) \cdot 100\% \tag{3.18}$$

为 $\bar{x} = \hat{\mu}$ 的估计精度。

(1) 定值估计(点估计)

应包括以下3个指标：

$$\begin{cases} \bar{x} = \hat{\mu} & \text{为绝对误差限(或 } \Delta/\bar{x} \text{ 相对误差限,或 } A = 1 - \Delta/\bar{x} \\ \Delta = \dfrac{S}{\sqrt{n}} U_\alpha & \text{估计精度)} \\ 1 - \alpha & \text{为可靠性(或信度)} \\ & \text{(或危险率 } \alpha \text{)} \end{cases}$$

(2) 区间估计

包括以下 2 个指标:

$$\begin{cases} \mu \in (\bar{x} - \Delta, \bar{x} + \Delta) & \text{其中 } \Delta = \dfrac{S}{\sqrt{n}} U_\alpha \\ 1 - \alpha & \text{为可靠性(或信度)} \end{cases}$$

【例 3.1】 设采用重复抽样从某林地的全部林木所组成的总体抽取了 $n = 60$ 株林木组成样本,样本的树高观测数据如下(单位:m):

22.3	21.2	19.2	16.6	23.1	23.9	24.8	26.4
26.6	24.8	23.9	23.2	23.8	21.4	19.8	18.3
20.0	21.5	18.7	22.4	26.6	23.9	24.8	18.8
27.1	20.6	25.0	22.5	23.5	23.9	25.3	23.5
22.6	21.5	20.6	25.8	24.0	23.5	22.6	21.8
20.8	19.5	20.9	22.1	22.7	23.6	24.5	23.6
21.0	21.3	22.4	18.7	21.3	15.4	22.9	17.8
21.7	19.1	20.3	19.8				

试以 95% 的可靠性对该林地上全部林木的平均高进行估计。

解 由 $1 - \alpha = 95\%$,故 $\alpha = 0.05$,由式(3.12)知 $U_{0.05} = 1.96$。由 $n = 60$ 个样本值,故为大样本,经计算得

$$\bar{x} = 22.145, \quad S = 2.524$$

故 绝对误差限 $\Delta = \dfrac{S}{\sqrt{n}} U_\alpha = \dfrac{2.524}{\sqrt{60}} \times 1.96 = 0.639$;(或相对误差 $0.639/22.145 = 0.029$;或精度 $A = 1 - 0.029 = 0.971 = 97.1\%$)

结论可以写为定值估计也可写为区间估计。

定值估计:$\begin{cases} \bar{x} = 22.145 = \hat{\mu} \\ \Delta = 0.639 & \text{为绝对误差限} \\ 1 - \alpha = 95\% & \text{为信度} \end{cases}$

或

区间估计:$\begin{cases} \mu \in (21.506, 22.784) \\ 1 - \alpha = 95\% & \text{为信度} \end{cases}$

【例 3.2】 设以某林地为总体,我们关心的标志是胸径。通过 $n = 50$ 的重复抽样得到样本均值 $\bar{x} = 27.5$ cm,样本标准差 $S = 9.5$ cm,估计的可靠性为 95%,精度

为 $A = 90\%$。今欲使估计的精度提高到 95%,可靠性仍为 95%,问应再抽多少样本?

解 由
$$A = 1 - \frac{S}{\sqrt{n}\bar{x}} U_\alpha$$

$$0.95 = 1 - \frac{9.5}{\sqrt{n}(27.5)} \times 1.96$$

所以 $\sqrt{n} = [(0.05 \times 27.5)/(9.5 \times 1.96)]^{-1} = 13.54$

$$n = (13.54)^2 = 183.38$$

已经抽取了共 50 个,故需再补抽 $184 - 50 = 134$ 个样本单元。

由公式(3.18)可解得

$$A = 1 - \frac{S}{\sqrt{n}\bar{x}} U_\alpha$$

$$n = \left(\frac{U_\alpha S}{(1-A)\bar{x}}\right)^2 \tag{3.19}$$

或

$$n = \left(\frac{U_\alpha V}{1-A}\right)^2 \tag{3.20}$$

【**例 3.3**】 考察某医院门诊病人看一次病的平均费用。随机抽取 65 个病人,他们的费用(单位:10 元)如下:

67	74	68	63	71	81	54	32	79
82	83	62	59	75	45	38	27	66
63	71	53	25	21	19	27	35	47
58	22	38	47	46	26	73	70	69
47	44	32	33	27	53	80	71	65
73	37	21	18	59	58	15	20	60
62	71	70	58	63	68	70	63	47
49	40							

求病人花费之总体平均值 μ 之点估计与区间估计(信度取 95%)。

解 $n = 65$ 故为大样本,由所给数据计算得:
$$\bar{x} = 52.46, S = 19.24 \text{ 及 } \alpha = 0.05, U_\alpha = 1.96$$

所以 $$\Delta = \frac{S}{\sqrt{n}} U_\alpha = \frac{19.24}{\sqrt{65}} \times 1.96 = 4.677$$

$$A = 1 - \frac{\Delta}{\bar{x}} = 1 - \frac{4.677}{52.46} = 0.911 = 91.1\%$$

点估计

$$\begin{cases} \bar{x} = 52.46 = \hat{\mu} \\ A = 91.1\% \text{ (或 } \Delta = 4.677) \\ 95\% = 1 - \alpha \quad \text{为信度} \end{cases}$$

区间估计
$$\begin{cases} \mu \in (47.783, 57.137) \\ 1-\alpha = 95\% \quad \text{为信度} \end{cases}$$

思考题

1. 证明：若 S^2 为 σ^2 之无偏估计，则 S 肯定不是 σ 的无偏估计。
2. 分析信度 $1-\alpha$，绝对误差限 Δ 与样本容量 n 之间的关系。

3.2.2 总体频率 W 的估计

1. 总体频率 W

我们有很多例子，如某一块土地的造林成活率，设 N 为造林的株数，其中有 M 株成活，则 $W = M/N$ 即为造林成活率。若已知某种种子发芽率为 W，今播撒了 N 个，则发芽的种子数为 $N \cdot W$。

日常生活中常用到的如某电视剧的收视率，人口出生率、婴儿死亡率、人口文盲率，某种考试（如英语四级）的及格率、优秀率，初中到高中的升学率。

经济上的企业亏损率；某银行的坏账率；失业率；税率、汇率、利率；物价膨胀率及 GDP 的增长率等，都是一个国家经济情况的重要指标。

以某电视剧的收视率为例，我们很难做到全面调查，而只能做抽样调查。设共调查 n 个家庭，而其中有 m 个家庭收视此电视剧。

则
$$w = m/n \tag{3.21}$$

被定义为样本频率。很自然的，我们以 W 作为总体频率 W 的估计值。

设 x 为任取的一个总体单元，$x=1$ 表示此单元具有我们要求的性质（如收视了某电视剧）；$x=0$ 表示不具有此性质（如未收视某电视剧），于是

$$x = \begin{cases} 0 & \text{概率 } 1-W \\ 1 & \text{概率 } W \end{cases}$$

故 x 为 $0-1$ 分布：

x	0	1
P	$1-W$	W

则
$$m = \sum_{i=1}^{n} x_i \sim B(n, W) \tag{3.22}$$

于是
$$E[m] = nW, \quad D[m] = nW(1-W) \tag{3.23}$$

当 n 充分大时，根据中心极限定理知

$$m \sim B(n,W) \xrightarrow[n大]{近似} N(nW, nW(1-W)) \qquad (3.24)$$

2. 根据公式(3.24)即可求出以 $m/n = w$ 作为 W 的估计值时估计的信度、绝对误差限或精度

当采用大样本,即 n 充分大,由公式(3.24) 得

$$U = \frac{m - nW}{\sqrt{nW(1-W)}} = \frac{m/n - W}{\sqrt{\frac{W(1-W)}{n}}} \xrightarrow[n大]{近似} N(0,1) \qquad (3.25)$$

对给定的 α(如 0.05),可查表得 U_α(当 $\alpha = 0.05, U_\alpha = 1.96$) 有

$$P(|U| < U_\alpha) = 1 - \alpha \qquad (3.26)$$

绝对误差限 $\Delta = U_\alpha \cdot \sqrt{W(1-W)/n}$,即

$$P(|w - W| < \Delta) = 1 - \alpha \qquad (3.27)$$

式中 $w = m/n$;
$\Delta = U_\alpha \cdot \sqrt{W(1-W)/n}$。由于 Δ 的表达式中 W 为总体频率,是未知的被估计值,故用样本频率 w 来代替,故公式(3.27)中的绝对误差限

$$\Delta = U_\alpha \cdot \sqrt{w(1-w)/n} \qquad (3.28)$$

结论为:

(1) 定值估计 $w = \hat{w}$,$1 - \alpha$ 为信度,绝对误差限 $\Delta = U_\alpha \cdot \sqrt{w(1-w)/n}$(或取相对误差限 $\Delta' = U_\alpha \sqrt{(1-w)/nw}$;或取精度 $A = 1 - \Delta' = 1 - U_\alpha \cdot \sqrt{(1-w)/nw}$)。

(2) 区间估计 $W \in (w - \Delta, w + \Delta) = (w - U_\alpha \cdot \sqrt{w(1-w)/n}, w + U_\alpha \cdot \sqrt{w(1-w)/n})$,信度为 $1 - \alpha$。

【例 3.4】 为估计某针阔混交林中阔叶林所占的比例 W,抽取 200 个观测点作观测,结果有 68 个点为有阔叶林(占优势)的林地。求 W 的点估计及区间估计(取 $\alpha = 0.05$)。

解 $\qquad n = 200 \qquad$ 故属大样本
$$m = 68, w = 68/200 = 0.34 = 34\%$$
$$\alpha = 0.05, 1 - \alpha = 0.95, U_\alpha = 1.96$$

故绝对误差限

$$\Delta = 1.96 \times \sqrt{(0.34 \times 0.66)/200} = 0.065$$

点估计

$$w = 0.34 = \hat{w},绝对误差限 \Delta = 0.065$$

信度为95%。

区间估计为 W 之95% 的置信区间为:

$$W \in (0.34 - 0.065, 0.34 + 0.065) = (0.275, 0.405)$$

(又,估计精度 $A = 1 - 0.065/0.34 = 80.9\%$)。

【例 3.5】 在例 3.4 中如要求估计精度 A 提高为 90%,可靠性 $1 - \alpha$ 仍为

95%。问至少还需再抽取多少个样本?

解 由
$$A = 1 - \frac{\Delta}{w} = 1 - \sqrt{(1-w)/nw} \cdot U_\alpha$$

故得
$$n = \frac{U_\alpha^2}{(1-A)^2} \cdot \frac{1-w}{w} \tag{3.29}$$
$$= \left(\frac{1.96}{1-0.9}\right)^2 \cdot \frac{0.66}{0.34} = 745.7$$

需再抽取 546 个样本。

* 此题比较精确的方法是利用公式(3.29)作迭代。因为公式(3.29)右端的 $w = 0.34$ 是由 $n = 200$ 时得出的。当 $n = 746$ 时,w 会改变,可将 w_2 再代入公式(3.29)得出新的 n_2,新的 n_2 又由实际观测得出 w_3,再代入公式(3.29),如所得 $n_3 \leqslant n_2$ 则迭代停止。否则再继续下去。

【例3.6】 每次民航飞行,除了机票本身含有较低额的保险之外,乘客还可以再买意外事故保险,每次买此保险的人在乘客总数中所占的比例在所调查的 50 次中得到数据如下(单位:%):

67	74	68	63	91	81	79	73	56
82	93	92	59	90	75	76	88	70
85	90	77	51	67	67	92	72	69
69	73	71	76	84	74	54	79	71
71	75	70	82	93	83	58	84	57
48	57	81	71	60				

求另买意外事故保险的总体频率 W 的 95% 之置信区间。

解 按以上 $n = 50$ 的数据得出的样本频率 $w = 73.76\%$;$n = 50$,属大样本。有
$$\Delta = U_\alpha \cdot \sqrt{w(1-w)/n} = 1.96 \times \sqrt{(0.7376 \times 0.2624)/50} = 0.122$$

W 之 95% 之置信区间为
$$(w - \Delta, w + \Delta) = (0.7376 - 0.122, 0.7376 + 0.122) = (0.616, 0.860)$$

* **二项分布以泊松分布为极限分布的情况**

设 $X \sim B(n,p)$

当 p(或 q)很小(比如 $p < 0.1$ 或 $q < 0.1$),有
$$X \xrightarrow[n\text{大}]{\text{近似}} p(np) = p(\lambda)$$

式中 $\lambda = np$,为泊松分布的参数。

因为
$$P(X = m) = C_n^m p^m q^{n-m} = \frac{n(n-1)\cdots(n-m+1)}{m!}\left(\frac{np}{n}\right)^m\left(1 - \frac{np}{n}\right)^{n-m}$$

$$= \frac{1}{m!}\left[1\cdot\left(1-\frac{1}{n}\right)\left(1-\frac{2}{n}\right)\cdots\left(1-\frac{m-1}{n}\right)\lambda^m\left(1-\frac{\lambda}{n}\right)^n\cdot\frac{1}{\left(1-\frac{\lambda}{n}\right)^m}\right]$$

m 固定,$n\to\infty$ 时,

$$P(X=m)\to\frac{\lambda^m}{m!}\mathrm{e}^{-\lambda} \qquad (3.30)$$

而后者正是以 λ 为参数的泊松分布。

【例 3.7】 以重复抽样方式从某地区抽取 200 个观察点进行观察,结果其中有 10 个点为有林地。试以 95% 的可靠性估计该地区有林地面积所占比例的置信区间及 W 的定值估计。

解 $n=200, m=10, w=0.05<0.1$,故采用泊松分布来估计 W。查附表 7,$c=10$,得泊松分布的参数 λ 的置信区间为 $[4.80,18.39]$,可靠性 95%。

由 $\lambda=nW$,故 W 95% 的置信区间为

$$[4.80/n,18.39/n]=[0.024,0.092]=[W_1,W_2]$$
$$w-W_1=0.05-0.024=0.026, w-W_2=0.05-0.092=-0.042$$

绝对误差限
$$\Delta=\max\{|w-W_1|,|w-W_2|\}$$
$$=\max\{0.026,0.042\}=0.042$$

总体频率 W 的定值估计为 $w=0.05$,绝对误差限 $\Delta=0.042$,可靠性 95%。

【例 3.8】 为检查一批杉木嫁接成活率,用重复抽样方式由该批嫁接杉木中抽取 400 株进行观察,结果在所观察的 400 株中有 376 株成活。试以 95% 的可靠性估计该批杉木嫁接成活率的置信区间。

解 嫁接成活率的样本值为 $w=376/400=0.94$,于是 $1-w=1-0.94=0.06<0.1$,应按泊松分布估计总体频率 W。由 $c=400-376=24$,可靠性 95%,查附表 7,得 $\lambda'=nW'$ 的置信区间为 $[15.38,35.71]$,其中 W' 为不成活的频率,W' 的置信区间为 $[15.38/n,35.71/n]=[0.038,0.089]=[W'_1,W'_2]$。

因此,成活的频率 $W=1-W', W_2=1-W'_1=1-0.038=0.962, W_1=1-W'_2=1-0.089=0.911$。所以,$W$ 的置信区间为 $[0.911,0.962]$,可靠性 95%。

用泊松分布估计总体频率的方法常简称为小频率方法。0.10 并不是小频率的绝对标准,只可作为参考值,即使总体频率大于 0.10 而 nW 仍很小,则利用泊松分布估计总体频率仍较用正态分布的估计结果更恰当。由附表 7 可看到,如 m 的实际观测值 $c>50$,便不能查到 λ 的置信区间,这时,可用正态分布的估计方法。事实上,当 λ 逐渐加大时,泊松分布将趋于正态分布。

 # 关于大样本

以上使我们已知大样本的优点:

(1) 不论总体是否正态分布,$\bar{x}$ 都近似正态分布(中心极限定理)。

(2) 由于 n 大,绝对误差限 $\Delta\left(=U_\alpha\cdot\dfrac{S}{\sqrt{n}}\right)$ 较小。

这里,我们要说明的是另一个重要的优点,就是可以自然地排除其他因素的干

扰,使得估计值更符合实际情况。

例如,估计某一感冒药的治愈率,如取小样本比如10人,有可能这10人都恰好是老年人,自身免疫系统衰竭,治愈率较低;也有可能这10个人恰好都是年轻人,抵抗力较强,治愈率就会较高。这样,治愈率就受到年龄这一因素的干扰。

再如,调查北京市家庭的恩格尔系数(用于食物的消费额/总消费额)。由于用于文化消费、旅游消费、买房买车的消费在中青年与老年之间有较大的差异(这些消费影响总消费额),若采用小样本,就会使得所要调查的量受年龄因素的干扰较大。

在以上两例中,如采取大样本,比如取 $n = 200$,在200个人或家庭中总是有老年人也有年轻人的,年轻因素的干扰被冲淡了很多,调查结果就会更精确。

§3.3 统计学三大分布:χ^2 分布;t 分布;F 分布

3.3.1 χ^2 分布

若 x_1, x_2 皆为 $N(0,1)$ 分布,且相互独立,则 $a_1 x_1 + a_2 x_2$(a_1、a_2 不全为零)也为正态分布。

显然,x_1^2 就不再为正态分布(从直观看 x_1^2 不会取负值也就不可能在 $(-\infty, +\infty)$ 内取值,因而不可能属正态分布)。经计算知:

$$x_1^2 \sim \varphi_1(x) = \begin{cases} A x^{-\frac{1}{2}} e^{-\frac{x}{2}} & (0, \infty) \\ 0 & (-\infty, 0) \end{cases} \tag{3.31}$$

其中 A 为常量,是保证 $\int_0^\infty \varphi_1(x) dx = 1$ 的常量,取

$$A = \left(\int_0^\infty x^{-\frac{1}{2}} e^{-\frac{x}{2}} dx \right)^{-1} \text{即可}。$$

$\varphi_1(x)$ 的图形见图3.1。x_1^2 为 $\chi^2(1)$ 分布。

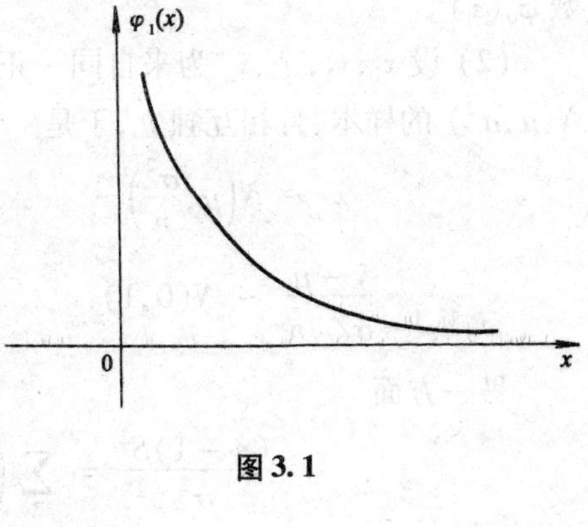

χ^2 分布具有可加性。即若 $x_1, \cdots, x_k$ 皆 $N(0,1)$ 分布,且相互独立,则

$$\chi^2 = x_1^2 + x_2^2 + \cdots + x_k^2 \sim \chi^2(k)$$

图3.1

其分布密度函数为:

$$\varphi_k(x) = \begin{cases} A x^{\frac{k}{2}-1} e^{-\frac{x}{2}} & (0, \infty) \\ 0 & (-\infty, 0) \end{cases}$$

其中

$$A = \left(\int_0^\infty x^{\frac{k}{2}-1} e^{-\frac{x}{2}} dx \right)^{-1} \text{可保证} \int_0^\infty \varphi_k(x) dx = 1$$

称 $\chi^2 = x_1^2 + \cdots + x_k^2$ 为服从自由度为 k 的 χ^2 分布,记为 $\chi^2(k)$。

对不同的 k 值已计算出常用概率的临界值表(即附表 4),应用时不必计算积分,查表即可。

图 3.2 为 $k = 1,2,3,6$ 时的 $\varphi_k(x)$ 的曲线。

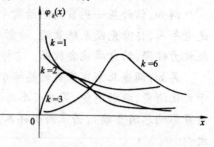

图 3.2

3.3.2 t 分布

(1) 若 $x \sim N(0,1), y \sim \chi^2(k)$

则
$$T = \frac{x}{\sqrt{y/k}} \sim t(k) \tag{3.32}$$

密度函数 $f_k(x)$ 为

$$f_k(x) = A\left(1 + \frac{x^2}{k}\right)^{-\frac{k+1}{2}} \quad (-\infty, +\infty) \tag{3.33}$$

式中 A——使 $\int_{-\infty}^{\infty} f_k(x)\mathrm{d}x = 1$ 的常量,取 $A = \left[\int_{-\infty}^{\infty}\left(1 + \frac{x^2}{k}\right)^{-\frac{k+1}{2}}\mathrm{d}x\right]^{-1}$ 即可。

$f_k(x)$ 的图形很近似 $N(0,1)$ 的密度函数,只是分散性稍强,可以证明,当 $k \to \infty$,则 $t(k) \to N(0,1)$。

我们称具有密度(3.33)的分布为自由度为 k 的 t 分布,记为 $t(k)$。同样,无需作任何积分计算,这些计算已经完成,查附表 11 即可。

图 3.3 中的虚线为 $N(0,1)$ 分布的密度函数 $\varphi_0(x)$。

(2) 设 $x_1, x_2, \cdots, x_n$ 为来自同一正态总体 $N(\mu, \sigma^2)$ 的样本,且相互独立,于是

$$\bar{x} \sim N\left(\mu, \frac{\sigma^2}{n}\right)$$

$$\frac{\bar{x} - \mu}{\sigma/\sqrt{n}} \sim N(0,1)$$

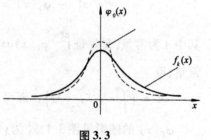

图 3.3

另一方面

$$\frac{(n-1)S^2}{\sigma^2} = \sum\left(\frac{x_i - \bar{x}}{\sigma}\right)^2 \sim \chi^2(n-1) \tag{3.34}$$

(证明见注 4)。这样,

$$\frac{\frac{\bar{x} - \mu}{\sigma/\sqrt{n}}}{\sqrt{\frac{(n-1)S^2}{\sigma^2(n-1)}}} = \frac{\bar{x} - \mu}{S/\sqrt{n}} \sim t(n-1) \tag{3.35}$$

公式(3.34)及公式(3.35)都是我们今后经常引用的公式,是正态总体统计推断

中不可缺少的理论依据。

3.3.3 F 分布

（1）若随机变量 X 之密度函数

$$\varphi(x) = \begin{cases} Ax^{\frac{k_1}{2}-1}\left(1+\frac{k_1}{k_2}x\right)^{-\frac{k_1+k_2}{2}} & x > 0 \\ 0 & x \leqslant 0 \end{cases} \quad (3.36)$$

式中 A——使 $\int_0^\infty \varphi(x)\mathrm{d}x = 1$ 的常量 $\left[\text{取 } A = \left(\int_0^\infty x^{\frac{k_1}{2}-1}\left(1+\frac{k_1}{k_2}x\right)^{-\frac{k_1+k_2}{2}}\mathrm{d}x\right)^{-1}\right.$ 即可$]$。

称 X 服从第一自由度为 k_1，第二自由度为 k_2 的 F 分布，记为 $F(k_1, k_2)$。$\varphi(x)$ 之图示如图 3.4。

（2）F 分布的性质

① 若 $X \sim F(k_1, k_2)$

则 $\quad 1/X \sim F(k_2, k_1) \quad (3.37)$

② 若 $X \sim t(k)$

则 $\quad X^2 \sim F(1, k) \quad (3.38)$

③ 若 $X \sim \chi^2(k)$，$Y \sim \chi^2(l)$ 且 X，Y 相互独立，则

$$\frac{X/k}{Y/l} \sim F(k, l) \quad (3.39)$$

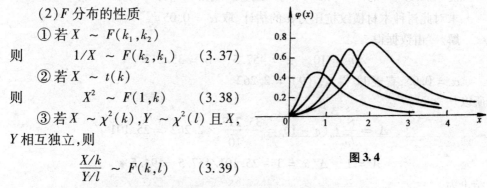

图 3.4

以上三个性质的证明可参阅本章文献[3]。

§3.4 小样本方法

小样本方法要求样本皆来自正态总体 $N(\mu, \sigma^2)$。

3.4.1 总体均值 μ 的估计

由公式（3.35）知

$$T = \frac{\bar{x} - \mu}{S/\sqrt{n}} \sim t(n-1)$$

按自由度 $k = n-1$ 及给定的 α 查表 11，可得临界值 $t_\alpha(n-1)$。

如 $n = 15$，$\alpha = 0.05$，得 $t_{0.05}(14) = 2.145$。我们查的是双侧临界值表，故有

$$P(|T| < t_\alpha(n-1)) = 1 - \alpha \quad (3.40)$$

即 $\quad P\left(|\bar{x} - \mu| < t_\alpha(n-1) \cdot \frac{S}{\sqrt{n}}\right) = 1 - \alpha$

绝对误差限

$$\Delta = \frac{S}{\sqrt{n}} \cdot t_\alpha(n-1) \tag{3.41}$$

结论为：

定值估计：$\bar{x} = \hat{\mu}$，绝对误差限

$$\Delta = \frac{S}{\sqrt{n}} t_\alpha(n-1) \tag{3.42}$$

信度为 $1-\alpha$。

区间估计：μ 的 95% 之置信区间为

$$(\bar{x} - \Delta, \bar{x} + \Delta) = \left(\bar{x} - \frac{S}{\sqrt{n}} t_\alpha(n-1), \bar{x} + \frac{S}{\sqrt{n}} t_\alpha(n-1)\right) \tag{3.43}$$

【例 3.9】 已知某树种木材横纹抗压力服从正态分布。今对 10 个试件进行试验得到以下数据（单位：kg/cm^2）：

482　493　457　510　446　435　418　394　469　471

求对此树种木材横纹抗压力 μ 的估计。取 $\alpha = 0.05$。

解 由数据得

$$n = 10, \quad \bar{x} = 457.5, \quad S = 35.217$$

$\alpha = 0.05$，查表 11 得 $t_{0.05}(9) = 2.262$

所以

$$\Delta = \frac{S}{\sqrt{n}} t_\alpha(n-1) = \frac{35.217}{\sqrt{10}} \times 2.262 = 25.191$$

$$A = 1 - \Delta/\bar{x} = 1 - 25.191/457.5 = 94.5\%$$

结论为

横纹抗压力 μ 之 95% 之置信区间为

$(\bar{x} - \Delta, \bar{x} + \Delta) = (457.5 - 25.19, 457.5 + 25.19) = (432.31, 482.69)$

或 $\bar{x} = 457.5$ 为 μ 之定值估计。

估计精度 $A = 94.5\%$，信度为 95%。

#(1) 小样本的绝对误差限公式

$$\Delta = \frac{S}{\sqrt{n}} t_\alpha(n-1)$$

与大样本相应的公式 $\Delta = \frac{S}{\sqrt{n}} U_\alpha$ 只是临界值不同，大样本的 U_α 是标准正态分布的临界值，当 $\alpha = 0.05, U_{0.05} = 1.96$；小样本 Δ 公式中 $t_\alpha(n-1)$ 为 t 分布的临界值，与自由度 $n-1$ 有关，如上例 $n-1 = 14$，则 $t_{0.05}(14) = 2.262$。显然 $t_\alpha(n-1) > U_\alpha$，这就使得小样本的绝对误差限大于大样本。这是小样本应该付出的代价。当然在 Δ 的公式中分母 $\sqrt{n}$ 也对 Δ 大小起很大作用。

(2) 小样本公式(3.40)及公式(3.41)也可用于大样本，只是要求总体为正态总体。应用大样本公式 $\Delta = (S/\sqrt{n}) U_\alpha$ 中 $U_\alpha < t_\alpha(n-1)$，故还是取 $\Delta = (S/\sqrt{n}) U_\alpha$

更好。

3.4.2 总体频率 W 的估计

既然是小样本,故抽样比 n/N 一般很小,即使是对有限总体(总体单元数为 N)的不重复抽样也可按重复抽样方式来处理,故我们不再区别重复抽样和不重复抽样,而是都按重复抽样来讨论。

在重复抽样的条件下,我们已知样本中具有某种特点的单元数 m 遵从二项分布,参数为 n, W,即

$$P\{m = m_0\} = C_n^{m_0} W^{m_0}(1 - W)^{n-m_0} \tag{3.44}$$

当已知 α、n、m 时,可通过查二项分布参数 $p = W$ 的置信区间表即附表5得到 W 的置信区间,可靠性为 $1 - \alpha$。

【**例 3.10**】 设由一批已存放一年的某种杀虫剂中抽取 30 瓶进行检验,结果为 12 瓶失效。试以 95% 的可靠性估计该批杀虫剂失效瓶数所占比例的置信区间。

解 设该批杀虫剂失效瓶数所占比例为 W,样本单元数 $n = 30$,失效瓶数 $m = 12$,查附表5,$\alpha = 0.05, k = 12, n - k = 30 - 12 = 18$ 时总体频率的置信区间为 $[0.227, 0.594]$,这说明,该批杀虫剂失效的所占比例已超过 0.20。

【**例 3.11**】 在一批全部染病的苗木上喷洒某种药剂后,抽取 100 株进行试验,结果有 90 株治愈。试以 95% 的可靠性估计该批染病苗木治愈率的置信区间。

解 由 $\alpha = 0.05, n = 100, k = 90, n - k = 10$。在附表5中查不到,故用线性内插法。

表中可查到 $k = 60, n - k = 10$ 的 W 95% 的置信区间为 $[0.752, 0.929]$;及 $k = 100, n - k = 10$ 的置信区间 $[0.838, 0.955]$。因此,与 $k = 90, n - k = 10$ 相应的 W 的 95% 置信区间为 $[0.8165, 0.9485]$。

如果要查的 k 与 $n - k$ 的 W 置信区间在附表5中没有,但都是小于 500 的数值,则可经两次线性内插求得。例如,$k = 70, n - k = 90$ 时,可先用例 3.10 的方法求出 $k = 70, n - k = 60$ 时的 W 置信区间,以及 $k = 70, n - k = 100$ 时的 W 的置信区间,然后再经一次内插法即可得到 $k = 70, n - k = 90$ 的 W 95% 可靠性的置信区间了。如果 $k > 500$ 或 $n - k > 500$,则不能用内插方法,这时应用大样方法估计 W。

本例 $n = 100$ 也可用大样本方法,不过,大样本方法公式(3.25)中的正态分布是近似的,而小样本的二项分布是精确的。

*3.4.3 总体方差 σ^2 的区间估计

由公式(3.34)

$$\chi^2 = (n-1)S^2/\sigma^2 \sim \chi^2(n-1)$$

可由附表9查得 A、B 值满足

$$P(A < \chi^2 < B) = P\left(A < \frac{(n-1)S^2}{\sigma^2} < B\right) = 1 - \alpha$$

于是

$$P\left(\frac{(n-1)S^2}{B} < \sigma^2 < \frac{(n-1)S^2}{A}\right) = 1 - \alpha \tag{3.45}$$

即

σ^2 的 $(1-\alpha) \times 100\%$ 之置信区间为

$$((n-1)S^2/B, (n-1)S^2/A) \tag{3.46}$$

确定 A、B 时,一般取

$$P(\chi^2 \leq A) = P(\chi^2 \geq B) = \alpha/2 \tag{3.47}$$

【例 3.12】 数据仍为例 3.9 之某树种木材横纹抗压力之实验值。求此抗压力总体方差 σ^2 的 95% 之置信区间。

解 由 $n = 10, S = 35.22, S^2 = 1\,240.45$ 查表 9 有

$$\chi^2_{0.975}(9) = 2.70 \text{(为 } A\text{)}$$
$$\chi^2_{0.025}(9) = 19.00 \text{(为 } B\text{)}$$

代入公式(3.46)得 σ^2 之 95% 之置信区间为:

$$[(n-1)S^2/B, (n-1)S^2/A] = (9 \times 1\,240.45/19, 9 \times 1240.45/2.7)$$
$$= (587.58, 4\,134.83)$$

[此题如求 σ^2 之定值估计为 $S^2 = 1\,240.45$,绝对误差限 $\Delta = \max(1\,240.45 - 587.58, 4\,134.83 - 1\,240.45) = \max(652.87, 2\,894.38) = 2\,894.38$]。显然,这两个结果的精度是太低了,这是因为 $n = 10$ 太小的缘故。如 $n = 31$,自由度 $f = n - 1 = 30$,查表 9 得 $A = 16.8, B = 47$ 代入公式(3.47)得

$$(30 \times 1\,240.45/47, 30 \times 1\,240.45/16.8) = (791.78, 2\,215.09)$$

误差要小得多、精度高得多了。

3.4.4 极大似然估计

例如,有甲、乙两人。甲为射击运动员,乙为从未打过枪的家庭妇女。现在让他们各打一枪。然后报靶员报告:两枪中只有一枪打中,问中靶的一枪是谁打的。大家显然都会作出是甲打中的估计。因为甲打中的概率大。可见,概率大的比概率小的更会在现实中出现,而这正是极大似然原理。

【例 3.13】 要估计某湖中鱼的个数 N。第一次捕到鱼 $M = 1\,000$ 尾,将这些鱼作记号后再放回湖中。于是湖中之鱼有两类,一类为有记号的,有 M 尾,其余为没有记号的为 $N - M$ 尾。第二次再捕鱼 n(比如 $n = 1\,000$)尾,其中有记号的为 m(比如 $m = 100$)尾,没有记号的为 $n - m$(900)尾。求 N 的估计值。

解 此现实发生的概率

$$p = \frac{C_M^{100} \cdot C_{N-M}^{900}}{C_N^n} = \frac{C_{1\,000}^{100} \cdot C_{N-1\,000}^{900}}{C_N^{1\,000}} \tag{3.48}$$

取
$$\ln p = \ln C_{1\,000}^{100} + \ln C_{N-1\,000}^{900} - \ln C_N^{1\,000} \qquad (3.49)$$

找 N 使 p 最大,由于 $\ln x$ 为 x 之单调增函数,所以找 N 使 $\ln p$ 最大就会使 p 最大。

一般,由于公式(3.49)中只有 N 是未知数,$\ln p$ 是 N 的函数,令

$$\frac{d}{dN}\ln p = 0$$

可得到驻点,再取二阶导数,可得出极大值点。对本例,我们可取 $N = 8\,000$、$9\,000$ 等,按公式(3.49)计算出相应的概率如以下表所示:

N	8 000	9 000	10 000	11 000	12 000
$\ln p$	-3.373	-0.686	-0.186 5	-0.428	-1.943
p	0.034 3	0.503 5	0.830	0.652	0.143

从以上结果看出,在 $N = 1\,000$ 时,已发生的这一事件(即捕 1 000 尾鱼中有记号的鱼为 100 尾的事件)具有最大的概率 0.83。则 $N = 10\,000$ 就是湖中鱼数 N 的极大似然估计。

*1. 似然函数 $L(\theta \mid x_1, \cdots, x_n)$

设 $x_1, x_2, \cdots, x_n$ 为一简单随机样本,它们有相同的分布密度函数 $f(x, \theta)$,其中 θ 为待估计的未知参数。则 $\underline{x} = (x_1, \cdots, x_n)$ 的联合密度函数称为似然函数,记为 $L(\theta \mid \underline{x})$,即有

$$L(\theta \mid \underline{x}) = f(x_1; \theta) \cdot f(x_2; \theta) \cdots f(x_n; \theta) \qquad (3.50)$$

若 $x_1, \cdots, x_n$ 所遵从的分布为离散型的,则以上的概率密度函数 $f(x; \theta)$ 改换为概率函数。

注意,这里 $\underline{x}$ 被看作已知的,$L(\theta \mid \underline{x})$ 为 θ 的函数。

*2. 极大似然估计

若统计量 $\hat{\theta}$ 使似然函数 $L(\hat{\theta} \mid \underline{x})$ 达到最大(即 $\hat{\theta}$ 使 θ 的函数 $L(\theta \mid \underline{x})$ 达到最大),则称 $\hat{\theta}$ 为 θ 的极大似然估计,或最大似然估计,又称 M. L. 估计(Maximum Likelihood Estimation)。

若 $\hat{\theta}$ 使 $L(\hat{\theta} \mid \underline{x})$ 取最大,也必使 $\ln L(\hat{\theta} \mid \underline{x})$ 取最大,反之亦然。为了方便,我们常利用后者求 $\hat{\theta}$,即方程

$$\frac{d}{d\theta}\ln L(\theta \mid \underline{x}) = 0 \qquad (3.51)$$

称公式(3.51)为似然方程。若分布包含两个待估未知参数,分布密度函数记为 $f(x; \theta_1, \theta_2)$,则似然方程为以下联立方程

$$\begin{cases} \dfrac{\partial}{\partial \theta_1}\ln L(\theta_1, \theta_2 \mid \underline{x}) = 0 \\ \dfrac{\partial}{\partial \theta_2}\ln L(\theta_1, \theta_2 \mid \underline{x}) = 0 \end{cases} \qquad (3.52)$$

然而,似然方程的解并不总是存在的;有时存在也未必惟一。不过,对许多常见

的分布,似然方程的解存在惟一,从而使这个估计成为实际有用的。

极大似然估计的缺点是需要已知总体的分布类型,只有类型知道了,$f(\theta \mid x)$的类型或作为未知参数 θ 的函数的密度函数的形式才会已知。

*【例3.14】 设总体为 (a,b) 区间上的均匀分布,即 $X \sim U(a,b)$ 有概率密度

$$\varphi(x) = \begin{cases} \dfrac{1}{b-a} & x \in (a,b) \\ 0 & \text{其他} \end{cases}$$

今有样本 $x_1, \cdots, x_n$ 来自此总体。求 a,b 之极大似然估计。

解

$$\varphi(x_i) = \begin{cases} 1/(b-a) & x_i \in (a,b) \\ 0 & \text{其他} \end{cases}$$

似然函数

$$L(a,b) = \dfrac{1}{(b-a)^n}$$

由

$$\begin{cases} \dfrac{\partial L}{\partial a} = \dfrac{-n}{(b-a)^{n+1}} = 0 \\ \dfrac{\partial L}{\partial b} = \dfrac{n}{(b-a)^{n+1}} = 0 \end{cases}$$

得出 $L(a,b)$ 没有驻点,故可直观找出使 $L(a,b) = 1/(b-a)^n$ 取最大的 a 及 b。即取

$$\begin{cases} \hat{a} = \min_i \{x_i\} \\ \hat{b} = \max_i \{x_i\} \end{cases} \tag{3.53}$$

因为 $x_i (i = 1, \cdots, n)$ 必须满足

$$a \leqslant x_i \leqslant b$$

取公式 (3.53) 是使 a 尽量大,b 尽量小,从而使 $(b-a)$ 尽量小,而 $L(a,b)$ 尽量大的值。

(此题如采用矩估计方法,则要解以下方程

$$\begin{cases} \bar{x} = \dfrac{a+b}{2} \\ s^2 = \dfrac{(b-a)^2}{12} \end{cases} \tag{3.54}$$

得出

$$\hat{a} = \bar{x} - \sqrt{3}s, \hat{b} = \bar{x} + \sqrt{3}\,b$$

当 n 充分大时,M. L. 估计 (3.53) 要比此矩估计 (3.54) 的精度高。)

*【例3.15】 设样本 $x_1, \cdots, x_n$ 为来自泊松分布 $P(\lambda)$(λ 未知)的简单随机样本。求对 λ 的极大似然估计。

解 由泊松分布的概率函数知

$$P(x = x_k) = \dfrac{\lambda^{x_k}}{x_k!} e^{-\lambda} \quad (k = 1, \cdots, n)$$

故似然函数 $L(\lambda \mid x_1, \cdots, x_n)$ 为

$$L(\lambda \mid \underline{x}) = \prod_{k=1}^{n} \frac{\lambda^{x_k}}{x_k!} e^{-\lambda} = e^{-n\lambda} \prod \frac{\lambda^{x_k}}{x_k!}$$

$$\ln L(\lambda \mid \underline{x}) = -n\lambda + \left(\sum_{k=1}^{n} x_k\right)\ln\lambda - \sum_{k=1}^{n}(x_k!)$$

令

$$\frac{d}{d\lambda}\ln L(\lambda \mid \underline{x}) = -n + \frac{1}{\lambda}\sum_{k=1}^{n} x_k = 0$$

解得

$$\hat{\lambda} = \frac{1}{n}\sum_{k=1}^{n} x_k = \bar{x} \tag{3.55}$$

*【例 3.16】 设简单随机样本 $k_1, \cdots, k_m$ 来自总体 $B(n,p)$，其中 n 已知，p 为被估计值。试求 p 的极大似然估计。

解 由 $P(x = k_i) = C_n^{k_i} p^{k_i}(1-p)^{n-k_i}$

知似然函数

$$L(p) = \prod_{i=1}^{m} C_n^{k_i} p^{k_i}(1-p)^{n-k_i}$$

$$\ln L(p) = \sum_{i=1}^{m}\left[\ln C_n^{k_i} + k_i \ln p + (n-k_i)\ln(1-p)\right]$$

令

$$\frac{d}{dp}\ln L(p) = \frac{1}{p}\sum_{i=1}^{m} k_i - \frac{1}{1-p}\sum_{i=1}^{m}(n - k_i) = 0$$

得

$$(1-p)\sum k_i = p\sum(n-k_i) = pnm - p\sum k_i$$

$$\sum k_i = nmp$$

所以

$$\hat{p} = \frac{1}{nm}\sum_{i=1}^{m} k_i = \frac{1}{n}\bar{x} \tag{3.56}$$

*【例 3.17】 设 $x_1, \cdots, x_n$ 来自 $N(\mu, \sigma^2)$ 总体之简单随机样本，μ 及 σ^2 均未知。试求 μ 及 σ^2 的极大似然估计。

解 由 $X \sim N(\mu, \sigma^2)$

$$P(X = x_i) = \frac{1}{\sqrt{2\pi}\sigma}\exp\left\{-\frac{(x_i - \mu)^2}{2\sigma^2}\right\}$$

故似然函数为

$$L(\mu, \sigma^2 \mid \underline{x}) = \prod_{i=1}^{n} \frac{1}{\sqrt{2\pi}\,\sigma}\exp\left\{-\frac{(x_i - \mu)^2}{2\sigma^2}\right\}$$

$$\ln L(\mu, \sigma^2 \mid \underline{x}) = -\frac{n}{2}\ln 2\pi - \frac{n}{2}\ln\sigma^2 - \frac{1}{2\sigma^2}\sum(x_i - \mu)^2$$

似然方程为

$$\begin{cases} \dfrac{\partial}{\partial \mu}(\ln L(\mu,\sigma^2 \mid \underline{x})) = \dfrac{1}{\sigma^2} \sum (x_i - \mu) = 0 \\ \dfrac{\partial}{\partial \sigma^2}(\ln L(\mu,\sigma^2 \mid \underline{x})) = -\dfrac{1}{2\sigma^2} + \dfrac{1}{2\sigma^4} \sum (x_i - \mu)^2 = 0 \end{cases}$$

解得

$$\begin{cases} \hat{\mu} = \dfrac{1}{n} \sum_{i=1}^{n} x_i = \bar{x} \\ \hat{\sigma}^2 = \dfrac{1}{n} \sum_{i=1}^{n} (x_i - \hat{\mu})^2 = \dfrac{1}{n} \sum (x_i - \bar{x})^2 \end{cases} \qquad (3.57)$$

注 1 有限总体不重复抽样的情况

设 $x_1, \cdots, x_n$ 来自总体单元数为 N 且为不重复方式抽取的样本,$\bar{x}$ 为样本均值

则
$$D[\bar{x}] = \dfrac{N-n}{n(N-1)} \sigma^2 \qquad (3.58)$$

$$\approx \left(\dfrac{1}{n} - \dfrac{1}{N}\right) \sigma^2 \qquad (3.59)$$

证明 设 $\alpha_i = \begin{cases} 1 & \text{当总体单元 } X_i(\text{记为 } x_i) \text{ 被抽中} \\ 0 & \text{当总体单元 } X_i \text{ 未被抽中} \end{cases}$

有
$$\bar{x} = \dfrac{1}{n} \sum_{i=1}^{n} x_i = \dfrac{1}{n} \sum_{i=1}^{N} \alpha_i X_i \qquad (3.60)$$

α_i 为 $0-1$ 分布 $\begin{cases} P(\alpha_i = 1) = n/N \\ P(\alpha_i = 0) = 1 - n/N \end{cases}$

(因为 $P(X_i \text{ 被抽中}) = C_{N-1}^{n-1}/C_N^n = n/N$)

由公式(3.59) 得

$$\begin{aligned} D[\bar{x}] &= E[\bar{x}^2] - \bar{X}^2 \\ &= E\left[\left(\dfrac{1}{n} \sum_{i=1}^{N} \alpha_i X_i\right)^2\right] - \bar{X}^2 \\ &= E\left[\dfrac{1}{n^2}\left(\sum_{i=1}^{N} X_i^2 \alpha_i^2 + \sum_{i \neq j} X_i X_j \alpha_i \alpha_j\right)\right] - \bar{X}^2 \\ &= \dfrac{1}{n^2}\left[\sum_{i=1}^{N} X_i^2 E(\alpha_i^2) + \sum_{i \neq j} X_i X_j E(\alpha_i \alpha_j)\right] - \bar{X}^2 \\ &= \dfrac{1}{n^2}\left[\sum_{i=1}^{N} X_i^2 \cdot \dfrac{n}{N} + \sum_{i \neq j} X_i X_j \dfrac{n(n-1)}{N(N-1)}\right] - \bar{X}^2 \\ &= \dfrac{n-1}{nN(N-1)}\left[\sum X_i^2 - \sum_{i \neq j} X_i X_j\right] + \left[\dfrac{1}{nN} - \dfrac{n-1}{nN(N-1)}\right]\sum X_i^2 - \bar{X}^2 \\ &= \dfrac{n-1}{nN(N-1)}\left(\sum X_i\right)^2 + \left[\dfrac{N-n}{nN(N-1)}\right]\sum X_i^2 - \bar{X}^2 \\ &= \left(\dfrac{N(n-1)}{n(N-1)} - 1\right)\bar{X}^2 + \dfrac{N-n}{n(N-1)}\left(\dfrac{1}{N}\sum X_i^2\right) \\ &= \dfrac{N-n}{n(N-1)}\left[\dfrac{1}{N}\sum_{i=1}^{N} X_i^2 - \bar{X}^2\right] \\ &= \dfrac{N-n}{n(N-1)}\sigma^2 \end{aligned}$$

其中
$$P(\alpha_i\alpha_j=1)=P(\alpha_i=1)P(\alpha_j=1\mid\alpha_i=1)=\frac{n}{N}\frac{n-1}{N-1}\quad(i\neq j)$$

所以
$$E(\alpha_i\alpha_j)=\frac{n(n-1)}{N(N-1)}\quad(i\neq j)$$

另外，样本均值 $\bar{x}$ 的数学期望仍为总体均值：

$$\begin{aligned}E[\bar{x}]&=E\Big[\frac{1}{n}\sum_{i=1}^{N}\alpha_iX_i\Big]\\&=\frac{1}{n}\sum_{i=1}^{N}X_iE(\alpha_i)\\&=\frac{1}{n}\sum_{i=1}^{N}X_i\cdot\frac{n}{N}=\frac{1}{N}\sum_{i=1}^{N}X_i\\&=\bar{X}=\mu\end{aligned}$$

注2 有限总体改正值 fpc(finite population correction)：$\sqrt{1-n/N}$

由注1公式(3.59)

$$\sigma^2[\bar{x}]\approx\Big(\frac{1}{n}-\frac{1}{N}\Big)\sigma^2$$
$$\approx\frac{1}{n}\Big(1-\frac{n}{N}\Big)s^2$$

$$\bar{x}\xrightarrow[n\text{大}]{\text{近似}}N(E(\bar{x}),D[\bar{x}])=N\Big(\mu,\Big(\frac{s}{\sqrt{n}}\sqrt{1-n/N}\Big)^2\Big)$$

故
$$\frac{\bar{x}-\mu}{\frac{s}{\sqrt{n}}\sqrt{1-n/N}}\xrightarrow[n\text{大}]{\text{近似}}N(0,1)$$

所以
$$P\Big(|\bar{x}-\mu|\leqslant U_\alpha\cdot\frac{s}{\sqrt{n}}\sqrt{1-n/N}\Big)=1-\alpha$$

绝对误差限 $\Delta=U_\alpha\cdot\dfrac{s}{\sqrt{n}}\cdot\sqrt{1-n/N}$

比原来多出的一项

$$\sqrt{1-n/N}(\leqslant 1)$$

被称为有限总体的正值 fpc。由于它总是小于等于 1 的，所以误差项是减少了。

以上所有的公式，当 $N\to\infty$ 时即是无限总体 fpc $\sqrt{1-n/N}\to 1$，原有的公式不变。

注3 若 $x\sim N(0,1)$，则 $y=x^2\sim\chi^2(1)$，密度函数

$$\varphi(y)=\frac{1}{\sqrt{2\pi}}y^{-\frac{1}{2}}\mathrm{e}^{-\frac{y}{2}}\quad(0,\infty)$$

证明 $F_y(z)=P(y\leqslant z)=P(x^2\leqslant z)=P(|x|\leqslant\sqrt{z})\quad(z\geqslant 0)$
$$=P(-\sqrt{z}\leqslant x\leqslant\sqrt{z})=\Phi_0(\sqrt{z})-\Phi_0(-\sqrt{z})$$
$$=2\Phi_0(\sqrt{z})-1$$

$$\varphi_y(z)=\frac{\mathrm{d}}{\mathrm{d}z}F_y(z)=\frac{\mathrm{d}}{\mathrm{d}z}(2\Phi_0(\sqrt{z})-1)$$

$$= 2\varphi_0(\sqrt{z})(\sqrt{z})' = \varphi_0(\sqrt{z}) \cdot \frac{1}{\sqrt{z}}$$

$$= \frac{1}{\sqrt{2\pi}} z^{-\frac{1}{2}} e^{-\frac{z}{2}} \quad (z \geq 0)$$

以上 $\varphi_0(z)$ 及 $\Phi_0(z)$ 为标准正态分布之密度函数 $\frac{1}{\sqrt{2\pi}} e^{-\frac{z^2}{2}}$ 及分布函数。

注 4 关于自由度

正如以下附录中最后一段所说,每个人都想弄清楚自由度究竟是一个什么量,它的含义是什么。可惜,并没有一个有效的解释,它只不过是分布(比如 χ^2 分布、t 分布、F 分布)中的一个参数而已。

这里,概率统计中很多技术名词是借用力学中的名词,如概率质量、概率密度、矩、自由度。

在力学中,一个刚体有6个自由度。因为3个点 A、B、C 的位置确定了刚体的位置,3个点共有9个坐标值,应有9个自由度,但有3个距离 AB、BC、AC 不变,即受到3个约束,每一个约束减少一个自由度,故 9 - 3 = 6 个自由度,刚体的其他点由于要与 A、B、C 3个点位置不变已不再有任何方向移动的自由。从这个观点来看 $\sum_{i=1}^{n}(x_i - \bar{x})^2$ 因为有 $\sum_{i=1}^{n}(x_i - \bar{x}) = 0$ 的约束,所以 $x_1 - \bar{x}, x_2 - \bar{x}, \cdots, x_n - \bar{x}$ 的自由度是 $n - 1$ 而不是 n。也许这可以作为

$$s^2 = \frac{1}{n-1} \sum_{i=1}^{n}(x_i - \bar{x})^2$$

是 σ^2 的无偏估计的一个直观的理由。

习 题 3

1. 设 $\hat{\theta}$ 为参数 θ 的定值估计值,若 $P(|\hat{\theta} - \theta| < A) = B$。试问,此定值估计的绝对误差限及可靠性为多少?

2. 按题1,A 若改为 $A/2$,B 应增大还是减少?并以此说明误差限与可靠性之间的关系。

3. 从某总体内独立抽取 $x_1, \cdots, x_n$ 共 n 个单元组成样本($n \geq 50$),试问公式 $P\left(\bar{x} - U_\alpha \frac{\sigma}{\sqrt{n}} \leq \mu \leq \bar{x} + U_\alpha \frac{\sigma}{\sqrt{n}}\right) = 1 - \alpha$ 中哪些量是随机变量?哪些不是?是 μ 出现在 $\left[\bar{x} - U_\alpha \frac{\sigma}{\sqrt{n}}, \bar{x} + U_\alpha \frac{\sigma}{\sqrt{n}}\right]$ 的概率为 $1 - \alpha$,还是以上区间包含 μ 的概率为 $1 - \alpha$?两者有何不同?

4. 设 $x_1, \cdots, x_n$ 为简单随机样本,$E[x_i] = \mu, \sigma^2[x_i] = \sigma^2$ 对 $i = 1, 2, 3, \cdots, n$ 成立。令 $\hat{\sigma}^2 = A \sum_{i=1}^{n-1}(x_{i+1} - x_i)^2$,问 A 取何值可使 $\hat{\sigma}^2$ 为 σ^2 的无偏估计?

5. 证明:$s_n^2 = \frac{1}{n} \sum_{i=1}^{n}(x_i - \bar{x})^2 = \frac{1}{n} \sum_{i=1}^{n} x_i^2 - \bar{x}^2$ 及 $\sum_{i=1}^{n}(x_i - \bar{x})^2 = \sum_{i=1}^{n} x_i^2 - \frac{1}{n}\left(\sum_{i=1}^{n} x_i\right)^2 = \sum x_i^2 - n\bar{x}^2$。

6. 若 $y_i = x_i - a, i = 1, \cdots, n$。证明:$\bar{x} = \bar{y} + a, s_x^2 = s_y^2$,其中 s_x^2, s_y^2 分别为 $\{x_i\}, \{y_i\}$($i = 1, 2, 3, \cdots, n$) 的样本方差。

7. 题6的结论在计算中有何方便之处?举例说明。

8. 今有某林分分组整理后的简单随机样本,标志值为树高(单位:m),试以 90% 的可靠性估计该林分平均高的置信区间。

树高	16	18	20	22	24	26	28	
频数	1	3	8	14	17	6	1	$\sum = 50$

9. 若已知某林分的材积服从正态分布,又测得每 0.10 hm^2 平均材积 $\bar{x}$ 为 6 m^3,标准差 σ 为 1 m^3,代入 $P(\bar{x} - 2\sigma < \mu < \bar{x} + 2\sigma) = 95.5\%$,试说明如何理解此式的意义。

10. 在森林调查中,某总体面积 $1\ 000 \text{ hm}^2$,随机布设 50 个面积为 0.06 hm^2 的方形样地,测得平均蓄积量 $\bar{x} = 9.0 \text{ m}^3/0.06\text{hm}^2$,标准差 $s = 1.63 \text{ m}^3/0.06 \text{ hm}^2$,试以 95% 的可靠性估计总体每公顷的平均蓄积量及误差限,并推断总体总蓄积量的估计值及误差限。若经全林实测得总蓄积为 $142\ 500 \text{ m}^3$,问抽样估计的实际误差和精度为多少?

11. 某林区面积很大,根据预备调查知道每 0.1 hm^2 样地立木蓄积量标准差为 4.5 m^3,现做抽样调查,要求估计的可靠性为 95.5%,绝对误差限不超过 0.6 m^3,问应抽多少个 0.1 hm^2 的样地?

12. 11 题中,若由预备调查知,平均每 0.1 hm^2 蓄积接近 3.6 m^3,现在欲以 95.5% 的可靠性估计调查总体蓄积并要求相对误差不超过 0.01,问应抽多少个 0.1 hm^2 的样地?

13. 在某林区中用重复抽样方式随机抽取 200 株树组成样本,调查后发现其中 60 株病腐,试以 95% 的可靠性估计该林区中病腐木频率的置信区间及绝对和相对误差。

14. 若已知测量误差遵从正态分布,今对某物体长度作多次度量所得数据如下表所示:

x	114	115	116	117	118	
f	2	2	8	4	3	$\sum = 19$

求被测值的近似值及其 95% 可靠性的区间估计。

15. 从某一正态总体中抽取了 20 个样品,其观测值为

3 100	3 800	2 860	3 420	3 400	2 760	2 880
3 480	3 020	3 100	2 520	3 260	3 560	3 440
3 280	2 520	3 140	3 320	3 200	3 700	

试求总体均值 μ 的 95% 之置信区间,及总体方差 σ^2 的 95% 的置信区间。

16. 某地区历年造林成活率大体可达 90%,今对造林质量作调查,为使相对误差不超过 5%,可靠性 95%,问用重复抽样方式需调查多少株苗木?

17. 在 $\Delta = (s/\sqrt{n}) \cdot U_\alpha$ 中,若 n 不变,信度 $1-\alpha$ 增大,Δ 会怎样?

18. 由 $\Delta = U_\alpha \cdot \dfrac{s}{\sqrt{n}}$ 得精度 $A = 1 - U_\alpha \dfrac{s}{\sqrt{n}\bar{x}}$,若 n 增大,s 是否会减少?为什么?

19. 由以上 18 题可解得 $n = \left(\dfrac{s \cdot U_\alpha}{(1-A)\bar{x}}\right)^2$;若要求 A 增加,信度 $1-\alpha$ 也增加,n 应怎样?

20. 已知某种果树(如苹果)产量服从正态分布 $N(\mu, \sigma^2)$,其中 μ, σ^2 皆未知。今取样本 6 株,产量(kg)为:221, 191, 202, 215, 276, 233。求 μ 及 σ^2 的 95% 置信区间。

21. 已知某种岩石的密度的测量值服从正态分布 $N(\mu, \sigma^2)$。今取 $n = 12$ 个样本,得样本标准差 $s = 5.2$。求总体方差 σ^2 之 90% 的置信区间。

22. 某马尾松幼龄林中抽取 $n=80$ 株观测发现有32株染上黄化病。试以95%的信度估计染黄化病的总体频率的90%的置信区间。

23. 对某地区随机观察520个点发现有500个属无林地。试以正态分布、泊松分布、二项分布3种方法,以95%之可靠性求无林地面积所占比例的区间估计,并对3种估计作比较。

24. 在 $P(\bar{x} - U_\alpha \cdot s/\sqrt{n} < \mu < \bar{x} + U_\alpha \cdot s/\sqrt{n}) = 1 - \alpha$ 中哪些是随机变量?哪些是未知常量?说 μ 在以上区间取值的概率为 $1-\alpha$ 是否正确?

25. 若总体分布类型未知,能否进行极大似然估计?为什么?

26. 一袋中有红、白两种颜色的球,且两颜色球数的比例为1:3。今任取3个球发现只有1个红球。问红球所占的比例是3/4还是1/4?

27. 今从0—1分布之中抽取样本 $x_1, x_2, \cdots, x_n$。求0—1分布中 p 的极大似然估计。

本章推荐阅读书目

[1] 统计分布. 方开泰,许建伦. 高等教育出版社,1979.

[2] Applied Nonparametric Statistics. Houghton Mifflin Company. Wayne W. Daniel. Boston, 1978.

[3] Applied Statistics. Lothar Sachs. New York;Heideberg Berlin,1982.

第3章附录

Inferences: Small Sample Results

Introduction

The estimation and test procedures about μ in chapter 4 were based on the assumption that we would obtain a random sample of 30 or more observations. Sometimes it is not possible to obtain so large a sample size. For example, in determining the blood level of persons suffering from a very rare disease, it may be impossible to obtain a random sample of 30 or more observations at a given time.

W. S. Gosset faced a similar problem around the turn of the century when, as a chemist for Guinness Breweries, he was asked to make judgments on the mean quality of various brews. As might be expected, he was not supplied with large sample sizes to reach his conclusions.

Gosset felt that, for small sample sizes, when he used the test statistic

$$z = \frac{\bar{y} - \mu_0}{\sigma/\sqrt{n}}$$

with σ replaced by s, he was falsely rejecting the null hypothesis $H_0: \mu = \mu_0$ at a much higher rate than that specified by α. He became intrigued by this problem and set out to derive the distribution and percentage points of the test statistic

$$\frac{\bar{y} - \mu_0}{s/\sqrt{n}}$$

for $n < 30$.

For example, suppose an experimenter sets α at a nominal level, say 0.05. Then he expects to falsely reject the null hypothesis approximately 1 time in 20. However, Gosset proved that the actual probability of a type I error for this test was somewhat higher than the nominal level designated by α. The results of his study were published under the pen name Student, because it was against company policy for him to publish his results in his own name at that time.

The quantity

$$\frac{\bar{y} - \mu_0}{s/\sqrt{n}}$$

is called the t statistic and its distribution is called the *Student's t distribution* or, simply, *Student's t* (see figure 5.1).

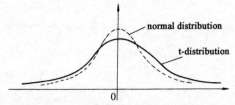

Figure3.5 A t distribution with a normal distribution superimposed

Although the quantity

$$\frac{\bar{y} - \mu_0}{s/\sqrt{n}}$$

will possess a t distribution only when the sample is selected from a normal population, the t distribution provides a reasonable approximation to the distribution of

$$\frac{\bar{y} - \mu_0}{s/\sqrt{n}}$$

when the sample is selected from a population with a mound-shaped distribution.* We summarize the properties of t in the box.

Properties of Student's t Distribution

---

1. The t distribution, like that of z, is symmetrical about 0.
2. The t distribution is more variable than the z distribution (see figure 5.1).
3. There are many different t distributions. We specify a particular one by a parameter called the *degrees of freedom* (df). Thus we specify

$$t = \frac{\bar{y} - \mu_0}{s/\sqrt{n}} \quad df = n - 1$$

4. As n (or equivalently df) increases, the distribution of t approaches the distribution of z.

Everyone seems to want to know what df really means. There is no *valid* explanation; df is a parameter (a numerical descriptive measure) of the t distribution. As we stated, df $= n - 1$ for this t distribution. The larger (or smaller) n, the larger (or smaller) df. As n (and hence df) gets large, the t distribution approaches the z distribution.

* Actually, symmetry of the distribution for the population is not the major concern. Rather, we need to avoid working with heavy-tailed distributions (peaked distributions with a good deal of the area in the tails). More information concerning measures of symmetry (or skewness) and heaviness of tails is given in chapter 21.

第4章 假设检验

【本章提要】 对于一个判断如某品种水稻平均亩产 1 000 kg，某种癌症的某一种治疗方法成活10年及10年以上者有70%，某地区 GDP 去年增长率为10%，甲种绿茶优于乙种绿茶等，我们用（抽样的）统计方法作出肯定与否定的结论，这种结论具有某信度，即结论有犯错误的可能（概率）。本章介绍对某一假设作统计检验的方法、原理、过程、步骤和犯错误的概率的大小。

统计假设检验一般分为参数检验与非参数检验。如果已知总体分布的类型，对分布的某未知参数作假设，称此假设为参数假设。运用统计方法对参数假设作出接受或拒绝的决策称为参数检验。如果在统计检验方法中对总体遵从的分布没有任何限制，则称此检验为非参数检验。比如，对总体分布所属的类型作假设并进行检验就属于非参数检验。

§4.1 统计假设检验的步骤

1. 建立原假设 H_0 及备择假设 H_1

原假设和备择假设合起来体现了我们进行假设检验的目的，即两者选一：或接受原假设而拒绝备择假设，或者相反。这一决策一般要根据一次抽样结果作出。

记 H_0 为原假设，H_1 为备择假设。原假设又称为零假设或解消假设，备择假设又称为备选假设。H_0、H_1 总是同时出现在一个假设检验的问题里的；当 H_1 被略去不写时，意味着 H_1 是 H_0 的补集，即否定 H_0 的全体为 H_1。

2. 构造统计量

假设 H_0 成立，找出某一与统计假设相关联的统计量所遵从的分布，从而可以计算统计量在不同区域的概率值。

3. 决定 H_0 的拒绝域 W_1

根据统计量的分布，决定 H_0 的拒绝域 W_1，即如果根据样本值计算出的统计量值属于 W_1，则结论为拒绝 H_0，否则为接受 H_0。

由于抽样结果有随机性或者说偶然性，所以，无论是接受 H_0 或拒绝 H_0 都有犯错误的可能。关键是选取 W_1 使犯这两种错误的可能尽量小。

4. 根据抽样结果作结论

一般,我们是根据一次抽样结果作抉择的。如果抽样结果使以上所说的某统计量值落入 H_0 的拒绝域 W_1 内,则结论为拒绝 H_0,接受 H_1。若落入 W_1 之外则结论为接受 H_0。接受 H_0 的区域为 W_1 之外的区域,记为 W_0。这样,不是属于 W_0 就是属于 W_1,一次抽样即可作出结论。

5. 关于两类错误

由于是根据一次抽样结果作出的结论,所以,不论结论如何都可能不符合客观实际而犯错误。如果结论是拒绝 H_0,而真实情况是 H_0 正确,这种错误被称为犯第一类错误;如果结论是接受 H_0,而事实是应该接受 H_1,则被称为犯第二类错误。犯以上两类错误的概率分别记为 α 和 β。称 $1-\alpha$ 为可靠性,$1-\beta$ 为检验的功效。当然,α、β 愈小愈好,说明我们的检验所作的结论可靠、风险小。然而,α 愈小则 β 会增大,反之亦然,故在确定 α 多大为宜及评价一个检验方法时,都要考虑检验的可靠性和功效。关于两类错误,我们放在本章最后讨论。

§4.2 总体平均数 μ 的假设检验

4.2.1 类 型

$$H_0: \mu = \mu_0 \longleftrightarrow H_1: \mu \neq \mu_0 \tag{4.1}$$

1. 大样本方法

由公式(3.10)有(总体可以为非正态总体):

$$U = \frac{\bar{x} - \mu}{s/\sqrt{n}} \xrightarrow[n\text{大}]{\text{近似}} N(0,1) \tag{4.2}$$

与第 3 章不同,这里的 μ 不再是未知的被估计量,而是按照假设检验的逻辑,是在承认 H_0 的前提下,即承认公式(4.1)左端的 $\mu = \mu_0$,于是

$$U = \frac{\bar{x} - \mu_0}{s/\sqrt{n}} \tag{4.3}$$

假设 $\mu = \mu_0$ 正确,应该按公式(4.1)有

$$P(|U| > U_\alpha) = \alpha \tag{4.4}$$

在这里,我们取 $|U| > U_\alpha$(如 1.96,当 $\alpha = 0.05$)为 H_0 的拒绝域 W_1;$|U| < U_\alpha$ 为 H_0 的接受域。α 被称为显著性水平。

这里的含义是:如果 H_0 正确,公式(4.4)也就正确,因而 $|U| > U_\alpha$ 的机会只有 α,取 α 很小,那么,在一次抽样中出现 $|U| > U_\alpha$ 的可能应该很小,如果它出现,则否定前提 H_0 是正确的。这种否定会犯第一类错误的概率正是公式(4.4)中的 α 值。故否定 H_0 所冒的风险为 α。但如果出现 $|U| \leq U_\alpha$,从逻辑上说,一个可能性很大的事件出现了,这自然不能由此而否定 H_0,但又必须作出决策,故只能决策接

受 H_0。这里应注意的是:接受 H_0 这一结论犯错误的可能不再等于 α,而是另外方法计算的 β。由于 β 的计算较为复杂,在不计算 β 的情况下,接受 H_0 的风险多大是尚不知道的,因而对这一结论的可靠程度也是不知道的。所以,我们如果结论是拒绝 H_0,则可靠性为 $1-\alpha$;如果结论是接受 H_0,由于不知道可靠性多少,故只能说我们没有足够的证据拒绝 H_0,只有作接受的结论。所以从这个意义来说,假设检验是用来考察是否拒绝 H_0 的。

【例 4.1】 用 X 射线照射细胞会使细胞的染色体受损伤。设 Y 表示照射某一固定时间后受损伤的细胞个数。今做 $n=50$ 次重复试验,设 $y_1, y_2, \cdots, y_{50}$ 分别为 50 次照射后每一次受损伤的细胞个数。已知 $y_1, \cdots, y_{50}$ 的均值 $\bar{y}=11.3$(千个),标准差 $s=4.0$(千个)。试以显著性水平 $\alpha=0.05$ 检验 y 的总体均值 $\mu=14$(千个)的假设。

解 此问题属类型 (4.1),计算

$$|U| = \frac{|\bar{y}-\mu_0|\sqrt{n}}{s}$$

$$= \frac{|11.3-14|}{4} \times \sqrt{50}$$

$$= 4.773 > U_{0.05} = 1.96$$

结论为拒绝 H_0,认为 y 的总体均值 μ 不等于 14。

由图 4.1 知,当拒绝 H_0 时,认为 $\mu \neq \mu_0$,那么有可能 $\mu > \mu_0$ 或 $\mu < \mu_0$,此题 $U=-4.773$,很可能 $\mu < \mu_0$,因为当 $\mu < \mu_0$ 时,出现在 W_1 域内的可能性不再是 α,而是比 α 大得多,它的出现也就很正常了。

2. 正态总体的小样本方法

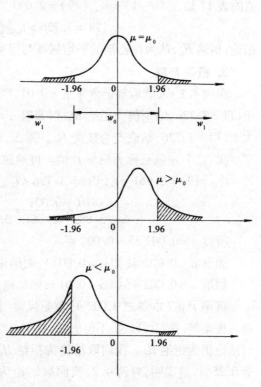

图 4.1

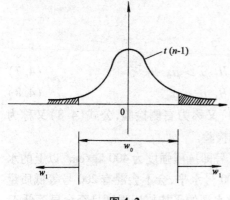

图 4.2

由公式 (3.35),对正态总体有

$$T = \frac{\bar{x}-\mu}{s/\sqrt{n}} \sim t(n-1)$$

在承认 $H_0(\mu=\mu_0)$ 的前提下

$$T = \frac{\bar{x}-\mu_0}{s/\sqrt{n}} \quad (4.5)$$

于是若取 α 为显著性水平,$t(n-1)$ 分布的临界值可查表 11,记为 $t_\alpha(n-1)$,有

$$P(|T|>t_\alpha(n-1)) = \alpha \quad (4.6)$$

我们取 $|T| \geq t_\alpha(n-1)$ 为 H_0 之拒绝域

W_1，$|T| < t_\alpha(n-1)$ 为 H_0 之接受域 W_0。如图 4.2 所示。

【**例 4.2**】 设将在甲地种植多年的某杨树品种移植到乙地,在甲地其 10 年之平均树高为 17 m。问,移植到乙地后其 10 年的平均树高与甲地是否有显著不同?

今观测乙地此树的 10 年树高,测得 20 株树之平均高 $\bar{x} = 15(\text{m})$，$s = 2.4(\text{m})$，取显著水平 $\alpha = 0.05$，试作出统计结论。

解 $n = 20$ 为小样本,此问题类型属公式(4.1),由公式(4.5)得

$$T = \frac{(15 - 17)\sqrt{20}}{2.4} = -3.726$$

查附表 11 知,$t_\alpha(n-1) = t_{0.05}(19) = 2.093$

$$|T| = 3.726 > t_{0.05}(19) = 2.093$$

结论:拒绝 H_0，认为在乙地的平均树高与甲地的有显著差异,显著水平 $\alpha = 0.05$。

*3. 概率 P 值

在例 4.2 中,若取显著水平 $\alpha = 0.01$，则相应的临界值 $t_{0.01}(19) = 2.861$ 仍小于 $|T| = 3.726$，结论仍为拒绝 H_0；但若取 $\alpha = 0.001$，临界值变为 $t_{0.001}(19) = 3.883$ 大于 $|T| = 3.726$，结论变为接受 H_0。那么,相应于临界值恰好为 3.726 的 α 值是多少呢,这个 α 值被称为概率 P 值。可通过内插法求得:

$$t_{0.01}(19) = 2.861 < t_x(19) = 3.726 < t_{0.001}(19) = 3.883$$

$$\frac{0.01 - 0.001}{3.883 - 2.861} = \frac{0.01 - x}{3.726 - 2.861}$$

所以 $x = 0.002\,38 \approx 0.002\,4$

如取 $\alpha < 0.002\,4$(如 $\alpha = 0.001$)，则结论为接受 H_0。

如取 $\alpha > 0.002\,4$(如 $\alpha = 0.01$)，则结论为拒绝 H_0。

概率 P 值(本例之 0.002 4)就是风险(拒绝 H_0 时可能犯错误的风险)的临界值。按此例,我们可以说,不但取 $\alpha = 0.05$ 时结论是拒绝 H_0，我们即使取 $\alpha = 0.002\,5$ 时结论仍为拒绝 H_0。我们取结论为拒绝 H_0 时所承担的风险(犯错误的可能)只有 0.25%，这说明,对例 4.2，我们取结论为拒绝 H_0 是非常可靠的(有很高的信度)。

4.2.2 类 型

$$H_0: \mu = \mu_0 \longleftrightarrow H_1: \mu > \mu_0 \qquad (4.7)$$

$$H_0: \mu = \mu_0 \longleftrightarrow H_1: \mu < \mu_0 \qquad (4.8)$$

这两种类型都属于单侧检验,公式(4.7)又称为右侧检验,公式(4.8)又称为左侧检验。而类型公式(4.1)又被称为双侧检验。

例如,某工地订货 400 号水泥若干(400 号即抗压强度为 400 kg/cm² 以上的水泥)。验货时关心的是水泥质量是否达到 400 号水平,会不会混有 200 号等低质量的水泥。这时只需作左侧检验,即检验这批水泥的平均抗压强度是否会显著低于

400,若显著低于 400,则拒绝 H_0,接受 H_1,认为平均抗压强度 $\mu < \mu_0 = 400$。至于 $\mu > 400$,虽然也属于 $\mu \neq \mu_0 (= 400)$ 的范围,但不属于公式(4.8)中的 H_1,故仍为接受 H_0,这就是单侧检验与双侧检验不同的地方。图 4.3 所示为大样本 U 检验时双侧检验与单侧检验拒绝域不同的示意图,注意,单侧检验的临界值($\alpha = 0.05$ 时为 1.645)比双侧检验同一显著水平 α 时相应的临界值($\alpha = 0.05$ 时为 1.96)要小。这说明单侧检验比双侧检验更敏锐。

又如,作肝功能化验中转氨酶这一指标时,我们关心的是指标是否过高,即显著高于正常值(如 150),此时为右侧检验。

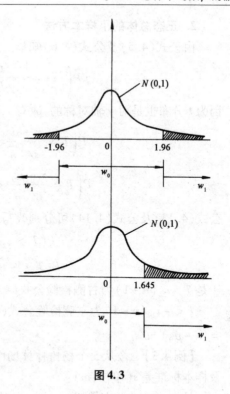

图 4.3

1. 大样本方法

由公式(4.2)、公式(4.3)、公式(4.4)知
$$P(-U_\alpha < U < U_\alpha) = 1 - \alpha$$
或(由对称性)
$$P(U > U_\alpha) = \alpha/2, P(U < -U_\alpha) = \alpha/2$$
改写为
$$P(U > U_{2\alpha}) = \alpha \quad (4.9)$$
$$P(U < -U_{2\alpha}) = \alpha \quad (4.10)$$
按显著性水平为 α,得
$$U > U_{2\alpha} \quad (4.11)$$
为右侧检验公式(4.7)之 H_0 的拒绝域。
$$U < -U_{2\alpha} \quad (4.12)$$
为左侧检验公式(4.8)之 H_0 的拒绝域。拒绝域之外为 H_0 之接受域。

【例 4.3】 在例 4.1 中将问题的提法改为:试以 $\alpha = 0.05$ 的显著水平检验总体均值 μ 是否显著大于 $\mu_0 = 14$(千个)。

解 此问题属右侧检验公式(4.7),只须考察公式(4.11)是否成立。由于 $U = -4.773$,而公式(4.11)的右侧是正值($U_{0.10} = 1.645$),负值不可能大于正值,故公式(4.11)不成立,结论为接受 H_0,不能认为 μ 显著大于 14。

【例 4.4】 在例 4.1 中将问题的提法改为:试以 $\alpha = 0.05$ 的显著水平检验总体均值 μ 是否显著小于 $\mu_0 = 14$(千个)。

解 此问题属左侧检验公式(4.8),只须考察公式(4.12)是否成立。由于 $U = -4.773 < -U_{2\alpha} = -U_{0.10} = -1.645$,公式(4.12)成立,故结论为拒绝 H_0,接受 H_1,认为 μ 是显著小于 14(千个)。

2. 正态总体的小样本方法

由公式(4.5)及公式(4.6)知

$$P\left(|T| = \frac{|\bar{x} - \mu_0|}{s/\sqrt{n}} > t_\alpha(n-1)\right) = \alpha$$

因为 t 分布也是对 y 轴对称的,故有

$$P\left(T = \frac{\bar{x} - \mu_0}{s/\sqrt{n}} > t_\alpha(n-1)\right) = \alpha/2 \tag{4.13}$$

$$P\left(T = \frac{\bar{x} - \mu_0}{s/\sqrt{n}} < -t_\alpha(n-1)\right) = \alpha/2 \tag{4.14}$$

公式(4.13)及公式(4.14)可分别改写为

$$P(T > t_{2\alpha}(n-1)) = \alpha \tag{4.15}$$

$$P(T < -t_{2\alpha}(n-1)) = \alpha \tag{4.16}$$

于是 $T > t_{2\alpha}(n-1)$ 为右侧检验公式(4.7)的 H_0 之拒绝域,显著水平为 α。

$T < -t_{2\alpha}(n-1)$ 为左侧检验公式(4.8)的 H_0 之拒绝域,显著水平为 α。其中 $T = (\bar{x} - \mu_0)\sqrt{n}/s$。

【例4.5】 今从5个杨树林林场作树高之抽样调查,分别得以下之样本均值 $\bar{x}$ 及样本标准差 s(单位:m):

林场	调查株树 n	样本均值 $\bar{x}$	样本标准差 s
I	$n_1 = 49$	$\bar{x}_1 = 9.2$	$s_1 = 1.8$
II	$n_2 = 49$	$\bar{x}_2 = 10.8$	$s_2 = 1.6$
III	$n_3 = 15$	$\bar{x}_3 = 9.2$	$s_3 = 1.8$
IV	$n_4 = 15$	$\bar{x}_4 = 9.2$	$s_4 = 1.6$
V	$n_5 = 11$	$\bar{x}_5 = 10.8$	$s_5 = 1.6$

已知,树高服从正态分布。试问,这5个林场之总体均值是否显著高于 $\mu_0 = 10(\text{m})$(显著水平取 $\alpha = 0.05$)。

解 此问题属右侧检验公式(4.7)。

第 I、III、IV 林场由于 $\bar{x} < \mu_0 = 10$, $\bar{x} - \mu_0 < 0$,不可能满足 $U > U_{2\alpha}$ 或 $T > t_{2\alpha}(n-1)$,故不可能由此拒绝 H_0,只能接受 H_0。

林场 II, $n_2 = 49$,可用于大样本方法。

$$U_2 = (\bar{x}_2 - \mu_0)\sqrt{n_2}/s_2 = (10.8 - 10)\sqrt{49}/1.6$$
$$= 3.5 > U_{2\alpha} = 1.645$$

故拒绝 H_0,接受 H_1,认为林场 II 之总体(树高)均值显著大于 $10(\text{m})$。

林场 V, $n_5 = 11$,为小样本。

$$T_5 = (\bar{x}_5 - \mu_0)\sqrt{n_5}/s_5 = (10.8 - 10)\sqrt{11}/1.6 = 1.658$$
$$< t_{2\alpha}(n-1) = t_{0.10}(10) = 1.812$$

结论为不能拒绝 H_0,只能接受 H_0。

比较林场 II 及 V,它们的 $\bar{x}$ 及 s 都相同,只是 n_2 与 n_5 不同,使 $U_2 = 3.5$,而

$T_5 = 1.658$。其次,由于大样本采用 U 检验,临界值 $U_{0.10} = 1.645$,而小样本采用 t 检验,临界值 $t_{0.10}(10) = 1.812$,比 1.645 大,从而更难拒绝 H_0。

【**例 4.6**】 仍为例 4.5 的数据,将问题的提法改为,试检验 5 个林场树高总体之总体均值 μ 是否显著小于 10 m,显著水平仍为 $\alpha = 0.05$。

解 由于林场 Ⅱ 及 Ⅴ 的样本均值 $\bar{x}$ 已大于 $\mu_0 = 10$,$\bar{x} - \mu_0 > 0$ 不可能满足 $U < -U_{2\alpha}$ 或 $T < -t_{2\alpha}(n-1)$,故只能接受 H_0,不可能拒绝 H_0。

林场 Ⅰ,$n_1 = 49$ 可用大样本方法。

$$U_1 = (\bar{x}_1 - \mu_0)\sqrt{n_1}/s_1 = (9.2 - 10)\sqrt{49}/1.8 = -3.111$$
$$< -U_{2\alpha} = -U_{0.10} = -1.645$$

结论为拒绝 H_0,接受 H_1,显著水平 $\alpha = 0.05$。

林场 Ⅲ,$n_3 = 16$ 为小样本。

$$T_3 = (\bar{x}_3 - \mu_0)\sqrt{n_3}/s_3 = (9.2 - 10)\sqrt{15}/1.8$$
$$= -1.721 > -t_{2\alpha}(n-1) = -t_{0.10}(14) = -1.761$$

结论为不能拒绝 H_0,只能接受 H_0,显著水平 $\alpha = 0.05$。

林场 Ⅳ,$n_4 = 15$,为小样本。

$$T_4 = (\bar{x}_4 - \mu_0)\sqrt{n_4}/s_4 = (9.2 - 10)\sqrt{15}/1.6$$
$$= -1.936 < -t_{2\alpha}(n-1) = -t_{0.10}(14) = -1.761$$

结论为拒绝 H_0,接受 H_1,显著水平 $\alpha = 0.05$。

观察以上林场 Ⅲ 及 Ⅳ,它们只是 s_3 与 s_4 不同($\bar{x}$ 及 n 都相同,临界值也相同),使 T_3 与 T_4 不同,得出结论相反,这一点说明样本标准差 s 大小的重要性。例 4.5 及例 4.6 说明了影响统计量 U 及 T 的 3 个因素 $\bar{x}$、s、n 都很重要,由 n 及 α 决定的临界值 $U_{2\alpha}$ 与 $T_{2\alpha}(n-1)$ 也是作出结论的重要因素。

【**例 4.7**】 为防治某种虫害而将杀虫剂施于土中,规定 3 年后土壤中如残有 5 (mg/kg) 以上浓度时,认为有残效。在施药区内,经 3 年后抽取 10 个土样进行分析,结果(浓度)分别为:

4.8　3.2　2.6　6.0　5.4　7.6　2.1　2.5　3.1　3.5

试问:此施药区土壤是否留有杀虫剂残效? 显著水平取 $\alpha = 0.05$。

解 此问题属右侧检验公式(4.7)。由所给数据计算得

$\bar{x} = 4.080 < 5 = \mu_0$

即 $\bar{x} - \mu_0 < 0$,不可能大于正的临界值 $t_{0.05}(9)$,故结论为没有残效。

【**例 4.8**】 在例 4.7 中,如认为浓度大于等于 5 都算有残效的,试解同样的问题。

解 此问题属左侧检验公式(4.8),即检验浓度是否显著小于 5 (如不是则认为是有残效的,因为不显著小于 5 即不能接受 H_1 而只能接受 H_0,而 H_0 为 $\mu = 5$ 属有残效的)。

$$\bar{x} = 4.080, s = 1.795, n = 10$$

按小样本 (4.16) 计算

$$T = (\bar{x} - \mu_0)\sqrt{n}/s = (4.080 - 5)\sqrt{10}/1.795$$
$$= -1.621 > -t_\alpha(n-1) = -t_{0.10}(9) = -1.833$$

故接受 H_0，认为是有残效的。

§4.3 总体频率 W 的假设检验

我们在第 3 章总体频率 W 的估计时已说过，总体频率是常用的指标，比如出生率、死亡率、GDP 增长率、通胀率、汇率、利率、税率、银行的坏账率、某电视剧的收视率等都是频率。

同样，我们检验的提法也分为双侧或单侧（包括右侧及左侧）检验。类型为：

$$H_0 : W = W_0 \longleftrightarrow H_1 : W \neq W_0 \tag{4.17}$$
$$H_0 : W = W_0 \longleftrightarrow H_1 : W > W_0 \tag{4.18}$$
$$H_0 : W = W_0 \longleftrightarrow H_1 : W < W_0 \tag{4.19}$$

由于小样本方法精度很低，在实际应用中很少采用，故以下只介绍大样本方法。

设 $n(\geq 50)$ 中具有我们指定的某性质（如造林成活率中所植 n 株树中成活的株数）的单元数为 m，则 $w = m/n$ 为样本频率。由公式 (3.24) 至公式 (3.27)，有

$$U = \frac{w - W}{\sqrt{W(1-W)/n}} \xrightarrow[n \text{大}]{\text{近似}} N(0,1)$$

在承认 $H_0(W = W_0)$ 的前提下，为

$$U = \frac{(w - W_0)\sqrt{n}}{\sqrt{W_0(1 - W_0)}} \xrightarrow[n \text{大}]{\text{近似}} N(0,1) \tag{4.20}$$

$$P(|U| > U_\alpha) = \alpha \tag{4.21}$$

及

$$P(U > U_{2\alpha}) = \alpha \tag{4.22}$$
$$P(U < -U_{2\alpha}) = \alpha \tag{4.23}$$

于是

$$|U| = \frac{|w - W_0|\sqrt{n}}{\sqrt{W_0(1 - W_0)}} > U_\alpha \tag{4.24}$$

为双侧检验公式 (4.17) 的 H_0 之拒绝域。

$$U = \frac{(w - W_0)\sqrt{n}}{\sqrt{W_0(1 - W_0)}} > U_{2\alpha} \tag{4.25}$$

为单侧检验中之右侧检验公式 (4.18) 的 H_0 之拒绝域。

$$U = \frac{(w - W_0)\sqrt{n}}{\sqrt{W_0(1 - W_0)}} < -U_{2\alpha} \tag{4.26}$$

为单侧检验中左侧检验公式 (4.19) 的 H_0 之拒绝域。

【例 4.9】 林场与 3 个生产队订合同，造林成活率大于等于 80% 为达到要求。经抽样调查，3 个生产队所造之林情况如下：

生产队	所造株数	其中成活株数	样本成活率 W
1	400	300	$w_1 = 0.750$
2	400	307	$w_2 = 0.767$
3	400	336	$w_3 = 0.840$

问,这 3 个生产队的造林成活率是否达到要求? 显著水平取 $\alpha = 0.05$。

解 此问题属左侧检验公式(4.19)。

$n = 400$ 皆为大样本,由

$$U_1 = \frac{(w_1 - W_0)\sqrt{n}}{\sqrt{W_0(1-W_0)}} = \frac{(0.75 - 0.80)\sqrt{400}}{\sqrt{0.8 \times 0.2}}$$

$$= -3.5 < -U_{2\alpha} = -U_{0.10} = -1.645$$

$$U_2 = \frac{(w_2 - W_0)\sqrt{n}}{\sqrt{W_0(1-W_0)}} = \frac{(0.767 - 0.8)\sqrt{400}}{\sqrt{0.8 \times 0.2}}$$

$$= -1.6 > -U_{2\alpha} = -U_{0.10} = -1.645$$

$U_3 > 0$ 故肯定有 $U_3 > -1.645$

结论为只有生产队 1 拒绝 H_0,接受 H_1,即认为总体造林成活率显著低于 0.8 为不合格。生产队 2 及 3 皆合格。

【例 4.10】 欲检验精神患者中有自杀情绪的比例是否显著大于 0.1。今抽 200 名,发现有 30 人有自杀情绪。试以 0.05 之显著水平作出判断。

解 此问题属右侧检验公式(4.18),计算

$$U = \frac{\left(\frac{m}{n} - W_0\right)\sqrt{n}}{\sqrt{W_0(1-W_0)}} = \frac{\left(\frac{30}{200} - 0.1\right)\sqrt{200}}{\sqrt{0.1 \times 0.9}}$$

$$= 2.357 > U_{2\alpha} = U_{0.10} = 1.645$$

故拒绝 H_0、接受 H_1,认为有自杀情绪的比例显著大于 0.1。

* 不重复抽样的有限总体改正值 fpc $= \sqrt{1 - n/N}$

当总体为有限总体,总体单元数为 N,样本容量为 n 时,n/N 被称为抽样比,以上大样本公式(4.3)、小样本公式(4.5)、频率检验公式(4.20)将分别作如下之改变:

$$U = (\bar{x} - \mu_0)\sqrt{n}/(S \cdot \sqrt{1-n/N})$$

$$T = (\bar{x} - \mu_0)\sqrt{n}/(S \cdot \sqrt{1-n/N})$$

$$U = (w - W_0)\sqrt{n}/(\sqrt{W_0(1-W_0)} \cdot \sqrt{1-n/N})$$

由于 $\sqrt{1-n/N} < 1$,可使相应于 U 与 T 之绝对值增大,增强检验之敏锐性。

当 N 很大,n/N 很小时,$\sqrt{1-n/N} \approx 1$,此时,不重复抽样与重复抽样没有区别。

§4.4 差异显著性检验

两个总体的均值或频率是否有显著的差异是非常实用的问题。比如,治疗同

一种病的两种药(或进口药与国产药)在疗效上是否有统计上认为是显著的差异;又如工业上生产某产品,将生产的工艺过程(或设备)改变,那么,改变前后产品的质量是否差异显著;再如在企业中经营理念的改变是否使企业的效益产生显著的增加等都是常见的现实问题。

4.4.1 两总体均值 μ_1、μ_2 之间的差异显著性检验

如 μ_1、μ_2 皆已知,则立即知道它们是否相等。现在是在它们皆未知的情况下判断它们是否相等。同样有双侧及单侧(包括右侧及左侧)的以下类型:
双侧检验
$$H_0: \mu_1 = \mu_2 \longleftrightarrow H_1: \mu_1 \neq \mu_2 \tag{4.27}$$
单侧中之右侧检验
$$H_0: \mu_1 = \mu_2 \longleftrightarrow H_1: \mu_1 > \mu_2 \tag{4.28}$$
单侧中之左侧检验
$$H_0: \mu_1 = \mu_2 \longleftrightarrow H_1: \mu_1 < \mu_2 \tag{4.29}$$

我们对两总体分别进行抽样观测,假设样本值及样本均值和样本方差分别为:
总体 1: $x_{11}, x_{12}, \cdots, x_{1n_1}$
$\bar{x}_1, s_1$
总体 2: $x_{21}, x_{22}, \cdots, x_{2n_2}$
$\bar{x}_2, s_2$

在承认 H_0 的前提下,有:
$$E[\bar{x}_1 - \bar{x}_2] = E[\bar{x}_1] - E[\bar{x}_2] = \mu_1 - \mu_2 = 0$$
$$D[\bar{x}_1 - \bar{x}_2] = D[\bar{x}_1] + D[\bar{x}_2] = \frac{\sigma_1^2}{n_1} + \frac{\sigma_2^2}{n_2}$$

其中 σ_1^2、σ_2^2 分别为总体 1 及总体 2 的总体方差。

现在,我们需要假设 $\sigma_1^2 = \sigma_2^2 = \sigma^2$,即两总体是方差齐性的。这样
$$D[\bar{x}_1 - \bar{x}_2] = \frac{\sigma_1^2}{n_1} + \frac{\sigma_2^2}{n_2} = \left(\frac{1}{n_1} + \frac{1}{n_2}\right)\sigma^2$$

1. 大样本方法

和以前一样,每遇到大样本的情形,总会应用中心极限定理。根据中心极限定理知,$\bar{x}_1$、$\bar{x}_2$ 都近似遵从正态分布,由于它们是相互独立的,故 $\bar{x}_1 - \bar{x}_2$ 也遵从正态分布:
$$\bar{x}_1 - \bar{x}_2 \xrightarrow[n_1, n_2 \geqslant 50]{\text{近似}} N\left(0, \left(\frac{1}{n_1} + \frac{1}{n_2}\right)\sigma^2\right)$$

于是统计量
$$U = \frac{\bar{x}_1 - \bar{x}_2}{(\sqrt{1/n_1 + 1/n_2})\sigma} \xrightarrow[n_1, n_2 \geqslant 50]{\text{近似}} N(0, 1) \tag{4.30}$$

一般,σ^2 是未知的,我们可以用合并两个样本的方法来估计 σ^2,自然有

$$\frac{(n_1-1)s_1^2 + (n_2-1)s_2^2}{n_1+n_2}$$

然而,这个量是有偏的(偏小),作修正:

$$\hat{\sigma}^2 = \frac{(n_1-1)s_1^2 + (n_2-1)s_2^2}{n_1+n_2-2}$$

为 σ^2 之无偏估计(因为 $Es_1^2 = \sigma_1^2 = \sigma^2$, $E(s_2^2) = \sigma_2^2 = \sigma^2$ 代入上式即得 $E[\hat{\sigma}^2] = \sigma^2$)。

这样公式(4.30)可写为

$$U = \frac{\bar{x}_1 - \bar{x}_2}{\sqrt{\dfrac{(n_1-1)s_1^2 + (n_2-1)s_2^2}{n_1+n_2-2}}\sqrt{\dfrac{1}{n_1}+\dfrac{1}{n_2}}} \xrightarrow[\substack{n_1 \text{大} \\ n_2 \text{大}}]{\text{近似}} N(0,1) \quad (4.31)$$

以下,和前面的步骤完全相似,有

$$P(|U| > U_\alpha) = \alpha \quad (4.32)$$
$$P(U > U_{2\alpha}) = \alpha \quad (4.33)$$
$$P(U < -U_{2\alpha}) = \alpha \quad (4.34)$$

于是

$$|U| > U_\alpha \quad (4.35)$$
$$U > U_{2\alpha} \quad (4.36)$$
$$U < -U_{2\alpha} \quad (4.37)$$

分别为双侧、右侧、左侧检验的 H_0 之拒绝域,显著水平皆为 α。

2. 正态总体的小样本方法

小样本方法比大样本方法多要求一个条件,即除了所抽样本为简单随机样本,两总体的抽样是相互独立的,两总体的方差是齐性的之外,还要求两总体都服从或近似服从正态分布。我们常常把以上条件用简单的语言——正态、独立、等方差来概括。

在小样本的情况下,公式(4.31)左端的统计量遵从自由度为 $n_1 + n_2 - 2$ 的 t 分布,即

$$T = \frac{\bar{x}_1 - \bar{x}_2}{\sqrt{\dfrac{n_1 s_1^2 + n_2 s_2^2}{n_1+n_2-2}} \cdot \sqrt{\dfrac{1}{n_1}+\dfrac{1}{n_2}}} \sim t(n_1+n_2-2) \quad (4.38)$$

*对公式(4.38)的证明,我们只做以下简单的说明,因为

$$Z_1 = \frac{(\bar{x}_1 - \bar{x}_2) - 0}{\sigma[\bar{x}_1 - \bar{x}_2]} = \frac{\bar{x}_1 - \bar{x}_2}{\sqrt{\dfrac{1}{n_1}+\dfrac{1}{n_2}}\sigma} \sim N(0,1)$$

$$\frac{n_1 s_1^2}{\sigma^2} \sim \chi^2(n_1-1); \quad \frac{n_2 s_2^2}{\sigma^2} \sim \chi^2(n_2-1)$$

根据相互独立的 χ^2 分布的随机变量之和仍为 χ^2 分布的,故

$$Z_2 = \frac{n_1 s_1^2}{\sigma^2} + \frac{n_2 s_2^2}{\sigma^2} = \frac{n_1 s_1^2 + n_2 s_2^2}{\sigma^2} \sim \chi^2(n_1 + n_2 - 2)$$

再由公式(3.32)得

$$T = \frac{Z_1}{\sqrt{Z_2/(n_1 + n_2 - 2)}} = \frac{x_1 - x_2}{\sqrt{\frac{n_1 s_1^2 + n_2 s_2^2}{n_1 + n_2 - 2}} \sqrt{\frac{1}{n_1} + \frac{1}{n_2}}} \sim t(n_1 + n_2 - 2)$$

(4.39)

公式(4.39)还需要 Z_1、Z_2 是相互独立的,这一点是成立的,但我们不加证明了(参看本章推荐阅读书目[1])。

有了公式(4.39)之后,若取显著性水平为 α,查 t 分布自由度为 $n_1 + n_2 - 2$ 的双侧临界值表(附表11),可得 $t_\alpha(n_1 + n_2 - 2)$ 及 $t_{2\alpha}(n_1 + n_2 - 2)$,有

$$P\{|T| > t_\alpha(n_1 + n_2 - 2)\} = \alpha \quad (4.40)$$
$$P\{T > t_{2\alpha}(n_1 + n_2 - 2)\} = \alpha \quad (4.41)$$
$$P\{T < -t_{2\alpha}(n_1 + n_2 - 2)\} = \alpha \quad (4.42)$$

则,类型公式(4.27)公式(4.28)公式(4.29)的 H_0 的拒绝域分别为

$$|T| > t_\alpha(n_1 + n_2 - 2) \quad (4.43)$$
$$T > t_{2\alpha}(n_1 + n_2 - 2) \quad (4.44)$$
$$T < -t_{2\alpha}(n_1 + n_2 - 2) \quad (4.45)$$

显著性水平为 α。

【例4.11】 在杉树东南部和西北部两个不同部位采集的球果,观测球果的长度取得数据,经计算结果如下表:

部位	球果数	样本平均值(cm)	样本标准差(cm)
东南部	$n_1 = 317$	$\bar{x}_1 = 7.64$	1.09
西北部	$n_2 = 269$	$\bar{x}_2 = 7.87$	1.09

试问,两部位所采球果的长度是否有显著差异?显著水平 $\alpha = 0.05$。

解 此问题属双侧检验公式(4.27)。

$n_1 = 317, n_2 = 269$,为大样本。

$s_1 = s_2$,可以认为是方差齐性的。

计算公式(4.31)之左端:

$$U = \frac{\bar{x}_1 - \bar{x}_2}{\sqrt{\frac{(n_1 - 1)s_1^2 + (n_2 - 1)s_2^2}{n_1 + n_2 - 2}} \sqrt{\frac{1}{n_1} + \frac{1}{n_2}}} = -2.541$$

$$|U| = 2.541 > U_{0.05} = 1.96$$

故结论为拒绝 H_0,接受 H_1,认为两者差异显著。

【例4.12】 速生丰产3倍体毛白杨之试验林地,研究株距对树高的影响。设计两种株距0.5(m)及1.0(m),除株距不同之外应尽量保持其他条件相同。经7

年两林地成长后,分别抽取 $n_1=9$ 及 $n_2=6$ 株树测其树高,数据如下(单位:m):

x_{1i} 22.1   24.4   24.3   28.8   23.3   22.0   21.0   25.8   24.5
x_{2i} 26.8   31.3   28.8   28.9   27.1   30.7

试问,这两种株距对树高有无显著影响?显著水平 $\alpha=0.05$(已知树高服从正态分布)。

解 此问题属双侧检验公式(4.27)。由数据可计算出

$$\bar{x}_1=24.02,\ \bar{x}_2=28.93$$
$$s_1=2.342,\ s_2=1.825$$

$n_1=9, n_2=6$,为小样本,

$$T=\frac{24.02-28.93}{\sqrt{\frac{8\times2.342^2+5\times1.825^2}{9+6-2}}\sqrt{\frac{1}{9}+\frac{1}{6}}}=4.318$$

$$|T|=4.318>t_\alpha(n_1+n_2-2)=t_{0.05}(13)=2.16$$

结论:拒绝 H_0,接受 H_1,认为株距对树高的影响在统计上是显著的,显著水平 $\alpha=0.05$。

*4.4.2 两总体频率的差异显著性检验

设两总体的频率分别为 p_1、p_2。则本节要讨论的检验类型有:

$$H_0: p_1=p_2 \longleftrightarrow H_1: p_1\neq p_2 \tag{4.46}$$

$$H_0: p_1=p_2 \longleftrightarrow H_1: p_1>p_2 \tag{4.47}$$

$$H_0: p_1=p_2 \longleftrightarrow H_1: p_1<p_2 \tag{4.48}$$

类型公式(4.46)为双侧检验;后两者为单侧检验,公式(4.47)为右侧检验,公式(4.48)为左侧检验。

从两总体分别独立地各抽一组样本,设抽样结果为:在总体 1 抽取 n_1 个样本,其中具有某种特点的单元数为 m_1;对总体 2,其相应值为 n_2, m_2。故两样本的样本频率为:

$$\hat{p}_1=m_1/n_1;\ \hat{p}_2=m_2/n_2$$

由

$$E[\hat{p}_1-\hat{p}_2]=E[\hat{p}_1]-E[\hat{p}_2]=p_1-p_2$$

$$\sigma^2[\hat{p}_1-\hat{p}_2]=\sigma^2[\hat{p}_1]+\sigma^2[\hat{p}_2]=p_1(1-p_1)/n_1+p_2(1-p_2)/n_2 \tag{4.49}$$

在 H_0 成立的条件下,有

$$E[\hat{p}_1-\hat{p}_2]=0$$

$$\sigma^2[\hat{p}_1-\hat{p}_2]=\left(\frac{1}{n_1}+\frac{1}{n_2}\right)p(1-p) \tag{4.50}$$

其中 $p_1=p_2=p$

由于在实际应用中很少对此采用小样本方法,故以下只考虑大样本方法。

在 H_0 成立的前提下,两总体的方差相等[为 $p(1-p)$],所以,与两总体均值的差异显著性检验不同,等方差这一条件是肯定的。

在大样本的情况下,由中心极限定理知,$\hat{p}_1-\hat{p}_2$ 近似遵从正态分布,有

$$U = \frac{\hat{p}_1 - \hat{p}_2}{\sqrt{\left(\frac{1}{n_1} + \frac{1}{n_2}\right)p(1-p)}} \xrightarrow[n_1, n_2 \geq 50]{\text{近似}} N(0,1) \tag{4.51}$$

由于上式 U 的表达式中有未知数 p，故取两个样本频率的加权平均来近似代替，即

$$p \approx \frac{n_1 \hat{p}_1 + n_2 \hat{p}_2}{n_1 + n_2} = \frac{n_1 \cdot \frac{m_1}{n_1} + n_2 \cdot \frac{m_2}{n_2}}{n_1 + n_2} = \frac{m_1 + m_2}{n_1 + n_2} \tag{4.52}$$

取显著水平 α，则类型公式(4.46)、公式(4.47)及公式(4.48)的 H_0 的拒绝域分别为：

$$|U| > U_\alpha; U > U_{2\alpha}, U < -U_{2\alpha} \tag{4.53}$$

【例 4.13】 今有刺槐种子若干，将其分成两部分，一部分用温水浸种，播下 200 粒，其中 130 粒发芽出土；另一部分不经温水浸种，播下 400 粒，其中 200 粒发芽出土。试问，这两种处理方法对种子发芽出土率有无显著差异？显著水平为 $\alpha = 0.05$。

解 此问题属类型公式(4.47)，$n_1 = 200, n_2 = 400$，故为大样本。由 $\hat{p}_1 = 130/200 = 0.65, \hat{p}_2 = 200/400 = 0.50$，代入公式(4.52)得

$$p = (m_1 + m_2)/(n_1 + n_2) = (130 + 200)/(200 + 400)$$
$$= 0.55$$

由公式(4.51)之左端

$$U = \frac{\hat{p}_1 - \hat{p}_2}{\sqrt{\left(\frac{1}{n_1} + \frac{1}{n_2}\right)p(1-p)}} = \frac{0.65 - 0.50}{\sqrt{\left(\frac{1}{200} + \frac{1}{400}\right)0.55 \times (1-0.55)}} = 3.48$$

而临界值 $U_\alpha = U_{0.05} = 1.96 < |U| = 3.48$。

故结论为拒绝 H_0、接受 H_1，认为两种处理方法对种子发芽率有显著差异。

*§4.5 正态总体的方差齐性检验

在前面及以后的很多检验方法中，方差齐性总是作为前提条件出现的。比如两总体均值相差 100。若总体 1 的总体标准差 σ_1 远小于总体 2 的标准差 σ_2，则可能对总体 1 来说 100 已经很可观了，差异应该是显著的；但对总体 2 来说，由于 σ_2 很大，相差 100 可能未必很不正常，不能说差异显著，两者结论不同就无法作出一个统一的结论。只有在 $\sigma_1^2 = \sigma_2^2$，即标准相同的前提下，才会有统一的结论。

这里，我们只介绍两个正态总体的方差齐性之双侧检验，其他问题可参阅本章推荐阅读书目。我们的检验为：

$$H_0: \sigma_1^2 = \sigma_2^2 \longleftrightarrow H_1: \sigma_1^2 \neq \sigma_2^2 \tag{4.54}$$

设从两总体分别抽得样本：

$$x_{11}, x_{12}, \cdots, x_{1n_1}; \bar{x}_1, s_1$$
$$x_{21}, x_{22}, \cdots, x_{2n_2}; \bar{x}_2, s_2$$

由公式(3.34)知
$$X = (n_1 - 1)s_1^2/\sigma_1^2 \sim \chi^2(n_1 - 1)$$
$$Y = (n_2 - 1)s_2^2/\sigma_2^2 \sim \chi^2(n_2 - 1)$$

再由公式(3.38)得
$$F_1 = \frac{X/(n_1-1)}{Y/(n_2-1)} \sim F(n_1-1, n_2-1)$$
$$F_2 = \frac{Y/(n_2-1)}{X/(n_1-1)} \sim F(n_2-1, n_1-1)$$

在承认 $H_0: \sigma_1^2 = \sigma_2^2 = \sigma^2$ 的前提下,得
$$F_1 = \frac{(n_1-1)s_1^2/\sigma_1^2 \cdot (n_1-1)}{(n_2-1)s_2^2/\sigma_2^2 \cdot (n_2-1)} = \frac{s_1^2}{s_2^2} \sim F(n_1-1, n_2-1) \quad (4.55)$$
$$F_2 = \frac{(n_2-1)s_2^2/\sigma_2^2 \cdot (n_2-1)}{(n_1-1)s_1^2/\sigma_1^2 \cdot (n_1-1)} = \frac{s_2^2}{s_1^2} \sim F(n_2-1, n_1-1) \quad (4.56)$$

按显著水平 α,我们需要找临界值 F_a 及 F_b 满足
$$P(F_1 = s_1^2/s_2^2 < F_a) = P(F_1 = s_1^2/s_2^2 > F_b) = \alpha/2 \quad (4.57)$$

F_b 值从附表12可直接查得。

由于没有 F 分布之左侧临界值表,故 F_a 不能从表12直接查得。有以下方法巧妙地求得 F_a。因为
$$P(F_1 = s_1^2/s_2^2 < F_a) = P(F_2 = s_2^2/s_1^2 > \frac{1}{F_a})$$

按公式(4.56)第1自由度为 $n_2 - 1$,第2自由度为 $n_1 - 1$ 查附表12得临界值 F_b',即
$$P(F_2 = s_2^2/s_1^2 > F_b') = \alpha/2$$

这样
$$F_a = 1/F_b' \quad (4.58)$$

于是
$$F_1 = s_1^2/s_2^2 < F_a$$

及
$$F_1 = s_1^2/s_2^2 > F_b$$

为 H_0 之拒绝域。其他情况为 H_0 之接受域。

【例4.14】 设有甲、乙两块10年生人工马尾松林,所研究的标志为林木胸径。已知林木胸径的分布近似为正态分布,用重复抽样方式分别从两总体中抽取了若干林木,测其胸径得表中数据。试以显著水平 $\alpha = 0.10$ 判断甲、乙两块林地胸径的总体方差 σ_1^2 及 σ_2^2 是否相等。

x_{1i}(甲)	4.5	8.0	5.0	2.0	3.5	5.5	5.0	7.5	5.5	7.5
x_{2i}(乙)	3.0	5.0	2.0	4.0	5.0	5.0	3.0	3.0		

解 此问题属公式类型(4.54),由所给样本知
$$n_1 = 10 \quad s_1^2 = 3.544$$
$$n_2 = 8 \quad s_2^2 = 1.357$$

$$F = s_1^2/s_2^2 = 3.544/1.357 = 2.61$$
$$< F_{\alpha/2}(n_1-1, n_2-1) = F_{0.05}(9,7) = 3.68$$

结论:接受 H_0。

注意:这里无需计算 $F_2 = s_2^2/s_1^2$,因为 $s_1^2 > s_2^2$,$F_2 < 1$,而 F 表中所有的临界值均大于 1,不可能拒绝 H_0。这也提醒我们,在 s_1^2 及 s_2^2 中,将大者做分子,小者做分母得出 F 值,我们只需检验此 F 是否大于临界值即可。但要记住,显著性取 α 时,应查 $\alpha/2$ 之临界值,因为我们是双侧检验,另一半肯定不显著但并未消失。

§4.6 总体分布的假设检验

在小样本方法作统计推断时,均要求总体服从(或近似服从)正态分布,这个条件是否成立就需要作统计检验。

当然,还有很多情况需要首先知道总体是否为某一分布,如极大似然估计就需要知道总体分布的类型,后面的章节如方差分析及回归分析都要求总体为正态总体,都应该作总体分布的假设检验。这里介绍大样本之 χ^2 检验法。

检验类型为:

$$H_0: \text{总体遵从某一分布} \longleftrightarrow H_1: \text{总体不遵从该分布} \quad (4.59)$$

将总体的取值范围划分为 m 个区间。设 v_i 为 n 个样本值 $x_1, x_2, \cdots, x_n$ 中属于第 i 个区间的个数;E_i 为 H_0 成立的前提下,n 个样本值落入第 i 个区间内的理论频数。则 K·皮尔逊(K. Pearson)证明了

$$\chi^2 = \sum_{i=1}^{m} \frac{(v_i - E_i)^2}{E_i} \xrightarrow[n \geq 50]{\text{近似}} \chi^2(m-1) \quad (4.60)$$

其中,要求 $E_i < 5$ 的区间个数小于等于 $m/5$。取 α 为显著水平,则

$$\chi^2 > \chi_\alpha^2(m-1) \quad (4.61)$$

为 H_0 的拒绝域。

如果总体分布中有 k 个参数值是由样本经统计量给出的估计值,则

$$\chi^2 > \chi_\alpha^2(m-k-1) \quad (4.62)$$

为 H_0 的拒绝域。

【例 4.15】 根据某地抽取的 200 株落叶松的胸径资料,数据被分为 8 个组,经整理如下表所示:

胸径分组(cm)	组中值 x_i	频数 v_i	频率 f_i
[10~14)	12	3	0.015
[14~18)	16	14	0.070
[18~22)	20	22	0.110
[22~26)	24	52	0.260
[26~30)	28	59	0.295
[30~34)	32	31	0.155
[34~38)	36	15	0.075
[38~40)	40	4	0.020

试以 $\alpha=0.05$ 之显著性水平检验该地区落叶松的胸径是否服从正态分布。

解 由数据可计算出

$$\bar{x} = \frac{1}{n}\sum x_i v_i = \sum x_i f_i = 26.46$$

$$s^2 = \frac{1}{n-1}\sum v_i(x_i-\bar{x})^2 = 33.072;(s=5.751)$$

检验可写为：

H_0：总体分布为 $N(\bar{x},s^2)=N(26.46,33.072)=N(26.46,5.751^2) \longleftrightarrow$

H_1：总体分布不是 $N(26.46,5.751^2)$

在承认 H_0 的前提下计算理论频数 E_i：

胸径分组(cm)	$u_i=$(各组上限$-\bar{x})/s$	$\Phi_0(u_i)-\Phi_0(u_{i-1})$	$E_i(=n\cdot(\Phi_0(u_i)-\Phi_0(u_{i-1})))$
[10~14)	-2.18	0.014 68	2.936
[14~18)	-1.47	0.051 54	10.308
[18~22)	-0.78	0.148 26	29.652
[22~26)	-0.08	0.251 40	50.280
[26~30)	0.62	0.264 32	52.864
[30~34)	1.32	0.174 20	34.840
[34~38)	2.02	0.072 80	14.560
[38~42)	2.70	0.022 80	4.560
		1.000 00	200.000

$$\chi^2 = \sum_{i=1}^{8}(v_i-E_i)^2/E_i$$
$$= (3-2.936)^2/2.936 + (14-10.308)^2/10.308 + \cdots + (4-4.56)^2/4.56$$
$$= 4.08$$

自由度 $f=m-k-1=8-2-1=5, \alpha=0.05$

查 χ^2 右侧表即附表 9，得临界值

$$\chi^2_{0.05}(5)=11.07>\chi^2=4.08$$

结论为接受 H_0，认为该地区胸径总体是服从正态分布的。

以上 χ^2 检验又被称为拟合优度检验。

*§4.7 随机性检验

设 $x_1,x_2,\cdots,x_n$ 是按样本出现的先后顺序排列的。以下所作的趋势检验、周期性检验和成团性检验是通过样本出现的顺序考查样本是否符合随机性的要求。本书的样本都假设为简单随机样本，随机性应该是最基本、最重要的基础，如果样本不能通过随机性检验，则此样本是不合格的，是不能应用于我们所有的公式的。

4.7.1 趋势检验

H_0:样本出现的顺序不存在增或减的趋势 ←→ H_1:样本出现的顺序存在增或减的趋势 (4.63)

令
$$\Delta = \frac{1}{n-1}[(x_1-x_2)^2 + (x_2-x_3)^2 + \cdots + (x_{n-1}-x_n)^2]$$
$$= \frac{1}{n-1}\sum_{i=1}^{n-1}(x_i - x_{i+1})^2 \tag{4.64}$$

检验统计量为

$$V = \frac{\Delta}{s^2} = \frac{\sum_{i=1}^{n-1}(x_i - x_{i+1})^2}{\sum_{i=1}^{n}(x_i - \bar{x})^2} \tag{4.65}$$

n、α 固定后可查附表 19 得临界值 $V_\alpha(n)$。

$$\begin{aligned} V \leq V_\alpha(n) \quad &\text{为 } H_0 \text{ 之拒绝域;} \\ V > V_\alpha(n) \quad &\text{为 } H_0 \text{ 之接受域。} \end{aligned} \tag{4.66}$$

【例 4.16】 设有数据出现的顺序为 2、3、5、6。试问,数据相继值的出现是否独立,或有趋势存在。显著水平 $\alpha = 0.05$。

解 此问题属公式类型(4.65),由 $\bar{x} = 4$,可计算统计量

$$V = \frac{\sum_{i=1}^{n-1}(x_i - x_{i+1})^2}{\sum_{i=1}^{n}(x_i - \bar{x})^2} = \frac{(2-3)^2 + (3-5)^2 + (5-6)^2}{(2-4)^2 + (3-4)^2 + (5-4)^2 + (6-4)^2} = 0.6$$

查附表 24 得 $V_{0.05}(4) = 0.7805$,$V = 0.6 < V_{0.05}(4) = 0.7805$;故结论为拒绝 H_0,即认为数据 2、3、5、6 相继值的出现不是独立的,而是存在着一定趋势规律的(本例为递增的趋势)。

当为大样本时,统计量 V 的临界值的近似计算公式为

$$V_\alpha(n) = 2 - 2U_{2\alpha} \cdot \frac{1}{\sqrt{n+1}} \tag{4.67}$$

其中 $U_{2\alpha}$ 为标准正态分布显著水平为 2α 的双侧临界值。

如 $\alpha = 0.05$,$n = 200$ 代入公式(4.65),设统计量 V 仍为 0.6,

由
$$U_{2\alpha} = U_{0.10} = 1.645$$

$$V_{0.05}(200) = 2 - 2 \times 1.645 \times \frac{1}{\sqrt{200+1}} = 1.77$$

则
$$V = 0.6 < V_{0.05}(200) = 1.77$$

故结论为拒绝 H_0,接受 H_1,显著水平 $\alpha = 0.05$。

4.7.2 周期性及成团性检验

如果一个数据序列在数据出现的顺序上存在着某种周期性或成团性变化,则不能认为这个数据序列是随机的。

游程数检验法:我们将一系列按顺序发生的事件分为成功 S 与失败 F,即对事件按两分法分类。如有样本,容量 $n=8$,经观测,得序列

$$\underbrace{F\ F\ F}_{1}\ \underbrace{S}_{2}\ \underbrace{F\ F}_{3}\ \underbrace{S\ S}_{4}$$

则此序列之游程数 $r=4$,第 1 个游程长度为 3,从 F 改变为 S 则第 1 个游程停止,从 S 开始为第 2 个游程。游程数太少,如 $FFFF\ SSSS(r=2)$,则表明这个序列出现的顺序不是随机的,有成团性;反之,若游程数太多,如 $FSFSFSFS(r=8)$,则表明这个序列出现的顺序也不是随机的,有周期性。

对一个数据序列,我们可以以这些数据的中位数或算术平均数将数据分为两类,以 F 表示小于中位数(或算术平均数),以 S 表示大于中位数(或算术平均数),这样,数据序列就变为一个 F、S 组成的序列。

检验的类型为:

$$\left.\begin{aligned}&H_0:\text{数据出现的顺序无成团性} \longleftrightarrow H_1:\text{数据的出现顺序有成团性}\\&\text{及}\\&H_0:\text{数据出现的顺序无周期性} \longleftrightarrow H_1:\text{数据出现的顺序有周期性}\end{aligned}\right\} \quad (4.68)$$

设取显著水平为 α;n_1、n_2 分别为 F、S 出现的个数。则查游程数临界值表(附表 25),可得两个临界值

$$r_1(\alpha/2, n_1, n_2) < r_2(\alpha/2, n_1, n_2)$$

若游程数 $r \leq r_1(\alpha/2, n_1, n_2)$,则认为数据的出现顺序不是随机的,有成团性。即拒绝 H_0。

若游程数 $r \geq r_2(\alpha/2, n_1, n_2)$,则认为数据的出现顺序不是随机的,有周期性。即拒绝 H_0。

若游程数 r 满足

$$r_1(\alpha/2, n_1, n_2) < r < r_2(\alpha/2, n_1, n_2) \qquad (4.69)$$

则认为数据的出现顺序没有成团性及周期性。即不能拒绝 H_0,只能接受 H_0。

【例 4.17】 检验随机数字表在行的数列中出现的顺序是否为随机的。今抽取到第 6 行前 20 个数为:1,6,2,2,7,7,9,4,3,9,4,9,5,4,4,3,5,4,8,2。试作周期性及成团性检验,显著水平 $\alpha=0.10$。

解 此问题属公式类型(4.68)。

首先,求数列的中位数,将数据重新按从小到大排列,位于第 10、第 11 位置的两个数皆为 4,故两数平均也为 4,4 即中位数,小于 4 的记为 F,大于等于 4 的记为 S,原数列变为以下 F,S 序列:

$$\underbrace{F}_{1}\ \underbrace{S}_{2}\ \underbrace{F\ F}_{3}\ \underbrace{S\ S\ S\ S}_{4}\ \underbrace{F}_{5}\ \underbrace{S\ S\ S\ S\ S\ S}_{6}\ \underbrace{F}_{7}\ \underbrace{S\ S\ S}_{8}\ \underbrace{F}_{9}$$

数据个数 $n=20$，F 的个数 $n_1=6$，S 的个数 $n_2=14$，游程数 $r=9$。当 $\alpha=0.10$，查游程数临界值表 20 得
$$r_1(0.05,6,14)=5,\quad r_2(0.05,6,14)=13$$
$$5<r=9<13$$
故，结论为：不能拒绝 H_0，只能接受 H_0，认为数列没有周期性和成团性。

又，当 n_1 或 $n_2>20$ 时，

则，
$$U=\frac{n(r-1)-2n_1n_2}{\sqrt{\dfrac{2n_1n_2(2n_1n_2-n)}{n-1}}}\overset{\text{近似}}{\sim}N(0,1) \qquad (4.70)$$

设显著水平为 α，U_α 为标准正态临界值，则，
$$|U|\geqslant U_\alpha$$
为 H_0 之拒绝域。

若 $U\geqslant U_{\alpha/2}$，表示数据呈周期性；

若 $U\leqslant -U_{\alpha/2}$，表示数据有成团性。

§4.8 联列表分析（同质性检验）

联列表分析由于常用，已形成为概率统计学独立的分支，有单独的著述。更由于它的方法简便实用而大受使用者的欢迎。

我们用例题来介绍此方法。

4.8.1 2×2 联列表分析（见注1）

例如，有两种用于松毛虫的杀虫剂甲和乙，施用后我们取得以下数据：

处理	用药后情况分类		总计
	死亡	恢复	
杀虫剂甲	15	85	100
杀虫剂乙	4	77	81
总计	19	162	181

按以上数据检验杀虫剂甲及乙是否同质。

一般的 2×2 联列表数据形式如下：

处理	经处理后的情况分类		总计
	情况1	情况2	
方法1	$a=n_{11}$	$b=n_{12}$	$n_1.=a+b$
方法2	$c=n_{21}$	$d=n_{22}$	$n_2.=c+d$
总计	$n_{.1}=a+c$	$n_{.2}=b+d$	$n_{..}=a+b+c+d$

检验的原假设 H_0 及备择假设 H_1 为：

$$H_0 : \text{两处理方法同质} \longleftrightarrow H_1 : \text{两方法不同质} \quad (4.71)$$

在承认 H_0 的前提下，两方法无区别，数据可以合并，发生情况 1 和 2 的数量及比例为：

$$n_{\cdot 1} = a + c, n_{\cdot 1}/n$$
$$n_{\cdot 2} = b + d, n_{\cdot 2}/n$$

当 H_0 成立，a、b、c、d 应该与相应的以下理论值 E_a、E_b、E_c、E_d 不会有太大的差距。

$$E_a = n_{1\cdot} \cdot \frac{n_{\cdot 1}}{n} = \frac{n_{1\cdot} \cdot n_{\cdot 1}}{n} = E_{11}$$

$$E_b = n_{1\cdot} \cdot \frac{n_{\cdot 2}}{n} = \frac{n_{1\cdot} \cdot n_{\cdot 2}}{n} = E_{12}$$

$$E_c = n_{2\cdot} \cdot \frac{n_{\cdot 1}}{n} = \frac{n_{2\cdot} \cdot n_{\cdot 1}}{n} = E_{21}$$

$$E_d = n_{2\cdot} \cdot \frac{n_{\cdot 2}}{n} = \frac{n_{2\cdot} \cdot n_{\cdot 2}}{n} = E_{22}$$

K. Pearson 证明了

$$\chi^2 = (a - E_a)^2/E_a + (b - E_b)^2/E_b + (c - E_c)^2/E_c + (d - E_d)^2/E_d \xrightarrow[n\text{大}]{\text{近似}} \chi^2(1) \quad (4.72)$$

取显著水平 α，则

$$\chi^2 \geqslant \chi^2_\alpha(1) \text{ 为 } H_0 \text{ 之拒绝域}。$$

【例 4.18】 以显著水平 $\alpha = 0.05$ 检验以上松毛虫杀虫剂甲和乙是否同质。

解 此问题属类型(4.71)，计算

$$E_a = \frac{100 \times 19}{181} = 10.50, \quad E_b = \frac{100 \times 162}{181} = 89.5$$

$$E_c = \frac{81 \times 19}{181} = 8.50, \quad E_d = \frac{81 \times 162}{181} = 72.5$$

$$\chi^2 = \frac{(15 - 10.50)^2}{10.5} + \frac{(85 - 89.5)^2}{89.5} + \frac{(4 - 8.5)^2}{8.5} + \frac{(77 - 72.5)^2}{72.5}$$

$$= 1.93 + 0.22 + 2.38 + 0.28 = 4.816 > \chi^2_{0.05}(1) = 3.841$$

结论：拒绝 H_0、接受 H_1，认为两种杀虫剂不同质。

查看 χ^2 中的 4 项，以第 3 项数值最大，为 2.38。在拒绝 H_0 的结论中，χ^2 中的各项被称为贡献率。那么，第 3 项 2.38 的贡献率最大，即杀虫剂乙的杀死率 $4/81 \approx 0.05$ 比甲的相应值 0.15 相差太大了，显然不是同质的。

4.8.2 $r \times c$ 联列表分析

设有 r 种不同的方法，每一方法处理后可能发生 c 种情况，观测记录后即构成 $r \times c$ 联列表，如下表 4.1 所示。

表 4.1

处理		发 生 情 况				总 计	
		1	2	⋯	c		
方法	1	n_{11}	n_{12}	⋯	n_{1c}	$n_1. = \sum_{j=1}^{c} n_{1j}$	
	2	n_{21}	n_{22}	⋯	n_{2c}	$n_2. = \sum_{j=1}^{c} n_{2j}$	r 种方法
	⋮	⋯	⋯	⋯	⋯	⋯	
	r	n_{r1}	n_{r2}	⋯	n_{rc}	$n_r. = \sum_{j=1}^{c} n_{rj}$	
总 计		$n_{.1} = \sum_{i=1}^{r} n_{i1}$	$n_{.2} = \sum_{i=1}^{r} n_{i2}$	⋯	$n_{.c} = \sum_{i=1}^{r} n_{ic}$	$n = \sum_{i,j} n_i = \sum_{i=1}^{r}\sum_{j=1}^{c} n_{ij} = n..$	

c 种结果

检验类型为：

$$H_0: 处理方法 1,2,\cdots,r \text{ 是同质的} \longleftrightarrow$$
$$H_1: 1,2,\cdots,r \text{ 个处理中至少两个不同质} \tag{4.73}$$

在 H_0 成立的前提下，发生情况 1 的频率应近似为

$$E_{11} = n_1. \cdot \left(\frac{n_{11} + n_{21} + \cdots + n_{r1}}{n} \right) = \frac{1}{n} \sum_{j=1}^{c} n_{1j} \cdot \sum_{i=1}^{r} n_{i1} = \frac{1}{n} n_1. \cdot n_{.1}$$

同理，方法 i 中发生情况 j 的频率应近似为

$$E_{ij} = n_i. \cdot \frac{n_{1j} + n_{2j} + \cdots + n_{rj}}{n} = \frac{1}{n} \sum_{j=1}^{c} n_{ij} \cdot \sum_{i=1}^{r} n_{ij} = \frac{1}{n} n_i. n_{.j}$$

$$(i = 1,2,\cdots,r; j = 1,2,\cdots,c)$$

统计量

$$\chi^2 = \sum_{i=1}^{r}\sum_{j=1}^{c} \frac{(n_{ij} - E_{ij})^2}{E_{ij}} \xrightarrow[n充分大]{近似} \chi^2((r-1)\cdot(c-1)) \tag{4.74}$$

取显著水平 α，χ^2 分布临界值为 $\chi_\alpha^2((r-1)(c-1))$

则 $\chi^2 \geq \chi_\alpha^2((r-1)(c-1))$ 为 H_0 之拒绝域。

【例 4.19】 在不同的灌溉方式下，水稻叶子衰老情况经试验得数据如下表所示，试以 $\alpha = 0.05$ 水平检验不同灌溉方式对叶子衰老是否同质。

不同灌溉方式的水稻叶子衰老试验结果

灌溉方法	情 况 分 类			总 计
	绿叶数	黄叶数	枯叶数	
深水	$n_{11} = 146$	$n_{12} = 7$	$n_{13} = 7$	$n_1 = 160$
浅水	$n_{21} = 183$	$n_{22} = 9$	$n_{23} = 13$	$n_2 = 205$
湿润	$n_{31} = 152$	$n_{32} = 14$	$n_{33} = 16$	$n_3 = 183$
总 计	$n_{.1} = \sum_{i=1}^{3} n_{i1} = 481$	$n_{.2} = \sum_{i=1}^{3} n_{i2} = 30$	$n_{.3} = \sum_{i=1}^{3} n_{i3} = 36$	$n = 547$

解 此问题属公式类型(4.73)。

首先计算 $E_{ij} = \dfrac{1}{n}\sum\limits_{i=1}^{3}n_{ij}\cdot\sum\limits_{j=1}^{3}n_{ij} = n_{i.}n_{.j}/n, i=1,2,3; j=1,2,3$。计算结果如下：

$$E_{11} = 140.09 \quad E_{12} = 8.78 \quad E_{13} = 10.53$$
$$E_{21} = 180.68 \quad E_{22} = 11.24 \quad E_{23} = 13.49$$
$$E_{31} = 160.04 \quad E_{32} = 9.98 \quad E_{33} = 11.93$$

$$\chi^2 = (146-140.69)^2/140.69 + (7-8.78)^2/8.78 + \cdots + (16-11.93)^2/11.93$$
$$= 0.20 + 0.36 + 1.18 + 0.03 + 0.45 + 0.02 + 0.40 + 1.62 + 1.39 = 5.648$$

临界值

$$\chi^2_{0.05}((3-1)(3-1)) = \chi^2_{0.05}(4) = 9.488 > \chi^2 = 5.648$$

结论为接受 H_0。即3种方法对叶子衰老同质。

联列表分析除常用于医学及生物学研究之外，也常应用于社会科学，如下例所示。

【例4.20】 第一次婚姻婚后十年的状况与结婚时的年龄有没有关系呢？即不同年龄的婚后状态是否同质。今有以下数据，试以 $\alpha = 0.05$ 的显著性水平作联列表分析。

年龄	婚后状况分类				总计
	非常好	一般	冷淡	离异	
[20～30)	60	20	30	57	167
[30～40)	40	80	50	50	220
[40～50)	52	94	42	60	248
总计	152	194	122	167	635

解 此问题属类型(4.73)，为 $r\times c$ 联列表分析。

首先，计算出相应的理论值 E_{ij} 如下：

$$E_{11} = 39.97 \quad E_{12} = 51.02 \quad E_{13} = 32.09 \quad E_{14} = 43.92$$
$$E_{21} = 52.66 \quad E_{22} = 67.21 \quad E_{23} = 42.27 \quad E_{24} = 57.86$$
$$E_{31} = 59.36 \quad E_{32} = 75.77 \quad E_{33} = 47.65 \quad E_{34} = 65.22$$

代入 χ^2 表达式得

$$\chi^2 = 10.04 + 18.86 + 0.14 + 3.90$$
$$3.04 + 2.43 + 1.41 + 1.06$$
$$0.91 + 4.39 + 0.67 + 0.42$$
$$= 47.21 > \chi^2_{0.05}((4-1)\times(3-1)) = \chi^2_{0.05}(6) = 12.592$$

故，拒绝 H_0，接受 H_1，认为年龄与婚后状况有关。

在 χ^2 各项中，贡献率最大的是前两项，都出在20～30岁的年龄段，说明这个年龄段有些与众不同。

**§4.9 符号检验

我们先举一例来说明此方法应用的广泛、方法的简易。

今有两种茶叶,请 15 位品茶专家品尝。每一位都品尝此两种茶甲及乙,若认为甲优于乙则记"+"号,甲劣于乙则记"-"号(或对每种茶打分,分数 1~5,分高者优)。设实验结果为:

品茶者	1	2	3	4	5	6	7	8	9	10	11	12	13	14	15
甲得分 Y_1	3	2	2	1	4	4	3	2	1	5	3	5	1	2	3
乙得分 Y_2	2	3	4	5	4	1	4	3	4	4	4	3	5	1
$Y_1 - Y_2$	+	−	−	−	/	+	−	−	−	+	−	+	−	−	+

如果两种茶叶同质,应有:
$$P(Y_1 - Y_2 > 0) = P(Y_1 - Y_2 < 0) = 1/2$$

现在,去掉第 5 号品尝专家所给出的相等分数,数据个数 $n = 14$,令 $y = Y_1 - Y_2 > 0$ 的个数,可以证明

$$U = \frac{y - 0.5n}{\sqrt{0.25n}} \xrightarrow[n \geq 10]{近似} N(0,1) \tag{4.75}$$

取显著水平 α,则

$$|U| > U_\alpha \quad 为拒绝甲、乙同质$$
$$U > U_{2\alpha} \quad 为甲的质量优于乙$$
$$U < -U_{2\alpha} \quad 为乙的质量优于甲$$

代入本例数据得

$$U = \frac{5 - 0.5 \times 14}{\sqrt{0.25 \times 14}} = \frac{5 - 7}{1.87} = -1.069$$

$$|U| = 1.069 < U_{0.05} = 1.96$$

结论:不能拒绝 H_0(甲、乙同质为原假设 H_0)。

令 $p_1 = P(Y_1 - Y_2 > 0)$
$p_2 = P(Y_1 - Y_2 < 0)$

则以上检验可写为:

$$H_0: p_1 = p_2 = 1/2 \longleftrightarrow H_1: p_1 \neq p_2 (双侧)$$
$$p_1 > p_2 (右侧)$$
$$p_1 < p_2 (左侧)$$

【例 4.21】 研究以下饮食结构对高血压患者的影响:丰富的蔬菜、水果及充足的奶类食品,少量肉类。共 153 位志愿者参加实验。以上饮食方式开始时的血压为 y_1,此饮食结构持续半年之后所测血压为 y_2,按 $y_1 - y_2$ 之正、负记为"+"号及"−"号。这样,可进行以下之符号检验:

$$H_0: P(y_1 - y_2 > 0) = P(y_1 - y_2 < 0) = 1/2 \longleftrightarrow H_1: P(y_1 - y_2 > 0) > 1/2$$

以上为右侧检验。

实验结果 153 个数据中有 3 个 $y_1 = y_2$ 应去掉,有效数据 $n = 150$。

$y_1 - y_2 > 0$ 为"+"号者 121 人;

$y_1 - y_2 < 0$ 为"-"号者 29 人。

$$U = \frac{121 - 75}{\sqrt{37.5}} = 7.512 > U_{2\alpha} = U_{0.10} = 1.645 (\alpha = 0.05)$$

故结论为拒绝 H_0,接受 H_1,认为此饮食结构对血压恢复正常具有显著(显著水平 $\alpha = 0.05$)功效。

(以上 Y_1、Y_2 分别为 y_1、y_2 之总体值。)

*§4.10 关于犯两类错误的概率

在检验中,我们有或者拒绝 H_0、或者接受 H_0 两种结论(或者称之为决策)。而这两种结论都可能犯错误。犯错误的情况如表中所示。结论为拒绝 H_0 时所可能犯的错误被称为第 Ⅰ 类错误,又称为弃真;而结论为接受 H_0 所可能犯的错误被称第 Ⅱ 类错误,又称为采伪。我们以 α、β 分别表示可能犯这两类错误的概率,即

结论	H_0 为真	H_1 为真
拒绝 H_0 (接受 H_1)	犯第 Ⅰ 类错误	正确
接受 H_0	正确	犯第 Ⅱ 类错误

$\alpha = P($拒绝 $H_0 \mid H_0$ 为真$)$

$\beta = P($接受 $H_0 \mid H_1$ 为真$)$

我们以 $H_0: \mu = \mu_0 \longleftrightarrow H_1: \mu \neq \mu_0$ 的 U 检验为例。先看 α,如图 4.4 所示:H_0 为真即总体分布的确是以 $\mu = \mu_0$ 为中心的,当这个分布图形是正确的时候,统计量 U 仍可能落入 H_0 之拒绝域 W_1,落入的可能正是 α,即我们用以确定拒绝域的小概率 α。

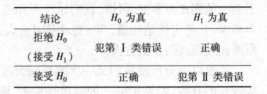

图 4.4

困难之处在于如何确定和计算 β。因为,当 H_1 为真时,H_1 只表明 $\mu \neq \mu_0$,并没有告诉我们 μ 究竟为多少。图 4.5 所示为当 μ 的真值为 μ_1 及 μ_2 时,图中阴影部分为 β,显然两个 β 值不同。可见,β 值与 μ 的真值距离 μ_0 的大小有关。μ_1 与 μ_0 的距离小,判断错误的可能就大,因而 β 就大。当 μ_2 与 μ_0 的距离很大时,判断错误的可能就小,从而相应的 β 值就小。由

$$|U| = |\bar{x} - \mu_0| / (s/\sqrt{n})$$

中 $|\bar{x} - \mu_0|$,当 n 充分大时,$\bar{x}$ 依概率收敛于 μ,当 $\mu = \mu_1$ 时 $|\bar{x} - \mu_0|$ 一般会较小,导致 U 较小,接受 H_0 从而犯了第 Ⅱ 类错误的可能就大。当 $\mu = \mu_2$ 时,$|\bar{x} - \mu_0|$ 一般会较大,导致 U 较大,接受 H_0 从而犯第 Ⅱ 类错误的可能就较小了。

然而,实际上我们并不知道 μ 的真值是多少,因而也就不可能计算出 β 为多

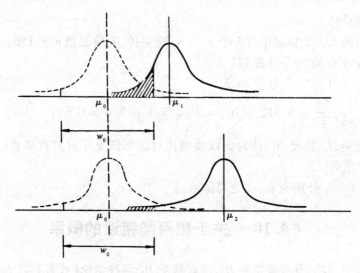

图 4.5

少。我们可以造一个表(或画一条 OC(Operating characteristic) 曲线),给出若 μ 等于某一值则 β 为多少。可惜,我们始终不知道 μ 为多少。所以,一般地,我们不细究 β 为多少,只是定性地知道,当 α 愈小则 β 愈大,反之亦然。我们还知道,如果 μ 的真值距离 μ_0 愈近,则 β 值愈大。

通过以上分析使我们又一次感受到大样本的重要性。因为只有 n 大时 $\bar{x}$ 才充分接近 μ 的真值。如果 n 小,$\bar{x}$ 的随机性加大,图 4.4 及图 4.5 的正态曲线是 $\bar{x}$ 的分布曲线,n 小,$\bar{x}$ 的方差(近似 s^2/n) 变小,曲线变得矮而胖,临界值(如 1.96) 会向外推移,β 就会变大。

注1 2×2 联列表分析等价于频率差异显著性检验的证明

证 差异显著性检验为:

$$H_0: p_1 = p_2 \longleftrightarrow H_1: p_1 \neq p_2$$

数据		情 况		
		1	2	
处理	I	a	b	$n_{1\cdot} = a+b$
	II	c	d	$n_{2\cdot} = c+d$
		$n_{\cdot 1} = a+c$	$n_{\cdot 2} = b+d$	$n_{\cdot\cdot} = a+b+c+d$

设处理 I、II 所得不同情况的数据如上表记为 a、b、c、d,则

$$\hat{p}_1 = a/n_{1\cdot}\ ;\hat{p}_2 = c/n_{2\cdot}$$

取 $\hat{p} = (a+c)/n_{\cdot\cdot}$,在承认 H_0 的前提下,有

$$U = \frac{\hat{p}_1 - \hat{p}_2}{\sqrt{\hat{p}(1-\hat{p})\left(\frac{1}{n_1} + \frac{1}{n_2}\right)}} = \frac{a/n_{1\cdot} - c/n_{2\cdot}}{\sqrt{\frac{a+c}{n_{\cdot\cdot}} \cdot \frac{c+d}{n_{\cdot\cdot}} \left(\frac{n_{\cdot\cdot}}{n_{1\cdot} \cdot n_{2\cdot}}\right)}}$$

$$= \frac{\sqrt{n_{\cdot\cdot}}(an_{2\cdot} - cn_{1\cdot})}{\sqrt{(a+c)(b+d)n_{1\cdot}n_{2\cdot}}} = \frac{\sqrt{n_{\cdot\cdot}}(a(c+d) - c(a+b))}{\sqrt{(a+c)(b+d)(a+b)(c+d)}}$$

$$= \frac{\sqrt{n_{..}}(ad-bc)}{\sqrt{(a+c)(b+d)(a+b)(c+d)}} \stackrel{\text{近似}}{\sim} N(0,1)$$

$$U^2 = \frac{n_{..}(ad-bc)^2}{(a+c)(b+d)(a+b)(c+d)} \sim \chi^2(1)$$

而 $E_a = n_{1.} \cdot n_{.1}/n_{..} = (a+b)(a+c)/(a+b+c+d)$

$$E_b = (a+b)(b+d)/(a+b+c+d)$$
$$E_c = (a+c)(c+d)/(a+b+c+d)$$
$$E_d = (b+d)(c+d)/(a+b+c+d)$$
$$\chi^2 = (a-E_a)^2/E_a + (b-E_b)^2/E_b + (c-E_c)^2/E_c + (d-E_d)^2/E_d$$
$$= \frac{n(ad-bc)^2}{(a+b)(a+c)(c+d)(b+d)} = U^2 \sim \chi^2(1)$$

所以，频率差异显著性检验与 2×2 联列表分析两种方法是等价的。

注 2 关于拒绝域的取法

以 $H_0: \mu = \mu_0 \longleftrightarrow H_1: \mu \neq \mu_0$ 为例。我们取图 4.6 中的 W_1 为 H_0 之拒绝域，统计量在 W_1 取值的概率显然也是一个 0.05 的小概率事件，这样取 W_1 可不可以呢？

不可以。因为放弃 H_0、接受 H_1 之后，在 H_1 成立的条件下，统计量在 W_1 取值的概率更小了，小于 0.05，如图 4.6 所示。另外，这种取法使 β 大大增加，功效 $1 - \beta$ 变得很小。

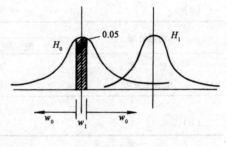

图 4.6

习 题 4

以下各题如无特别声明，显著水平一律取 $\alpha = 0.05$。

1. 某苗圃规定杨树苗平均高达 60 cm 可以出圃。今在一批苗木中抽取 50 株，求得平均苗高为 64 cm，标准差为 9 cm，问该批苗木能否出圃？

2. 若在上题的一批苗木中抽取 10 株，其苗高各为 58,63,57,61,64,59,65,62,66,59(cm)，试据这些资料决定该批苗木能否出圃（可靠性 95%，假定苗高分布遵从正态）？

3. 欲检查一批杀虫粉的失效率是否在 5% 以下，随机抽取 20 包，经化验后，其中有 4 包失效，问据此数据是否可以断定该批杀虫粉失效率已超过 5%？

4. 一个林场用 1 年生杉木苗造林，秋后调查 400 株成活 320 株，另一林场用 2 年生杉木苗造林，也调查 400 株，成活 300 株，问用 1、2 年生杉木苗造林的成活率有无显著差异？

5. 试根据下面的资料判断插条露出地面和插条不露出地面对苗木生长有无显著不同的影响（设抽样方式为重复抽样，苗高分布近似正态）：

(1) 插条露出土面 2 cm 的苗高（单位:cm）：
283,292,320,275,252,276,300,220,281,310,243,138,291,260,
265,169,252,165,241,310,261,325,295,300,270,264,135,343,
190,244,275,314,164,185,144,258,141,221,230,230

(2) 插条顶部在地下（约 2 cm）的苗高（单位:cm）：

185,320,310,256,245,202,207,144,278,323,307,254,242,240,246,
133,285,276,298,240

6. 某种羊毛在处理前后各抽取样本测得含脂率如下：

处理前:0.19,0.18,0.21,0.30,0.66,0.42,0.08,0.12,0.30,0.27

处理后:0.15,0.13,0.07,0.24,0.19,0.04,0.08,0.20

问经过处理后含脂率(假定含脂率分布遵从正态)有无显著变化？

7. 某地调查了一种危害林木昆虫的两个世代的每卵块中卵粒数，第一代调查了 128 块，$\bar{x}_1 = 47.3, S_1 = 25.4$，第二代调查了 69 块，$\bar{x}_2 = 74.9, S_2 = 46.8$，试检验两个世代每卵块平均卵数的差异显著性。

8. 在数 π^2 的前 800 位小数中，数字 $0,1,2,\cdots 9$ 出现的次数如下：

数字 x_i 0 1 2 3 4 5 6 7 8 9

频率 f_i 74,92,83,79,80,73,77,75,76,91

试用 χ^2 检验法检验这些数字的分布适合等概分布的假设。

9. 表(a)、(b)分别为土壤消毒处理对樟子松苗木抗病效果的试验结果数据。

(a)

消毒处理	抗病效果	
	健 康 苗 数	发 病 苗 数
对 照	81	29
烧表土处理	80	10

(b)

消毒处理	抗病效果	
	健 康 苗 数	发 病 苗 数
处理1(高锰酸钾)	116	12
处理2(盐酸)	211	18
处理3(烧表土)	198	14

试问：(1)由表(a)判断消毒处理(烧表土)是否对抗病有效。

(2)由表(b)判断三种处理是否同质。

10. 孟德尔用开红花的豌豆植株与开白花的豌豆植株杂交得 F_1，F_1 自交得 F_2，在 F_2 中观察 929 株，其中开红花的 705 株，开白花的 224 株。试问：此结果是否支持开红花与开白花的植株数的比例为 3∶1 的理论。

11. 对生活的态度按其主要倾向分为消沉、平淡、浪漫、进取四种(对没有主要倾向或同时有多种倾向的样本删除)。以下将人的一生按 6 个年龄段作调查，数据如下：

人 数		生活态度之主要倾向				总 计
		消沉	浪漫	进取	冷淡	
年龄段	20 以下	5	20	80	10	115
	21~35	10	100	90	30	230
	36~45	50	50	50	50	200
	46~55	40	30	30	100	200
	56~65	100	20	30	150	300
	65 以上	200	20	30	150	400
						1 445

试问:以上各种倾向与年龄是否有关。取显著水平 $\alpha = 0.05$。

12. 研究男子年龄与吸烟之间是否相关。抽查结果如下:

人 数		年 龄		总 计
		低于40岁	高于等于40岁	
吸烟量	≤20 支/天	50	15	65
	>20 支/天	10	25	35
				100

作显著性检验并分析结果(取 $\alpha = 0.05$)。

*13. 假设用两种药物治疗某病,考察它们服药后产生恶心的副作用是否同质,调查结果如下:

药物 B	药物 A		Σ
	无恶心	恶心	
无恶心	3	9	12
恶心	75	13	88
Σ	78	22	100

试问,药物 A、B 的恶心发生率是否相同。

14. 在某地区种植 3 种不同的速生杨树,检查其效果如以下 3×3 联列表所示。试问:杨树品种 1、2、3 在此地区种植是否有同样效果?

效 果	杨树品种			Σ
	1	2	3	
十分好	18	12	13	43
一 般	10	12	4	26
较 差	32	16	3	51
Σ	60	40	20	120

**15. 设有检验类型 $H_0: p = \dfrac{1}{3} \longleftrightarrow H_1: p > \dfrac{1}{3}$,如有 3 件表面上相同的产品而其中有 1 件次品,考察某人的鉴别力,若经 10 次试验(每次都是 3 件产品中 1 件次品),如某人鉴别正确的比例为 1/3,则说明此人没有鉴别力。如某人鉴别正确的比例显著大于 1/3,则说明此人有鉴别力。由二项分布 $B(n,p)$,其中 p 为鉴别正确的概率

$$P(X = r) = C_n^r p^r (1-p)^{n-r}$$

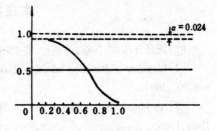

第 15 题图

其中,X 为鉴别 n 次中正确的次数(每次鉴别 3 个,其中 1 个为次品)。查 $Q(10, k, 1/3)$ 表得 $k = 7$,$Q(10,7,1/3) = 0.019$;$k = 8$,$Q(10,8,1/3) = 0.003$,取 $\alpha = 0.024$,$W_1 = \{7, 8, 9, 10\}$ 为 H_0 的拒绝域。由第 15 题图之特征曲线可求得不同 p 值的 β 值。请解释,这条曲线是如何计算出来的。

*16. 设检验为 $H_0: \mu = \mu_0 \longleftrightarrow H_1: \mu \neq \mu_0$ μ 的真值当然是未知的,假设 $\mu = 39$,而 $\mu_0 = 39.001$,由于 $U = (\bar{x} - \mu_0)\sqrt{n}/s$ 中只要 n 充分大,U 值可以任意大(比如其中 s 当 n 充分大时接近 σ,不妨设 $\sigma = 8$,则 $(\bar{x} - \mu_0)/s \approx 0.000\,125$,因为 $\bar{x}$ 接近 $\mu = 39$,这时,只要 $n = 10^{10}$,可使 $U = 12.5 > U_{0.05} = 1.96$)。那么,只要 n 充分大,则可以肯定拒绝 H_0。试问:如何解释以上现象。

*17. 英《星期日泰晤士报》近期刊登萨拉·凯特·坦普尔顿的一篇文章,认为衡量国家成功与否的最佳指标或许并非国民生产总值,而是国民快乐总值。今有以下问卷采访记录:

人数		某地区对生活的满意情况		总计
		快乐	不快乐	
性别	男	75	192	267
	女	66	204	270
				337

试问:快乐与否与性别是否有关(取 $\alpha = 0.05$)。

18. 向 100 个靶各打 10 发,只记命中与否,设 x_i 为第 i 个靶的 10 发中命中的靶数。按以下记录。试问:所中靶数是否服从二项分布(显著水平 $\alpha = 0.05$)。

x	0	1	2	3	4	5	6	7	8	9	10	
f	0	2	4	10	22	26	18	12	4	2	0	100

19. 在 500 个小土样内查得某种虫卵数如下:

x	0	1	2	3	4	5	6	7	8	
f	94	168	131	68	32	5	1	1	0	500

试问:这个分布是否符合泊松分布($\alpha = 0.05$)。

20. 取 π 的前 35 位小数为 14159265358979323846264338327 9。问数字的出现顺序是否存在趋势、周期性或成团性($\alpha = 0.05$)。

本章推荐阅读书目

[1] 统计分布. 方开泰,许建伦. 科学出版社,1987.

[2] Elements of Statistics Inference. David V. Huntsberger and Patrick Billingsley. Allyn and Bacon INC,1981.

[3] An Introduction to Liener and the Design and Analysis of Experiments. Lyman Ott. Duxbury Press,1968.

[4] 统计决策论与贝叶斯分析. James O. Berger 著,贾乃光译. 中国统计出版社,1998.

[5] 概率论与数理统计. 邵崇斌. 中国林业出版社,2004.

第 4 章附录

1. 孟德尔的植物杂交试验

奥地利人 Greger·Model(1822~1884),29 岁进入维也纳大学,毕业后回到自己家乡,一面做修道士,一面研究植物杂交。在布尔诺(今捷克)做杂交实验配种几千棵,发现显性性状的特点。如豌豆的长茎特征压倒短茎的特征,茎的长短是独立遗传的,不受豆荚颜色的影响,称为《独立分配定律》(Principle of independent assortment)。1866 年(他 44 岁)发表《植物杂交试验》一文,但当时正是热烈争论达尔文的《物种起源》的时代,对他的论文无人注意,被埋没达 33 年之久。1900 年荷兰、德国及奥地利科学家分别发现了孟德尔的报告中遗传学之基因理论,此时,孟已去世多年,后他被尊为基因遗传学之父。基因遗传理论最早的诺贝尔奖得主为摩尔根(Thomas Morgan),他在研究果蝇眼睛颜色中发现,决定性别的基因为 XX 及 XY 染色体。

2. 关于 α 及 β

检验中我们的结论可能会犯错误,拒绝 H_0 可能会犯的错误被称为第 I 类错误,犯此类错误的概率为 α;接受 H_0 可能犯的错误被称为第 II 类错误,其概率为 β。

然而,我们却并不知道 H_0 为真的概率为多少,即我们不知道 $P(H_0$ 为真$)$ 及 $P(H_1$ 为真$)$,这两个概率是非常重要的,因为:

$P(H_0$ 为真且拒绝 $H_0) = P(H_0$ 为真$) \cdot P($拒绝 $H_0 | H_0$ 为真$)$

$P(H_1$ 为真且接受 $H_0) = P(H_1$ 为真$) \cdot P($接受 $H_0 | H_1$ 为真$)$

关于这个问题,贝叶斯统计学派有专门的论述。可参看本章推荐阅读书目。

3. 关于非参数统计(以下引自本章推荐阅读书目[2]、[3])

Introduction

Mang of methods we have considered, such as those involving the t-test, apply only to nomal populations. The need for techniques that apply more broadly has lead to the development of nonparameter methods. These do not require that the underlying populations be normal ——or indeed that they have any single mathmatical form——and some even apply to nonnumerical data. In place of parameters such as means or variances and their estimaters, these methods use ranks and other measures of ralative magniture; hence the term monparameters.

$y_1 - y_2$

The null and alternative hypotheses for a two-tailed sign test are

H_0: The two populations have identical probability distributions.

H_a: The two populations have different probability distributions.

The test statistic for the sign test makes use of y, the number of sample pairs for which the observation in population 1 is larger than the corresponding observation from population 2. Letting an observation from population 1 be denoted by y_1 and one from population 2 by y_2, we must examine the difference $y_1 - y_2$ for each pair. The sign test is based on the signs of these differences, and we are interested in the number of pairs for which we obtain a plus sign, that is, the number of pairs for which $y_1 - y_2 > 0$.

If H_0 is true, the probability that $y_1 - y_2 > 0$ for any pair is $p = 0.5$. Thus a test of the null hypothesis that the distributions are identical is equivalent to a test concerning a binomial parameter p.

Sign Test for Paired Data

H_0: $p = 0.5$ (the distributions are identical).

H_a: 1. $p > 0.5$ (the probability distribution for population 1 is shifted to the right of the distribution for population 2).
2. $p < 0.5$ (the probability distribution for population 1 is shifted to the left of the distribution for population 2).
3. $p \neq 0.5$ (the two populations have different probability distributions).

We let n denote the number of sample pairs where $y_1 - y_2 \neq 0$ (i.e., the number of pairs ignoring ties). The test statistic is

T.S.: $z = \dfrac{y - 0.5n}{\sqrt{0.25n}}$

R.R.: For a specified value of α,
  1. reject H_0 if $z > z_\alpha$;
  2. reject H_0 if $z < -z_\alpha$;
  3. reject H_0 if $|z| > z_{\alpha/2}$.

This test is valid provided $n \geq 10$.

Example

table 11.1 to test the research hypothesis that the distributions of ratings are different for the two varieties of tobacco. Use $\alpha = 0.05$.

Table 11.1 Judges' ratings of leaf samples from two varieties of tobacco, example 11.1

Judge	Tobacco Leaf		Sign of Difference
	Variety I, y_1	Variety II, y_2	$y_1 - y_2$
1	1	2	−
2	4	3	+
3	4	3	+
4	2	1	+
5	4	3	+
6	5	4	+
7	5	3	+
8	4	2	+
9	5	3	+
10	3	1	+
11	4	4	eliminate
12	2	3	−
13	4	2	+
14	5	3	+
15	4	3	+

Solution

In applying the sign test to these data, we make use of the sign of the difference $y_1 - y_2$ for each judge. By letting y denote the number of plus signs, our test procedure can be restated in terms of p, the probability of obtaining a plus sign for a given pair (judge).

H_0: $p = 0.5$ (the distributions of ratings are identical).

H_a: $p \neq 0.5$ (the distributions of ratings are different, and one is preferred to the other).

T.S.: $z = \dfrac{y - 0.5n}{\sqrt{0.25n}}$

where n is the number of pairs ignoring ties in the measurements. We must eliminate Judge 11 from the sign test since that judge was not able to discriminate between varieties Ⅰ and Ⅱ. Thus $n = 14$ and y, the number of plus signs, is 12. Substituting into the test statistic, we have

$$z = \frac{12 - 0.5(14)}{\sqrt{0.25(14)}} = \frac{12 - 7}{\sqrt{3.5}} = \frac{5}{1.87} = 2.67$$

R.R.: For $\alpha = 0.05$, we will reject H_0 if $|z| > 1.96$.

Since the observed value of z exceeds 1.96, we reject H_0 and conclude that the distributions of ratings are different for varieties Ⅰ and Ⅱ. Practically, it appears that Variety I has a distribution of scores that is shifted to the right (higher) than the distribution of scores for Variety Ⅱ.

One-Sample Sign Test:
An Alternative to a One-Sample t Test

The sign test can also be applied as an alternative to a one-sample t test for a population mean. Unlike the t test, which requires that the sample measurements be drawn from a normal population, the sign test can be used to test the null hypothesis $\mu = \mu_0$ provided that the sample is drawn from a population with a symmetrical distribution. Applying the sign test, we subtract μ_0 from each of the sample measurements. If the null hypothesis is true ($\mu = \mu_0$), the probability of observing a positive difference is equal to the probability of observing a negative difference, namely, 0.5. Letting y denote the number of plus signs (positive differences), we proceed with the mechanics of the test as in the sign test for paired data.

H_0: $p = 0.5 (\mu = \mu_0)$.

H_a: 1. $p > 0.5 (\mu > \mu_0)$.
      2. $p < 0.5 (\mu < \mu_0)$.
      3. $p \neq 0.5 (\mu \neq \mu_0)$.

T.S.: $z = \dfrac{y - 0.5n}{\sqrt{0.25n}}$.

R.R.: For a specified value of α,

1. reject H_0 if $z > z_\alpha$;
2. reject H_0 if $z < -z_\alpha$;
3. reject H_0 if $|z| > z_{\alpha/2}$.

Note: Here n denotes the number of positive and negative differences. This test is valid provided $n \geq 10$.

In summary, the sign test provides a useful nonparametric alternative to both the one-sample t test for μ and the two-sample paired t test. Because of its simplicity, an experimenter may choose to use a sign test even when the assumptions for the corresponding parametric test are fulfilled.

第 5 章 方差分析

【本章提要】 方差分析是英国统计学家费歇（R. A. Fisher）于 1940 年左右引入的，它首先应用于生物学研究，特别是应用于农业实验设计和分析中。现在，它已成功地应用于各领域。

科学实验结果所得到的数据通常存在着变动，变动的原因可大体分为两类；一类是由随机因素，或者说是实验手段无法控制的因素所造成的，这种不可控制的因素可能是众多的，其综合作用的结果成为影响数据稳定的原因；另一类是由实验中受控因素所造成的，这种因素正是实验要研究的，实验正想知道，受控因素的变动是否造成实验结果的差异。然而，实验结果是以上两类因素混合在一起构成数据的变动。方差分析方法是有效地将这两类因素造成的结果分开，从而有力地帮助实验者判断受控因素的影响是否存在，及影响的大小如何。

从形式上看，方差分析是判断多个总体某一特征是否有显著差异，与判断两总体某一特征的差异显著性很类似。然而，事实上，这只是在问题提法上，方差分析是前一章差异显著性检验的推广，但在解决问题的方法上却有很大区别。本章将说明这一区别。

另外，多重比较是本章不可或缺的重要部分。

§5.1 方差分析及其逻辑基础

1. 多总体比较与两两比较

判断多个总体的均值是否相等是方差分析的任务，这个任务可不可以用两两比较的方式化成许多个差异显著性检验呢，比如，10 个总体要进行两两比较，则需作 $C_{10}^2 = 45$ 次差异显著性检验，如果每次都取显著水平 $\alpha = 0.05$，即每次犯第一类错误的概率为 0.05，但 45 次中至少有一次犯第一类错误的概率就不是 0.05，而是比 0.05 大得多了（为 0.401）。同样，还有犯第二类错误的概率问题，这样，单纯进行两两比较是行不通的。应用方差分析方法与两两比较相比将大大减少犯两类错误的概率。

在 c 次两两比较的检验中至少有 1 次犯第一类错误的概率如下表（相互独立的情形，即 $P(c$ 次中至少一次犯第一类错误$) = 1 - (1 - \alpha)^c$，对不相互独立的情形则较复杂，可参看 Pearson 及 Harttey(1942,1943) 和 Harter(1957)）。

c(总体个数)	α		
	0.10	0.05	0.01
1	0.100	0.050	0.010
2	0.190	0.097	0.020
3	0.271	0.143	0.030
4	0.344	0.186	0.039
5	0.410	0.226	0.049
⋮	⋮	⋮	⋮
10	0.651	0.401	0.096

2. 方差分析的逻辑基础

如果把不同的处理方法看作不同的组,方差分析着眼于比较各组之间在数据上的变动程度与各组组内数据的变动程度,由于后者是由随机因素所造成的,从而可以判断不同的处理是否对实验结果产生显著差异。

假设我们的目的是判断 3 个总体均值是否存在显著差异,而试验结果如表 5.1 所示。

将表 5.1 的数据绘成图,则如图 5.1 所示,其中,○、□、△分别表示来自总体 1、2、3 的数据。

为了说明方差分析的思想逻辑,我们假设另一种情况,即试验结果如表 5.2 所示。

将表 5.2 的数据绘成图,则如图 5.2 所示,其中,○、□、△分别表示来自总体 1、2、3 的数据。

表 5.1　虚拟试验结果

组别	样本数据所来自的总体		
	1	2	3
观测值	2.90	2.51	2.01
	2.92	2.50	2.00
	2.91	2.50	1.99
	2.89	2.49	1.98
	2.88	2.50	2.02
样本均值	2.90	2.50	2.00

表 5.2　虚拟试验结果

组别	样本数据所来自的总体		
	1	2	3
观测值	2.90	3.31	1.52
	1.42	0.54	3.93
	4.51	1.73	1.48
	4.89	4.20	2.55
	0.78	2.72	0.52
样本均值	2.90	2.50	2.00

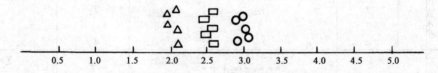

图 5.1　表 5.1 的图示

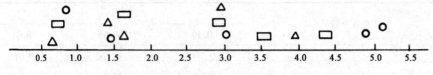

图 5.2　表 5.2 的图示

虽然表 5.1 与表 5.2 各组样本均值都相同,但从图 5.1 及图 5.2 可以直观地判断,表 5.1 的数据表明 3 个总体的均值是差异显著的;而很难说表 5.2 的 3 个总体均值差异显著,因为图 5.2 表明,3 个组组内分散性大,组间的分散性从图中不足以说明它们不是来源于随机性。

方差分析方法正是将各组间的平均离差平方和与各组内的平均离差平方和进行比较。在一定的条件下,这个比值遵从 F 分布,只有比值大于 F 分布的临界值时,才认为各组总体均值之间有显著差异。

以下将按以上的思想逻辑作具体的数学化描述。

§5.2　单因素方差分析

比如,我们研究的目的是考察 4 种不同的抚育措施对林木生长是否有不同的影响,那么"抚育措施"就是我们研究的一个因素,被称为可控因素;4 种不同的处理方法被称为 4 个不同的水平或处理。如果以树高作为衡量林木生长的标志,则 4 种不同的水平构成 4 个以树高为标志的总体。如果这 4 个以树高为标志的总体的平均数相等,则说明抚育措施这一因素对树高的生长不产生影响;反之则说明抚育措施对树高生长的影响是显著的。

为此,我们建立原假设 H_0 及备择假设 H_1 为

H_0:4 个总体的总体均值相等 $\longleftrightarrow H_1$:4 个总体的总体均值至少有两个不等

按这个假设检验做统计检验就可以解决我们研究的目的。在这个问题中,只出现一个因素抚育措施,故为单因素方差分析。

若可控因素设置 a 个水平,并对每一水平都进行了多次试验,可将试验结果总结为表 5.3 的形式。

其中,$n = m_1 + m_2 + \cdots + m_a$;$T = \sum_{i=1}^{a} T_i$

表 5.3　单因素重复试验结果

		重复试验所得数据				Σ	$\bar{y}_i = T_i/m_i$
因素水平	1	y_{11}	y_{12}	$\cdots$	y_{1m_1}	T_1	$\bar{y}_1$
	2	y_{21}	y_{22}	$\cdots$	y_{2m_2}	T_2	$\bar{y}_2$
	$\vdots$	$\vdots$	$\vdots$		$\vdots$	$\vdots$	$\vdots$
	a	y_{a1}	y_{a2}	$\cdots$	y_{am_a}	T_a	$\bar{y}_a$
		$n = m_1 + m_2 + \cdots + m_a$				T	$\bar{y} = T/n = \dfrac{\sum m_i \bar{y}_i}{\sum m_i}$

注意:以上 n 次试验每次做哪个水平必须是完全随机化的分配。

1. 模型

按表 5.3，y_{ij} 表示第 i 个水平（第 i 个总体）的第 j 次重复试验所得结果，y_{ij} 为随机变量，设

$$y_{ij} = \mu + \gamma_i + \varepsilon_{ij} \quad i = 1,2,3,\cdots,a; j = 1,2,3,\cdots,m_i \quad (5.1)$$

式中　μ——总的平均；

　　　γ_i——第 i 个水平的效应；

　　　ε_{ij}——随机变量，表示随机效应，当下标不同时，全体 ε_{ij} 相互独立，且有

$$\varepsilon_{ij} \sim N(0,\sigma^2) \quad i = 1,2,3,\cdots,a; j = 1,2,3,\cdots,m_i \quad (5.2)$$

由于 μ 及 γ_i 皆为常量，所以关于 ε_{ij} 的假设也即关于 y_{ij} 的假设，以上假设可用语言 y_{ij} 独立、正态、等方差来表达。今后，我们很多模型（如第 6 章的线性回归模型）都需要这个前提假设。

第 i 个水平的效应也可记为 μ_i，将 μ_i 分解为总平均 $\mu = \frac{1}{a}\sum \mu_i$ 部分及第 i 个单独的部分，即

$$\mu_i = \mu + \gamma_i$$

再取平均，以上两端得

$$\frac{1}{a}\sum \mu_i = \frac{1}{a}\sum \mu + \frac{1}{a}\sum \gamma_i$$

$$\mu = \mu + \frac{1}{a}\sum \gamma_i$$

故有

$$\sum \gamma_i = 0 \quad (5.3)$$

总结以上所述为

$$y_{ij} \sim N(\mu + \gamma_i, \sigma^2) \quad i = 1,2,3,\cdots,a; j = 1,2,3,\cdots,m_i \quad (5.4)$$

2. 原假设 H_0 及备择假设 H_1

$$H_0: \gamma_1 = \gamma_2 = \cdots = \gamma_a = 0 \longleftrightarrow H_1: \gamma_1,\cdots,\gamma_a \text{ 中至少两个不等} \quad (5.5)$$

3. 平方和与自由度的分解

按表 5.3 所示，总离差平方和 SS 为：

$$\begin{aligned} SS &= \sum_{i=1}^{a}\sum_{j=1}^{m_i}(y_{ij} - \bar{y})^2 = \sum_i \sum_j [(y_{ij} - \bar{y}_i) + (\bar{y}_i - \bar{y})]^2 \\ &= \sum\sum [(y_{ij} - \bar{y}_i)^2 + 2(y_{ij} - \bar{y}_i)(\bar{y}_i - \bar{y}) + (\bar{y}_i - \bar{y})^2] \\ &= \sum_i\sum_j (y_{ij} - \bar{y}_i)^2 + \sum_i m_i(\bar{y}_i - \bar{y})^2 \end{aligned} \quad (5.6)$$

以上是因为中间项

$$2\sum_i\sum_j (y_{ij} - \bar{y}_i)(\bar{y}_i - \bar{y}) = 2\sum_i (\bar{y}_i - \bar{y})\sum_j (y_{ij} - \bar{y}_i) = 0$$

（因为对任意的 i 都有 $\sum_j (y_{ij} - \bar{y}_i) = 0$） $\quad (5.7)$

公式(5.6)被称为平方和的分解,其中令

$$SS_1 = SS_{间} = \sum_i \sum_j (\bar{y}_i - \bar{y})^2 = \sum_i m_i (\bar{y}_i - \bar{y})^2 \tag{5.8}$$

$$SS_2 = SS_{内} = \sum_i \sum_j (y_{ij} - \bar{y}_i)^2 \tag{5.9}$$

公式(5.8)被称为组间平方和,公式(5.9)被称为组内平方和,它们分别表示各组之间的离差,是由各水平的不同而引起的;组内的离差是由随机因素构成的。

公式(5.6)可写为

$$SS = SS_1 + SS_2 \tag{5.10}$$
$$(\text{或 } SS_{总} = SS_{间} + SS_{内})$$

在承认 H_0 的前提下,由公式(3.34)知

$$SS/\sigma^2 = \sum_{ij} \left[(y_{ij} - \bar{y})/\sigma\right]^2 \sim \chi^2(n-1) \tag{5.11}$$

$$SS_1/\sigma^2 = \sum_i m_i (\bar{y}_i - \bar{y})^2 / \sigma^2$$
$$= \sum_i \left[(\bar{y}_i - \bar{y})^2/(\sigma^2/m_i)\right] \sim \chi^2(a-1) \tag{5.12}$$

$$SS_2/\sigma^2 = \sum_{ij}(y_{ij} - \bar{y}_i)^2/\sigma^2 \sim \chi^2((m_1-1) + (m_2-1) + \cdots + (m_a-1))$$
$$= \chi^2(n-a) \tag{5.13}$$

式中 $n = m_1 + \cdots + m_a$。

公式(5.11)、(5.12)、(5.13)中 χ^2 分布的3个自由度也构成分解的等式

$$n - 1 = (a - 1) + (n - a) \tag{5.14}$$

公式(5.14)被称为自由度的分解。

4. χ^2 分布的分解定理(Cochran 定理)

若

$$Q_1 + Q_2 + \cdots + Q_k = \sum_{i=1}^n \mu_i^2 \sim \chi^2(n)$$

其中 $\mu_i (i = 1, \cdots, n)$ 为 n 个相互独立的标准正态分布 $N(0,1)$ 变量。

假设

$$Q_j = l_{1j}^2 + l_{2j}^2 + \cdots + l_{m_j j}^2 \quad j = 1, 2, \cdots, k$$

这 m_j 个变量 $l_{1j}, \cdots, l_{m_j j}$ 之间有 γ_j 个线性关系,称 Q_j 的自由度为 $f_j = m_j - \gamma_j$,则

$$Q_1, \cdots, Q_k \text{ 相互独立,且 } Q_j \sim \chi^2(f_j) \quad j = 1, \cdots, k$$

的充分必要条件为

$$f_1 + f_2 + \cdots + f_k = n$$

(证明从略)。

5. F 检验

应用考克伦(Cochran)定理,由 $SS = SS_1 + SS_2$,SS、SS_1、SS_2 皆为平方和,其自由度分别为 f、f_1、f_2,又有自由度的分解公式(5.14)。故,SS_1/σ^2 与 SS_2/σ^2 是相互独立的,从而有

$$F = \frac{\frac{SS_1/\sigma^2}{f_1}}{\frac{SS_2/\sigma^2}{f_2}} = \frac{SS_1/f_1}{SS_2/f_2} = \frac{MS_1}{MS_2} \sim F(f_1, f_2) \qquad (5.15)$$

其中,$MS_1 = SS_1/f_1$,$MS_2 = SS_2/f_2$ 分别称为组间平均平方和与组内平均平方和。

6. 方差分析表

总结以上各项,最后列为一个单因素、a 水平、共 n 次试验的方差分析表,如表 5.4 所示。

表 5.4 方差分析表

变差来源	平方和 SS	自由度 f	平均平方和 MS	F 值	显著性
组间	$SS_1 = \sum_{i=1}^{a} m_i(\bar{y}_i - \bar{y})^2$	$f_1 = a-1$	$MS_1 = SS_1/f_1$	MS_1/MS_2	** 或 * 或 -
组内	$SS_2 = \sum_{i=1}^{a}\sum_{j=1}^{m}(y_{ij} - \bar{y}_i)^2$	$f_2 = n-a$	$MS_2 = SS_2/f_2$		
总计	$SS = \sum_i \sum_j (y_{ij} - \bar{y})^2$	$f = n-1$			

其中,** 表示在显著水平 $\alpha = 0.01$ 时拒绝 H_0,接受 H_1;* 表示在显著水平 $\alpha = 0.05$ 时拒绝 H_0,接受 H_1,此时在 $\alpha = 0.01$ 水平上尚达不到显著;- 表示在显著水平 $\alpha = 0.05$ 时不显著,即不能拒绝 H_0,只能接受 H_0。

在计算中,有比表 5.4 中计算 SS_1 及 SS_2 更方便些的公式,这些计算式我们结合以下的例子介绍。

【例 5.1】 设在育苗试验中有 5 种不同的处理方法,每种方法做 6 次重复试验,1 年后,苗高数据如表 5.5 所示。

表 5.5 苗高数据

处理方法	苗高 Y_{ij} (cm)						$T_i = \sum_j Y_{ij}$	$\bar{Y}_i = T_i/m_i$
1	39.2	29.0	25.8	33.5	41.7	37.2	$T_1 = 206.4$	34.4
2	37.3	27.7	23.4	33.4	29.2	35.6	$T_2 = 186.6$	31.1
3	20.8	33.8	28.6	23.4	22.7	30.9	$T_3 = 160.2$	26.7
4	31.0	27.4	19.5	29.4	23.2	18.7	$T_4 = 149.4$	24.9
5	20.7	17.6	29.4	27.7	25.5	19.5	$T_5 = 140.4$	23.4
	$n = a \cdot m = 5 \times 6 = 30$						$T = 843.0$	$\bar{Y} = 28.1$

假设苗高近似遵从正态分布,且以上 5 种处理方法的总体方差是齐性的。则,本例单因素育苗试验属于模型(5.1),其中,$a = 5$,$m_1 = m_2 = m_3 = m_4 = m_5 = m = 6$,按公式(5.15)有

$$F = MS_1/MS_2 = (m\sum_i (\bar{y}_i - \bar{y})^2/(a-1))/(\sum_{i,j}(y_{ij}-\bar{y}_i)^2/(n-a))$$

为了计算 F 值,需作以下计算

$$SS = \sum_{i,j}(y_{ij}-\bar{y})^2 = \sum_{i,j} y_{ij}^2 - T^2/n = \sum_{i,j} y_{ij} - CT \tag{5.16}$$

其中 $CT = T^2/n$ 被称为修正项。

$$SS_1 = \sum_i m_i(\bar{y}_i - \bar{y})^2 = \sum_i (T_i^2/m_i) - CT \tag{5.17}$$

当 $m_1 = m_2 = \cdots = m_a = m$ 时,上式为

$$SS_1 = \frac{1}{m}\sum_i T_i^2 - CT \tag{5.18}$$

$$SS_2 = SS - SS_1 \tag{5.19}$$

代入表 5.5 之数据得

$$SS = 24\,897.16 - 23\,688.30 = 1\,208.86$$

$$CT = 23\,688.30$$

$$SS_1 = \frac{1}{6}\left[(206.4)^2 + \cdots + (140.4)^2\right] - CT = 497.86$$

$$SS_2 = 1\,208.86 - 497.86 = 711$$

故

$$F = \frac{497.86/(5-1)}{711/(30-5)} = 4.38$$

先取 $\alpha = 0.01$,查 F 分布表得 $F_{0.01}(4,25) = 4.18 < F = 4.38$

结论:可以以 $\alpha = 0.01$ 的显著水平拒绝 H_0、接受 H_1。结果可总结为以下方差分析表(表 5.6):

表 5.6 方差分析表

变差来源	平方和 SS	自由度 f	平均平方和 MS	F 值
组间	$SS_1 = 497.86$	$f_1 = 5-1 = 4$	$MS_1 = 124.47$	4.38**
组内	$SS_2 = 711.00$	$f_2 = 30-5 = 25$	$MS_2 = 28.44$	
总计	$SS = 1\,208.86$	$f = 30-1 = 29$		

*注意:试验设计中因素的水平数应避免不适当地设计得过多,当 a 增大,SS_1 的自由度 $f_1 = a-1$ 增大,使 F 值中分子减少,其后果是使检验的灵敏度降低,使得本该显著的在 F 检验中出现不显著的结果。

§5.3 多重比较

当方差分析的结论为拒绝 H_0、接受 H_1 时所说明的是,a 个不同的处理不完全相同。但这一结论并没有告诉我们哪些处理之间有显著差异,哪些之间并没有显著差异,这正是本节多重比较要解决的问题。

另外,作为专业工作者,他所选择的因素必然是对结果产生因素效应的。因

此,方差分析的结果是差异显著是完全可以预计到的结果。他更想知道的正是多重比较要告诉我们的,在 a 种不同的处理方法中,哪些之间差异显著,哪些之间并不显著。

第 4 章我们已经学会了对两种处理效应的差异显著性检验。现在的不同之处在于,我们必须先进行方差分析,在方差分析作出差异显著的前提下,再进行两两比较,这一做法将减少犯两类错误的概率。

1. 费歇(R. A. Fisher)最小显著差方法(LSD 方法即 Least Significant Difference 之缩写)

设,方差分析结论为有显著差异。按表 5.3 之记录及表 5.4 之符号,令

$$LSD = t_\alpha(f_2) \sqrt{(MS_2)\left(\frac{1}{m_i} + \frac{1}{m_j}\right)} \tag{5.20}$$

*这是因为

$$\frac{(\bar{y}_i - \bar{y}_j) - (\mu_i - \mu_j)}{\sqrt{\frac{1}{m_i} + \frac{1}{m_j}}\,\sigma} \sim N(0,1)$$

$$SS_2/\sigma^2 \sim \chi^2(f_2),$$

故有

$$\frac{((\bar{y}_i - \bar{y}_j) - (\mu_i - \mu_j))/\sqrt{\frac{1}{m_i} + \frac{1}{m_j}}}{\sqrt{MS_2}} \sim t(f_2)$$

则,若

$$|\bar{y}_i - \bar{y}_j| \geq LSD$$

说明因素的 i 水平与 j 水平之间有显著差异,此时 $\mu_i = \mu + \gamma_i$ 与 $\mu_j = \mu + \gamma_j$ 之差的 $100(1-\alpha)\%$ 置信区间为

$$\mu_i - \mu_j \in [(\bar{y}_i - \bar{y}_j) - LSD, (\bar{y}_i - \bar{y}_j) + LSD] \tag{5.21}$$

【**例 5.2**】 对例 5.1 作进一步的多重比较。

解 由例 5.1 的方差分析表知:

$$f_2 = 25,\ MS_2 = 28.44,\ m_1 = m_2 = \cdots = m_5 = m = 6$$

取 $\alpha = 0.05, t_{0.05}(25) = 2.06$,代入(5.20)得

表 5.7 多重比较结果(要求 $m_1 = m_2 = \cdots m_\alpha$)

$\bar{y}_i - \bar{y}_j$ / $\bar{y}_j$	$\bar{y}_1 = 34.4$	$\bar{y}_2 = 31.1$	$\bar{y}_3 = 26.7$	$\bar{y}_4 = 24.9$
$\bar{y}_5 = 23.4$	11*	7.7*	3.3	—
$\bar{y}_4 = 24.9$	9.5*	6.2	—	
$\bar{y}_3 = 26.7$	7.7*	—		
$\bar{y}_2 = 31.1$	3.3			
	当某一位置的差值不显著时,其右方及下方的值将自然是不显著的			

$$LSD = 2.06 \times \sqrt{28.44 \times \left(\frac{1}{6} + \frac{1}{6}\right)} = 6.34$$

作两两比较时，将 $\bar{y}_1, \bar{y}_2, \cdots, \bar{y}_a$ 按从小到大的顺序排列为：$\bar{y}_5 = 23.4 < \bar{y}_4 = 24.9 < \bar{y}_3 = 26.7 < \bar{y}_2 = 31.1 < \bar{y}_1 = 34.4$，然后采用表5.7的三角形比较法则最为简便。以上结果可简记为

$$\underline{1 \quad \underline{2 \quad 3} \quad 4 \quad 5}$$

在以上记法(也是计算机的输出形式)中凡有直线相连的两个处理皆为差异不显著。如1、3之间没有直线相连，故这两个处理的试验结果是有显著差异的。有显著差异的两水平总体均值之差的 $100(1-\alpha)\%$ 置信区间为：

$$\mu_1 - \mu_5 \in (11 - 6.343, 11 + 6.343) = (4.657, 17.343)$$
$$\mu_1 - \mu_3 \in (7.7 - 6.343, 7.7 + 6.343) = (1.357, 14.043)$$
$$\mu_1 - \mu_4 \in (9.5 - 6.343, 9.5 + 6.343) = (3.157, 15.843)$$
$$\mu_2 - \mu_5 \in (7.7 - 6.343, 7.7 + 6.343) = (1.357, 14.043)$$

以上的 α 取为0.05，故以上区间为95%的置信区间。

***2. 杜奇(Tukey)W检验**

设方差分析结论为有显著差异。按表5.3之数据及表5.4之符号，且有 $m_1 = m_2 = \cdots = m_a = m$，

令
$$W = q_\alpha(a, f_2)\sqrt{MS_2/m} \tag{5.22}$$

其中，$q_\alpha(a, f_2)$ 查附表14。若

$$|\bar{y}_i - \bar{y}_j| \geq W \tag{5.23}$$

则认为公式(5.1)中的 $\gamma_i \neq \gamma_j$，即 $\mu_i = \mu + \gamma_i$ 与 $\mu_j = \mu + \gamma_j$ 有显著差异，显著水平为 α。此时 $\mu_i - \mu_j$ 的 $100(1-\alpha)\%$ 置信区间为

$$\mu_i - \mu_j \in ((\bar{y}_i - \bar{y}_j) - W, (\bar{y}_i - \bar{y}_j) + W) \tag{5.24}$$

当 $m_1, \cdots, m_a$ 不相等但相差不大时，可取 m 为它们的调和平均数，即 $m = a/\sum_{i=1}^{a} \frac{1}{m_i}$。

** 这里的 $q(a, f_2) = (\max \bar{y}_i - \min \bar{y}_i)/\sqrt{MS_2/m}$ 为极差分布。

【**例 5.3**】 有8个杨树杂交无性系，每个无性系取5株，3年后测其树高，方差分析结果如表5.8。

表5.8 方差分析表

变差来源	平方和 SS	自由度 f	平均平方和 MS	F值
无性系间	4.93	7	0.704	9.24**
无性系内	2.44	32	0.076	
总 计	7.47	39		

每种无性系按5株树高数据之均值(单位：m)为：

$\bar{y}_1 = 16.9 \quad \bar{y}_2 = 18.5 \quad \bar{y}_3 = 16.0 \quad \bar{y}_4 = 13.2$

$\bar{y}_5 = 14.6 \quad \bar{y}_6 = 14.4 \quad \bar{y}_7 = 13.0 \quad \bar{y}_8 = 14.0$

试作多重比较,显著水平 $\alpha = 0.05$。

解 由 $a = 8$, $f_2 = 32$,查附表 14 得, $q_{0.05}(8,32) = 4.584$。再由 $m = 5$, $MS_2 = 0.076$ 代入公式(5.22)得:$W = 4.584 \times \sqrt{0.076/5} = 0.565\ 2$。

结论记为 <u>7   4</u>   <u>8   6</u>   <u>5   3   1   2</u>

例如,无性系 2 与无性系 7 树高均值之差的 95% 置信区间为

$$[5.5 - 0.565\ 2,\ 5.5 + 0.565\ 2] = [4.934\ 8,\ 6.065\ 2]$$

其余的 95% 置信区间可类似得出。

表 5.9 多重比较结果

$\bar{y}_i - \bar{y}_j$ $\bar{y}_i$ $\bar{y}_j$	$\bar{y}_2 = 18.5$	$\bar{y}_1 = 16.9$	$\bar{y}_3 = 16.0$	$\bar{y}_5 = 14.6$	$\bar{y}_6 = 14.4$	$\bar{y}_8 = 14.0$	$\bar{y}_4 = 13.2$
$\bar{y}_7 = 13.0$	5.5*	3.9*	3.0*	1.6*	1.4*	1.0*	0.2
$\bar{y}_4 = 13.2$	5.3*	3.7*	2.8*	1.4*	1.2*	0.8*	
$\bar{y}_8 = 14.0$	4.5*	2.9*	2.0*	0.6*	0.4		
$\bar{y}_6 = 14.4$	4.1*	2.5*	1.6*	0.2			
$\bar{y}_5 = 14.6$	3.9*	2.3*	1.4*				
$\bar{y}_3 = 16.0$	2.5*	0.9*					
$\bar{y}_1 = 16.9$	1.6*						

**3. 邓肯(Duncan)检验法

设方差分析结论为有显著差异,按表 5.3 之数据,表 5.4 之符号,且有 $m_1 = m_2 = \cdots = m_a = m$,令

$$W_r = q'_\alpha(r, f_2)\sqrt{MS_2/m} \tag{5.25}$$

其中,r 为各组样本均值按从小到大排列后,所欲比较的两个组相隔的距离,如两者相邻,则 $r = 2$;如两者中间还有另一个样本均值存在,则 $r = 3$ 等。$q'_\alpha(r, f_2)$ 可查附表 22 得到。若

$$|\bar{y}_i - \bar{y}_j| \geq W_r$$

则认为公式(5.1)中的 $\gamma_i \neq \gamma_j$,即 $\mu_i = \mu + \gamma_i$ 与 $\mu_j = \mu + \gamma_j$ 有显著差异,显著水平为 α,此时,$\mu_i - \mu_j$ 的 $100(1-\alpha)\%$ 置信区间为

$$\mu_i - \mu_j \in (\bar{y}_i - \bar{y}_j - W_r,\ \bar{y}_i - \bar{y}_j + W_r) \tag{5.26}$$

【例 5.4】 试用邓肯检验法对例 5.3 的数据进行多重比较,显著水平 $\alpha = 0.05$。

解 将无性系各样本均值按从小到大排列,只记无性系号码,结果为

7   4   8   6   5   3   1   2

当 $\alpha = 0.05$, $f_2 = 32$,查表得 $q'_\alpha(r, 32)$ 如表 5.10。

表 5.10 $q_{0.05}(r,32)$ 值

r	2	3	4	5	6	7	8
$q'_{0.05}(r,32)$	2.884	3.034	3.114	3.194	3.244	3.284	3.314
W_r	0.355 6	0.374 1	0.383 9	0.393 8	0.399 9	0.404 9	0.408 6

代入公式(5.25),得检验结果

<u>7 4</u> 8 <u>6 5</u> 3 1 2

*§5.4 双因素方差分析

研究两个因素,每个因素有若干水平时对试验结果的影响,要设计两因素各水平之间相互搭配的试验。分析试验结果时,不但存在每个因素对试验结果的影响,这种影响被称为主效应,而且还可能存在两因素因不同水平的搭配所产生的特殊作用,这一作用被称为交互效应。交互效应在单因素方差分析中是不存在的。

5.4.1 交互作用(interaction)的概念

当试验结果受到两个因素或多个因素的影响时,有时两因素或多因素各水平之间的搭配会产生影响试验结果的交互效应,这种效应往往比各因素的主效应所起的作用更重要。

例如,以某作物产量为标志,每亩所施磷肥量和氮肥量为两个受控因素,每因素只考虑两水平。设有以下(Ⅰ)(Ⅱ)两种试验结果(为说明交互作用的概念,此两结果是虚拟的)如表 5.11 及表 5.12 所示。

表 5.11 虚拟试验结果(Ⅰ)

产量(kg/亩)		施氮肥量(kg/亩)	
		40	60
施磷肥量	10	$y_{11}=125$	$y_{12}=145$
(kg/亩)	20	$y_{21}=160$	$y_{22}=180$

注:1 亩 = 666.6 m²。

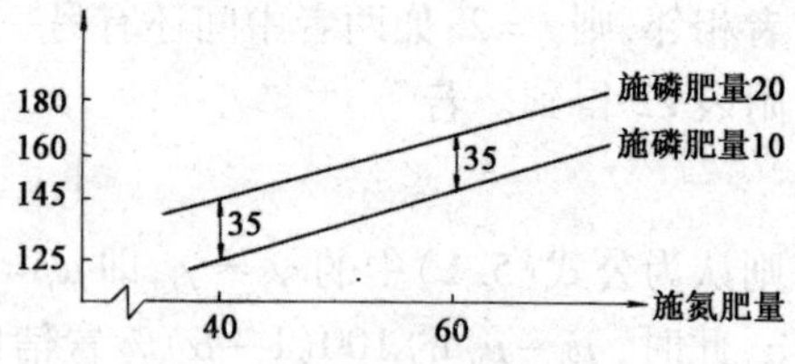

图 5.3 表 5.11 的图示

此时

$$E(y_{22} - y_{12}) = E(y_{21} - y_{11})$$
即 $E(y_{11} - y_{12} - y_{21} + y_{22}) = 0$ (5.27)

或

$$y_{22} = y_{11} + (y_{12} - y_{11}) + (y_{21} - y_{11}) \quad (5.28)$$

公式(5.28)被称为具有可加性。y_{22} 的值可以看成 y_{11} 的值经两因素各自的主效应叠加而成。此时,是无交互效应的情形。图 5.3 表明,无交互效应存在时,试验结果对某一因素(本例为磷肥施量)来说,成平行直线。

表 5.12　虚拟试验结果（Ⅱ）

产量(kg/亩)		氮肥施量(kg/亩)	
		40	60
施磷肥量	10	$y_{11}=125$	$y_{12}=145$
(kg/亩)	20	$y_{21}=160$	$y_{22}=210$

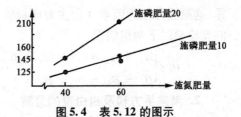

图 5.4　表 5.12 的图示

此时
$$y_{22} - y_{12} = 65 \neq y_{21} - y_{11} = 35$$
$$y_{11} - y_{12} - y_{21} + y_{22} \neq 0 \tag{5.29}$$

明显地有
$$y_{22} \neq y_{11} + (y_{12} - y_{11}) + (y_{21} - y_{11}) \tag{5.30}$$

故没有可加性，y_{22} 的值不仅受两因素各自主效应的影响，而且还存在两因素都取水平 2 这一特殊搭配所产生的交互作用的影响。这是有交互作用的情形。图 5.4 表明，存在交互效应时，与图 5.3 相应的两直线不平行。

*5.4.2　不考虑交互作用的双因素方差分析

有时，我们从专业知识或经验上已知所研究的两个因素没有交互效应。我们只需检验各因素的主效应是否存在。

假设有两因素 A 和 B，分别有 a 个及 b 个水平，即共有 $a \cdot b$ 个不同的搭配。若每种搭配只试验 1 次，为无重复的试验，整理试验结果如表 5.13 所示。

表 5.13　两因素试验结果（无重复试验，各搭配情况只试验 1 次）

试验结果		因素 B				T_{Ai}	$\bar{y}_{Ai}$
		B_1	B_2	$\cdots$	B_b		
因素 A	A_1	y_{11}	y_{12}	$\cdots$	y_{1b}	T_{A_1}	$\bar{y}_{A_1}$
	A_2	y_{21}	y_{22}	$\cdots$	y_{2b}	T_{A_2}	$\bar{y}_{A_2}$
	$\vdots$	$\vdots$	$\vdots$		$\vdots$	$\vdots$	$\vdots$
	A_a	y_{a1}	y_{a2}	$\cdots$	y_{ab}	T_{A_a}	$\bar{y}_{A_a}$
T_{Bj}		T_{B_1}	T_{B_2}	$\cdots$	T_{B_b}	T	
$\bar{y}_{Bj}$		$\bar{y}_{B_1}$	$\bar{y}_{B_2}$	$\cdots$	$\bar{y}_{B_b}$		$\bar{y}$

注：以上 $a \cdot b$ 次试验中的每一次被分配为哪一个 A、B 的水平是完全随机化的。

1. 模型及假设

(1) 按表 5.13 的数据，y_{ij} 的结构模型为
$$y_{ij} = \mu + \alpha_i + \beta_j + \varepsilon_{ij} \quad i=1,2,3,\cdots,a; j=1,2,3,\cdots,b$$

与公式(5.1)类似，μ 表示总的平均效应；α_i 表示 A 因素 i 水平的效应；β_j 表示 B 因素 j 水平的效应，且 $\sum_{i=1}^{a}\alpha_i = \sum_{j=1}^{b}\beta_j = 0$，又 $\varepsilon_{ij} \sim N(0,\sigma^2)$，不同的 i、j、ε_{ij} 之间是相互独立的，即 y_{ij} 是独立、正态、等方差的。

(2) 统计假设

事实上我们进行的是两次 F 检验，一次检验因素 A 各水平之间是否有显著差

异,这检验称之为因素 A 的主效应检验,另一个是因素 B 的主效应检验。因此,我们要检验以下两组假设。

$$H_0:\begin{cases}\alpha_1=\alpha_2=\cdots=\alpha_a=0\\ \beta_1=\beta_2=\cdots=\beta_b=0\end{cases}\longleftrightarrow H_1:\begin{cases}\alpha_1,\cdots,\alpha_a\text{ 中至少两个不等}\\ \beta_1,\cdots,\beta_b\text{ 中至少两个不等}\end{cases} \quad (5.31)$$

2. 离差平方和及自由度的分解

按表 5.13,y_{ij} 的总离差平方和为

$$SS = \sum_{i,j}(y_{ij}-\bar{y})^2$$

与单因素方差分析完全类似,SS 可作如下分解:

$$SS = \sum_{i=1}^{a}\sum_{j=1}^{b}(y_{ij}-\bar{y})^2 = \sum_{i,j}\left[(\bar{y}_{Ai}-\bar{y})+(\bar{y}_{Bj}-\bar{y})+(y_{ij}-\bar{y}_{Ai}-\bar{y}_{Bj}+\bar{y})\right]^2$$

$$= \sum_{i,j}(\bar{y}_{Ai}-\bar{y})^2 + \sum_{i,j}(\bar{y}_{Bj}-\bar{y})^2 + \sum_{i,j}(y_{ij}-\bar{y}_{Ai}-\bar{y}_{Bj}+\bar{y})^2$$

$$= b\sum_{i=1}^{a}(\bar{y}_{Ai}-\bar{y})^2 + a\sum_{j=1}^{b}(\bar{y}_{Bj}-\bar{y})^2 + \sum_{i,j}(y_{ij}-\bar{y}_{Ai}-\bar{y}_{Bj}+\bar{y})^2 \quad (5.32)$$

这是因为三个交叉项为零,即

$$\sum_{i,j}(\bar{y}_{Ai}-\bar{y})(\bar{y}_{Bj}-\bar{y}) = \sum_{i}(\bar{y}_{Ai}-\bar{y})\sum_{j}(\bar{y}_{Bj}-\bar{y}) = 0$$

$$\sum_{i,j}(\bar{y}_{Ai}-\bar{y})(y_{ij}-\bar{y}_{Ai}-\bar{y}_{Bj}+\bar{y}) = \sum_{i}(\bar{y}_{Ai}-\bar{y})\sum_{j}(y_{ij}-\bar{y}_{Ai}-\bar{y}_{Bj}+\bar{y}) = 0$$

$$\sum_{i,j}(\bar{y}_{Bi}-\bar{y})(y_{ij}-\bar{y}_{Ai}-\bar{y}_{Bj}+\bar{y}) = \sum_{j}(\bar{y}_{Bj}-\bar{y})\sum_{i}(y_{ij}-\bar{y}_{Ai}-\bar{y}_{Bj}+\bar{y}) = 0$$

因为

$$\sum_{i}(\bar{y}_{Ai}-\bar{y}) = \sum_{j}(\bar{y}_{Bj}-\bar{y}) = 0 \text{ 及 } \sum_{j}\left((y_{ij}-\bar{y}_{Ai})-(\bar{y}_{Bj}-\bar{y})\right) = 0$$

$$SS = \sum_{i,j}(y_{ij}-\bar{y})^2 = \sum_{i,j}y_{ij}^2 - T^2/n = \sum_{i,j}y_{ij}^2 - CT \quad (5.33)$$

其中,$CT = T^2/n$ 被称为修正项。

令

$$SS_A = b\sum_{i=1}^{a}(\bar{y}_{Ai}-\bar{y})^2 = b\left(\sum_{i=1}^{a}\bar{y}_{Ai}^2 - a\bar{y}^2\right)$$

$$= b\left(\sum_{i}(T_{Ai}/b)^2\right) - \left(\sum_{i,j}y_{ij}\right)^2/n$$

$$= \frac{1}{b}\sum_{i}T_{Ai}^2 - CT \quad (5.34)$$

同理

令

$$SS_B = \frac{1}{a}\sum_{j}T_{Bj}^2 - CT \quad (5.35)$$

$$SS_e = SS - SS_A - SS_B \quad (5.36)$$

SS_A、SS_B 分别称为主效应因素 A 及因素 B 的离差平方和,SS_e 被称为剩余平方和。

$$SS = SS_A + SS_B + SS_e \quad (5.37)$$

为平方和的分解。

由 y_{ij} 为正态分布,不同的 i,j 它们相互独立,且等方差,在 H_0 成立的条件下,

由公式(3.34)知
$$SS/\sigma^2 \sim \chi^2(n-1)$$
$$SS_A/\sigma^2 \sim \chi^2(a-1)$$
因为 SS_A 为平方和，且有线性关系 $\sum_i (\bar{y}_{Ai} - \bar{y}) = 0$，故自由度 $f_A = a-1$。同理
$$SS_B/\sigma^2 \sim \chi^2(b-1)$$
$$SS_e/\sigma^2 \sim \chi^2((a-1)(b-1))$$
因为 SS_e 为平方和，且有 $\sum_i (y_{ij} - \bar{y}_{Ai} - \bar{y}_{Bj} + \bar{y}) = 0$ 对 $j=1,2,3,\cdots,b$ 成立，又有
$$\sum_j (y_{ij} - \bar{y}_{Bj} - \bar{y}_{Ai} + \bar{y}) = 0$$
对 $i=1,2,\cdots,a$ 成立，共 $a+b$ 个线性关系，又由于 $\sum_{i,j}(y_{ij} - \bar{y}_{Ai} - \bar{y}_{Bj} + \bar{y}) = 0$，故 $a+b$ 个线性关系中有 $a+b-1$ 个独立的线性关系，故 SS_e 的自由度
$$f_e = ab - (a+b-1) = (a-1)(b-1)$$
这样，与公式(5.37)相应的自由度有
$$n - 1 = ab - 1 = (a-1) + (b-1) + (a-1)(b-1)$$
即
$$f = f_A + f_B + f_e \tag{5.38}$$
为相应于公式(5.37)的自由度的分解。

3. F 统计量

由公式(5.37)、公式(5.38)及 χ^2 分解定理得 SS_A/σ^2、SS_B/σ^2、SS_e/σ^2 相互独立，于是：
$$F_A = \frac{(SS_A/\sigma^2)/f_A}{(SS_e/\sigma^2)/f_e} = \frac{MS_A}{MS_e} \sim F(f_A, f_e) \tag{5.39}$$

$$F_B = \frac{(SS_B/\sigma^2)/f_B}{(SS_e/\sigma^2)/f_e} = \frac{MS_B}{MS_e} \sim F(f_B, f_e) \tag{5.40}$$

其中
$$MS_A = SS_A/f_A, MS_B = SS_B/f_B, MS_e = SS_e/f_e$$
分别称为因素 A、因素 B、剩余项的均方和。

4. 双因素方差分析表

与单因素方差分析表一样，双因素方差分析表是以上各步骤简明地总结，如表 5.14 所示。

表 5.14 双因素方差分析表

变差来源	平方和 SS	自由度 f	平均平方和 MS	F 值	显著性
因素 A	$SS_A = \sum_i T_{Ai}^2/b - CT$	$f_A = a-1$	$MS_A = SS_A/f_A$	$F_1 = MS_A/MS_e$	** 或 * 或 -
因素 B	$SS_B = \sum_j T_{Bj}^2/a - CT$	$f_B = b-1$	$MS_B = SS_B/f_B$	$F_2 = MS_B/MS_e$	** 或 * 或 -
剩余	$SS_e = SS - SS_A - SS_B$	$f_e = (a-1)(b-1)$	$MS_e = SS_e/f_e$		
总计	$SS = \sum_{i,j} Y_{ij}^2 - CT$	$f = n-1$	$n = a \cdot b, CT = T^2/n$		

其中，** 表示在 $\alpha = 0.01$ 显著水平上显著；
* 表示在 $\alpha = 0.05$ 显著水平上显著，而在 $\alpha = 0.01$ 水平上尚达不到显著；- 表示在 $\alpha = 0.05$ 水平上不显著。

【例 5.5】 将落叶松苗木栽在 4 块苗床上,每块苗床的苗木又分别使用三种不同的肥料以观察肥效的差异,一年后于每一苗床的各施肥小区内用重复抽样的方式各抽取若干株,测其平均高,得数据如表 5.15,试问,不同肥料 A_1、A_2、A_3 和不同苗床 B_1、B_2、B_3、B_4 对苗木生长有无显著影响?设已知苗高近似正态分布,且等方差;苗床与肥料这两个因素之间没有交互效应。

解 $CT = T^2/n = (612)^2/12 = 31\ 212$

$SS = \sum_{i,j} y_{ij}^2 - CT = 31\ 678 - 31\ 212 = 466$

$SS_A = \dfrac{1}{b}\sum_i T_{Ai}^2 - CT = \dfrac{1}{4}(197^2 + 232^2 + 183^2) - 31\ 212 = 318.5$

$SS_B = \dfrac{1}{a}\sum_j T_{Bj}^2 - CT = \dfrac{1}{3}(165^2 + 143^2 + 145^2 + 159^2) - 31\ 212 = 114.67$

$SS_e = SS - SS_A - SS_B = 32.83$

$f = n - 1 = a \cdot b - 1 = 3 \times 4 - 1 = 11$, $f_A = a - 1 = 3 - 1 = 2$

$f_B = b - 1 = 4 - 1 = 3$; $f_e = (a-1)(b-1) = 2 \times 3 = 6$

表 5.15 试验结果

苗高(cm)		B 因素(苗床)				T_{Ai}	$\bar{y}_{Ai}$
		B_1	B_2	B_3	B_4		
因素 A (肥料)	A_1	50	47	47	53	197	49.25
	A_2	63	54	57	58	232	58.00
	A_3	52	42	41	48	183	45.75
	T_{Bj}	165	143	145	159	$T = 612$	
	$\bar{y}_{Bj}$	55.00	47.67	48.23	53.00		$\bar{y}=51$

表 5.16 方差分析表

变差来源	SS	f	MS	F 值
因素 A	318.56	2	159.28	$F_1 = 29.12^{**}$
因素 B	114.67	3	38.22	$F_2 = 6.99^*$
剩 余	32.83	6	5.47	
总 计	466	11		

结论:因素 A 之主效应以 $\alpha = 0.01$ 的水平显著。因素 B 之主效应以 $\alpha = 0.05$ 的水平显著。

****5.4.3 考虑交互作用的双因素方差分析**

在公式(5.32)中

$$SS = \sum_{i,j}(y_{ij} - \bar{y})^2 = b\sum_i (\bar{y}_{Ai} - \bar{y})^2 + a\sum_j (\bar{y}_{Bj} - \bar{y})^2 +$$

$$\sum_{i,j}(y_{ij}-\bar{y}_{Ai}-\bar{y}_{Bj}+\bar{y})^2$$

其中,右端最后一项的 $(y_{ij}-\bar{y}_{Ai}-\bar{y}_{Bj}+\bar{y})$ 实际上表示 A 的 i 水平与 B 的 j 水平这一搭配的交互效应的,正如公式(5.27)所示,如果 $y_{ij}-\bar{y}_{Ai}-\bar{y}_{Bj}+\bar{y}\approx 0$ 表示没有 A 的 i 水平与 B 的 j 水平搭配的交互效应。由于上一节为不考虑交互作用的方差分析,认为交互效应是不存在的,因而应该有 $E[y_{ij}-\bar{y}_{Ai}-\bar{y}_{Bj}+\bar{y}]=0$ 对一切 $i=1,2,3,\cdots,a;j=1,2,3,\cdots,b$ 成立。由于存在抽样误差, $y_{ij}-\bar{y}_{Ai}-\bar{y}_{Bj}+\bar{y}$ 不会恰好为零,从而将 $\sum(y_{ij}-\bar{y}_{Ai}-\bar{y}_{Bj}+\bar{y})^2$ 作为抽样误差项 SS_e ,并以它为基础对因素 A、B 的主效应进行检验。

现在的情形不同了,交互作用(记为 $A\times B$)有可能存在,它也处于被检验的范围内。此时,公式(5.32)右端三项平方和都需要有一个随机项对它们进行检验,而现在在公式(5.32)中没有随机项,因而没有作检验的基础,即缺少在 F 统计量中出现在分母位置上的一项。为此,必须对表 5.13 的各搭配作重复试验,同一搭配重复试验结果的差异则显然是由随机因素造成的。故试验按表 5.17 取得数据:

表 5.17 双因素重复试验结果

数据		因素 B			T_{Ai}	$\bar{y}_{Ai}$
		B_1	B_2	...	B_b		
因素 A	A_1	$Y_{111},Y_{112},\cdots,Y_{11k}(T_{11}),$ $(\bar{y}_{11})$	$Y_{121},Y_{122},\cdots,Y_{12k}(T_{12}),$ $(\bar{y}_{12})$	...	$Y_{1b1},Y_{1b2},\cdots,Y_{1bk}(T_{1b}),$ $(\bar{y}_{1b})$	T_{A1}	$\bar{y}_{A1}$
	A_2	$Y_{211},Y_{212},\cdots,Y_{21k}(T_{21}),$ $(\bar{y}_{21})$	$Y_{221},Y_{222},\cdots,Y_{22k}(T_{22}),$ $(\bar{y}_{22})$	...	$Y_{2b1},Y_{2b2},\cdots,Y_{2bk}(T_{2b}),$ $(\bar{y}_{2b})$	T_{A2}	$\bar{y}_{A2}$
	$\vdots$	$\vdots$	$\vdots$	...	$\vdots$	$\vdots$	
	A_a	$Y_{a11},Y_{a12},\cdots,Y_{a1k}(T_{a1}),$ $(\bar{y}_{a1})$	$Y_{a21},Y_{a22},\cdots,Y_{a2k}(T_{a2}),$ $(\bar{y}_{a2})$	...	$Y_{ab1},Y_{ab2},\cdots,Y_{ab0}(T_{a1}),$ $(\bar{y}_{ab})$	T_{Aa}	$\bar{y}_{Aa}$
T_{Bj}		T_{B1}	T_{B2}	...	T_{Bb}	T	
$\bar{y}_{Bj}$		$\bar{y}_{B1}$	$\bar{y}_{B2}$	...	$\bar{y}_{Bb}$		$\bar{y}$

其中,每一搭配重复 k 次; $T_{ij}=\sum_{l=1}^{k}y_{ijl},T_{Ai}=\sum_{j=1}^{b}\sum_{l=1}^{k}y_{ijl},T_{Bj}=\sum_{i=1}^{a}\sum_{l=1}^{k}y_{ijl},\bar{y}_{ij}=\frac{1}{k}T_{ij},$

$\bar{y}_{Ai}=\frac{1}{bk}T_{Ai},\bar{y}_{Bj}=\frac{1}{ak}T_{Bj},n=a\cdot b\cdot k$ 为试验总次数。

总和 $\qquad T=\sum_i\sum_j\sum_l y_{ijl}=\sum_{i,j,l}y_{ijl},\bar{y}=T/n$。

1. 平方和与自由度的分解

设 y_{ijl} 为因素 A 的 i 水平与因素 B 的 j 水平搭配所进行的 k 次重复试验中第 l 次的试验结果,故有

$$SS=\sum_{i,j,l}(y_{ijl}-\bar{y})^2$$

$$= \sum_{i,j,l} [(y_{ijl} - \bar{y}_{ij}) + (\bar{y}_{Ai} - \bar{y}) + (\bar{y}_{Bj} - \bar{y}) + (\bar{y}_{ij} - \bar{y}_{Ai} - \bar{y}_{Bj} + \bar{y})]^2 \quad (5.41)$$

和以前一样,可以证明以上四项的交叉乘积项之和为零,故有

$$\begin{aligned} SS &= \sum_{i,j,l}(\bar{y}_{Ai} - \bar{y})^2 + \sum_{i,j,l}(\bar{y}_{Bi} - \bar{y})^2 + \sum_{i,j,l}(\bar{y}_{ij} - \bar{y}_{Ai} - \bar{y}_{Bj} + \bar{y})^2 + \sum_{i,j,l}(y_{ijl} - \bar{y}_{ij})^2 \\ &= bk\sum_{i}(\bar{y}_{Ai} - \bar{y})^2 + ak\sum_{j}(\bar{y}_{Bj} - \bar{y})^2 + k\sum_{i,j}(\bar{y}_{ij} - \bar{y}_{Ai} - \bar{y}_{Bj} + \bar{y})^2 + \sum_{i,j,l}(y_{ijl} - \bar{y}_{ij})^2 \\ &= SS_A + SS_B + SS_{A \times B} + SS_e \end{aligned} \quad (5.42)$$

其中

$$SS_A = bk\sum_{i}(\bar{y}_{Ai} - \bar{y})^2$$

$$SS_B = ak\sum_{j}(\bar{y}_{Bj} - \bar{y})^2$$

$$SS_{A \times B} = k\sum_{i,j}(\bar{y}_{ij} - \bar{y}_{Ai} - \bar{y}_{Bj} + \bar{y})^2$$

$$SS_e = \sum_{i,j,l}(y_{ijl} - \bar{y}_{ij})^2 \quad (5.43)$$

$$SS/\sigma^2 = \sum_{i,j,l}(y_{ijl} - \bar{y})^2/\sigma^2 \sim \chi^2(abk - 1) \quad (5.44)$$

由 $\sum_{l}(\bar{y}_{Ai} - \bar{y}) = 0$ 知,SS_A 的自由度为 $f_A = a - 1$。

同理,SS_B 的自由度为 $f_B = b - 1$。

由 $\sum_{i}(\bar{y}_{ij} - \bar{y}_{Ai} - \bar{y}_{Bj} + \bar{y}) = 0$ 对 $j = 1,2,3,\cdots,b$ 成立,$\sum_{j}(\bar{y}_{ij} - \bar{y}_{Ai} - \bar{y}_{Bj} + \bar{y}) = 0$ 对 $i = 1,2,3,\cdots,a$ 成立。

另有 $\sum_{ij}(\bar{y}_{ij} - \bar{y}_{Ai} - \bar{y}_{Bj} + \bar{y}) = 0$,故共有 $a + b - 1$ 个独立的线性关系,于是,$SS_{A \times B}$ 的自由度 $f_{A \times B} = ab - (a + b - 1) = (a - 1)(b - 1)$。

而在 SS_e 的表达式(5.43)中,由 $\sum_{l}(y_{ij} - \bar{y}_{ij}) = 0$ 对 $i = 1,2,3,\cdots,a;j = 1,2,3,\cdots,b$ 成立,共 $a \cdot b$ 个线性关系,于是 SS_e 的自由度 $f_e = a \cdot b \cdot k - ab = ab(k - 1)$。这样,相应于公式(5.42)的自由度有

$$abk - 1 = (a - 1) + (b - 1) + (a - 1)(b - 1) + (abk - ab)$$

这样,我们得到

$$f_{总} = f_A + f_B + f_{A \times B} + f_e \quad (5.45)$$

公式(5.42)及公式(5.45)即分别为平方和与自由度的分解。

2. 模型

$$y_{ij} = \mu + \alpha_i + \beta_j + \gamma_{ij} + \varepsilon_{ijl}$$
$$i = 1,2,3,\cdots,a;j = 1,2,3,\cdots,b;l = 1,2,3,\cdots,k \quad (5.46)$$

其中

$$\varepsilon_{ijl} \sim N(0,\sigma^2)$$

且 ε_{ijl} 对不同的下标皆相互独立;$\mu,\alpha_i,\beta_j,\gamma_{ij}$ 皆为常量,分别表示总的平均效应、因素 A 的 i 水平效应、因素 B 的 j 水平效应、因素 A 的 i 水平与因素 B 的 j 水平相搭配的交互效应。且有

$$\sum_i \alpha_i = 0, \quad \sum_j \beta_j = 0, \quad \sum_i \gamma_{ij} = \sum_j \gamma_{ij} = 0$$

以上假设对 y_{ijl} 来说常可以用正态、独立、等方差的语言来表达。

3. 统计假设

一般,首先检验交互效应。如果交互效应不显著,则按上一节不考虑交互效应的方法将公式(5.42)中的 $SS_{A\times B}$ 与 SS_e 合并成新的 SS_e;将公式(5.45)中的 $f_{A\times B}$ 与 f_e 合并成新的 f_e。我们要进行的三次检验的统计假设分别为:

$$H_0: \begin{cases} \gamma_{11} = \gamma_{12} = \cdots = \gamma_{ab} = 0 \\ \alpha_1 = \alpha_2 = \cdots = \alpha_a = 0 \\ \beta_1 = \beta_2 = \cdots = \beta_b = 0 \end{cases} \longleftrightarrow H_1: \begin{cases} \gamma_{11}, \gamma_{12}, \cdots, \gamma_{ab} \text{中至少两个不等} \\ \alpha_1, \alpha_2, \cdots, \alpha_a \text{中至少两个不等} \\ \beta_1, \beta_2, \cdots, \beta_b \text{中至少两个不等} \end{cases}$$

(5.47)

4. 统计量

由公式(5.42)、(5.45)及考克伦(Cochran)定理知:SS_A/σ^2,SS_B/σ^2,$SS_{A\times B}/\sigma^2$,SS_e/σ^2 相互独立,并分别遵从自由度为 $f_A = a-1$;$f_B = b-1$;$f_{A\times B} = (a-1)(b-1)$;$f_e = ab(k-1)$ 的 χ^2 分布。由公式(3.38)有

$$F_A = \frac{SS_A/\sigma^2 f_A}{SS_e/\sigma^2 f_e} = \frac{SS_A/f_A}{SS_e/f_e} = \frac{MS_A}{MS_e} \sim F(f_A, f_e) \quad (5.48)$$

$$F_B = \frac{SS_B/\sigma^2 f_B}{SS_e/\sigma^2 f_e} = \frac{SS_B/f_B}{SS_e/f_e} = \frac{MS_B}{MS_e} \sim F(f_B, f_e) \quad (5.49)$$

$$F_{A\times B} = \frac{SS_{A\times B}/\sigma^2 f_{A\times B}}{SS_e/\sigma^2 f_e} = \frac{SS_{A\times B}/f_{A\times B}}{SS_e/f_e} = \frac{MS_{A\times B}}{MS_e} \sim F(f_{A\times B}, f_e) \quad (5.50)$$

5. 平方和的计算公式

$$SS = \sum_{i,j,l} y_{ijl}^2 - CT \quad (5.51)$$

其中,$CT = T^2/n$;$T = \sum_{i,j,l} y_{ijl}$,$n = abk$

$$SS_A = \frac{1}{bk}\sum_i T_{Ai}^2 - CT; \quad T_{Ai} = \sum_{j,l} y_{ijl} \quad (5.52)$$

$$SS_B = \frac{1}{ak}\sum_j T_{Bj}^2 - CT; \quad T_{Bj} = \sum_{i,l} y_{ijl} \quad (5.53)$$

$$SS_e = \sum_{i,j,l} y_{ijl}^2 - \frac{1}{k}\sum_{i,j} T_{ij}^2; \quad T_{ij} = \sum_l y_{ijl} \quad (5.54)$$

$$SS_{A\times B} = SS - SS_A - SS_B - SS_e \quad (5.55)$$

6. 方差分析表

表5.18 考虑交互作用的双因素方差分析表

变差来源	SS	f	MS	F 值	显著性
因素 A	SS_A	f_A	$MS_A = SS_A/f_A$	$F_A = MS_A/MS_e$	** 或 * 或 -
因素 B	SS_B	f_B	$MS_B = SS_B/f_B$	$F_B = MS_B/MS_e$	** 或 * 或 -
$A\times B$	$SS_{A\times B}$	$f_{A\times B}$	$MS_{A\times B} = SS_{A\times B}/f_{A\times B}$	$F_{A\times B} = MS_{A\times B}/MS_e$	** 或 * 或 -
剩余项	SS_e	f_e	$MS_e = SS_e/f_e$		
总计	SS	f			

** 表示 $\alpha = 0.01$ 时显著。* 表示 $\alpha = 0.05$ 时显著。- 表示 $\alpha = 0.05$ 时不显著。

其中 $f_{总} = n-1 \quad (n = a \cdot b \cdot k)$

$f_A = a-1; \quad f_B = b-1$

$f_{A \times B} = (a-1)(b-1)$

$f_e = ab(k-1) = n - ab$

$F_{A \times B} > F_\alpha(f_{A \times B}, f_e)$ 为交互效应显著；

$F_A > F_\alpha(f_A, f_e)$ 为 A 因素主效应显著；

$F_B > F_\alpha(f_B, f_e)$ 为 B 因素主效应显著。

【例 5.6】 在杨树育苗试验中,考虑两因素即 A:深翻土地;B:施肥对苗高生长的影响。A 取 3 水平 A_1、A_2、A_3;B 取 4 水平 B_1、B_2、B_3、B_4。A、B 各水平的每一搭配都重复试验 3 次,处理一年后进行苗高观测,数据如表 5.19 所示。试进行方差分析。

解 我们通常认为苗高是近似遵从正态分布的,因而,苗高作为公式(5.46)模型中之标志 y 是满足独立、正态、等方差的(等方差是假设成立的)。从而符合条件。以下计算问题按公式(5.52)~公式(5.54)进行:$a = 3, b = 4, k = 3, n = abk = 36$。

表 5.19 重复 3 次的试验结果

苗高 (cm)		B 因素（施肥）				T_{Ai}	$\bar{Y}_{Ai}$
		B_1	B_2	B_3	B_4		
A 因素（深翻）	A_1	52,43,39 $T_{11}=134$	48,37,29 $T_{12}=114$	34,42,38 $T_{13}=114$	45,58,42 $T_{14}=145$	507	42.25
	A_2	41,47,53 $T_{21}=141$	50,41,30 $T_{22}=121$	36,39,44 $T_{23}=119$	44,46,60 $T_{24}=150$	531	44.25
	A_3	49,38,42 $T_{31}=129$	36,48,47 $T_{32}=131$	37,40,32 $T_{33}=109$	43,56,41 $T_{34}=140$	509	42.42
T_{Bj}		404	366	342	436	$T=1\,547$	
$\bar{y}_{Bj}$		44.89	40.67	38.00	48.33		42.97

$$CT = T^2/n = (1\,547)^2/36 = 66\,478.028$$

$$SS = \sum_{i,j,l} y_{ijl}^2 - CT = (52^2 + 43^2 + \cdots + 41^2) - CT$$

$$= 68\,368 - 66\,478.028 = 1\,888.792$$

$$SS_A = \frac{1}{bk}\sum_i T_{Ai}^2 - CT = \frac{1}{12}(507^2 + 531^2 + 509^2) - CT = 29.56$$

$$SS_B = \frac{1}{ak}\sum_j T_{Bj}^2 - CT = \frac{1}{9}(404^2 + 366^2 + 342^2 + 436^2) - CT = 562.08$$

$$SS_e = \sum_{i,j,l} y_{ijl}^2 - \sum_{i,j} T_{ij}^2/k = 68\,367 - \frac{1}{3}(134^2 + 114^2 + \cdots + 140^2) = 1\,220.67$$

$$SS_{A \times B} = SS - SS_A - SS_B - SS_e = 76.67$$

$f_{总} = n - 1 = 35, f_A = a - 1 = 2, f_B = b - 1 = 3$

$f_{A \times B} = (a-1)(b-1) = 6, f_e = ab(k-1) = 24$

将以上数字代入公式(5.48)、(5.49)、(5.50)作检验,由 $F_{0.05}(3,24)=3.01$, $F_{0.01}(3,24)=4.72$ 得以下方差分析表 5.20。

表 5.20　方差分析表 1

变差来源	SS	f	MS	F 值
因素 A	29.56	2	14.79	$F_A<1$ —
因素 B	562.08	3	187.36	$F_B=3.68^*$
$A\times B$	76.67	6	12.78	$F_{A\times B}<1$ —
剩余	1 220.67	24	50.86	
总计	1 888.97	35		

表 5.21　方差分析表 2

变差来源	SS	f	MS	F 值
因素 A	29.56	2	14.78	$F_A<1$ —
因素 B	262.08	3	187.36	$F_B=4.33^*$
剩余	1 297.34	30	43.24	
总计	1 888.97	35		

由于 $F_{A\times B}<1$,说明不存在交互效应,应将 $A\times B$ 各项合并到剩余项之内再进行检验,得方差分析表 5.21。

只有 B 因素的 4 个水平有显著差异,对 B 因素的 4 个水平作多重比较,采用杜奇之 W 检验:

$$W=q_\alpha(b,f_e)\sqrt{MS_e/ak}=q_{0.05}(4,30)\sqrt{43.24/9}=3.85\sqrt{43.24/9}=8.43$$

表 5.22　多重比较的结果

两者之差	$\bar{y}_{B_4}=48.33$	$\bar{y}_{B_1}=44.89$	$\bar{y}_{B_2}=40.67$
$\bar{y}_{B_3}=38.00$	10.33*	6.89	—
$\bar{y}_{B_2}=40.67$	7.66	—	
$\bar{y}_{B_1}=44.89$	—		

结论为　3　2　1　4

注 1　模型 $y_{ij}=\mu+\alpha_i+\varepsilon_{ij}$ 中对假设 $\varepsilon_{ij}\sim N(0,\sigma^2)$ 的理解(即 $E[\varepsilon_{ij}]=0$ 对任何 i,j 成立)

试验结果 y_{ij} 除了因素主效应之外,所余的 ε_{ij} 是纯随机的,以 0 值为中心有随机振动,振动的幅度差不多(95%)在 $\pm 1.96\sigma$ 之间。这就要求,在试验设计中要排除其他因素的干扰。或者要保证其他因素保持在同一个常数值不变,如果很难做到这一点;就或者使被考察因素在每一个水平之中,其他因素保持对等的状态,在这种情况下,σ^2 值可能会较大。

注 2　χ^2 分解定理的另一表达方法:定理中的 Q_i

也可假设为 $x_1,\cdots,x_n$ 的非负二次型,且秩为 n_i。

则 $Q_i(i=1,2,3,\cdots,k)$ 相互独立,且分别服从自由度为 n_i 的 χ^2 分布的充要条件为:

$$n=n_1+n_2+\cdots+n_k$$

注 3　在方差分析中,有可能虽然结论为拒绝 H_0,但进一步做多重比较中却没有任何两个水平差异显著。这是为什么呢,因为我们实际上做了以下的假设(以下引自本章文献[1]):

Notation and Definitions

Before developing several different multiple comparison procedures, we need the following notation and definitions. Consider a one-way classification where we wish to make comparisons among the t population means $\mu_1, \mu_2, \cdots, \mu_t$. These comparisons among t population means can be written in the form

$$l = a_1\mu_1 + a_2\mu_2 + \cdots + a_t\mu_t = \sum_{i=1}^{t} a_i\mu_i$$

where the $a_i's$ are constants satisfying the property that $\sum a_i = 0$. For example, if we wanted to compare μ_1 to μ_2, we could write the linear form

$$l = \mu_1 - \mu_2$$

Note here that $a_1 = 1$, $a_2 = -1$, $a_3 = a_4 = \cdots = a_t = 0$, and $\sum_{i=1}^{t} a_i = 0$. Similarly, we could compare the mean for population 1 to the average of the means for populations 2 and 3. Then l would be of the form

$$l = \mu_1 - \frac{(\mu_2 + \mu_3)}{2}$$

where $a_1 = 1, a_2 = a_3 = -\frac{1}{2}, a_4 = a_5 = \cdots = a_t = 0$, and $\sum_{i=1}^{t} a_i = 0$.

An estimate of the linear form l, designated by $\hat{l}$, is formed by replacing the μ_i's in l with their corresponding sample means $\bar{y}_i$. The estimate $\hat{l}$ is called a linear contrast.

$$\hat{l} = a_1\bar{y}_1 + a_2\bar{y}_2 + \cdots + a_t\bar{y}_t = \sum_{i=1}^{t} a_i\bar{y}_i$$

is called a *linear contrast* among the t sample means and can be used to estimate $l = \sum_{i=1}^{t} a_i\mu_i$. The a_i's are constants satisfying the constraint $\sum_{i=1}^{t} a_i = 0$.

The variance of the linear contrast $\hat{l}$ can be estimated as follows:

$$\hat{V}(\hat{l}) = s_W^2 \left[\frac{a_1^2}{n_1} + \frac{a_2^2}{n_2} + \cdots + \frac{a_t^2}{n_t} \right] = s_W^2 \sum_{i=1}^{t} \frac{a_i^2}{n_i}$$

习 题 5

以下各题如不特别指定,显著水平 α 均取 0.05。

1. 在山坡的上、中、下三个部位造林 3 年后抽样调查测其胸径,山下的胸径为 8,9,10,7,6,8(cm);山中的胸径为 5,4,6,8,7(cm);山上部的为 2,4,3,3(cm)。试问在不同部位造林,林木直径生长有无显著差异(设抽样方式为重复抽样,胸径满足正态、等方差的条件)。

2. 用三种方法贮藏种子,已知贮藏前该批种子的含水率无显著差异,经过贮藏一定时期之后,由三种贮藏方法中各抽取 5 粒种子求出其含水率如下表所示,试以 95% 可靠性判断贮藏方法对种子含水率是否有显著影响(设抽样方式为重复抽样,含水率满足正态、等方差的条件)?

贮藏法	含 水 率(%)				
1	7.3	8.3	7.6	8.4	8.3
2	5.4	7.4	7.1	8.1	6.4
3	7.9	9.5	10.0	7.1	6.8

3. 用四种施肥方案与三种密度作杨树插条试验,得苗高(平均值)数据如下表,试以 95% 可靠性判断施肥、密度的不同对苗高是否有显著影响(设苗高分布满足正态、等方差条件,且已知施肥与密度不存在交互效应。)?

密度	施 肥			
	B_1	B_2	B_3	B_4
A_1	134	114	114	145
A_2	141	121	119	150
A_3	129	131	109	140

*__4.__ 在不同土壤上,施用不同肥料进行育苗,秋后各随机调查 3 株得苗高值如下表,已知不同肥料与土壤没有交互作用。求两主效应对苗高生长是否有显著影响(设苗高分布满足正态、等方差条件)?

土 壤	肥 料			
	对照	N	K	P
砂土	31	76	60	40
	35	71	64	38
	30	75	62	42
壤土	50	88	74	56
	52	90	75	58
	54	92	70	60
黏土	40	86	70	50
	45	84	71	52
	44	84	69	51

**5. 作落叶松苗木抗低温能力试验后得如下表数据(4 次重复)。试作方差齐性检验,若不满足方差齐性条件,则需作反正弦变换后再作方差分析。

品种	死 苗 率(%)			
A	2	0	2	0
B	7	9	7	9
C	30	45	36	40
D	32	56	42	54

6. 随机地调查 15 位结了婚且有一个 3 岁左右的孩子的城市妇女每天用于家务的时间(小时/天)。试问,3 种类型的妇女每天所用于家务的时间是否有显著差异? 她们每天用于家务的时间的 95% 置信区间为多少?

妇女号	知识分子妇女	一般职业妇女	无职业妇女
1	6.3	7.0	9.0
2	6.5	6.2	8.7
3	4.5	5.4	7.5
4	4.8	6.4	8.0
5	5.1	5.2	8.9
Σ	27.2	30.2	42.1

*7. 对题 6 的数据进行 Bartlett 方差齐性检验。

**8. 数据变换后进行方差分析产生了什么新的问题?

9. 对例 5.7 作数据弥补后作方差分析,如主效应显著则进行多重比较。

10. 例 5.7 中的 a,b 若没有漏失,分别为 $a=1.85, b=8.50$,试进行方差分析,并将结果与习题 9 的结果进行分析比较。

**11. 对题 4 按随机模式进行主效应及交互效应的方差分析检验。

12. 4 个品种的水稻(包括杂交稻)在 32 块田里随机安排,使每个品种都有 8 块田进行试验。问其平均单产是否有显著($\alpha=0.05$)差异。试验所得数据为(千斤/亩):

品种									
	A	3.2	4.0	2.7	2.9	3.0	3.1	3.2	2.6
	B	1.8	2.1	1.9	3.2	2.3	2.7	1.4	1.7
	C	0.8	1.1	0.9	1.5	1.4	0.9	1.2	0.8
	D	3.1	3.9	3.1	2.9	3.9	4.0	3.3	2.7

如有显著差异,请进行多重比较(设水稻产量服从正态分布,且是等方差的)。

13. 考察不同染布工艺对某种布料的缩水率是否有显著差异。今有 5 种不同的染布工艺,每种工艺处理 4 块布料,得缩水率(%)如下表所示:

缩水率(%)		布料号			
		1	2	3	4
染布工艺	1	4.3	7.8	3.2	6.5
	2	6.1	7.3	4.2	4.2
	3	6.5	8.3	8.6	8.2
	4	9.3	8.7	7.2	10.1
	5	9.5	8.8	11.4	7.8

设缩水率服从正态分布,以上 5 种工艺经检验知是等方差的。20 次试验是相互独立完成的,20 块布料在试验中是随机分配采用何种工艺的。显著水平取 $\alpha=0.01$。

14. 今有 8 个毛白杨无性系品种进行田间试验,以鉴定品种间的差异是否达到显著水平 0.05 的统计上的显著。造林 5 年后调查树高,每个品种随机抽取 4 个小区测平均高,除品种之外其他条件(施肥、灌溉、管理等)尽量保持一致,树高为正态分布,各品种的方差是齐性的。以下方差分析表之空白处请予填写,并计算出 F 检验的结果是否显著。

方差分析表

变差来源	离差平方和 SS	自由度 F	均方和 MS	F 值及显著性
组间	$SS_1 = 4.69$	$f_1 =$	$MS_1 =$	$F =$
组内	SS_2	$f_2 =$	$MS_2 =$	
总 计	$SS = 5.43$			

*15. 研究温度与管理措施对某植物生长有无显著影响,温度取 3 个水平,管理措施取 4 个水平,已知两者不存在交互作用,且都符合独立、正态、等方差的条件。试验结果如下(时间为半年):

某植物高 (m)		管理措施(A 因素)			
		A_1	A_2	A_3	A_4
温度 (B 因素)	B_1	0.66	0.31	1.21	0.15
	B_2	0.10	0.06	0.02	0.08
	B_3	0.07	0.14	0.23	0.06

(1) 请填写下面的方差分析表

变差来源	离差平方和 SS	自由度 DF	均方和 MS	F 值及显著性
因素 A	$SS_A = 0.259$	$f_A =$	$MS_A =$	$F_1 =$
因素 B	$SS_B = 0.649$	$f_B =$	$MS_B =$	$F_2 =$
误 差	SS_e	$f_e =$	$MS_e =$	
总 计	$SS = 1.324$	$f =$		

(2) 写出以下 4 个所需用的临界值:

$F_{0.01}(\quad) = \qquad F_{0.05}(\quad) =$

$F_{0.01}(\quad) = \qquad F_{0.05}(\quad) =$

*16. 以下考察中国东部、中部、西部各 3 个城市随机记录的打长途电话的时间(单位:分钟),数据如下:

人次		城市								
		上海	北京	厦门	郑州	武汉	长沙	昆明	重庆	兰州
通话时间 (min)	≤3	57	62	41	55	44	43	38	52	31
	3~10	28	40	67	42	43	27	32	41	21
	11~20	20	32	53	31	39	21	25	38	17
	21~30	26	48	33	29	27	19	12	23	11
	≥30	37	51	29	18	21	11	10	18	7

试检验以上城市在通话时间长度上有无显著差异。

另外,分析当搜集以上数据时应注意哪些问题(如春节期间是否该排除;直系亲属间通话及生意方面的通话数该如何处理)。

再有,以上问题用双因素方差分析与联列表分析有否不同,及各自优缺点?

本章推荐阅读书目

[1] Elements of Statistical Inference. David V. Huntsberger and Patrick Billingsley. Allyn and Bacon INC. 1981.

[2] An introduction to Liener and the Design and Analysis of Experiments. Lyman Ott. Duxbury Press, 1968.

[3] 概率论与数理统计. 陈希孺. 科学出版社, 中国科技大学出版社, 2000.

[4] 农业试验统计(第2版). 莫惠栋. 上海科学技术出版社, 2002.

[5] 概率论与数理统计. 邵崇斌. 中国林业出版社, 2004.

第5章附录

1. The Model(以下引自本章推荐阅读书目[2])

When our data consist of k independent random samples of size n, the individual observed values are subject to a single criterion of classification, the sample or treatment to which they belong. Two subscripts will therefore be sufficient to identify completely any observed value; hence we represent an observation by X_{ij}, where the first subscript, i, denotes the sample, and the second, j, the individual observation within the sample. For example, X_{23} is the third observed value in the second sample.

For data of the type considered here, we assume the mathematical model

$$X_{ij} = \mu + \tau_i + e_{ij}, i = 1,2,\cdots,k, j = 1,2,\cdots,n \qquad 12.1$$

which states that any observed value X_{ij} is equal to the overall mean μ for all the populations, plus the deviation τ_i of the i th population mean μ_i from the overall mean, plus a random deviation e_{ij} from the mean of the ith population. In other words, if μ_i is the mean of the ith population, then

$$\mu = \frac{1}{k}\sum \mu_i \qquad 12.2$$

$$\tau_i = \mu_i - \mu \qquad 12.3$$

$$e_{ij} = X_{ij} - \mu_i = X_{ij} - \mu - \tau_i \qquad 12.4$$

The τ_i are known as the **group effects**, or **treatment effects**.

For this model, Equation (12.1), we shall make the following three assumptions.

Assumption 1　μ is an unknown parameter.

Assumption 2　The τ_i are unknown constants or parameters.

Assumption 3　The e_{ij} are normally and independently distributed with mean zero and variance σ^2.

The second assumption is appropriate in cases where the populations from which the samples are obtained constitute the whole set of populations in which we are interested. In cases where the populations from which the samples are drawn are themselves a sample of the populations that might be employed, the τ_i are assumed to be random variables that are normally and independently distributed with mean zero and variance σ_τ^2. In the first case we say we have a fixed model, in the latter a random model.

In the analyses of variance that we consider here, the only effect of assuming the random model instead of the fixed model lies in the interpretation of the results; the calculations and tests of hypotheses are not affected.

2. 非正态总体的方差分析及多重比较

克拉斯克-瓦立斯(Kruscal-Wallis)方法

设有 k 个总体,它们具有相同类型的连续分布,且总体方差齐性。从 k 个总体中分别抽取 $n_1, n_2, \cdots, n_k$ 个简单随机样本,记欲检验的假设为

总体	样本值			
1	x_{11}	x_{12}	...	x_{1n_1}
2	x_{21}	x_{22}	...	x_{2n_2}
⋮	...			
k	x_{k_1}	x_{k_2}	...	x_{kn_k}

$$H_0: \mu_1 = \mu_2 = \cdots = \mu_k \longleftrightarrow H_1: \mu_1, \cdots, \mu_k \text{ 中至少两个不等}$$

其中,$\mu_i(i=1,2,3,\cdots,k)$ 为总体 i 的总体均值。

将各组样本值合并按从小到大排顺序,则检验的统计量为

$$H = \frac{12}{n(n+1)} \sum_{i=1}^{k} \frac{1}{n_i} \left[R_i - \frac{n_i(n+1)}{2} \right]^2$$

$$= \frac{12}{n(n+1)} \sum_{i=1}^{k} \frac{R_i^2}{n_i} - 3(n+1)$$

其中,$n = \sum_{i=1}^{k} n_i$;R_i 为第 i 组样本值的顺序值之和。

可以证明,在 H_0 成立的条件下有

$$E[R_i] = \frac{1}{2}[n_i(n+1)]$$

查附表 24,可得 α 水平的 H 的临界值 H_α,$H > H_\alpha$ 为 H_0 之拒绝域。

附表 24 只有 $k=3, n_1, n_2, n_3$ 皆小于等于 5 的情形,对其他情形,可以证明

$$H \stackrel{近似}{\sim} \chi^2(k-1)$$

例如,我们有以下 3 组数据:

I : 262　307　211　323　454　339　304　154　287　356
II : 465　501　455　355　468　362
III : 343　772　207　1048　838　687

$n_1 = 10, n_2 = 6, n_3 = 6$,故 $n = 22$,3 组数据合并后排序结果为

I : 4　7　3　8　14　9　6　1　5　12
II : 16　18　15　11　17　13
III : 10　20　2　22　21　19

故　$R_1 = 69, R_2 = 90, R_3 = 94$

$$H = \frac{12}{22(22+1)} \left[\frac{69^2}{10} + \frac{90^2}{10} + \frac{94^2}{10} \right] - 3(22+1) = 9.232$$

取　$\alpha = 0.01$,$\chi_\alpha^2(k-1) = \chi_{0.01}^2(2) = 9.21 < H = 9.23$,故拒绝 H_0,显著水平 $\alpha = 0.01$。

多重比较:

当以上拒绝 H_0 之后,可进行多重比较。

若

$$|\bar{R}_i - \bar{R}_j| > Z_{\alpha'} \sqrt{\frac{n(n+1)}{12}\left(\frac{1}{n_i} + \frac{1}{n_j}\right)}$$

其中,$\bar{R}_i$ 为第 i 组顺序值的均值,即

$$\bar{R}_i = \frac{1}{n_i} R_i, i = 1, 2, 3, \cdots, k$$

$$\alpha' = 1 - \frac{\alpha}{k(k-1)}$$

$Z_{\alpha'}$ 为 $P(Z > Z_{\alpha'}) = \alpha'$，其中 Z 遵从标准正态分布。

则认为 $\mu_i \neq \mu_j$，显著水平为 α。

上例已知拒绝 H_0，故可继续进行多重比较。有

$$\overline{R}_1 = \frac{R_1}{n_1} = \frac{69}{10} = 6.9 ; \quad \overline{R}_2 = \frac{R_2}{n_2} = \frac{90}{6} = 15$$

$$\overline{R}_3 = \frac{R_3}{n_3} = \frac{94}{6} = 15.67 ; \text{取 } \alpha = 0.15$$

$$\alpha' = 1 - \frac{0.15}{3(2)} = 0.025$$

$$Z_{\alpha'} = Z_{0.025} = 1.96$$

$$|\overline{R}_1 - \overline{R}_2| = |6.9 - 15| = 8.1$$

$$|\overline{R}_1 - \overline{R}_3| = |6.9 - 15.67| = 8.77$$

$$|\overline{R}_2 - \overline{R}_3| = |15 - 15.67| = 0.67$$

$$Z_{\alpha'}\sqrt{\frac{n(n+1)}{12}\left(\frac{1}{n_i}+\frac{1}{n_j}\right)} = \begin{cases} 6.57 & i=1, j=2 \\ 6.57 & i=1, j=3 \\ 7.35 & i=2, j=3 \end{cases}$$

由　　8.1 > 6.57 故 Ⅰ，Ⅱ 之总体均值差异显著

　　　8.77 > 6.57 故 Ⅰ，Ⅲ 之总体均值差异显著

　　　0.67 < 7.35 故 Ⅱ，Ⅲ 之总体均值差异不显著

　　　　　　　　Ⅰ　　　Ⅱ　　　Ⅲ

显著水平 $\alpha = 0.15$。

3. 对没有重复试验的交互作用的检验

如对每个组合处理观测两次，则总的试验费用增加一倍。为此，可以只观察一次，用 Tukey 1949 年提出的技术先看看是否有交互作用存在。

Tukey 的方法是提出一项只有一个自由度的非可加性平方和，它参加方差分析表，如这一项显著，则应考虑有交互作用存在，否则只有单因素的作用就可以不必做重复观测了，以下用一个例子说明方法。

例：设有 A 因素 4 水平，B 因素 3 水平。故组合处理共有 12 个，每个组合处理观测一次得因变量 y_{ij}，观测值如下：

A 因素	B 因素			$\overline{Y}_{i.}$	$\overline{Y}_{i.} - \overline{Y}_{..}$
	B_1	B_2	B_3		
A_1	185	182	183	183.00	1.33
A_2	175	183	184	180.67	-1.00
A_3	171	184	189	181.33	-0.33
A_4	165	191	189	181.67	-0.00*
$\overline{Y}_{.j}$	174	185	186	$\overline{Y}_{..} = 181.67$	
$\overline{Y}_{.j} - \overline{Y}_{..}$	-7.67	3.33	4.33		

将非可加性平方和记为 A_{SS}：

$$A_{SS} = \frac{\left[\sum_{ij} Y_{ij} \cdot (\overline{Y}_{i\cdot} - \overline{Y}_{\cdot\cdot})(\overline{Y}_{\cdot j} - \overline{Y}_{\cdot\cdot})\right]^2}{\left[\sum_i (\overline{Y}_{i\cdot} - \overline{Y}_{\cdot\cdot})^2\right]\left[\sum_j (\overline{Y}_{\cdot j} - \overline{Y}_{\cdot\cdot})^2\right]}$$

对此例数据

$$A_{SS} = \frac{[185(1.33)(-7.67) + \cdots + 189(0.00)(4.33)]^2}{[(1.33)^2 + \cdots + (0.00)^2][(-7.67)^2 + \cdots + (4.33)^2]}$$

$$= 73.01$$

方差分析表

变差来源	SS	f	MS	F	$F_{0.05}$
A 因素	8.67	3	2.89	0.07⁻	5.41
B 因素	354.67	2	177.33	4.06⁻	5.79
非可加性平方和	73.01	1	73.01	1.67⁻	6.61
剩 余	218.32	5	43.66		
总 计	654.67	11			

各因素皆不显著。交互作用不显著，故不必进行重复试验。

本章中因素的各水平只考虑固定水平形式。

以上 A 因素之 3 水平 A_1、A_2、A_3 是我们对 A 因素惟一关心的 3 水平。如 A 因素不显著则仅说明 A_1、A_2、A_3，这 3 个水平之间不显著，它并不保证 A 的其他水平之间是不显著的。

除了固定形式之外还有随机形式的，即认为在 A 因素的诸多水平之中，随机任取 3 个水平，此时若 A 因素不显著则说明 A 因素的所有水平皆不显著。随机形式的 F 检验的公式是与固定形式的公式不同的，细节可参看本书附录 7。

4. 方差非齐性的差异显著性检验

当两总体近似正态分布但方差未知，且有可能不等时，两总体均值 μ_1、μ_2 的差异显著性检验。

检验类型：$H_0: \mu_1 = \mu_2 \longleftrightarrow H_1: \mu_1 \neq \mu_2$，这个问题被称之为费歇-贝里安问题。

为了在应用中能够对方差可能为非齐性时也能进行检验，建议用

$$Y = \frac{|\bar{x}_1 - \bar{x}_2|}{\sqrt{\dfrac{s_1^2}{n_1} + \dfrac{s_2^2}{n_2}}} \xrightarrow[n_1, n_2 充分大]{近似} t(\nu)$$

其中，$n_1, \bar{x}_1, s_1^2$ 及 $n_2, \bar{x}_2, s_2^2$ 分别为来自总体 1 及总体 2 的样本单元数、样本均值和样本方差；ν 为与

$$\frac{\left(\dfrac{s_1^2}{n_1} + \dfrac{s_2^2}{n_2}\right)^2}{\dfrac{(s_1^2/n_1)^2}{n_1 - 1} + \dfrac{(s_2^2/n_2)^2}{n_2 - 1}}$$

最接近之正整数。

于是，若显著性水平为 α，则 H_0 的拒绝域为 $|T| > t_\alpha(\nu)$。若检验结论为拒绝 H_0，则两总体均值之差的置信区间为：

$$(\bar{x}_1 - \bar{x}_2) - t_\alpha(\nu) \cdot \sqrt{\frac{s_1^2}{n_1} + \frac{s_2^2}{n_2}} \leq \mu_1 - \mu_2 \leq (\bar{x}_1 - \bar{x}_2) + t_\alpha(\nu) \cdot \sqrt{\frac{s_1^2}{n_1} + \frac{s_2^2}{n_2}}$$

5. 两个非正态总体的差异显著性检验

差异显著性 t 检验要求独立、正态、等方差的条件。当两总体并非正态分布时,有:

(1) 杜奇(Tukey)快速检验

设有 X 总体及 Y 总体,分别有样本观测值 $x_1,x_2,\cdots,x_n;y_1,y_2,\cdots,y_m$。不妨设 $n \geq m$,两总体的总体均值记为 μ_x,μ_y。

则检验假设 $H_0:\mu_x=\mu_y \longleftrightarrow H_1:\mu_x \neq \mu_y$

将 $x_1,x_2,\cdots,x_n$ 与 $y_1,y_2,\cdots,y_m$ 合并找出最大者与最小者,检验统计量为 V。

① 若最大、最小者都属 X 总体或都属 Y 总体,则 $V=0$。

② 若最大者属 X 总体、最小者属 Y 总体,则计算 $x_1,x_2,\cdots,x_n$ 中大于 $y_1,y_2,\cdots,y_m$ 中最大者的个数 a,及 $y_1,y_2,\cdots,y_m$ 中小于 $x_1,x_2,\cdots,x_n$ 中最小者的个数 b,那么,$V=a+b$。

③ 在②中若出现等于的情况,则按 1/2 个计算。

若显著水平 $\alpha=0.05$,则 $V>7$ 为 H_0 的拒绝域。

若显著水平 $\alpha=0.01$,则 $V>10$ 为 H_0 的拒绝域。

例如,来自 X、Y 总体的数据为

X: 14.6 15.8 16.4 14.6 14.9 14.3 14.7 17.2 16.8 16.1
Y: 15.5 17.9 15.5 16.7 17.6 16.8 16.7 16.8 17.2 18.0

两组中的最大者 18.0 属 Y 总体;最小者 14.3 属 X 总体。

Y 组样本值中比 X 组样本值最大者 17.2 大的有 17.9,17.6,18.0,另有一个等于 17.2。故 $a=3.5$;X 组样本值中比 Y 组样本值最小者 15.5 小的有 14.3,14.6,14.6,14.7,14.7 故 $b=5$。

$$V=a+b=3.5+5=8.5>7$$

故拒绝 H_0,显著水平 $\alpha=0.05$。

当 n,m 较大时,有近似式

$$P(V \geq h) \approx \frac{2\lambda}{\lambda^2-1}\left[\frac{\lambda^h}{(\lambda+1)^h}\right]$$

其中,$\lambda=n/m$。

(2) 曼·惠特尼(Mann-Whitney)检验

设 X,Y 两总体是等方差的,但非正态总体,μ_x,μ_y 分别为 X,Y 总体的均值。欲检验 $H_0:\mu_x=\mu_y \longleftrightarrow H_1:\mu_x \neq \mu_y$

以下结合例题介绍维尔科克松方法,设例题数据仍为以上杜奇方法的例的数据。

合并两组数据并按从小到大排出顺序,并记明顺序号,相等者顺序号取两顺序之均值。

X 组　　　 14.6　15.8　16.4　14.6　14.9　14.3　14.7　17.2　16.8　16.1
相应之顺序号　2.5　 8　 10　 2.5　 5　 1　 4　 16.5　 14　 9
Y 组　　　 15.5　17.9　15.5　16.7　17.6　16.8　16.7　16.8　17.2　18.0
相应之顺序号　6.5　 19　 6.5　 11　 18　 14　 12　 14　 16.5　 20

则检验统计量 W 为

$$W=s-n(n+1)/2$$

其中,s 为 X 组顺序号之和,n 为 X 组样本量。

设显著水平为 α,有维尔科克松检验临界值表,即附表 23。

则 $W<W_{\alpha/2}$ 及 $W>W_{1-\alpha/2}$ 为 H_0 之拒绝域。

若为单侧检验,检验假设为

$$H_0:\mu_x=\mu_y \longleftrightarrow H_1:\mu_x<\mu_y$$

则 $W < W_\alpha$ 为 H_0 之拒绝域。

若检验假设为

$$H_0: \mu_x = \mu_y \longleftrightarrow H_1: \mu_x > \mu_y$$

则 $W > W_{1-\alpha} = nm - W_\alpha$ 为 H_0 之拒绝域(其中 m 为 y 组样本量)。

本例 $s = 72.5, n = 10$

故

$$W = 72.5 - (10)(11)/2 = 22.5$$

取 $\alpha = 0.05$,查表(附表 27)得 $W_{0.025} = 24$

故

$$W_{0.975} = n \cdot m - W_{0.025} = 100 - 24 = 76$$

现在

$$W = 22.5 < W_{0.025} = 24$$

故结论为拒绝 H_0,接受 $H_1: \mu_x \neq \mu_y$

对单侧检验

$$H_0: \mu_x = \mu_y \longleftrightarrow H_1: \mu_x < \mu_y$$

查表得

$$W_{0.05} = 28 > W = 22.5$$

故结论为拒绝 H_0,接受 $H_1: \mu_x < \mu_y$

当 $n \geq 20, m \geq 20$ 时,有

$$Z = \frac{W - n \cdot m/2}{\sqrt{n \cdot m(n+m+1)/12}} \xrightarrow{\text{近似}} N(0,1)$$

6. 两个非正态总体的方差齐性检验

维尔科克松检验要求方差齐性,为此有莫萨斯(Moses)检验。

设 X、Y 总体有相同形式的连续型分布,σ_x、σ_y 分别为 X、Y 的总体标准差。$x_1, x_2, \cdots, x_n; y_1, y_2, \cdots, y_m$ 分别为来自 X, Y 总体的简单随机样本。检验

$$H_0: \sigma_x = \sigma_y \longleftrightarrow H_1: \sigma_x \neq \sigma_y$$

则检验步骤为

(1) 将 X 组数据及 Y 组数据分别随机地分为若干组,要求每组有 k 个数据,并求出各组元素值与组平均之离差平方和。一般,k 大些好,但要求 $k \leq 10$。

(2) 设 X, Y 各组离差平方和分别为 $C_1, C_2, \cdots, C_{m_1}; D_1, D_2, \cdots, D_{m_2}$,其中 m_1, m_2 分别为 X, Y 组数据的分组数。

(3) 应用维尔科克松检验于 $C_1, C_2, \cdots, C_{m_1}$ 及 $D_1, D_2, \cdots, D_{m_2}$ 即可。

例如,从 X, Y 总体分别取得简单随机样本值如下:

X 组:26 30 32 17 21 27 26 44 35 14 13 18 17 23 29 16 13 36
28 23 24 34 52 35

Y 组:47 66 51 44 80 65 58 65 61 64 51 56 76 58 61 48
55 68 59 60 58

取 $k = 4$

X 组分组为 ①26 32 35 24 ②26 36 18 23 ③18 16 30 13
④35 27 14 17 ⑤52 17 14 17 ⑥21 44 23 34

Y 组分组为:①60 58 48 61 ②80 58 58 61 ③64 56 51 51
④55 44 66 65 ⑤59 76 68 47

于是得 $C_1, \cdots, C_6; D_1, \cdots, D_5$ 及相应的顺序号如下:

C 值 $C_1 = 78.75$ $C_2 = 172.75$ $C_3 = 166.75$ $C_4 = 38.75$ $C_5 = 978.00$ $C_6 = 341.00$

顺序号   2   6   5   1   11   9

D 值 $D_1 = 106.75$ $D_2 = 336.75$ $D_3 = 113.00$ $D_4 = 317.00$ $D_5 = 465.00$

顺序号   3   8   4   7   10

故

$$W = s - \frac{m_1(m_1+1)}{2} = 34 - \frac{6\times 7}{2} = 13$$

查附表 27 得

当 $\alpha = 0.05$, $W_{\alpha/2} = W_{0.025} = 4$

$W_{1-\alpha/2} = W_{0.975} = m_1 \cdot m_2 - W_{0.025} = 30 - 4 = 26$

由 $4 < 13 < 26$

故结论为不能拒绝 H_0,只能接受 H_0,认为 X, Y 两总体的方差是齐性的。

第6章 回归分析

【本章提要】 方差分析的结论是定性的,说明某一因素对试验指标有没有统计上显著的影响,它没有两者之间定量的公式关系,而这正是回归分析的内容。首先介绍最简单的一元线性的关系。然后是可化为线性关系的非线性关系。然后再扩展到二元。

§6.1 一元线性回归

6.1.1 散点图

令 x 表示树之胸径(cm),y 表示同一棵树的材积(m^3)。对每一株树,可得一成对数据(x,y)。假设我们观测了 n 株树,得到 n 个成对数据:(x_1,y_1),(x_2,y_2),…,(x_n,y_n),并根据数据作散点图(图6.1)。

根据散点图的趋势,我们通过观察看 x 与 y 之间的关系是否像是直线关系,若是,则可以进行下一步,即建立线性回归模型。在散点图图 6.1 中,只有 b 像是有直线关系;图 d 虽然不是直线关系,如果找不到合适的函数关系形式,用直线关系

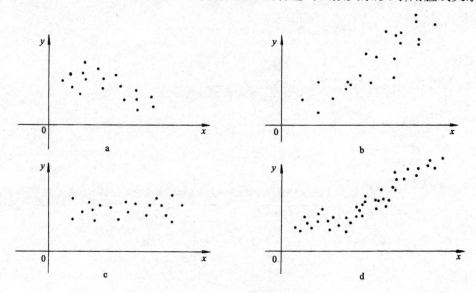

图 6.1 散点图

来近似则是一种很好的简化方法。

回归关系可以使我们由 x(如胸径)值来估计 y(如材积)的所有可能值之中的平均值,其他可能值围绕此平均值按其 y 的方差大小找出比如95%置信区间的范围。

这里,当然 x 是易测的变量,由 x 所要估计的 y 是难以直接测量的量,比如显然测量胸径要比测量材积容易多了。在卫星照片或航空照片中,利用照片得到的判读值要比现实中的实际值容易测量多了。有时,我们所要的是 y 的预报值,如根据过去每年中国的人口数来估计未来比如2008年的人口数,这也是回归关系给我们带来的方便。

6.1.2 模 型

$$y = \beta_0 + \beta_1 x + \varepsilon \tag{6.1}$$

式中　x——自变量、非随机变量;

$\beta_0 \text{、} \beta_1$——未知常量;

ε——随机项,又称随机误差,满足

$$\varepsilon \sim N(0, \sigma^2)$$

于是,数据 $(x_i, y_i)(i = 1, \cdots, n)$ 满足

$$y_i = \beta_0 + \beta_1 x_i + \varepsilon_i \qquad i = 1, \cdots, n \tag{6.2}$$

模型(6.1)还假设 $\varepsilon_1, \cdots, \varepsilon_n$ 相互独立,因此,在具体观测之前 y_i 是独立、正态、等方差的。

由模型所作的假设,显然可以推出

$$y \sim N(\beta_0 + \beta_1 x, \sigma^2)$$

若 $\beta_0 \text{、} \beta_1 \text{、} \sigma$ 皆已知,则 y 的95%置信区间为

$$[\beta_0 + \beta_1 x - 1.96\sigma, \beta_0 + \beta_1 x + 1.96\sigma]$$

如图6.2所示,图中两条虚线即 y 的95%置信区间的控制线。

可惜,$\beta_0 \text{、} \beta_1$ 及 σ 却总是未知的,它们要通过数据来估计(于是就自然产生抽样误差)。这样,我们面临两类误差:一方面是由 σ 代表的随机误差,它是由 x,y 之间直线关系的紧密程度所决定,表示 x 对 y 的控制或预报能力的强弱,它由 x,y 所代表的量的机理所决定,与数据及数据量的多少无关。统计方法只能对 σ 作尽量准确的估计,对它本身的大小是无能为力的,即如果 σ 比较大,说明 $x \text{、} y$ 之间的关系很松散,而用统计方法是无法使 σ 变小的。另一类误差则是对估计 $\beta_0 \text{、} \beta_1$ 及 σ 所产生的抽样误差,这一部分误差则与统计方法和样本量的大小密切相关。

模型中的公式 $y = \beta_0 + \beta_1 x + \varepsilon$ 比数

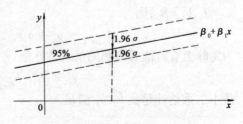

图6.2　置信区间控制线

学中的函数关系 $y = \beta_0 + \beta_1 x$ 多一项随机项 ε，表示对每一给定的 $x = x_0$，y 值不是惟一的，也不是确定的，其相应值 $y_0 = \beta_0 + \beta_1 x_0 + \varepsilon_0$，这个 ε_0 是随机变量，我们事先无法预知它的值。但为了简单，我们假设它是均值为零的正态分布 $N(0, \sigma^2)$。如果以上的自变量 x 也是随机变量，则 y 与 x 的关系被称为相关关系，相应的有相关分析。不过，一方面相关分析的大部分方法与回归分析很少区别，另一方面在实际应用中大都是由比较易于观测和测量的 x 值去预报不易观测和测量的 y 值的，故我们只讲回归分析。

> **思考题**
> 1. $\varepsilon \sim N(0, \sigma^2)$ 中 $E[\varepsilon] = 0$ 的实际含义是什么？什么情况会使 $E[\varepsilon] \neq 0$。
> 2. 从直观上列出不符合模型条件的各种散点图情况。

在以上的模型中有 3 个未知常量需要我们做估计，即 β_0、β_1、σ^2。设它们的估计值分别记为 b_0、b_1、$S_{y \cdot x}^2$。则

$$y = b_0 + b_1 x$$

被称为样本（或经验）回归方程，根据此方程对任意的 x_0 可得一相应值 y_0（$= b_0 + b_1 x_0$）。一元材积表即根据样本回归方程将常用到的 x 值与相应的材积 y 值列成的表，这在实际工作中非常方便。

当然，若 σ^2 的值很大，这说明，客观上用 x 来估计 y 是不准确的。或者是因为还有影响 y 的其他主要因素（如一元材积表就忽略了树高这一重要因素，故还有更精确的二元材积表，用胸径和树高两个自变量来估计材积。）被忽略，或者 x、y 两因素不适合做线性回归，它们之间的线性关系是不紧密的。还有一种可能是 σ^2 的真值不大而由于我们估计工作有问题而使 σ^2 的估计值 $S_{y \cdot x}^2$ 很大，这也会使估计的误差变大。

6.1.3 β_0、β_1 的最小二乘估计（LS 估计）及 σ^2 的无偏估计

1. 最小二乘估计（LS 估计）

设 (x_i, y_i) $(i = 1, \cdots, n)$ 为 n 个观测值；b_0、b_1 为 (6.1) 中 β_0 与 β_1 的估计值，记 $b_0 = \hat{\beta}_0$，$b_1 = \hat{\beta}_1$，则

$$\hat{y}_i = b_0 + b_1 x_i \quad (i = 1, \cdots, n) \tag{6.3}$$

为实际上有可能观测到的值之估计值，$\hat{y}_i$ 与实测值之差被称为残差，记为 e_i，有

$$e_i = y_i - \hat{y}_i = y_i - b_0 - b_1 x_i \quad (i = 1, \cdots, n) \tag{6.4}$$

最小二乘估计是找 b_0、b_1 满足

$$\sum_{i=1}^{n} e_i^2 = \sum_{i=1}^{n} (y_i - b_0 - b_1 x_i)^2 \tag{6.5}$$

最小。令 $SS_e = \sum_{i=1}^{n} e_i^2$，$SS_e$ 被称为残差平方和。欲使 SS_e 最小，其必要条件为

$$\begin{cases} \dfrac{\partial}{\partial b_0} SS_e = 0 & \text{即} \quad \sum (y_i - b_0 - b_1 x_i) = 0 \\ \dfrac{\partial}{\partial b_1} SS_e = 0 & \text{即} \quad \sum x_i (y_i - b_0 - b_1 x_i) = 0 \end{cases} \quad (6.6)$$

经整理公式(6.6)可写为

$$\begin{cases} n b_0 + (\sum x_i) b_1 = \sum y_i \\ (\sum x_i) b_0 + \sum (x_i^2) b_1 = \sum x_i y_i \end{cases} \quad (6.7)$$

公式(6.7)被称为正规方程，不难解得(参见本章注2)：

$$\begin{cases} b_0 = \bar{y} - b_1 \bar{x} \\ b_1 = \dfrac{\sum x_i y_i - \dfrac{1}{n}(\sum x_i)(\sum y_i)}{\sum x_i^2 - \dfrac{1}{n}(\sum x_i)^2} = \dfrac{\sum (x_i - \bar{x})(y_i - \bar{y})}{\sum (x_i - \bar{x})^2} \end{cases} \quad (6.8)$$

将公式(6.8)中的 b_0 代入公式(6.3)得

$$\hat{y}_i = \bar{y} + b_1 (x_i - \bar{x})$$

或

$$\hat{y}_i - \bar{y} = b_1 (x_i - \bar{x}) \quad (6.9)$$

式中 b_1—— 样本回归系数；

b_0—— 回归方程(6.3)中的常数项。

公式(6.9)为样本回归直线另一常用的、重要的表达式：

$$\hat{y} = \bar{y} + b_1 (x - \bar{x}) \quad (6.10)$$

其中

$$b_1 = \sum (x_i - \bar{x})(y_i - \bar{y}) / \sum (x_i - \bar{x})^2 \quad (6.11)$$

计算中有

$$\sum (x_i - \bar{x})(y_i - \bar{y}) = \sum x_i y_i - n \bar{x} \bar{y} = \sum x_i y_i - \frac{1}{n}(\sum x_i)(\sum y_i) \quad (6.12)$$

$$\sum (x_i - \bar{x})^2 = \sum x_i^2 - n \bar{x}^2 = \sum x_i^2 - \frac{1}{n}(\sum x_i)^2$$

图6.3为最小二乘原理的直观说明，图中各样本点到相应的回归线上的点之距离之和最小。

2. σ^2 的无偏估计

(1) $E[SS_e] = (n-2)\sigma^2 \quad (6.13)$

证明从略(可参见本章注4)。

(2) 定义

$$S_{y \cdot x}^2 = SS_e / (n-2) \quad (6.14)$$

$$S_{y \cdot x} = \sqrt{SS_e / (n-2)} \quad (6.15)$$

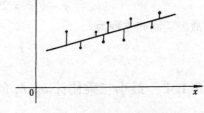

图6.3 最小二乘原理示意

称 $S_{y \cdot x}$ 为 y 对 x 的回归剩余标准差,或剩余标准差。其回归的置信区间控制线见图 6.4。

由公式(6.13)易知,$S_{y \cdot x}^2$ 是 σ^2 的无偏估计。故一般取

$$\hat{\sigma} = S_{y \cdot x}$$

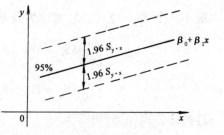

图 6.4 置信区间控制线

3. $S_{y \cdot x}^2$ 的计算

由 $SS_e = \sum (y_i - \hat{y}_i)^2 = \sum [(y_i - \bar{y}) - b_1(x_i - \bar{x})]^2$

$$= \sum (y_i - \bar{y})^2 - 2b_1 \sum (x_i - \bar{x})(y_i - \bar{y}) + b_1^2 \sum (y_i - \bar{y})^2$$

$$= \sum (y_i - \bar{y})^2 - b_1 \sum (x_i - \bar{x})(y_i - \bar{y})$$

$$S_{y \cdot x}^2 = \frac{1}{n-2} SS_e$$

$$= \frac{1}{n-2} \left[\sum (y_i - \bar{y})^2 - b_1 \sum (x_i - \bar{x})(y_i - \bar{y}) \right] \tag{6.16}$$

$$S_{y \cdot x} = \sqrt{\frac{1}{n-2} \left[\sum (y_i - \bar{y})^2 - b_1 \sum (x_i - \bar{x})(y_i - \bar{y}) \right]} \tag{6.17}$$

至此,β_0、β_1、σ^2 的估计值 b_0、b_1、$S_{y \cdot x}^2$ 都求出了。

【例 6.1】 某林场内随机抽取 6 块 0.08 hm² 大小的样地,测定样地的平均高 x 与每公顷平均断面积 y 为:

样 地 号	1	2	3	4	5	6
平均树高 x_i(m)	20	22	24	26	28	30
断面积 y_i(m²/hm²)	24.3	26.5	28.7	30.5	31.7	32.9

试求 y 对 x 的一元线性回归之经验回归方程。

解 由公式(6.8)知

$$b_1 = \frac{\sum x_i y_i - \frac{1}{n} (\sum x_i)(\sum y_i)}{\sum x_i^2 - \frac{1}{n} (\sum x_i)^2} = 0.863$$

$$b_0 = \bar{y} - b_1 \bar{x} = 29.1 - (0.863)(25) = 7.525$$

故经验回归方程为

$$\hat{y} = 7.525 + 0.863x$$

6.1.4 最小二乘估计 b_0、b_1 的性质

1. b_0、b_1 分别为 β_0、β_1 的无偏估计

由公式(6.1)有 $y_i = \beta_0 + \beta_1 x_i + \varepsilon_i$ ($i = 1, \cdots, n$),$\bar{y} = \beta_0 + \beta_1 \bar{x} + \bar{\varepsilon}$,其中 $\bar{\varepsilon} =$

$\sum\limits_{i=1}^{n} \varepsilon_i/n$。由模型假设知 $E\varepsilon_i = 0(i = 1,\cdots,n)$，故 $E\bar{\varepsilon} = 0$，于是

$$E(b_1) = E\left[\frac{\sum(x_i - \bar{x})(y_i - \bar{y})}{\sum(x_i - \bar{x})^2}\right]$$

$$= \frac{1}{\sum(x_i - \bar{x})^2}\sum(x_i - \bar{x})(Ey_i - E\bar{y})$$

$$= \frac{1}{\sum(x_i - \bar{x})^2}\sum(x_i - \bar{x})((\beta_0 + \beta_1 x_i) - (\beta_0 + \beta_1 \bar{x}))$$

$$= \frac{1}{\sum(x_i - \bar{x})^2}\sum(x_i - \bar{x})(x_i - \bar{x})\beta_1 = \beta_1$$

$$E(b_0) = E(\bar{y} - b_1\bar{x}) = (\beta_0 + \beta_1\bar{x}) - E(b_1)\bar{x}$$

$$= (\beta_0 + \beta_1\bar{x}) - \beta_1\bar{x} = \beta_0$$

即 b_0、b_1 分别为 β_0、β_1 的无偏估计。

*2. b_0、b_1 的方差

$$D[b_0] = \left[\frac{1}{n} + \frac{\bar{x}^2}{\sum(x_i - \bar{x})^2}\right]\sigma^2 \approx \left[\frac{1}{n} + \frac{\bar{x}^2}{\sum(x_i - \bar{x})^2}\right]S_{y\cdot x}^2 = S_{b_0}^2 \quad (6.18)$$

$$D[b_1] = \frac{1}{\sum(x_i - \bar{x})^2}\sigma^2 \approx \frac{1}{\sum(x_i - \bar{x})^2}S_{y\cdot x}^2 = S_{b_1}^2 \quad (6.19)$$

*6.1.5 "$\beta_1 = 0$" 的检验

可以证明

$$\frac{b_1 - \beta_1}{S_{b_1}} \sim t(n - 2) \quad (6.20)$$

$$H_0: \beta_1 = 0 \longleftrightarrow H_1: \beta_1 \neq 0 \quad (6.21)$$

在承认 H_0 的前提下，公式 (6.20) 变为

$$T = b_1/S_{b_1} \sim t(n-2) \quad (6.22)$$

当 $|T| > t_\alpha(n-2)$ 时拒绝 H_0，接受 H_1。

如接受 H_0，则模型 $y = \beta_0 + \beta_1 x + \varepsilon$ 变为 $y = \beta_0 + \varepsilon$，$y$ 与 x 无关，即 x 与 y 没有线性回归关系，也就是 y 对 x 的线性模型不成立。

【例 6.2】 以例 6.1 的数据作 "$\beta_1 = 0$" 的检验，显著水平 $\alpha = 0.05$。

解 由例 6.1 已知经验回归方程为

$$\hat{y} = 7.525 + 0.863x$$

计算

$$S_x^2 = \frac{1}{n}\sum(x_i - \bar{x})^2 = \frac{1}{n}(\sum x_i^2 - n\bar{x}^2) = 11.667$$

$$S_y^2 = \frac{1}{n}\sum(y_i - \bar{y})^2 = \frac{1}{n}(\sum y_i^2 - n\bar{y}^2) = 8.853$$

$n = 6$

$$\sum (x_i - \bar{x})^2 = nS_x^2 = 6 \times 11.667 = 70.002$$

$$\sum (y_i - \bar{y})^2 = nS_y^2 = 6 \times 8.853 = 53.12$$

又 $\quad \sum (x_i - \bar{x})(y_i - \bar{y}) = \sum x_i y_i - \dfrac{1}{n}(\sum x_i)(\sum y_i) = 60.40$

将以上计算结果代入公式(6.17)得

$$S_{y \cdot x} = \sqrt{\dfrac{1}{4}(53.12 - (0.863)(60.40))} = 0.5$$

由公式(6.18) $\quad S_{b_1} = \sqrt{\dfrac{1}{\sum (x_i - \bar{x})^2}} \cdot S_{y \cdot x} = \sqrt{\dfrac{1}{70.002}} \cdot (0.5) = 0.0597$

所以 $T = b_1/S_{b_1} = 0.863/0.0597 = 14.44$,查附表11,得 $t_{0.05}(4) = 2.776 < T = 14.44$,故结论为以 0.05 的显著水平拒绝 H_0,接受 H_1,即认为 $\beta_1 \neq 0$, y 与 x 不是无关的。

6.1.6 样本相关系数 r

1. 平方和的分解 $SS_y = SS_回 + SS_e$

因为

$$\begin{aligned} SS_y &= \sum (y_i - \bar{y})^2 = \sum \left[(y_i - \hat{y}_i) + (\hat{y}_i - \bar{y})\right]^2 \\ &= \sum (y_i - \hat{y}_i)^2 + \sum (\hat{y}_i - \bar{y})^2 \\ &= SS_e + SS_回 \end{aligned} \quad (6.23)$$

其中

$$\begin{aligned} SS_回 &= \sum (\hat{y}_i - \bar{y})^2 = \sum \left[\bar{y} + b_1(x_i - \bar{x}) - \bar{y}\right]^2 \\ &= b_1^2 \sum (x_i - \bar{x})^2 \end{aligned}$$

以上平方号打开时,其中间项为零,由

$$\begin{aligned} \sum (y_i - \hat{y}_i)(\hat{y}_i - \bar{y}) &= \sum \left[y_i - \bar{y} - b_1(x_i - \bar{x})\right]\left[b_1(x_i - \bar{x})\right] \\ &= b_1 \sum (x_i - \bar{x})(y_i - \bar{y}) - b_1^2 \sum (x_i - \bar{x})^2 = 0 \end{aligned}$$

公式(6.23)被称为平方和的分解。式中三项皆非负,当 $SS_回$ 在 SS_y 中占主要部分时,剩余平方和 SS_e 在 SS_y 中占很次要的部分,这说明数据都围绕样本回归线附近,即 y 与 x 的相关是紧密的。描述 y 与 x 相关紧密程度的量为样本相关系数 r,其定义如下。

2. 样本相关系数 r 的定义

定义

$$r^2 = 1 - \dfrac{SS_e}{SS_y} = \dfrac{SS_回}{SS_y} \quad (6.24)$$

因为 $SS_{回} \leqslant SS_y$,故 $r^2 \leqslant 1$,有
$$-1 \leqslant r \leqslant 1 \tag{6.25}$$
称 r 为 y 对 x 的样本(或经验)相关系数。

若 $r^2 = 1$,说明 $SS_e = 0$,即所有的点 $(x_i, y_i)(i = 1,2,3,\cdots,n)$ 都在样本回归直线上,此时 $r = 1$ 或 $r = -1$,这是相关最为紧密的极端情况。一般 $|r|$ 愈接近于 1,说明 y 与 x 的相关愈紧密。

3. r 的计算公式

$$r^2 = SS_{回}/SS_y = \frac{1}{\sum(y_i - \bar{y})^2} b_1^2 \sum(x_i - \bar{x})^2$$

$$= \frac{1}{\sum(y_i - \bar{y})^2} \left(\frac{\sum(x_i - \bar{x})(y_i - \bar{y})}{\sum(x_i - \bar{x})^2} \right)^2 \cdot \sum(x_i - \bar{x})^2$$

$$= \frac{[\sum(x_i - \bar{x})(y_i - \bar{y})]^2}{\sum(x_i - \bar{x})^2 \cdot \sum(y_i - \bar{y})^2} \tag{6.26}$$

我们取

$$r = \frac{\sum(x_i - \bar{x})(y_i - \bar{y})}{\sqrt{\sum(x_i - \bar{x})^2 \cdot \sum(y_i - \bar{y})^2}} \tag{6.27}$$

这里取 r 的符号与 $\sum(x_i - \bar{x})(y_i - \bar{y})$ 的符号相同,即与 b_1 的符号相同。$b_1 > 0$,则 y 为 x 的增函数,此时 $r > 0$,称为正相关。若 $b_1 < 0$,则 y 为 x 的减函数,此时有 $r < 0$,称为负相关。

4. r 和 b_1 的关系

由公式(6.26) 有

$$r^2 = SS_{回}/SS_y = b_1^2 \cdot \frac{\sum(x_i - \bar{x})^2}{\sum(y_i - \bar{y})^2}$$

故

① $r = b_1 \cdot \sqrt{\frac{\sum(x_i - \bar{x})^2}{\sum(y_i - \bar{y})^2}} = b_1 \sqrt{\frac{nS_x^2}{nS_y^2}} = b_1 \cdot \frac{S_x}{S_y} \tag{6.28}$

② r 与 b_1 同号;$b_1 > 0$ 则 $r > 0$,被称为正相关,即当 x 增大时 y 也增大。当 $b_1 < 0$ 时,$r < 0$,被称为负相关,x 增大时 y 减少。如图 6.5 所示。

③ 由经验回归线 $\hat{y} = b_0 + b_1 x$ 说明,当 x 增加一个单位时,$\hat{y}$ 增加 b_1 个单位。所以,看起来 b_1 也是说明 x 与 y 关系的量。但是,经验回归系数 b_1 是有量纲的量,x、y 量

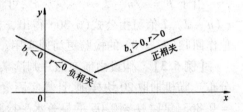

图 6.5 正相关与负相关示意

纲的改变可以使 b_1 的数值大大改变,从而 b_1 仅仅是在量纲不改变的情况下,其大小说明 x、y 间的关系。而 r 是量纲为 1 的数值,它不受 x、y 量纲改变的影响,故说明 x、y 直线关系强弱的是 r。

5. 利用 r 作"$\beta_1 = 0$"的 r 检验

由公式(6.22)在承认 $H_0: \beta_1 = 0$ 的条件下,有:
$$T = b_1/S_{b_1} \sim t(n-2)$$

其中
$$b_1 = \sum(x_i - \bar{x})(y_i - \bar{y})/\sum(x_i - \bar{x})^2$$
$$S_{b_1}^2 = S_{y \cdot x}^2 / \sum(x_i - \bar{x})^2$$
$$S_{y \cdot x}^2 = \frac{1}{n-2}\left[\sum(y_i - \bar{y})^2 - b_1\sum(x_i - \bar{x})(y_i - \bar{y})\right]$$
$$= \frac{1}{n-2}\left[\sum(y_i - \bar{y})^2 - b_1^2 \sum(x_i - \bar{x})^2\right]$$
$$= \frac{1}{n-2}\sum(y_i - \bar{y})^2 \cdot \left[1 - b_1^2 \frac{\sum(x_i - \bar{x})^2}{\sum(y_i - \bar{y})^2}\right]$$
$$= \frac{1}{n-2}\left(\sum(y_i - \bar{y})^2\right)(1 - r^2)$$
$$= \frac{n}{n-2}S_y^2(1 - r^2) \tag{6.29}$$

代入 T 中得

$$T = b_1/S_{b_1} = \frac{b_1 \cdot \sqrt{\sum(x_i - \bar{x})^2}}{S_{y \cdot x}}$$
$$= \frac{b_1 \cdot \sqrt{\sum(x_i - \bar{x})^2}}{\sqrt{\frac{1-r^2}{n-2}}\sqrt{\sum(y_i - \bar{y})^2}}$$
$$= \frac{r}{\sqrt{\frac{1-r^2}{n-2}}} \sim t(n-2) \tag{6.30}$$

当 $|T| > t_\alpha(n-2)$ 时,以显著水平 α 拒绝 H_0,接受 H_1。

由于 $T = \sqrt{n-2} \cdot r / \sqrt{1 - r^2}$,可将 t 的临界值 $t_\alpha(n-2)$ 导算出 r 的临界值 $r_\alpha(n-2)$。T 值可由公式(6.30)得出,r 值变成 $|r| > r_\alpha(n-2)$,即附表 17,利用 r 值作回归($\beta_1 = 0$)的检验更简便实用。

【例 6.3】 假设由航空照片判读某地蓄积与该林地实测蓄积(近似遵从正态分布)。随机抽取 20 块样地,计算实测蓄积 Y 与判读蓄积 X 之间的样本相关系数 $r = 0.863$,试以 $\alpha = 0.05$ 的显著水平检验 X、Y 之间线性相关关系是否显著。

解 问题为作检验
$$H_0: \beta_1 = 0 \longleftrightarrow H_1: \beta_1 \neq 0$$

查附表 17 得,$r_{0.05}(18) = 0.4438 < r = 0.863$

故拒绝 H_0,接受 H_1,$\beta_1 \neq 0$,即 x,y 的线性相关存在。

【例 6.4】 以例 6.1 的数据检验 '$\beta_1 = 0$'。

解
$$r = b_1 \sqrt{\frac{\sum (x_i - \bar{x})^2}{\sum (y_i - \bar{y})^2}} = b_1 \sqrt{\frac{S_x^2}{S_y^2}} = b_1 \frac{S_x}{S_y}$$

其中 $S_x^2 = \frac{1}{n}\sum(x_i - \bar{x})^2$,$S_y^2 = \frac{1}{n}\sum(y_i - \bar{y})^2$ 分别为 x、y 的方差,故

$$r = 0.863 \sqrt{\frac{(3.4156)^2}{(2.9754)^2}} = 0.991$$

查附表 17,得

$$r_{0.05}(6 - 2) = r_{0.05}(4) = 0.8114 < r = 0.991$$

故拒绝 H_0,认为 $\beta_1 \neq 0$,显著水平 $\alpha = 0.05$。

*6. X、Y 皆为随机变量的情形

假设
$$(X, Y) \sim \text{二维正态分布}$$

μ_X、μ_Y,σ_X^2、σ_Y^2 分别表示 X、Y 变量的期望与方差。我们已知两随机变量的相关系数定义为公式(6.31)即

$$\rho = E[(x - \mu_X)(y - \mu_Y)]/(\sigma_X \sigma_Y) \tag{6.31}$$

我们称 ρ 为因变量 Y 与自变量 X 间的总体相关系数。

另外,在模型公式(6.1)中增加假设 X 与 ε 相互独立,由

$$Y = \beta_0 + \beta_1 X + \varepsilon$$

得
$$\mu_Y = \beta_0 + \beta_1 \mu_X$$

代入公式(6.31)得

$$\rho = E[(x - \mu_x)(\beta_0 + \beta_1 x + \varepsilon - (\beta_0 + \beta_1 \mu_x))]/\sigma_X \cdot \sigma_Y$$
$$= \beta_1 \sigma_X^2 / \sigma_X \cdot \sigma_Y = \beta_1 \frac{\sigma_X}{\sigma_Y}$$

由于 σ_X、σ_Y 皆不为零(否则 X,Y 将退化为常量)。故 $\beta_1 = 0$ 与 $\rho = 0$ 是等价的。以上所进行的样本相关系数 r 的检验之原假设 $H_0: \beta_1 = 0$ 也可写为 $H_0: \rho = 0$。

*6.1.7 标准化

由公式(6.10) $\hat{y} = \bar{y} + b_1(x - \bar{x})$

有
$$\hat{y} - \bar{y} = b_1(x - \bar{x})$$
$$(\hat{y} - \bar{y})/S_y = (b_1 S_x / S_y) \cdot (x - \bar{x})/S_x \tag{6.32}$$

令
$$\tilde{x} = (x - \bar{x})/S_x; \tilde{y} = (y - \bar{y})/S_y \tag{6.33}$$

显然,$\tilde{x}$ 量纲为 1,$\tilde{y}$ 量纲为 1,被称为 x、y 的标准化,它们不再受 x、y 所取单位变化的

影响,将公式(6.33)代入公式(6.32)得
$$\tilde{y} = r\tilde{x} \tag{6.34}$$
公式(6.34)为 x、y 标准化后的经验回归方程,此时 r 即起到 b_1 的作用,由于已消除单位的影响,所以 r(即 b_1)的大小可以说明 x、y 线性关系的紧密程度。

6.1.8 预 测

回归分析的主要目的之一是预测。比如,我们建立一元材积表的目的是利用胸径值估计材积值而不必将树伐倒来实测材积值。又如,当建立了航空照片的林地判读蓄积与实地实测蓄积的经验回归方程之后,就可利用航空照片来预报或估计难于实地实测的林地蓄积。

假设,模型公式(6.1)可用,即对某 $x = x_0$
$$y_0 = \beta_0 + \beta_1 x_0 + \varepsilon_0$$
这里的 ε_0 为随机误差,表示除了 x 因素之外的许多无法控制的次要因素构成的误差。由 $\varepsilon \sim N(0, \sigma^2)$,如果 x 与 y 的直线关系很紧密,σ^2 就较小,以 x 控制或预报 y 的能力就较强。反之,若 σ^2 较大,以 x 控制或预报 y 的能力就较弱。

但由于以上的 β_0、β_1 是未知的,是由 b_0、b_1 来估计的,那么实际上 y_0 的估计值为
$$\hat{y}_0 = b_0 + b_1 x_0 = \bar{y} + b_1(x_0 - \bar{x}) \tag{6.35}$$
这里,由 b_0 代替 β_0,b_1 代替 β_1 就又产生误差,所以,以 $\hat{y}_0$ 作 y_0 的估计值的总误差是包含以上所说的两类误差。

与以前的估计不同的是,这里的被估计值 y_0 本身也是随机变量。

(1) $\text{Cov}(\bar{y}, b_1) = 0$ \hfill (6.36)

证明从略(参见本章注5)

(2) $\text{Var}\hat{y}_0 = (1/n + (x_0 - \bar{x})^2 / \sum(x_i - \bar{x})^2)\sigma^2$

* 证   由公式(6.10)得
$$\text{Var}\hat{y}_0 = \text{Var}\bar{y} + (x_0 - \bar{x})^2 \text{Var}b_1 = \sigma^2/n + (x_0 - \bar{x})^2 \sigma^2 / \sum(x_i - \bar{x})^2$$
$$= \left(\frac{1}{n} + (x_0 - \bar{x})^2 / \sum(x_i - \bar{x})^2\right)\sigma^2 \tag{6.37}$$

(3) $\text{Var}[\hat{y}_0 - y_0] = \left(1 + \dfrac{1}{n} + \dfrac{(x_0 - \bar{x})^2}{\sum(x_i - \bar{x})^2}\right)\sigma^2$ \hfill (6.38)

*证

$\hat{y}_0$ 与 y_0 相互独立。因为 $\hat{y}_0$ 由 b_0、b_1 决定,而 b_0、b_1 只与 $y_1, \cdots, y_n$ 有关,即只与 $\varepsilon_1, \varepsilon_2, \cdots, \varepsilon_n$ 有关。y_0 只与 ε_0 有关,而 ε 与 $\varepsilon_1, \cdots, \varepsilon_n$ 是相互独立的。所以
$$\text{Var}[\hat{y}_0 - y_0] = \text{Var}[\hat{y}_0] + \text{Var} y_0$$
由公式(6.37)及 $y_0 = \beta_0 + \beta_1 x_0 + \varepsilon_0$ 得

$$\mathrm{Var}[\hat{y}_0 - y_0] = \left(\frac{1}{n} + \frac{(x_0 - \bar{x})^2}{\sum (x_i - \bar{x})^2}\right)\sigma^2 + \mathrm{Var}\varepsilon_0$$

$$= \left(\frac{1}{n} + \frac{(x_0 - \bar{x})^2}{\sum (x_i - \bar{x})^2}\right)\sigma^2 + \sigma^2$$

$$= \left(1 + \frac{1}{n} + \frac{(x_0 - \bar{x})^2}{\sum (x_i - \bar{x})^2}\right)\sigma^2$$

这里,由于被估计值 y_0 本身也是随机变量,所以,关于 $\hat{y}_0$ 的无偏性,我们不能写为 $E[\hat{y}_0] = y_0$,而应写为

$$E[\hat{y}_0 - y_0] = E[\hat{y}_0] - E[y_0] = E[b_0 + b_1 x_0] - E[\beta_0 + \beta_1 x_0 + \varepsilon_0]$$
$$= \beta_0 + \beta_1 x_0 - (\beta_0 + \beta_1 x_0) = 0$$

(4) $\hat{y}_0 - y_0 \sim N\left(0, \left(1 + \frac{1}{n} + \frac{(x_0 - \bar{x})^2}{\sum (x_i - \bar{x})^2}\right)\sigma^2\right)$ (6.39)

** 证

$$\hat{y}_0 = \bar{y} + b_1(x_0 - \bar{x})$$

由公式(6.35)知,$\bar{y}$ 与 b_1 无关而且 $\bar{y}$ 与 b_1 都是正态分布的,故 $\hat{y}_0$ 是正态分布的。另外 y_0 显然是正态分布的,由 $\hat{y}_0$ 与 y_0 相互独立,故 $\hat{y}_0 - y_0$ 是正态分布的。

(5) $T = \dfrac{\hat{y}_0 - y_0}{S_{y \cdot x}\sqrt{1 + \dfrac{1}{n} + (x - x_0)^2/\sum (x - \bar{x})^2}} \sim t(n-2)$ (6.40)

或 $F = T^2 = \dfrac{(\hat{y}_0 - y_0)^2}{S_{y \cdot x}^2 \cdot \left(1 + \dfrac{1}{n} + (x - x_0)^2/\sum (x - \bar{x})^2\right)} \sim F(1, n-2)$ (6.41)

** 证 由平方和的分解 $SS_y = SS_e + SS_{回}$ 及 χ^2 分解定理知

$$SS_e/\sigma^2 \sim \chi^2(n-1)$$

$$SS_{回}/\sigma^2 = \frac{b_1^2 \sum (x_i - \bar{x})^2}{\sigma^2}$$

$$= \frac{b_1^2}{\sigma^2/\sum (x_i - \bar{x})^2} \sim \chi^2(1)$$

且以上两式左端相互独立,及

$$SS_y/\sigma^2 = \sum (y_i - \bar{y})^2/\sigma^2 \sim \chi^2(n-1)$$

得

$$T = \frac{(\hat{y} - y_0)/\sqrt{1 + \dfrac{1}{n} + (x_0 - \bar{x})^2/\sum (x_i - \bar{x})^2}}{\sqrt{SS_e/(n-2)}} \sim t(n-2)$$

化简 T 即得公式(6.40)从而有公式(6.41)。

(6) y_0 的 $(1 - \alpha) \cdot 100\%$ 的置信区间

由公式(6.40)知 y_0 的 $(1-\alpha)\cdot 100\%$ 之置信区间为

$$\hat{y}_0 \mp t_\alpha(n-2)\cdot S_{y\cdot x}\sqrt{1+\frac{1}{n}+(x_0-\bar{x})^2/\sum(x_i-\bar{x})^2} \qquad (6.42)$$

由公式(6.42)知,当 n 愈大,$\sum(x_i-\bar{x})^2$ 愈大(即 $x_1\cdots x_n$ 愈分散),误差项愈小,$\hat{y}_0$ 就更精确。此时 $1/n,(x_0-\bar{x})^2/\sum(x_i-\bar{x})^2$ 也可略去不计,得

$$\hat{y}_0 \mp t_\alpha(n-2)\cdot S_{y\cdot x} \qquad (6.43)$$

公式(6.42)中,由 $(x_0-\bar{x})^2/\sum(x_i-\bar{x})^2$ 项易知,当 x_0 距离 $\bar{x}$ 愈远,误差项愈大,故以 $x=\bar{x}$ 为中心呈喇叭口形,如图6.6所示。

而按公式(6.43),$(x_0-\bar{x})^2/\sum(x_i-\bar{x})^2$ 被略去,误差与 x_0 的位置无关,故仍为两条直线构成置信区域,如图6.7所示。

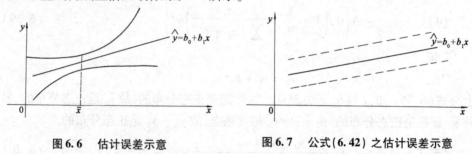

图6.6　估计误差示意　　　　图6.7　公式(6.42)之估计误差示意

*§6.2　常用的线性化方法

1. 变元法

例如,森林中树木的生长率与材积的关系,当材积量 x 很低时,生长的增量很大;但当材积量 x 的值很高时,再增长就很难了。正如我们跳高时,当跳得很低时,经训练可以使我们的成绩提高很快;但当已经跳得很高时,再提高就变得很难了。很多现象都有此规律(图6.8)。我们可将此规律表达为

$$y = -b(x-a)^2 + c$$

但我们可以通过变量代换,将以上非线性方程变为线性方程,上式中令

$$u = (x-a)^2$$

则

$$y = -bu + c = c - bu$$

表6.1所列皆为通过变量代换可以解决的线性化的情形。

如有方程 $\hat{y}=a+b/x$,它对未知参数 a、b 来说是线性的;但对 x 来说,这一函数关系是非线性的,本节所指是后者,即 x、$\hat{y}$ 之间的关系是非线性的,通过变元使之变为线性的。以上只要令 $\tilde{x}=1/x$,即得 $\hat{y}=a+b\tilde{x}$,$\tilde{x}$ 与 $\hat{y}$ 之间

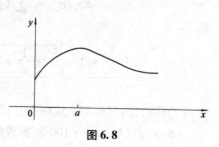

图6.8

的关系就变为线性的了。数据$(x_i, y_i)(i=1,2,3,\cdots,n)$也转化为$(\tilde{x}_i, y_i)(i=1,2,3,\cdots,n)$,其中$\tilde{x}_i = 1/x_i (i=1,2,3,\cdots,n)$。这样,有了经验回归直线$\hat{y} = a + b\tilde{x}$,又有了数据$(\tilde{x}_i, y_i)(i=1,2,3,\cdots,n)$,我们前面讲的一切都可适用了。

常见的线性化换元如表6.1所示。

表6.1

x,y 关系	$\tilde{y}$	$\tilde{x}$	$\tilde{a}$	$\tilde{b}$
$y = a + b/x$	y	$1/x$	a	b
$y = a/(b+x)$	$1/y$	x	b/a	$1/a$
$y = ax/(b+x)$	$1/y$	$1/x$	$1/a$	b/a
$y = ab^x$	$\ln y$	x	$\ln a$	$\ln b$
$y = ax^b$	$\ln y$	$\ln x$	$\ln a$	b
$y = ae^{bx}$	$\ln y$	x	$\ln a$	b
$y = ae^{b/x}$	$\ln y$	$1/x$	$\ln a$	b
$y = a + bx^n$	y	x^n	a	b

这里应说明,变换后的$\tilde{a}$、$\tilde{b}$是最小二乘估计,并不保证它们代回得a、b后,a、b值对原方程是最小二乘估计。

**2. 相关指数

比如
$$\hat{y} = ax^b$$
经线性化为
$$\ln \hat{y} = \ln a + b\ln x$$
线性化之后的样本相关系数是表示以直线方程
$$\ln \hat{y} = \ln a + b\ln x$$
来拟合$\ln x_i, \ln y_i (i=1,2,3,\cdots,n)$的吻合程度,而不是说明
$$\hat{y} = ax^b$$
对$x_i, y_i (i=1,2,3,\cdots,n)$拟合的吻合程度的,要说明后者,我们定义以下相关指数$\tilde{r}$。

定义 若$\hat{y} = f(x)$是可以经换元线性化的,代入数据$(x_i, y_i)(i=1,2,3,\cdots,n)$中的$x_i$可得
$$\hat{y}_i = f(x_i) \quad (i=1,2,3,\cdots,n)$$
其中,$f(x)$中的未知参数是按线性化之后作最小二乘估计得到的。
则

$$\tilde{r} = \frac{\sum_{i=1}^{n}(y_i - \bar{y})(\hat{y}_i - \bar{\hat{y}})}{\sqrt{\sum_{i=1}^{n}(y_i - \bar{y})^2 \cdot \sum_{i=1}^{n}(\hat{y}_i - \bar{\hat{y}})^2}} \tag{6.44}$$

**§6.3 多元线性回归

将一元线性回归模型公式(6.1)中的自变量x推广到$p(p>1)$个自变量$x_1, x_2, \cdots, x_p$,则为多元(p元)线性回归。

例如，人工用材林分平均单位面积净产量 y，与林龄 A、地位指数 SI、断面积 BA 的回归模型为

$$\lg y = b_0 + b_1(1/A) + b_2(SI) + b_3\lg(BA) + \varepsilon$$

又如

$$\lg(SI) = \lg H - b\left(\frac{1}{A} - \frac{1}{A_k}\right) + \varepsilon$$

式中　　H——树高；

　　　　A_k——确定地位指数的关键年龄，一般取 50。

又如，林木的材积与胸径、树高、形数有关；某地区的年土壤侵蚀量与年降水量、降水强度、坡度、土壤植被等多个因素有关。

6.3.1 模　型

$$y = \beta_0 + \beta_1 x_1 + \beta_2 x_2 + \cdots + \beta_p x_p + \varepsilon \tag{6.45}$$

其中，$x_1, x_2, \cdots, x_p$ 为自变量、非随机变量；y 为因变量、随机变量；β_0 为未知常数项，$\beta_1, \beta_2, \cdots, \beta_p$ 为未知常量被称为回归系数；ε 为随机变量，$\varepsilon \sim N(0, \sigma^2)$，对数据 $(x_{1i}, x_{2i}, \cdots, x_{pi}, y_i)\, i = 1, 2, \cdots, n$，按(6.45)，数据的结构有关系

$$y_i = \beta_0 + \beta_1 x_{1i} + \cdots + \beta_p x_{pi} + \varepsilon_i \quad i = 1, 2, 3, \cdots, n \tag{6.46}$$

其中 $\varepsilon_1, \varepsilon_2, \cdots, \varepsilon_n$ 相互独立。则称公式(6.44)、(6.45)为多元线性回归模型，称

$$y = \beta_0 + \beta_1 x_1 + \beta_2 x_2 + \cdots + \beta_p x_p \tag{6.47}$$

为回归方程或回归超平面。

6.3.2　回归系数 $\beta_1, \cdots, \beta_p$ 及常数项 β_0 的最小二乘估计（LS 估计）

1. 最小二乘估计

在模型公式(6.45)中由于参数 $\beta_0, \beta_1, \cdots, \beta_p$ 是未知的，要根据样本 $(x_{1i}, x_{2i}, \cdots, x_{pi})(i = 1, 2, 3, \cdots, n)$ 来求出参数 $\beta_0, \beta_1, \cdots, \beta_p$ 的估计值 $b_0, b_1, \cdots, b_p$。我们称

$$\hat{y} = b_0 + b_1 x_1 + \cdots + b_p x_p \tag{6.48}$$

为经验（或样本）回归方程，于是有

$$\hat{y}_i = b_0 + b_1 x_{1i} + \cdots + b_p x_{pi} \quad (i = 1, 2, 3, \cdots, n)$$

最小二乘估计的原则是找 $b_0, b_1, \cdots, b_p$ 使

$$SS_e = \sum_{i=1}^{n}(y_i - \hat{y}_i)^2 = \sum_{i=1}^{n}(y_i - b_0 - b_1 x_{1i} - \cdots - b_p x_{pi})^2 \tag{6.49}$$

最小。

按求极值的必要条件，$b_0, b_1, \cdots, b_p$ 需满足以下方程：

$$\frac{\partial SS_e}{\partial b_k} = 0 \quad k = 0, 1, \cdots, p \tag{6.50}$$

具体写出公式(6.50)为

$$\begin{cases} \dfrac{\partial SS_e}{\partial b_0} = -2 \sum_i (y_i - b_0 - b_1 x_{1i} - \cdots - b_p x_{pi}) = 0 \\ \dfrac{\partial SS_e}{\partial b_1} = -2 \sum_i (y_i - b_0 - b_1 x_{1i} - \cdots - b_p x_{pi}) x_{1i} = 0 \\ \vdots \\ \dfrac{\partial SS_e}{\partial b_p} = -2 \sum_i (y_i - b_0 - b_1 x_{1i} - \cdots - b_p x_{pi}) x_{pi} = 0 \end{cases} \quad (6.51)$$

可化简为

$$\begin{cases} \sum_{i=1}^{n} (b_0 + b_1 x_{1i} + \cdots + b_p x_{pi}) = \sum_{i=1}^{n} y_i \\ \sum_{i=1}^{n} (b_0 x_{1i} + b_1 x_{1i}^2 + \cdots + b_p x_{1i} x_{pi}) = \sum_{i=2}^{n} x_{1i} y_i \\ \vdots \\ \sum_{i=1}^{n} (b_0 x_{pi} + b_1 x_{1i} x_{pi} + \cdots + b_p x_{pi}^2) = \sum_{i=1}^{n} x_{pi} y_i \end{cases} \quad (6.52)$$

令 $\underline{B} = (b_0, b_1, \cdots, b_p)'$

$$X = \begin{bmatrix} 1 & x_{11} & x_{21} & \cdots & x_{p1} \\ 1 & x_{12} & x_{22} & & x_{p2} \\ \vdots & \vdots & \vdots & & \vdots \\ 1 & x_{1n} & x_{2n} & & x_{pn} \end{bmatrix}_{n \times (p+1)}$$

$\underline{Y} = (y_1, y_2, \cdots, y_n)'$

则公式(6.52)可写为矩阵形式,使表达形式大为简化。

$$(X'X)\underline{B} = X'\underline{Y} \quad (6.53)$$

公式(6.51)或公式(6.52)被称为线性回归的正规方程。

若 $X'X$ 满秩(降秩的本书不予考虑),有 $(X'X)^{-1}$ 存在,公式(6.53)的解存在,惟一,为

$$\underline{B} = (X'X)^{-1} X'\underline{Y} \quad (6.54)$$

2. 最小二乘估计的另一种表达形式

由公式(6.52)这一方程组中的第一个方程

$$\sum_{i=1}^{n} (b_0 + b_1 x_{1i} + b_2 x_{2i} + \cdots + b_p x_{pi}) = \sum_{i=1}^{n} y_i$$

$$nb_0 + b_1 \sum x_{1i} + b_2 \sum x_{2i} + \cdots + b_p \sum x_{pi} = \sum y_i$$

所以有

$$b_0 = \bar{y} - b_1 \bar{x}_1 - b_2 \bar{x}_2 - \cdots - b_p \bar{x}_p \quad (6.55)$$

这样,经验回归方程(6.48)可写为

$$\hat{y}_i = \bar{y} + b_1 (x_{1i} - \bar{x}_1) + b_2 (x_{2i} - \bar{x}_2) + \cdots + b_p (x_{pi} - \bar{x}_p) \quad (6.56)$$

代入公式(6.49)得

$$SS_e = \sum \left[(y_i - \bar{y}) - (b_1(x_{1i} - \bar{x}_1) + \cdots + b_p(x_{pi} - \bar{x}_p)) \right]^2 \quad (6.57)$$

则

$$\begin{cases} \dfrac{\partial SS_e}{\partial b_1} = -2 \sum_i \left[(y_i - \bar{y}) - (b_1(x_{1i} - \bar{x}_1) + \cdots + b_p(x_{pi} - \bar{x}_p)) \right](x_{1i} - \bar{x}_1) = 0 \\ \vdots \\ \dfrac{\partial SS_e}{\partial b_p} = -2 \sum_i \left[(y_i - \bar{y}) - (b_1(x_{1i} - \bar{x}_1) + \cdots + b_p(x_{pi} - \bar{x}_p)) \right](x_{pi} - \bar{x}_p) = 0 \end{cases}$$

令

$$\left. \begin{aligned} l_{00} &= \sum_i (y_i - \bar{y})^2; \quad l_{0j} = \sum_i (y_i - \bar{y})(x_{ji} - \bar{x}_j) \\ l_{kj} &= \sum_i (x_{ki} - \bar{x}_k)(x_{ji} - \bar{x}_j) \quad k,j = 1,2,\cdots,p \end{aligned} \right\} \quad (6.58)$$

代入上式得

$$\begin{cases} l_{11}b_1 + l_{12}b_2 + \cdots + l_{1p}b_p = l_{01} \\ \vdots \\ l_{p1}b_1 + l_{p2}b_2 + \cdots + l_{pp}b_p = l_{0p} \end{cases} \quad (6.59)$$

为了解方程(6.59),令

$$\boldsymbol{L} = \begin{bmatrix} l_{00} & l_{01} & \cdots & l_{0p} \\ l_{01} & l_{11} & \cdots & l_{1p} \\ \vdots & & & \vdots \\ l_{0p} & l_{1p} & \cdots & l_{pp} \end{bmatrix}_{(p+1)\times(p+1)} \quad (6.60)$$

以 L_{ij} 表示 l_{ij} 的代数余子式,$i = 0,1,\cdots,p; j = 0,1,\cdots,p$。则方程(6.59)的解为

$$\begin{cases} b_1 = -\dfrac{L_{01}}{L_{00}}, b_2 = -\dfrac{L_{02}}{L_{00}}, \cdots, b_p = -\dfrac{L_{0p}}{L_{00}} \\ b_0 = \bar{y} - b_1 \bar{x}_1 - \cdots - b_p \bar{x}_p \end{cases} \quad (6.61)$$

6.3.3　经验回归系数 $b_1,\cdots,b_p$ 的标准化

由公式(6.48)有

$$\hat{y} - \bar{y} = b_1(x_1 - \bar{x}_1) + b_2(x_2 - \bar{x}_2) + \cdots + b_p(x_p - \bar{x}_p) \quad (6.62)$$

则

$$\begin{aligned} (\hat{y} - \bar{y})/s_0 &= (b_1 s_1/s_0)[(x_1 - \bar{x}_1)/s_1] + \cdots + (b_p s_p/s_0)[(x_p - \bar{x}_p)/s_p] \\ &= b'_1[(x_1 - \bar{x}_1)/s_1] + \cdots + b'_p[(x_p - \bar{x}_p)/s_p] \end{aligned} \quad (6.63)$$

其中 $\quad s_0^2 = \sum_i (y_i - \bar{y})^2/(n-1); \quad s_j^2 = \sum_i (x_{ji} - \bar{x}_j)^2/(n-1),$

$$j = 1,2,3,\cdots,p$$

$$b'_1 = b_1 s_1/s_0, \quad b'_2 = b_2 s_2/s_0, \cdots, b'_p = b_p s_p/s_0$$

在公式(6.63)中,自变量$(x_1 - \bar{x}_1)/s_1,\cdots,(x_p - \bar{x}_p)/s_p$被称为自变量的标准化。经标准化都变成量纲为1的数值了。$(\hat{y} - \bar{y})/s_0$也为变量$\hat{y}$的标准化,量纲也为1。如

果 $x_1, x_2, \cdots, x_p$ 不相关的话,$b_1', \cdots, b_p'$ 比原来的 $b_1, \cdots, b_p$ 更能说明 $x_1, \cdots, x_p$ 对因变量影响的强弱。

【例 6.5】 根据以下数据,求因变量 y 对自变量 x_1、x_2 的二元经验回归方程。

变量	数	据				$\sum$	均 值
x_1	1	2	3	6	5	17	$\bar{x}_1 = 3.4$
x_2	4	4	2	1	0	11	$\bar{x}_2 = 2.2$
y	1	3	4	5	6	19	$\bar{y} = 3.8$

解 由

$$X = \begin{bmatrix} 1 & 1 & 4 \\ 1 & 2 & 4 \\ 1 & 3 & 2 \\ 1 & 6 & 1 \\ 1 & 5 & 0 \end{bmatrix}, \quad Y = \begin{bmatrix} 1 \\ 3 \\ 4 \\ 5 \\ 6 \end{bmatrix}, \quad \underline{B} = \begin{bmatrix} b_0 \\ b_1 \\ b_2 \end{bmatrix}$$

$$\underline{B} = (X'X)^{-1}X'\underline{Y} = \left(\begin{bmatrix} 1 & 1 & 1 & 1 & 1 \\ 1 & 2 & 3 & 6 & 5 \\ 4 & 4 & 2 & 1 & 0 \end{bmatrix} \begin{bmatrix} 1 & 1 & 4 \\ 1 & 2 & 4 \\ 1 & 3 & 2 \\ 1 & 6 & 1 \\ 1 & 5 & 0 \end{bmatrix} \right)^{-1} \cdot \begin{bmatrix} 1 & 1 & 1 & 1 & 1 \\ 1 & 2 & 3 & 6 & 5 \\ 4 & 4 & 2 & 1 & 0 \end{bmatrix} \begin{bmatrix} 1 \\ 3 \\ 4 \\ 5 \\ 6 \end{bmatrix}$$

$$= \begin{bmatrix} 5 & 17 & 11 \\ 17 & 75 & 24 \\ 11 & 24 & 37 \end{bmatrix}^{-1} \begin{bmatrix} 19 \\ 79 \\ 29 \end{bmatrix} = \begin{bmatrix} 10.833 & -1.798 & -2.054 \\ -1.798 & 0.315 & 0.330 \\ -2.054 & 0.330 & 0.424 \end{bmatrix} \begin{bmatrix} 19 \\ 79 \\ 29 \end{bmatrix}$$

$$= \begin{bmatrix} 4.219 & 0.293 & -0.66 \end{bmatrix}'$$

所以,$b_0 = 4.219$,$b_1 = 0.293$,$b_2 = -0.660$
我们得到的经验回归方程为

$$\hat{y} = 4.219 + 0.293x_1 - 0.660x_2$$

6.3.4 最小二乘估计的性质

(1) 无偏性 $E[\underline{B}] = \underline{\beta}$

证 $E[\underline{B}] = E[(X'X)^{-1}X'\underline{Y}] = (X'X)^{-1}X'E[\underline{y}]$

$$= (X'X)^{-1}X'(X\underline{\beta}) = \underline{\beta} \tag{6.64}$$

(2) $\text{Cov}(\underline{B}) = (X'X)^{-1}\sigma^2 \tag{6.65}$

其中

$$\text{Cov}(\underline{B}) = \begin{bmatrix} \text{Var}b_0 & \text{Cov}(b_0, b_1) & \cdots & \text{Cov}(b_0, b_p) \\ & \text{Var}b_1 & \cdots & \text{Cov}(b_1, b_p) \\ & & \ddots & \\ & & & \text{Var}b_p \end{bmatrix} \tag{6.66}$$

矩阵之左下角为对称部分(证明从略)。

$$(3) E[SS_e] = (n - p - 1)\sigma^2 \quad (6.67)$$

故

$$\hat{\sigma}^2 = SS_e/(n - p - 1) \quad (6.68)$$

为 σ^2 的无偏估计。

定义

$$S_{y \cdot x_1 x_2 \cdots x_p} = \sqrt{SS_e/(n - p - 1)} = \hat{\sigma} \quad (6.69)$$

为经验回归剩余标准差或剩余标准差。

6.3.5 回归模型的检验

检验模型公式(6.45)中的回归系数是否存在,即

$$H_0: \beta_1 = \beta_2 = \cdots = \beta_p = 0 \longleftrightarrow H_1: \beta_1, \cdots, \beta_p \text{ 至少 1 个不为零} \quad (6.70)$$

由平方和与自由度的分解存在,因为,由公式(6.57)

$$\begin{aligned} SS_e &= \sum (y_i - \bar{y})^2 + \sum [b_1(x_{1i} - \bar{x}_1) + \cdots + b_p(x_{pi} - \bar{x}_p)]^2 - 2\sum (y_i - \bar{y})[b_1(x_{1i} - \bar{x}_1) + \cdots + b_p(x_{pi} - \bar{x}_p)] \\ &= \sum (y_i - \bar{y})^2 - (b_1 l_{01} + b_2 l_{02} + \cdots + b_p l_{0p}) \\ &= SS_y - SS_{\text{回}} \end{aligned} \quad (6.71)$$

其中

$$SS_y = \sum (y_i - \bar{y})^2$$

$$SS_{\text{回}} = b_1 l_{01} + b_2 l_{02} + \cdots + b_p l_{0p}$$

因为

$$\sum [b_1(x_{1i} - \bar{x}) + \cdots + b_p(x_{pi} - \bar{x})]^2 = (b_1 \cdots b_p) \begin{bmatrix} l_{11} & l_{12} & \cdots & l_{1p} \\ \vdots & \vdots & & \vdots \\ l_{p1} & l_{p2} & \cdots & l_{pp} \end{bmatrix} \begin{bmatrix} b_1 \\ \vdots \\ b_p \end{bmatrix}$$

由正规方程知

$$\begin{bmatrix} l_{11} & l_{12} & \cdots & l_{1p} \\ \vdots & \vdots & & \vdots \\ l_{p1} & l_{p2} & \cdots & l_{pp} \end{bmatrix} \begin{bmatrix} b_1 \\ \vdots \\ b_p \end{bmatrix} = \begin{bmatrix} l_{01} \\ l_{02} \\ \vdots \\ l_{0p} \end{bmatrix}$$

代入上式即得

$$\sum [b_1(x_{1i} - \bar{x}_1) + \cdots + b_p(x_{pi} - \bar{x}_p)]^2 = b_1 l_{01} + \cdots + b_p l_{0p}$$

自由度的分解为

$$f_y = f_{\text{回}} + f_e \quad (6.72)$$

其中

$$f_y = n - 1, f_{\text{回}} = p, f_e = n - p - 1$$

(上式证明从略)

在 H_0 成立的条件下,由 χ^2 分解定理知

$$SS_{回}/\sigma^2 \sim \chi^2(p)$$
$$SS_e/\sigma^2 \sim \chi^2(n-p-1) \tag{6.73}$$

且 $SS_{回}$ 与 SS_e 相互独立,于是

$$F = \frac{SS_{回}/\sigma^2 \cdot p}{SS_e/\sigma^2(n-p-1)} = \frac{SS_{回}/p}{SS_e/(n-p-1)} \sim F(p, n-p-1) \tag{6.74}$$

$F > F_\alpha(p, n-p-1)$ 为显著水平 α 之 H_0 的拒绝域。

6.3.6 样本复相关系数 R 及偏相关系数

1. 定义

$$R^2 = 1 - \frac{SS_e}{SS_y} \tag{6.75}$$

故有

$$R = \sqrt{1 - \frac{SS_e}{SS_y}} = \sqrt{\frac{SS_{回}}{SS_y}} \tag{6.76}$$

这里 $R \geq 0$,由

$$SS_y = SS_{回} + SS_e$$

且三者皆为平方和为非负,故

$$0 \leq R \leq 1 \tag{6.77}$$

2. 偏相关系数

描述每一个自由量 x_i 对因变量 y 的影响的大小。我们以下只对 $p = 2$,即二元的情形加以说明,多元时可类似推广。

$$y_i = \beta_0 + \beta_1 x_{1i} + \beta_2 x_{2i} + \varepsilon_i \quad (i = 1, 2, 3, \cdots, n) \tag{6.78}$$

令

$$r_{y1} = \sum(x_{1i} - \bar{x}_1)(y_i - \bar{y}) = \sum x_{1i} y_i - n\bar{x}_1\bar{y}$$
$$r_{y2} = \sum(x_{2i} - \bar{x}_2)(y_i - \bar{y}) = \sum x_{2i} y_i - n\bar{x}_2\bar{y}$$
$$r_{12} = \sum(x_{1i} - \bar{x}_1)(x_{2i} - \bar{x}_2) = \sum x_{1i} x_{2i} - n\bar{x}_1\bar{x}_2$$

则 y 对 x_1 的偏相关系数 $r_{y1,2}$ 为

$$r_{y1,2} = \frac{r_{y1} - r_{y2} \cdot r_{12}}{\sqrt{(1 - r_{y2}^2)(1 - r_{12}^2)}} \tag{6.79}$$

同理,

$$r_{y2,1} = \frac{r_{y2} - r_{y1} \cdot r_{12}}{\sqrt{(1 - r_{y1}^2)(1 - r_{12}^2)}} \tag{6.80}$$

(证明从略)

$r_{y1,2}$ 的含义为假设 x_2 值保持不变,y 与 x_1 线性相关紧密程度的大小。$r_{y2,1}$ 类似。

【例6.6】 某地积累了共28年春季雨量 x_1、温度 x_2 与某作物收获量 y 的记录,

经计算得到 $\bar{x}_1 = 12.47, \bar{x}_2 = 594, \bar{y} = 25.40, s_1 = 2.79, s_2 = 85, s_y = 3.99, r_{y1} = 0.80, r_{y2} = -0.40, r_{12} = -0.56$。试求因变量 y 对自变量 x_1、x_2 的经验线性回归方程,样本复相关系数及样本偏相关系数。

解 $\hat{y} = \bar{y} + b_1(x_1 - \bar{x}_1) + b_2(x_2 - \bar{x}_2)$

为经验回归方程。正规方程为:

$$\begin{cases} l_{11}b_1 + l_{12}b_2 = l_{y1} \\ l_{21}b_1 + l_{22}b_2 = l_{y2} \end{cases}$$

其中

$$l_{11} = \sum_{i=1}^{n}(x_{1i} - \bar{x}_1)^2 = (n-1)S_1^2 = 27 \times 2.79^2 = 210.17$$

$$l_{22} = \sum_{i=1}^{n}(x_{2i} - \bar{x}_2)^2 = (n-1)S_2^2 = 27 \times 85^2 = 195\,075$$

$$r_{12} = \frac{\sum(x_{1i} - \bar{x}_1)(x_{2i} - \bar{x}_2)}{\sqrt{\sum(x_{1i} - \bar{x}_1)^2 \cdot \sum(x_{2i} - \bar{x}_2)^2}} = \frac{\sum(x_{1i} - \bar{x}_1)(x_{2i} - \bar{x}_2)}{(n-1)S_1 S_2}$$

$$= -0.56$$

$$l_{12} = \sum(x_{1i} - \bar{x}_1)(x_{2i} - \bar{x}_2) = (n-1)S_1 \cdot S_2 \cdot r_{12}$$

$$= 27 \times 2.79 \times 85 \times (-0.56) = -3\,585.71$$

$$l_{y1} = (n-1)S_y \cdot S_1 \cdot r_{y1} = 27 \times 3.99 \times 2.79 \times 0.80$$

$$= 240.45$$

$$l_{y2} = (n-1)S_y \cdot S_2 \cdot r_{y2} = 27 \times 3.99 \times 85 \times (-0.40)$$

$$= -3\,662.82$$

代入正规方程得

$$\begin{cases} 210.17 b_1 - 3\,585.71 b_2 = 240.45 \\ -3\,585.71 b_1 + 195\,075 b_2 = -3\,662.82 \end{cases}$$

解得

$$b_1 = 1.2 \quad b_2 = 0.003\,3$$

所得经验回归方程为

$$\hat{y} = 25.40 + 1.2(x_1 - 12.47) + 0.003\,3(x_2 - 594)$$

$$= 8.48 + 1.2 x_1 + 0.003\,3 x_2$$

$$SS_{回} = (b_1, b_2)\begin{bmatrix} l_{11} & l_{12} \\ l_{12} & l_{22} \end{bmatrix}\begin{bmatrix} b_1 \\ b_2 \end{bmatrix}$$

$$= (1.2, 0.003\,3)\begin{bmatrix} 210.17 & -3\,585.71 \\ -3\,585.71 & 195\,075 \end{bmatrix}\begin{bmatrix} 1.2 \\ 0.003\,3 \end{bmatrix}$$

$$= 276.37$$

$$SS_y = (n-1)S_y^2 = 27 \times 3.99^2 = 429.84$$

$$R = \sqrt{SS_{回}/SS_y} = 0.80 \text{ 为复回归系数}。$$

而偏回归系数分别为

$$r_{y1,2} = \frac{r_{y1} - r_{y2}r_{12}}{\sqrt{(1-r_{y2}^2)(1-r_{12}^2)}} = \frac{0.8 - (-0.40) \times (-0.56)}{\sqrt{(1-0.4^2) \times [1-(-0.56)^2]}}$$
$$= 0.75$$

$$r_{y2,1} = \frac{r_{y2} - r_{y1} \cdot r_{12}}{\sqrt{(1-r_{y1}^2)(1-r_{12}^2)}} = \frac{-0.40 - 0.8 \times (-0.56)}{\sqrt{(1-0.8^2) \times [1-(-0.56)^2]}}$$
$$= 0.096 \approx 0.10$$

经验回归系数 b_1、b_2 均取正值,说明春季雨量、温度愈高,则作物产量愈高。但经验告诉我们,春季温度较低常常对作物有利,对这一矛盾如何解释呢,由 $r_{y1,2} = 0.76$,而 $r_{y2,1} = 0.10$,说明温度与产量的关系不如雨量与产量的关系密切,而 $r_{12} = -0.56 < 0$,说明温度高使雨量减少从而使产量降低,这就与我们的经验相一致了。

如果计算标准化经验回归系数,由于雨量与温度相关也不能从 b_1'、b_2' 直接说明问题。

$$b_1' = b_1 s_1/s_0 = 0.840 \quad b_2' = b_2 s_2/s_0 = 0.085$$

b_1'、b_2' 也皆为正,还是要从 x_1、x_2 之间的负相关关系来说明问题。

6.3.7 预 测

这一节与一元线性回归的预测,除了自变量从一元增加到 p 元之外其余都是类似的。如公式(6.38),对 p 元则为

$$\text{Var}[\hat{y}_0 - y_0] = \left(1 + \frac{1}{n} + (\underline{x}_0 - \bar{x})' \mathbf{S}^{-1} (\underline{x}_0 - \bar{x})\right) \sigma^2$$

其中
$$\underset{1 \times p}{\underline{x}_0} = (x_{10}, x_{20}, \cdots, x_{p0})', \quad \underset{p \times 1}{\bar{x}} = (\bar{x}_1, \bar{x}_2, \cdots, \bar{x}_p)'$$

$$\mathbf{S} = \begin{bmatrix} x_{11} - \bar{x}_1 & x_{21} - \bar{x}_2 & \cdots & x_{p1} - \bar{x}_p \\ x_{12} - \bar{x}_1 & x_{22} - \bar{x}_2 & \cdots & x_{p2} - \bar{x}_p \\ \vdots & \vdots & & \vdots \\ x_{1n} - \bar{x}_1 & x_{2n} - \bar{x}_2 & \cdots & x_{pn} - \bar{x}_p \end{bmatrix}' \begin{bmatrix} x_{11} - \bar{x}_1 & x_{21} - \bar{x}_2 & \cdots & x_{p1} - \bar{x}_p \\ x_{12} - \bar{x}_1 & x_{22} - \bar{x}_2 & \cdots & x_{p2} - \bar{x}_p \\ \vdots & \vdots & & \vdots \\ x_{1n} - \bar{x}_1 & x_{2n} - \bar{x}_2 & \cdots & x_{pn} - \bar{x}_p \end{bmatrix}_{p \times p}$$

$$T = \frac{\hat{y}_0 - y_0}{S_{y \cdot x_1 x_2 \cdots x_p} \sqrt{1 + \frac{1}{n} + (\underline{x}_0 - \bar{x})' \mathbf{S}^{-1} (\underline{x}_0 - \bar{x})}} \sim t(n-p-1)$$

其中
$$S_{y \cdot x_1 x_2 \cdots x_p} = \sqrt{SS_e/(n-p-1)} = \sqrt{SS_y(1-R^2)/(n-p-1)} = \hat{\sigma}$$

于是被预测值 y_0 的 $100(1-\alpha)\%$ 置信区间为

$$\hat{y}_0 \mp t_\alpha(n-p-1) \cdot S_{y \cdot x_1 x_2 \cdots x_p} \sqrt{1 + \frac{1}{n} + (\underline{x}_0 - \bar{x})' \mathbf{S}^{-1} (\underline{x}_0 - \bar{x})}$$

其中

$$\underline{x}_0 = (x_{01} \quad x_{02} \cdots x_{0p})'$$

是自变量的一个点(p维空间中的一个点)，

$$\underline{\bar{x}} = (\bar{x}_1 \quad \bar{x}_2 \quad \cdots \quad \bar{x}_p)'$$

为原始数据点(p维)的均值点(p维)。

注1 模型中对假设 $E[\varepsilon_i] = 0$ 的理解

它是模型中最直观、最重要的条件。如：

$$\left. \begin{array}{l} y = \beta_0 + \beta_1 x + \beta_2 x^2 + \eta \\ y = \beta_0 + \beta_1 x + \beta_2 \sqrt{x} + \eta \\ y = \beta_0 + \beta_1 x + \beta_2 z + \eta \end{array} \right\} \eta \sim N(0, \sigma^2)$$

则 $\varepsilon = \beta_2 x^2 + \eta$ 或 $\beta_2 \sqrt{x} + \eta$ 或 $\beta_2 z + \eta$ 都不会有 $E[\varepsilon] = 0$

注2 回归诊断中的图形分析

图 6.9 中 a 为正常；b ~ d 为方差齐性的假设不成立；e、f 表明回归可能是非线性的，或 x 与 ε 之间具有相关性。

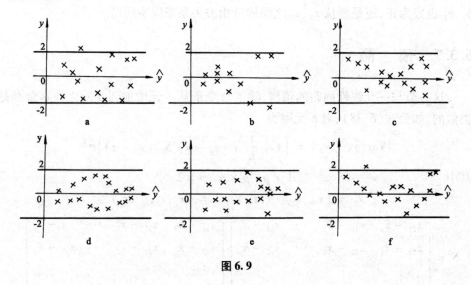

图 6.9

以上从 b ~ f 都是使模型不成立的散点图的大体示意，当然，要进一步探讨可以加大样本量或计算一下样本相关系数并查附表 17。

注3 正规方程系数行列式的 3 种情况

(1) $\begin{bmatrix} n & \sum x_i \\ \sum x_i & \sum x_i^2 \end{bmatrix}$ 的行列式不为零，即矩阵是满秩的，正规方程的解存在惟一，最小值又存在，故此驻点即为最小值。

(2) 如此矩阵之行列式为零，则矩阵降秩，解为无穷多或无解。

(3) 如行列式近似为零，则正规方程属病态的，此时解极不稳定。

对后两者本书不予讨论。

注 4 散点图的直观分析

在数据取得后应在散点图上首先作直观检查。如图 6.10 中的(a)中有一个异常点(13.00, 12.74),若将此点剔除,会使样本回归方程更合理。(b)中在同一个 x 值有如此多的点,此外只有一个点(19.00,12.50),此点成为强影响点。应取自变量 x 的值尽量范围大,$\sum(x_i - \bar{x})^2$ 大才会使预测更准确。

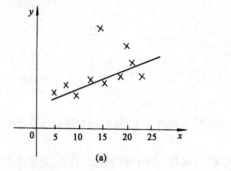 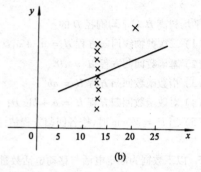

图 6.10

习 题 6

1. 给出下列样本数据:(1,7.1),(2,9.8),(3,13.4),(4,15.7)。试按线性回归的要求,
   (1) 求出样本回归系数与常数项;
   (2) 建立样本回归直线方程;
   (3) 计算样本相关系数;
   (4) 计算样本回归标准差。

2. 根据昆虫学研究得出的有效积温法则,昆虫发育历期 N 与历期内每日平均温度的平均值 T 有如下回归关系,即 $N = \dfrac{K}{T-C}$,其中 K,C 均为常数,C 称为有效积温值,在研究粘虫的生长过程中测得如下样本数据:

编单位号	1	2	3	4	5	6	7	8
平均温度 T(℃)	11.8	14.7	15.4	16.5	17.1	18.3	19.8	20.3
历 期 N(天)	30.4	15.0	13.8	12.7	10.7	7.5	6.8	5.7

试由此确定常数 C 与 K。

3. 如下表:

胸高断面积 x_i(m²)	4.7	5.4	6.3	7.2	7.8	8.8	9.9	11.7	11.4	11.8
蓄积量 y_i(m³)	46	56	67	65	89	86	103	108	121	118

试求蓄积量 y 对于胸高断面积 x 的直线回归方程 $\hat{y} = a + bx$。当 $x = 10$ m² 时估计相应蓄积量为

多少?并以 95% 可靠性指出估计误差限。

4. 已知云杉平均树高 H 与平均胸径 D 之间的联系有如下资料:

平均胸径 (cm)	15	20	25	30	35	40	45	50	55	60	65
平均高 (m)	13.9	17.1	20.0	22.1	24.0	25.6	27.0	28.3	29.4	30.2	31.4

试求平均树高 H 对平均胸径 D 的:

(1) 二次抛物线回归方程 $H = a_0 + a_1 D + a_2 D^2$;

(2) 幂函数回归方程 $H = aD^b$;

(3) 指数函数回归方程 $H = ab^D$;

(4) 对数函数回归方程 $H = a + b\lg D$;

(5) 当 $D = 32$ cm 时,按各回归方程估计相应的平均高,并以 95% 可靠性指出估计的误差限。

5. 以下数据为固定电话与移动电话数量(单位:亿台)历年来的情况。首先,分别作出它们的散点图,从直观判断可否采用线性回归模型。如认为可以进行,求出其经验回归方程,并作相关系数的模型检验,求出 2005 年及 2006 年的预测值。

年份	1996	1997	1998	1999	2000	2001	2002	2003	2004
固定电话数	0.55	0.70	0.87	1.09	1.45	1.79	2.12	2.35	2.38
移动电话数	0.07	0.13	0.43	0.85	1.45	1.80	2.13	2.37	2.49

*6. 设有 x_1、x_2、y 的观察资料为如下表:

x_{1i}	2.00	2.16	2.46	2.60	2.76	2.89	2.95	3.01	3.11	3.20
x_{2i}	3.13	3.20	3.28	3.35	3.33	3.27	3.40	3.33	3.36	3.43
y_i	4.76	4.99	5.31	5.58	5.67	5.80	5.96	5.88	6.01	6.15

试求:(1) y 对 x_1、x_2 的二元线性回归方程;

(2) y 对 x_1、x_2 的复相关系数;

**(3) y 对 x_1 与 y 对 x_2 的偏相关系数;

**(4) 检验回归关系的显著性。

*7. 为测定某种药剂对一种森林昆虫的毒性,取得了如下试验资料:

剂 量	实验昆虫数	死亡昆虫数	死亡率(%)
800	10	0	0.0
1 000	10	1	10.0
1 200	10	3	30.0
1 400	10	7	70.0
1 600	10	8	80.0
1 800	10	9	90.0
2 000	10	10	100.0

试将剂量值取对数之后,用概率单位法求出对数剂量与死亡率概率单位的样本回归直线,并以此求出致死中位剂量值 LD_{50} 以及 5% 致死量 LD_5 及 95% 致死量 LD_{95}。

**8. 试根据如下反应表,求 y 对非数量化因子 x_1、x_2 的数量化回归的各得分值,并求出复相关系数与偏相关系数。并求 y 对 x_1、x_2 的经验线性方程,及(6.2)的 F 检验或利用复相关系数的 F 检验。

样本号	项目类目 y	x_1		x_2	
		K_{11}	K_{12}	K_{21}	K_{22}
1	1	1	0	1	0
2	1.5	0	1	1	0
3	1.2	1	0	0	1
4	2	0	1	0	1
5	1.5	1	0	1	0
6	1.4	0	1	0	1
7	1.7	1	0	1	0
8	1.8	0	1	1	0

9. 以第 3 题的数据在方格纸上作图,并徒手画出一条经验回归直线,写出此经验回归直线的方程,并对 y 与 x 的线性回归进行检验,试与第 3 题用公式计算的结果作出比较,对比较结果作出分析。

10. 设某农作物产量 $y(10\ \text{kg/hm}^2)$ 与某种化肥施量 $x(\text{kg/hm}^2)$ 的试验数据为:

x	2	2	3	3	4	4	5	5	6
y	12	13	13	14	15	15	14	16	17	18

试求,当 $x = 2.5, 3.5, 4.5, 5.5, 6.5$ 时,y 的 90% 预测置信区间。对 y 与 x 的线性回归模型作是否正确的检验。将以上各置信区间连成曲线得出喇叭形控制线。

11. 已知 $y = 3 + 2.4x + \varepsilon$; $\varepsilon \sim N(0, 0.5)$,试求 y 值的 95% 控制线,此控制线是否为喇叭形线,为什么?

*12. 导出过原点的一元线性回归的以下公式:设模型为 $y_i = \beta x_i + \varepsilon_i \ (i = 1, 2, 3, \cdots, n)$。则 β 的最小二乘估计

$$b = \sum x_i y_i \Big/ \sum x_i^2 \ ; \quad SS_e = \sum y_i^2 - b \sum x_i y_i$$

本章推荐阅读书目

[1] An Introduction to Liener and the Design and Analysis of Experiments. Lyman Ott. Duxbury Press, 1968.

[2] 回归分析及其试验设计. 上海师范大学数学系概率统计教研组. 上海教育出版社, 1978.

[3] 近代回归分析. 陈希孺, 王松桂. 安徽教育出版社, 1986.

第6章附录

1. 简易拟合法

（1）徒手画法

在散点图上凭直观用透明尺或曲线板画一直线穿过观测点，使图中的直线能代表散点图之趋势。

（2）半平均法

将 X 变量的数据依大小分为数目相等的两部分，两部分分别求出平均值点 $(\bar{X}_1, \bar{Y}_1)$，$(\bar{X}_2, \bar{Y}_2)$，将这两点连成一直线即可，如图 6.11 所示。

（3）Bartlett 方法

将 X 变量的数据依大小分为三组，并分别求出 1，3 平均值点 $(\bar{X}_1, \bar{Y}_1)$，$(\bar{X}_3, \bar{Y}_3)$

令

$$b = \frac{\bar{Y}_3 - \bar{Y}_1}{\bar{X}_3 - \bar{X}_1}$$

则所求之直线方程为

$$\hat{Y} = \bar{Y} + b(X - \bar{X})$$

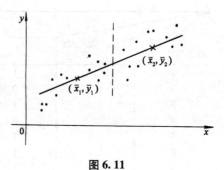

图 6.11

当 x 值点是等间隔出现时，这方法非常有效。

另外这三组数据大小的比例最好为 1∶2∶1。

2. 简易检验法（Omstead and Tukey，1947）

我们要检验的假设为：

$$\begin{cases} H_0: X, Y \text{ 之间不相关} \\ H_1: X, Y \text{ 之间相关} \end{cases}$$

在数据 $(X_1, Y_1), \cdots, (X_n, Y_n)$ 中对 $x_1, x_2 \cdots, x_n$ 取中位数，并通过此中位数作一直线平行于 Y 轴。同样对 $Y_1, Y_2, \cdots, Y_n$ 也通过其中位数作平行于 X 轴的直线如图 6.12，由这两条中位数线组成四个象限，各象限的符号如图 6.12 所示。如图中共 17 个点。

（1）从最右端起数点，直到下一个必须跨过水平中位线停止，如图为 4 个点且为 + 4。

（2）从最上边开始数点，直到下一个必须跨过垂直中位线为止，如图为 2 个观测点符号为正即 + 2。

（3）完全类似的是从最左边及最下边数起。如图分别为 + 2 及 + 3。

将这些符号的数加起来记为 C：

$$C = + 4 + 2 + 2 + 3 = 11$$

对 $\alpha = 0.10, 0.05, 0.01$，$H_0$ 的拒绝域分别为

$$|C| \geq 9, 11, 13$$

如图 6.12，$|C| = 11$ 故以 $\alpha = 0.05$ 水平拒绝 H_0，接受 H_1。由 $C > 0$，知 X, Y 之间为正相关。如果计算得 $C < 0$ 则为负相关。

3. 过坐标原点的直线回归

对某些实际问题符合模型

$$Y_i = \beta X_i + \varepsilon_i \quad (i = 1, 2, \cdots, n) \qquad (1)$$

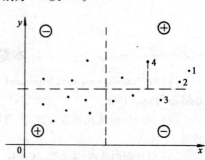

图 6.12　由中位数线组成的 4 个象限

其中(X_i, Y_i)为可能的观测值,X是自变量为非随机变量,β为未知常量或参量,ε_i为随机变量满足

$$\varepsilon_i \sim N(0, \sigma^2)$$

且$\varepsilon_1, \varepsilon_2, \cdots, \varepsilon_n$之间相互独立。

此时公式(1)变为

$$Y_i = bx_i + \varepsilon_i \quad (i = 1, 2, 3, \cdots, n) \tag{2}$$

求b使

$$SS_e = \sum_{i=1}^{n} \varepsilon_i^2 = \sum_{i=1}^{n} (y_i - bx_i)^2 \tag{3}$$

最小

由

$$\frac{\partial(SS_e)}{\partial b} = -2 \sum_{i=1}^{n} (y_i - bx_i) x_i = 0 \tag{4}$$

解得

$$b = \frac{\sum_{i=1}^{n} x_i y_i}{\sum_{i=1}^{n} x_i^2} \tag{5}$$

故

$$\hat{Y} = bx \tag{6}$$

为经验回归直线。

4. 秩相关系数(Rank correlation coefficient)

当因变量Y不满足正态分布的要求时,回归的F检验或相关系数r检验都不能应用。Spearman定义了秩相关系数r_s为

$$r_s = 1 - \frac{6 \sum R_i^2}{n(n^2 - 1)} \tag{1}$$

其中,R_i表示数据(x_i, y_i)中x_i在$x_1, x_2, \cdots, x_n$中从小到大排序的顺序数与y_i在$y_1, y_2, \cdots, y_n$中从小到大排序的顺序数之差。n为样本点的个数。检验的假设为

$$H_0: x, y \text{ 不相关或独立} \longleftrightarrow H_1: x, y \text{ 相关}$$

$r_s > r_s(n, \alpha)$为H_0之拒绝域。

其中,$r_s(n, \alpha)$可查附表30。

当$n \geq 30$,在H_0成立的条件下,有

$$T = |r_s| \sqrt{\frac{n-2}{1-r_s^2}} \xrightarrow{\text{近似}} t(n-2) \tag{2}$$

例如,有10个学生的数学成绩x_i和数理统计成绩$y_i (i = 1, \cdots, 10)$如下:

x 观测值	68	66	60	80	46	92	62	40	64	90
顺序值	7	6	3	8	2	10	4	1	5	9
y 观测值	66	48	50	90	30	60	46	40	56	92
顺序值	8	4	5	9	1	7	3	2	6	10
R_i	-1	2	-2	-1	1	3	1	-1	-1	-1

得

$$r_s = 1 - \frac{6(24)}{10(10^2 - 1)} = 0.854\,5$$

查表(Spearman秩相关临界值表)得

$$r_s(10, 0.01) = 0.745 < r_s = 0.854\ 5$$

故拒绝 H_0,认为 x,y 相关。

若代入(2),有

$$T = (0.854\ 5)\sqrt{\frac{10-2}{1-(0.854\ 5)^2}} = 4.653$$

$t_{0.01}(n-2) = t_{0.01}(8) = 2.896 < 4.653$ 拒绝 H_0,两者结论相同。

5. 最优经验回归函数的选择

所谓最优是与我们的目的有关的,以下的讨论都假设我们的目的是预测。

在实际应用中,对因变量 Y,其自变量的个数往往是非常多的。这些自变量之间又都相互相关,因而我们的问题就集中在如何最恰当地选择影响 Y 的自变量的问题,把自变量的所有组合都做一遍。当有 10 个因素时,要做 $2^{10}-1 = 1\ 023$ 个,是不现实的,因而有以下的剔除法:

(1) 设在一项研究中我们注意的指标是因变量 Y,且认为一切对 Y 可能有较显著影响的自变量都搜集到了。在比较复杂的问题中,起初涉及的自变量个数很大。这时,即使模型是恰当的,一个包含这么多自变量的系统在计算上、应用上很不方便,而且往往使稳定性变得很差而带来不良后果,因此人们希望从众多的自变量中,只挑出为数不太多的若干个,而把关系较为次要的都去掉,我们举一个简单的例子来说明这个问题:

如有散点图如图 6.13 所示,设为 n 个点,这时,我们可以用一个 $(n-1)$ 次 x 的多项式来拟合,使曲线通过每一个点,因而使剩余平方和为 0,但这个经验回归函数很不稳定,即如果数据值改变,曲线变化很大,经验回归系数的改变很大,而如果取经验回归函数为直线,就会稳定得多。

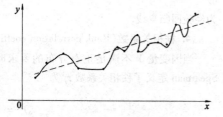

图 6.13 经验回归函数的稳定问题

应该说明,即使采用包括全部自变量的模型在理论上是正确的,丢掉其中一部分次要的自变量,仍有可能改善预测效果。

(2) 要说明以上的结论,需要用到分块矩阵的求逆公式,兹不赘述。

6. 逐步回归简介

逐步回归是根据自变量 $x_1,\cdots,x_p$ 对因变量 y 的重要程度逐次把它们引入回归函数的。在这个过程中,也把那些显得不那么重要的自变量逐步从回归方程中剔除。所以逐步回归过程是一个逐步引入和逐步剔除自变量的过程。步骤是:

(1) 设定选入变量临界值 F_1,及剔除变量临界值 F_2,例如一般常取 $F_1 = 3.5, F_2 = 2.5$。

(2) 对 $x_1,\cdots,x_p$ 的每一个分别与 y 作一元线性回归,得 p 个经验回归方程

$$\hat{y} = b_0(j) + b_1(j)x_j \quad (j = 1,2,3,\cdots,p)$$

$SS_e(j)$ 为其相应的残差平方和

令

$$SS_e^{(1)} = \min\{SS_e^{(1)},\cdots,SS_e^{(p)}\}$$

若

$$F = \frac{SS_Y - SS_e^{(1)}}{SS_e^{(1)}/(n-2)} \geq F_1 \tag{1}$$

则把相应的因素记为 $x_1^{(1)}$(它是 $x_1,\cdots,x_p$ 中之一) 作为首次选入的因素(若 $F < F_1$,则逐步回归停止,认为 $x_1,\cdots,x_p$ 对 Y 都是不重要的)。$x_1^{(1)}$ 与 Y 的经验回归方程为

$$y = b_0^{(1)} + b_1^{(1)} x_1^{(1)} \tag{2}$$

(3) 添加

设已选入 h 个因素 $x_1^{(h)}, \cdots, x_h^{(h)}$ 进入经验回归方程

$$\hat{y} = b_0^{(h)} + b_1^{(h)} x_1^{(h)} + \cdots + b_h^{(h)} x_h^{(h)} \tag{3}$$

剩下的 $p-h$ 个因素记为 $x_{h+1}^{(h)}, \cdots, x_p^{(h)}$。设此时的残差平方和为 $SS_e^{(h)}$。在(3)中再添加一个因素组成新的经验回归方程及新的残差平方和 $SS_e^{(h+1)}(j)(j = h+1, \cdots, p)$。

有

$$SS_e^{(h+1)}(j) \le SS_e^{(h)} \quad (j = h+1, \cdots, p)$$

取

$$SS_e^{(h+1)} = \min\{SS_e^{(h+1)}(h+1), \cdots, SS_e^{(h+1)}(p)\} \tag{4}$$

若

$$F = \frac{SS_e^{(h)} - SS_e^{(h+1)}}{SS_e^{(h+1)}/(n-h-2)} \ge F_1 \tag{5}$$

则决定将这个因素添加进来,否则不添加并考虑剔除。

(4) 剔除

设已有 $x_1^{(s)}, \cdots, x_s^{(s)}$ 共 s 个因素进入经验回归方程

$$\hat{y} = b_0^{(s)} + b_1^{(s)} x_1^{(s)} + \cdots + b_s^{(s)} x_s^{(s)} \tag{6}$$

由于一般的说 $x_1^{(s)}, \cdots, x_s^{(s)}$ 之间是相关的,故每进入一个新因素时,有可能使原来已进入的某个因素变得不重要了,于是就要考虑剔除问题。从 $x_1^{(s)}, \cdots, x_s^{(s)}$ 中除去一个因素之后重建经验回归方程,并计算残差平方和 $SS_e^{(s-1)}(j)(j=1,2,3,\cdots,s)$ 于是,

$$SS_e^{(s-1)}(j) \ge SS_e^{(s)}$$

令

$$SS_e^{(s-1)} = \min\{SS_e^{(s-1)}(1), \cdots, SS_e^{(s-1)}(s)\}$$

若

$$F = \frac{SS_e^{(s-1)} - SS_e^{(s)}}{SS_e^{(s)}/(n-s-1)} < F_2 \tag{7}$$

则决定剔除相应的因素。

如果达到某一步之后既不能再剔除,也不能再添加,则逐步回归就结束了,最后得到的就是比较理想的自变量的选择(见参考文献[10])。

注意:添加后只会使 SS_e 减小,因为

找 $b_0, b_1, \cdots, b_p, b_{p+1}$ 使 $\sum (y_i - b_0 - b_1 x_{1i} - \cdots - b_p x_{pi} - b_{p+1} x_{(p+1)i})^2$ 最小,其最小者肯定比

$$\sum (y_i - b_0 - b_1 x_{1i} - \cdots - b_p x_{pi})^2$$

(即取 $b_{p+1} = 0$) 最小者更小,因前者已包含后者。

7. 协方差分析

(1) 协方差分析简介

比如,要比较 3 种饲料对猪的生长的差异显著性,这本来是单因素 3 水平的方差分析问题。现在的问题是,被试验的小猪由于在开始试验时体重不同,即先天条件不同,这会对猪的生长速度产生影响。就是说,除了不同的饲料之外,还有小猪的初始体重都对小猪的生长发生影响,我们要比较的是饲料的好坏,就必须排除小猪初始体重不同所产生的干扰。

小猪的初始体重是一个连续变量,我们不能将它控制在几个水平上与饲料作双因素方差分析,对连续型变量,我们用回归来处理。

回归部分是作为要消除的干扰因素来对待的,故把小猪初始体重称为协变量或伴随变量。

这里,协变量往往是不可控制的。如对不同种源的树苗,考察其一定时间后的苗高,开始试验时对苗子安排的株距是相同的,但在生长的过程中,由于一部分苗子死掉,使继续生长的苗子的株距产生差异,这种差异是无法事先控制的,它对生长的影响又是不可忽略的,这个差异正是协变量。

(2) 模型及检验的统计假设

设 x 表示小猪初始重,即协变量。Y 表示饲养 3 个月后的小猪所增加的体重。则,模型为

$$Y = \beta_0 + \beta_1 x + \beta_2 Z_1 + \beta_3 Z_2 + \beta_4 x Z_1 + \beta_5 x Z_2 + \varepsilon \tag{1}$$

其中,当采用饲料 Ⅰ 时,$Z_1 = 0, Z_2 = 0$

当采用饲料 Ⅱ 时,$Z_1 = 1, Z_2 = 0$

当采用饲料 Ⅲ 时,$Z_1 = 0, Z_2 = 1$

$\varepsilon \sim N(0,\sigma^2)$,不同的 ε 是相互独立的。$\beta_0, \beta_1, \cdots, \beta_5, \sigma^2$ 为未知常量。

我们把 3 种饲料称为 3 个处理,对应不同的处理,Y 的理论期望值 $E[Y]$ 如表 6.2 所示。

表 6.2 因变量 Y 的期望值

处理		Y 的期望值 $E(Y)$
	Ⅰ	$\beta_0 + \beta_1 x$
	Ⅱ	$(\beta_0 + \beta_2) + (\beta_1 + \beta_4)x$
	Ⅲ	$(\beta_0 + \beta_3) + (\beta_1 + \beta_5)x$

表 6.3 无交互作用时 Y 的期望值

处理		Y 的期望值 $E(Y)$
	Ⅰ	$\beta_0 + \beta_1 x$
	Ⅱ	$(\beta_0 + \beta_2) + \beta_1 x$
	Ⅲ	$(\beta_0 + \beta_3) + \beta_1 x$

如果协变量 x 与 3 种处理没有交互作用,则在(1) 中 $\beta_4 = \beta_5 = 0$,(1) 变为

$$Y = \beta_0 + \beta_1 x + \beta_2 Z_1 + \beta_3 Z_2 + \varepsilon \tag{2}$$

此时,表 6.2 改变为表 6.3。

表 6.3 中 $E[Y]$ 对 3 种处理的直线回归的斜率相同。

对(2) 我们检验的假设为

$$H_0 : \beta_2 = \beta_3 = 0 \longleftrightarrow H_1 : \beta_2 \neq 0 \text{ 或 } \beta_3 \neq 0 \tag{3}$$

如果 H_0 成立,则如图 6.14a 所示。图 6.14b 中,从数据所得之 $\bar{y}_1、\bar{y}_2、\bar{y}_3$ 虽然有明显的不同,但这不同的原因来自用于试验饲料 Ⅰ 的小猪初始重都很小,而用于试验 Ⅲ 的小猪初始重都较大的原故。实际上,Y 的期望值 $E[Y] = \beta_0 + \beta_1 x$ 与 Z 无关,即对 3 种饲料都是一样的。如果在图 6.14a 中将小猪的初始重调整到 $\bar{x}$,则 Ⅰ、Ⅱ、Ⅲ 3 种饲料使小猪增长的体重是一样的。

如果 H_0 不成立,则,如图 6.14b 所示。

图 6.14b 中的 3 个不同饲料所得之 3 个 Y 的样本均值 $\bar{y}_1、\bar{y}_2、\bar{y}_3$,表面上看来差异不大,这是由于它们的协变量 x 取值范围不同之故。若将协变量 x 都调整到 $\bar{x}$,则相应的 Y 之总体期望值 $\bar{y}_1$,$\bar{y}_2$,$\bar{y}_3$ 是明显不同的。所以,在(2) 的模型中,我们检验(3) 即可判断 3 种饲料对小猪增重是否有显著差异。

图 6.14c 与图 6.14d 说明,如果我们不考虑协变量 x 的影响,不对协变量作调整,则会得出错误的结论。

当不能事先确定协变量 x 与供试因素没有交互作用时,应采用模型(1)。应首先检验

$$H_0 : \beta_4 = \beta_5 = 0 \longleftrightarrow H_1 : \beta_4 \neq 0 \text{ 或 } \beta_5 \neq 0 \tag{4}$$

如 H_0 成立,则变为模型(2),问题变为对(3) 作检验,如果 H_0 不成立,则 3 种饲料所得出的 $E[Y]$ 是不同的,3 种饲料对 Y 显然效果不同。如图 6.14c 所示。

图 6.14c 从直观上看,3 种饲料所得之 Y 的样本均值 $\bar{y}_1、\bar{y}_2、\bar{y}_3$ 相差很小,似乎 Y 之相应的 3 个总体均值 $\bar{Y}_1、\bar{Y}_2、\bar{Y}_3$ 没有显著差异,但若将协变量 x 调整到 $\bar{x}$,如图 6.14c 所示,Ⅰ、Ⅱ、Ⅲ 3 个总体

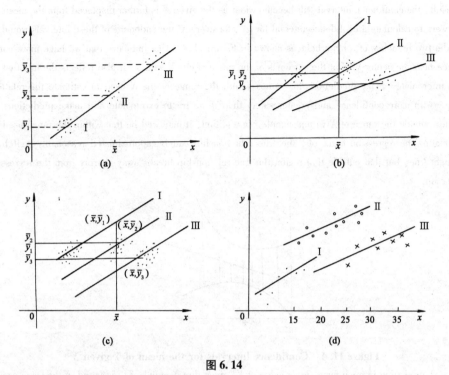

图 6.14

的总体均值 $\bar{Y}_1$、$\bar{Y}_2$、$\bar{Y}_3$ 是有显著差异的。

8. Some Uses of Regression(引自本章推荐阅读书目[1])

prediction

In addition to the use of a regression analysis to estimate the parameters of the functional relationship between two variables and to test hypotheses concerning these parameters, there are several other applications that are of great importance in practical problems. We briefly consider three of them.

Having fitted a regression and having obtained the prediction equation, we are in a position where, given a value for X, we can predict with some degree of confidence the corresponding mean of Y. We can also predict what a single observed value of Y would be for a given X, but with less confidence. The point estimate for either the mean or a single value is

$$\hat{Y}_0 = a + bX_0 \qquad 11.18$$

where $\hat{Y}_0$ is the predicted value corresponding to the given value X_0.

We can find a confidence interval for the mean $\mu_{Y|X_0} = A + BX_0$ of Y given X_0. The formulas are

$$L = \hat{Y}_0 - t_{\alpha/2,(n-2)} s_{\hat{Y}_0}$$
$$R = \hat{Y}_0 + t_{\alpha/2,(n-2)} s_{\hat{Y}_0} \qquad 11.19$$

The estimated standard deviation of $\hat{Y}_0$ is

$$s_{\hat{Y}_0} = s_{Y.X} \sqrt{\frac{1}{n} + \frac{(X_0 - \bar{X})^2}{\sum(X_i - \bar{X})^2}} \qquad 11.20$$

From the form of $s_{\hat{Y}_0}$ we see that the estimated standard deviation for a predicted mean value depends upon X_0. The farther X_0 gets from the mean of X, the greater will be the standard deviation. As a result, the confidence interval will become wider as the given X is farther displaced from the mean. If we were to calculate a confidence interval for $\mu_{Y|X}$ for every X, the endpoints of these intervals would lie on the two branches of a hyperbola, as shown in Figure 11.4. This indicates that we have more confidence near the center than at the extremes of the range of our X-values. It also reflects the fact that we can interpolate—make predictions for values within the range of the X used to estimate the relationship—with more confidence and greater safety than if we try to extrapolate and make predictions for values outside the range of X in our sample. In addition, it may well be that within the range used for estimating the regression equation, the true rela tionship can be approximated reasonably well by a straight line, but that outside that region the true relationship breaks away sharply from the regression equation.

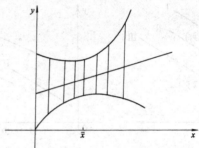

Figure 11.4   Confidence intervals for the mean of Y given X

A prediction interval for a *single* value of Y, given that X equals X_0, is found in the same way as a confidence interval for the corresponding mean, but since the variance must include the variance of a single observed Y, the standard deviation is larger:

$$s_{Y_0} = s_{Y \cdot X} \sqrt{1 + \frac{1}{n} + \frac{(X_0 - \bar{X})^2}{\sum (X_i - \bar{X})^2}} \qquad 11.21$$

The prediction interval is

$$\hat{Y}_0 \mp t_{\alpha/2, (n-2)} s_{Y_0} \qquad 11.22$$

Here again, because of the dependence on $X_0 - \bar{X}$, the interval will be wider as X_0 departs farther from $\bar{X}$.

Another common use of regression is for statistical control of a variable that cannot be controlled otherwise, or that we do not care to control for practical reasons. Instead, we merely record values of X at the same time as we observe Y and then adjust all the Ys to a common X. Suppose we want to record the time required by electric heating elements to raise the temperature of a specified amount of water a specified number of degrees, and suppose that the line voltage is variable. Certainly, if the voltage is low it will take longer to heat the water than if the voltage is high. We want to eliminate the effect of the varying voltage. We find the cost of voltage-regulating equipment excessive, but we can afford a voltmeter. We now take our readings on the time but also record the voltage during the period of observation. If we let the time be Y and the voltage be X, we fit a regression of Y on X. After this has been done, we adjust each Y to the mean of X according to the formula

$$\text{adj } Y_i = Y_i - b(X_i - \bar{X}) \qquad 11.23$$

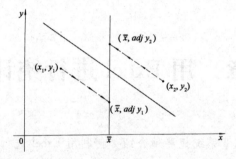

Figure 11. 5

Figure 11.5 shows two Ys and their adjusted values. The effect of the adjustment given by Equation (11.23) is to translate the point (X_i, Y_i) parallel to the regression line to a new origin at $\bar{X}$. The adjusted Ys have a common X and may be compared, since the effects of differences among the Xs have been removed. Adjustments of this type are useful in a wide variety of applications.

Sometimes, after fitting a regression of Y on X and then observing values of Y, we want to estimate the value of X that produced the observed Y. This is a discrimination problem, or a problem of classification. In biological assays we fit a curve for response against dose of a drug. After the curve has been obtained we observe a response and want to estimate the dose.

第 7 章 用 Excel 进行统计分析

【本章提要】 本章系统扼要地介绍如何利用 Excel 进行统计分析，内容包括统计数据的整理、常用统计量的计算、三种常用的概率分布、参数估计、假设检验、方差分析和回归分析。本章内容的叙述方式是假设读者学习过 Excel 的基本操作。

§7.1 统计数据的整理

用各种方法取得的统计数据，必须经过加工整理，使之系统化、条理化，才能符合统计分析的要求。根据统计研究的需要，将原始数据按照某种标准化分成不同的组别，成为数据分组。在 Excel 的数据分析工具中，利用"直方图"工具，可以一次完成分组、计算频数和频率、绘制直方图和累计频率折线图等全部操作。

下面结合具体例题说明分组、计算频数和频率、绘制直方图和累计频率折线图的过程。

【例 7.1】 表 7.1 是某 28 位同学高等数学的考试成绩。

表 7.1 学生成绩

	A	B	C	D	E
1	学生成绩	分组			
2	62	49			
3	60	59			
4	75	69			
5	60	79			
6	79	89			
7	85	100			
8	83				
9	以下省略				

输入样本数据和分组标志后，可按以下步骤操作。

第 1 步 在"工具"菜单中单击"数据分析"选项（图 7.1），得到分析工具对话框，从其对话框的"分析工具"列表中选择"直方图"（图 7.2），打开"直方图"对话框（图 7.2）。

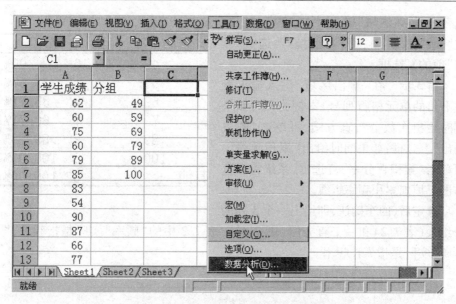

图 7.1 "工具"菜单中的数据分析选项

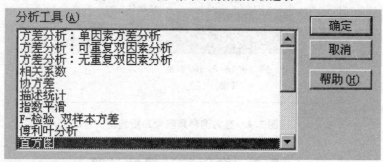

图 7.2 "分析工具"列表中的"直方图"

第 2 步 在"直方图"对话框中(图 7.3),在"输入区域"输入"A2:A29",在"接收区域"输入"B2:B7"。"接收区域"是指分组标志所在的单元格区域。

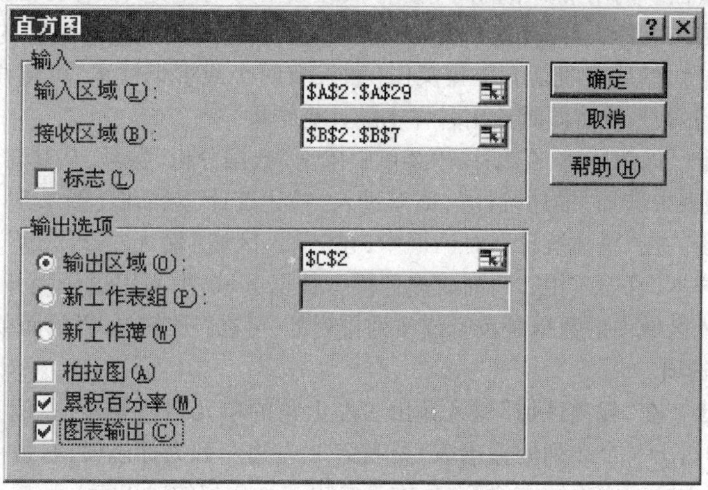

图 7.3 "直方图"对话框图

或者在"输入区域"输入"A1:A29",在"接收区域"输入"B1:B7",此时需要选中"标志"前的复选框。

第3步 在"输出区域"键入输出表左上角的单元格行列号,本例为C2;如果同时给出次数分布直方图,可单击"图表输出"复选框;如果同时给出"累积频率",可单击"累积百分率"复选框,系统将在直方图上填加累积频率折线。

表7.2 学生成绩分组表

接收	频率	累积 %
49	0	.00%
59	1	3.57%
69	9	35.71%
79	7	60.71%
89	8	89.29%
100	3	100.00%
其他	0	100.00%

选定后,回车确认,即给出一个3列的分组表(表7.2)和一个直方图(图7.4)。表7.2中的"频率"实际是指频数,"累计%"实际是指累计频率。

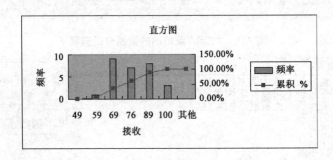

图7.4 直方图和累积频率折线图

§7.2 常用统计量的计算

用 Excel 的描述统计工具,可以一次给出平均数、标准差等十几项描述数据分布规律的特征。仍用第一节的高等数学成绩数据为例说明其操作方法。

使用描述统计工具,首先要把学生成绩"排序"(可用数据菜单中的"排序"选项排序数据),然后按照以下步骤操作(如果有两个或多个样本,可将样本资料分别输入不同列,系统将同时给出各样本的计算结果)。

第1步 如前所述,在"工具"菜单中单击"数据分析"选项,从其对话框的"分析工具"列表中选择"描述统计",回车进入"描述统计"对话框(图7.5)。

第2步 在"描述统计"对话框中,在"输入区域"输入"A2:A29"(如果是两个或多个样本,可输入相邻两列或多列样本数据区域,中间用逗号隔开)。如果需要指出输入区域中的数据是按行或按列排列的,可在"分组方式"后面单击"逐行"或"逐列"选项。

第3步 在"输出区域"键入输出表左上角的单元格行列号,本例为C2,回车确认后,即给出一个2列的输出表,见表7.3,左边一列为标志项,右边一列为统计值(如果是两个或多个样本,每个样本都给出一个2列的输出表)。

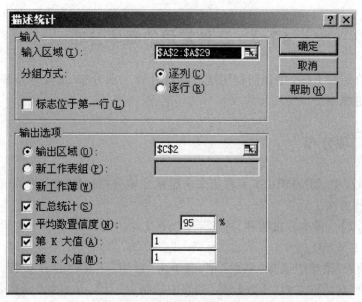

图 7.5 描述统计对话框

第 4 步 其他复选框可根据需要选定。如果选择"汇总统计",可给出一系列重要数据,包括平均值、标准误差($\sigma/\sqrt{n}$)、中值(中位数)、模式(众数)、标准偏差($s = \sqrt{\dfrac{\sum(x-\bar{x})^2}{n-1}}$)、样本方差、峰值、偏斜度、区域、最小值、最大值、求和、计数。如选择"第 k 个大值"或"第 k 个小值",如果在其右侧框中输入"2",即要求给出数列中第 2 个最大值或最小值。默认值为 1。如果选择"平均数置信度",则给出用样本平均数估计总体平均数的可信程度,默认值为 95%。

表 7.3 描述统计计算结果

	A	B	C	D	E	F
1	学生成绩					
2	54		列1			
3	60					
4	60		平均	75.03		
5	60		标准误差	2.17		
6	62		中值	76.15		
7	62		模式	61.50		
8	63		标准偏差	11.49		
9	65		样本方差	132.06		
10	66		峰值	-1.14		
11	68		偏斜度	-0.13		
12	73		区域	39.90		
13	75		最小值	53.80		
14	75		最大值	93.70		
15	75		求和	2100.90		
16	77		计数	28.00		
17	79		最大(1)	93.70		
18	79		最小(1)	53.80		
19	80		置信度(95.0%)	4.46		
20	以下数据省略					

§7.3 三种常用的概率分布

本节介绍在 Excel 中如何利用统计函数计算二项分布、泊松分布和正态分布随机变量的概率。

7.3.1 二项分布

在 Excel 中，BINOMDIST 函数用来求服从二项分布的随机变量的概率。举例说明其操作方法。

【例 7.2】 设有一批树种，其发芽率为 0.2，从中取 150 粒种子。设发芽种子数 ξ，求 $p(\xi = 30)$。

在"插入"菜单中选择"函数"项，或单击"常用"工具栏的 fx 按钮，从弹出的"粘贴函数"对话框左侧"函数分类"列表中选择"统计"，从右侧"函数名"列表中选择"BINOMDIST"(图 7.6)，回车进入该函数的对话框(图 7.7)。

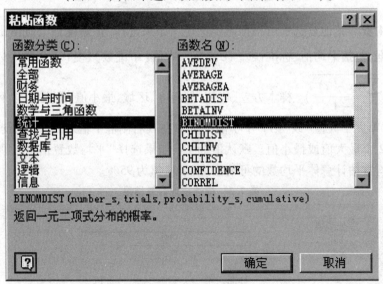

图 7.6 "粘贴函数"对话框中的 BINOMDIST

在 BINOMDIST 对话框的上部并列有 4 个框。

第 1 个框 Number_s，要求输入实验成功的次数，本例将种子发芽视为"成功"，输入 30。

第 2 个框 Trials，要求输入独立实验的次数，本例指所取的 150 粒种子。

第 3 个框 Probability_s，要求输入一次实验成功的概率，本例种子发芽率 0.2。

第 4 个框 Cumulative 是逻辑值，要求确定给出概率的形式。如果输入 FALSE，将给出成功次数的概率(概率密度函数)；如输入 TRUE，将给出最多达到成功次数的概率(累积分布函数)。本例选择 FALSE。

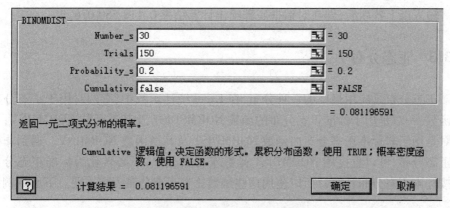

图 7.7　BINOMDIST 函数对话框

输入以上各项后,即在对话框底部给出计算结果 0.081 196 591。

7.3.2　泊松分布

泊松分布可作为二项分布在一定条件下的一种近似,在 Excel 中,POISSON 函数用来求服从泊松分布的随机变量的概率。举例说明其操作方法。

【例 7.3】　某昆虫产卵 ξ 数服从参数为 9 的泊松分布,求 $p(\xi=10)$。

在"插入"菜单中选择"函数"项,或单击"常用"工具栏的 fx 按钮,从弹出的"粘贴函数"对话框左侧"函数分类"列表中选择"统计",从右侧"函数名"列表中选择"POISSON",回车进入该函数的对话框(图 7.8)。

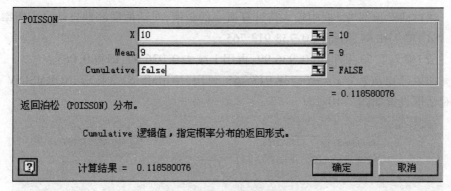

图 7.8　POISSON 函数对话框

在 POISSON 对话框的上部并列有 3 个框。

第 1 个框 X,要求输入发生的事件数,本例输入 10。

第 2 个框 Mean,要求输入 POISSON 分布的参数,本例输入 9。

第 3 个框 Cumulative 是逻辑值,要求确定给出概率的形式。如果输入 FALSE,将给出成功次数的概率(概率密度函数);如输入 TRUE,将给出最多达到成功次数的概率(累积分布函数)。本例选择 FALSE。

输入以上各项后,即在对话框底部给出计算结果 0.118 580 076。

7.3.3 正态分布

正态分布是应用最广的一种分布,在 Excel 统计函数中,有两对用于正态分布的函数:一对是用于标准正态分布的函数 NORMSDIST 及其逆函数 NORMSINV;另一对是用于非标准正态分布的函数 NORMDIST 及其逆函数 NORMINV。遇到非标准正态分布,可以直接用 NORMDIST 函数求得其概率,不必转化为标准正态分布再按标准正态分布计算。所以使用这些函数比查正态分布表更方便。下面举例说明。

【例7.4】 设 $\xi \sim N(0,1)$,试求 $p(\xi < 0.64), p(\xi \geq 1.53)$。

本例 ξ 服从标准正态分布,可按前面的方法打开"粘贴函数"对话框,从"函数名"列表中选择"NORMSDIST",回车进入该函数的对话框(图 7.9)。

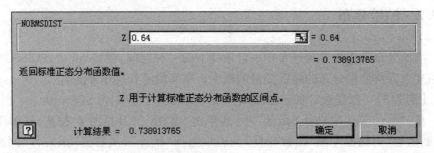

图 7.9 NORMSDIST 函数对话框

在对话框顶部"Z"框中输入待计算概率的数值,对话框底部即自动给出概率。

(1)输入 0.64,即得出 0.738 913 765。

(2)输入 1.53,即得出 0.936 99;再用 1 减去 0.936 99,即得 0.063。

如果已知 $p(\xi < x) = 0.738\ 913\ 765$,可用"NORMSINV"求 x。NORMSINV 函数对话框设置如图 7.10。

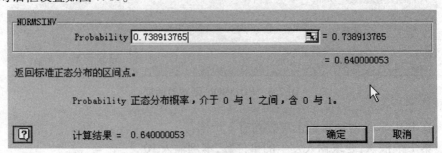

图 7.10 NORMSINVT 函数对话框

【例7.5】 设 $\xi \sim N(2,3^2)$ 服从非标准正态分布,试求 $p(\xi < 0.54), p(\xi \geq 1.53)$。

本例 ξ 服从非标准正态分布,可按前面的方法打开"粘贴函数"对话框,从"函数名"列表中选择"NORMDIST",回车进入该函数的对话框(图 7.11)。

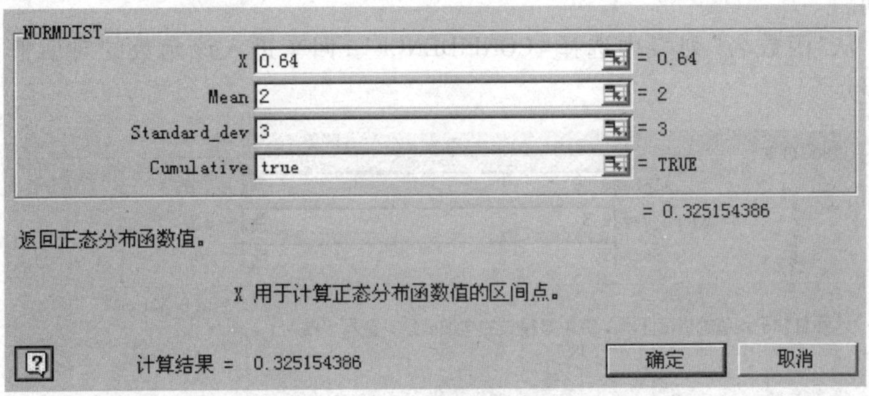

图 7.11　NORMDIST 函数对话框

在 NORMDIST 对话框的上部并列有 4 个框。

第 1 个框 X,要求输入待计算概率的区间点,本例输入 0.64。

第 2 个框 Mean,要求输入正态分布的均值,本例输入 2。

第 3 个框 Standard_dev,要求输入正态分布的标准差,本例输入 3。

第 4 个框 Cumulative 是逻辑值,要求确定给出概率的形式。如果输入 FALSE,将给出概率密度函数;如输入 TRUE,将给出累积分布函数。本例选择 TRUE。

输入以上各项后,即在对话框底部给出计算结果 0.325 154 386。

如果已知 $p(\xi < x) = 0.325\,154\,386$,可用"NORMINV"求 x。NORMINV 函数对话框设置如图 7.12。

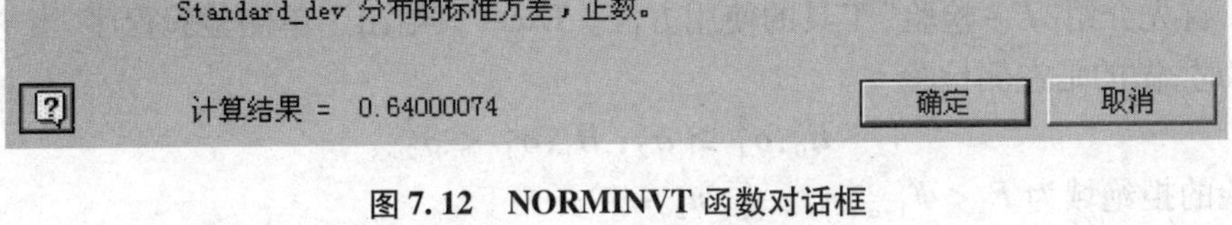

图 7.12　NORMINVT 函数对话框

§7.4　参数估计

Excel 的参数估计功能较弱,它只提供了 CONFIDENCE 函数,对方差已知的正态总体的均值进行区间估计,下面举例说明。

【例 7.6】　假定某林地树木胸径服从正态分布,现抽取 50 株样本,测得其平均胸径为 27.5cm,已知总体标准差为 9.5cm,求置信度为 95% 的平均胸径的置信区间。

从"函数名"列表中选择"CONFIDENCE",回车进入该函数的对话框(图 7.13)。

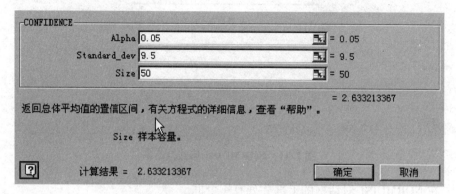

图 7.13　CONFIDENCE 函数对话框

在 CONFIDENCE 对话框的上部并列有 3 个框。

第 1 个框 Alpha,要求设定置信概率的显著水平,本例输入 0.05。

第 2 个框 Standard_dev,要求输入已知的总体标准差,本例输入 9.5。

第 3 个框 Size,要求输入样本容量,本例输入 50。

输入以上各项后,即在对话框底部给出绝对误差限的值 2.63,区间估计值为 [27.5 - 2.63, 27.5 + 2.63]。

§7.5　假设检验

在 Excel 的数据分析工具中,可以对正态总体的均值和方差进行假设检验,利用"t-检验"工具,可以对方差未知的总体均值进行检验,其中包括等方差假设检验、异方差假设检验和成对双样本均值的检验。利用"F-检验"工具,可以对两个总体的方差进行齐性检验。

首先介绍"F-检验"工具的使用方法。Excel 只给出了单侧检验程序,当 $s_1^2/s_2^2 < 1$ 时,做的是左侧检验

$$H_0: \sigma_1^2 \geq \sigma_2^2;\ H_1: \sigma_1^2 < \sigma_2^2$$

检验的拒绝域为 $F < F_{1-\alpha}(n_1 - 1, n_2 - 1)$。

当 $s_1^2/s_2^2 > 1$ 时,做的是右侧检验

$$H_0: \sigma_1^2 \leq \sigma_2^2;\ H_1: \sigma_1^2 > \sigma_2^2$$

检验的拒绝域为 $F < F_\alpha(n_1 - 1, n_2 - 1)$。

实际上也可以用来做双侧检验。给定显著性水平为 α 的双侧检验,用 Excel 做显著性水平为检验 $\alpha/2$ 的单侧检验。当 $s_1^2/s_2^2 < 1$ 时,输出结果中给出了左尾的临界值 $F_{1-\alpha/2}(n_1 - 1, n_2 - 1)$;当 $s_1^2/s_2^2 > 1$ 时,输出结果中给出了右尾的临界值 $F_{\alpha/2}(n_1$

$-1, n_2 - 1)$。

【例 7.7】 设有甲乙两块 10 年生人工马尾松林,已知林木胸径近似服从正态分布,用重复抽样方式分别从两个总体中抽取了若干林木,测得其胸径,将胸径数据输入 Excel,数据输入格式见表 7.4。

表 7.4 两个正态总体方差的齐性检验表

	A	B	C	D	E
1	甲	乙	F-检验 双样本方差分析		
2	4.5	3			
3	8	5		变量 1	变量 2
4	5	2	平均	4.9	3.75
5	2	4	方差	5.93333333	1.357143
6	3.5	5	观测值	10	8
7	5.5	5	df	9	7
8	5	3	F	4.37192982	
9	7.5	3	P(F<=f) 单尾	0.03233858	
10	0.5		F 单尾临界	4.82322093	
11	7.5				

输入样本数据后,可按以下步骤操作。

第 1 步 在"工具"菜单中单击"数据分析"选项,得到分析工具对话框,从其对话框的"分析工具"列表中选择"F - 检验",回车打开该对话框(图 7.14)。

图 7.14 "F - 检验"对话框

第 2 步 在"F - 检验"对话框中,在"变量 1 区域"输入"A2: A11",在"变量 2 区域"输入"B2: B9";显著水平取默认值 0.05,因为我们作的是显著性水平为 0.05 的双侧检验,所以取 0.025。

第 3 步 在"输入区域"输入"C1"。

完成以上操作后,回车确认,给出计算结果,见表 7.4。

由于 $s_1^2/s_2^2 > 1$,所以将检验统计量与 $F_{0.025}(9,7)$ 进行比较。由于 $F < F_{0.025}(9, 7)$,所以不能拒绝原假设,认为两个总体的方差相等。

通过上面的 F 检验,可知两块马尾松林的胸径方差无显著差异。下面进一步利用"t-检验"工具,检验两块马尾松林胸径的均值是否有显著差异。

在输入例 7.7 的数据后,在"分析工具"列表中选择"t-检验:双样本等方差假设",回车后进入该工具对话框,对话框的设置见图 7.15,计算结果见表 7.5。

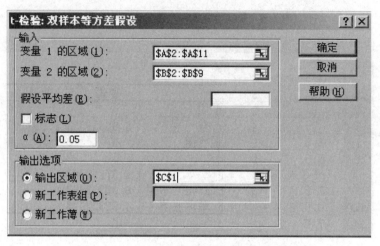

图 7.15 "t-检验:双样本等方差假设"对话框

表 7.5 两个正态等方差总体均值的 t 检验

	A	B	C	D	E	F
1	甲	乙	t-检验: 双样本等方差假设			
2	4.5	3				
3	8	5		变量 1	变量 2	
4	5	2	平均	4.9	3.75	
5	2	4	方差	5.933333	1.357143	
6	3.5	5	观测值	10	8	
7	5.5	5	合并方差	3.93125		
8	5	3	假设平均差	0		
9	7.5	3	df	16		
10	0.5		t Stat	1.22276		
11	7.5		P(T<=t) 单尾	0.119563		
12			t 单尾临界	1.745884		
13			P(T<=t) 双尾	0.239127		
14			t 双尾临界	2.119905		
15						

上表计算结果需要说明以下几点:

(1)合并方差是两样本方差的加权平均数,其计算公式为 $((n_1-1)s_1^2+(n_2-1)s_2^2)/(n_1+n_2-2)$。

(2)输出结果中同时给出单尾临界值和双尾临界值。因为本例是进行双侧检验,所以可将 t 统计量值的绝对值与双尾临界值进行比较,$|t|<t$ 双尾临界值,所以认为两块马尾松林胸径的均值没有显著差异。

§7.6 方差分析

在 Excel 的数据分析工具中有一个"方差分析"工具,包括单因素方差分析、无重复双因素方差分析和有重复双因素方差分析三项内容。下面通过例题介绍单因素方差分析操作方法,有关双因素方差分析的操作方法类似。

【例 7.8】 设某苗圃对某种树木的种子制定了 5 种不同的处理方法,每种方法处理了 6 粒种子进行育苗试验。一年后观察苗高资料(表 7.6)。已知除处理方法不同外,其他育苗条件相同且苗高的分布近似正态、等方差,试以 95% 可靠性判断种子的处理方法对苗木生长是否有显著影响?

表 7.6 单因素方差分析数据表

	A	B	C	D	E	F	G
1	处理方法	苗高					
2	1	39.2	29	25.8	33.5	41.7	37.2
3	2	37.3	27.7	23.4	33.4	29.2	35.6
4	3	20.8	33.8	28.6	23.4	22.7	30.9
5	4	31	27.4	19.5	29.6	23.2	18.7
6	5	20.7	17.6	29.4	27.7	25.5	19.5

输入样本数据后,可按以下步骤操作。

第 1 步 在"工具"菜单中单击"数据分析"选项,得到分析工具对话框,在"分析工具"列表中选择"方差分析:单因素方差分析",回车后进入该工具对话框,对话框的设置见图 7.16。

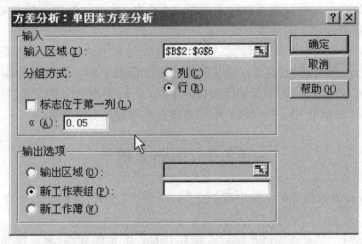

图 7.16 "方差分析:单因素方差分析"对话框

第 2 步 在"输入区域"设置框内键入或选择数据单元格区域"B2:G6";数据单元格中不同行表示不同的处理,因此分组方式选择行;我们确定的输入区域不包含标志位,因此标志位前的复选框不选;题目要求 95% 可靠性,因此在 α 设置框内键入显著性水平 0.05。

第 3 步 在"输出区域"框中,确定输出选项,我们选择了新工作表组。

完成以上操作后单击确定,即在给定位置上给出运算结果(表 7.7)。

表 7.7 单因素方差分析结果

	A	B	C	D	E	F	G
1	方差分析:单因素方差分析						
2							
3	SUMMARY						
4	组	计数	求和	平均	方差		
5	行 1	6	206.4	34.4	37.62		
6	行 2	6	186.6	31.1	27.688		
7	行 3	6	160.2	26.7	26.672		
8	行 4	6	149.4	24.9	27.208		
9	行 5	6	140.4	23.4	23.008		
10							
11							
12	方差分析						
13	差异源	SS	df	MS	F	P-value	F crit
14	组间	497.88	4	124.47	4.376705	0.008077	2.758711
15	组内	710.98	25	28.4392			
16							
17	总计	1208.86	29				

运算结果说明如下:

SUMMAY(摘要)表中给出 5 种不同处理的四项数值。其中"计数"指所做处理的样本个数,本例中每种处理都有 6 粒种子,事实上每种处理的样本个数也可以不同。"求和"是每种处理下的样本总量。"平均"是每种处理下的样本平均数。"方差"是每种处理下的样本方差。

从方差分析表中可知 $F > F_{crit}$,所以认为不同处理方法对苗高有显著影响。

在进行决策时,我们也可以直接利用方差分析表中的 p 值与显著性水平 α 的值进行比较。若 $p > \alpha$,则不拒绝原假设 H_0;若 $p < \alpha$,则拒绝原假设 H_0。本例中 $p = 0.008\ 077 < \alpha = 0.05$,所以认为不同处理方法对苗高有显著影响。

§7.7 回归分析

在 Excel 的数据分析工具中有一个"回归分析"工具,下面通过例题介绍其操作方法。

【例 7.9】 某林场内随机抽取 6 块 0.08hm^2 大小的样地,测定样地的平均树高 x 与每公顷平均断面积 y,将测量数据输入 Excel 表 7.8,试求 y 对 x 的一元线性回归方程。

输入样本数据后,可按以下步骤操作。

第 1 步 在"工具"菜单中单击"数据分析"选项,得到分析工具对话框。在"分

表 7.8　树高和断面积观测数据

	A	B
1	平均树高(x)	断面积(y)
2	20	24.3
3	22	26.5
4	24	28.7
5	26	30.5
6	28	31.7
7	30	32.9

析工具"列表中选择"回归",回车后进入该工具对话框。对话框的设置见图 7.17。

第 2 步　在"Y 值输入区域"框内键入或选择数据单元格区域"B2: B7";在"X 值输入区域"框内键入或选择数据单元格区域"A2: A7"。

我们确定的输入区域不包含标志位,因此标志位前的复选框不选;如果要求回归直线过原点,可以选择"常数为零"复选框;默认的置信度为95%(即所有的 y 值以 95% 的概率保证在回归直线±1.96 估计标准误差的范围之内)。如果改变置信度,可单击"置信度"复选框,在其右侧框中输入指定的数值。

第 3 步　在"输出区域"框中,确定输出选项,本例为"A9"。

第 4 步　在残差和正态分布区域有几个复选框,可以根据需要选择。

完成以上操作后单击确定,即在给定位置上给出运算结果。

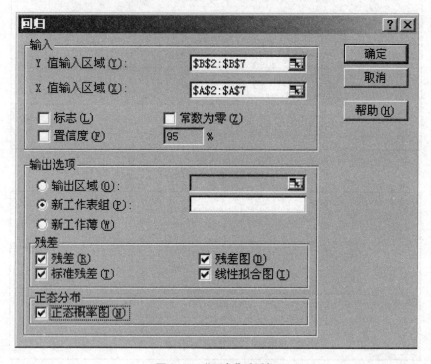

图 7.17　"回归"对话框

表 7.9 线性回归结果

A	B	C	D	E	F	G	H	I
SUMMARY OUTPUT								
回归统计								
Multiple	0.99051							
R Square	0.98111							
Adjusted	0.976388							
标准误差	0.500856							
观测值	6							
方差分析								
	df	SS	MS	F	Significance F			
回归分析	1	52.11657	52.11657	207.75	0.000134661			
残差	4	1.003429	0.250857					
总计	5	53.12						
	Coefficien	标准误差	t Stat	P-value	Lower 95%	Upper 95%	下限 95.0%	上限 95.0%
Intercept	7.528571	1.510498	4.984164	0.0076	3.334746829	11.72239603	3.33474683	11.722396
X Variabl	0.862857	0.059864	14.41367	0.0001	0.696648269	1.029066017	0.69664827	1.029066
RESIDUAL OUTPUT				PROBABILITY OUTPUT				
观测值	预测 Y	残差	标准残差		百分比排位	Y		
1	24.78571	-0.48571	-1.08423		8.333333333	24.3		
2	26.51143	-0.01143	-0.02551		25	26.5		
3	28.23714	0.462857	1.03321		41.66666667	28.7		
4	29.96286	0.537143	1.199034		58.33333333	30.5		
5	31.68857	0.011429	0.025511		75	31.7		
6	33.41429	-0.51429	-1.14801		91.66666667	32.9		

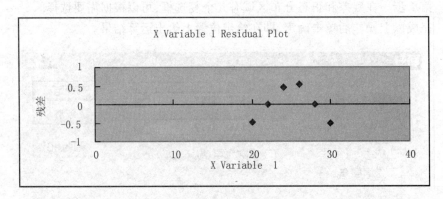

图 7.18 残差图

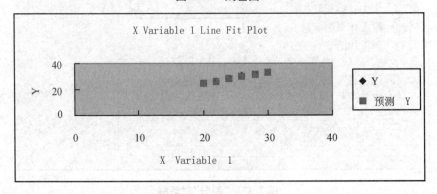

图 7.19 拟合直线图

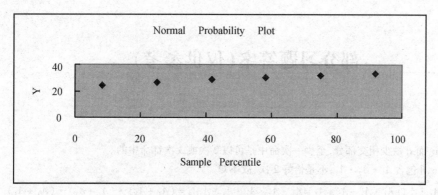

图 7.20　正态概率图

对输出结果的说明：回归方程为 $y = 7.528\,571 + 0.862\,857x$，$r^2 = 0.981\,11$。这里 r^2 是相关系数的平方。从相关系数和 F 检验可以看出线性回归关系显著。但是从残差图来看，残差不符合独立同分布的假设，因此可以考虑其他模型。

部分习题答案(仅供参考)

习题 1

1. abc,而 d 缺少相交部分,至少一次命中是可以 2 次或 3 次都命中的。

2. b、c、d 包含 $A_1 \cdot A_2 \cdot A_3$,不是恰好 2 次,故不对。

d 中 $\overline{\overline{A_1} \cdot \overline{A_2}} + \overline{\overline{A_1} \cdot \overline{A_3}} + \overline{\overline{A_2} \cdot \overline{A_3}} = \overline{\overline{A_1} \cdot \overline{A_2}} \cdot \overline{\overline{A_1} \cdot \overline{A_3}} \cdot \overline{\overline{A_2} \cdot \overline{A_3}} = (\overline{\overline{A_1}} + \overline{\overline{A_2}}) \cdot (\overline{\overline{A_1}} + \overline{\overline{A_3}}) \cdot (\overline{\overline{A_2}} + \overline{\overline{A_3}})$
$= (A_1 + A_2)(A_1 + A_3)(A_2 + A_3)$ 显然包含 $A_1 \cdot A_2 \cdot A_3$,故也不对。

5. a 未必。反例:掷一骰子,设 $A = \{1,2\}, B = \{5,6\}; A, B$ 互斥。但 $\overline{A} \cdot \overline{B} = \{3,4\}$,并不互斥。

b 正确。

c 未必。反例:上例中 $\overline{A} = \{3,4,5,6\}, \overline{B} = \{1,2,3,4\}$,故 $\overline{A}, \overline{B}$ 相容,但 $\overline{\overline{A}} = A = \{1,2\}, \overline{\overline{B}} = B = \{5,6\}$ 不相容。

d 正确。

7. 由 $P(\overline{A} \cdot B) = P(B-A) = P(B-AB) = P(B) - P(AB) = P(B) - P(A)P(B) = P(B)(1-P(A)) = P(B)P(\overline{A})$,故 A, B 独立,可推出 $\overline{A}, B; A, \overline{B}$ 及 $\overline{A}, \overline{B}$ 皆独立。

所以 a,b 正确。

$P(A \cdot B) = P(A) \cdot P(B) \neq 0 (\because > 0)$ 故 A, B 相容。

c 正确。由 c 正确可推出 d 不正确。

13. a 正确。$\because P(X = \alpha) = P(X = \beta) = 0$ 这是连续型随机变量具有的性质。

b 不正确。$\varphi(\beta)$ 为 β 点的密度值,并非概率值。

c 不正确。c 为两密度值相减,应为两分布函数值相减,即 $F(\beta) - F(\alpha)$,分布函数 $F(x) = P(X \leq x)$ 是概率,密度不是概率。

d 正确。连续型随机变量之概率的几何意义为密度函数下的面积。

15. b、c、d、e 正确,$1/\sqrt{2\pi} = 0.3989$。

a 不正确。$\Phi_0(0) = 0.5$ 并非 $\varphi_0(0) = 0.5$。

f 不正确。$\varphi_0(x)$ 对 y 轴对称,$\Phi_0(x)$ 为一递增函数,故不对称。

19. 我们可以证明:当 $X \sim$ 密度 $\varphi(x)$,则 $E[f(X)] = \int_a^b f(x) \cdot \varphi(x) dx$

(证明从略)

所以 a、b 正确。

c、d、e 正确,因为数学期望的加法公式成立是并不需要两随机变量相互独立的。

22. 首先 $p_k = P(X = k) \geq 0 (k = 1, 2, \cdots)$

$\sum_{k=1}^{\infty} \frac{1}{k(k+1)} = \sum_{k=1}^{\infty} \left(\frac{1}{k} - \frac{1}{k+1} \right) = \left(1 - \frac{1}{2}\right) + \left(\frac{1}{2} - \frac{1}{3}\right) + \left(\frac{1}{3} - \frac{1}{4}\right) + \cdots;$

故 $\sum_{k=1}^{n} \frac{1}{k(k+1)} = 1 - \frac{1}{n+1} \to 1 (n \to \infty)$

所以 $\sum_{k=1}^{\infty} \frac{1}{k(k+1)} = 1$

作为概率函数的两条件皆成立,故 X 为一离散型随机变量,其可能值为 $1,2,\cdots$,一切正整数,是无穷可列的。

24. 由于 $P(0 \leqslant X \leqslant 100) = 1$ 即表示此汽车在 $100\ \text{km}$ 之内几乎肯定要出现故障。

(1) $P(X \leqslant 60) = 60 \times \dfrac{1}{100} = 0.6$

(2) $P(X > 75) = 25/100 = 1/4 = 0.25$

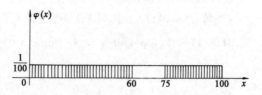

(3) 在 $(0,75)$ 未出故障的条件下,其条件分布为 $[75,100]$ 内几乎肯定要出故障,且出故障在 75 点的距离 Y 是均匀分布,即

$Y \sim U(75,100)$

$\varphi_Y(y) = \begin{cases} 1/25 & y \in (75,100) \\ 0 & \text{其余} \end{cases}$

$P(\text{在其余 25 km 发生故障} \mid X > 75) = 1$

因为,在前 75 km 未出故障,那故障必然在后 25 km 出现。

$P(75 < X < 80 \mid X > 75) = \dfrac{P(X > 75, 75 < X < 80)}{P(X > 75)} = P(75 < X < 80)/P(X > 75)$

$= 5 \times \dfrac{1}{100} / \dfrac{1}{4} = 20/100 = 1/5 = 0.20$

29. (1) $\begin{cases} \varphi(x,y) \geqslant 0 \\ \iint\limits_D \varphi(x,y) \mathrm{d}y \end{cases}$

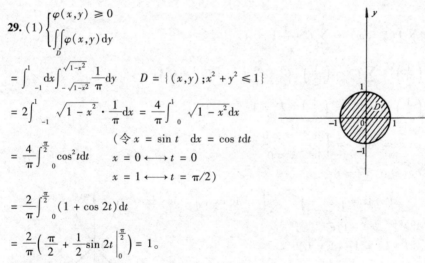

$= \int_{-1}^{1} \mathrm{d}x \int_{-\sqrt{1-x^2}}^{\sqrt{1-x^2}} \dfrac{1}{\pi} \mathrm{d}y \qquad D = \{(x,y); x^2 + y^2 \leqslant 1\}$

$= 2\int_{-1}^{1} \sqrt{1-x^2} \cdot \dfrac{1}{\pi} \mathrm{d}x = \dfrac{4}{\pi} \int_0^1 \sqrt{1-x^2} \mathrm{d}x$

$\qquad\qquad (\text{令 } x = \sin t \quad \mathrm{d}x = \cos t \mathrm{d}t$

$= \dfrac{4}{\pi} \int_0^{\frac{\pi}{2}} \cos^2 t \mathrm{d}t \qquad x = 0 \longleftrightarrow t = 0$

$\qquad\qquad x = 1 \longleftrightarrow t = \pi/2)$

$= \dfrac{2}{\pi} \int_0^{\frac{\pi}{2}} (1 + \cos 2t) \mathrm{d}t$

$= \dfrac{2}{\pi} \left(\dfrac{\pi}{2} + \dfrac{1}{2} \sin 2t \Big|_0^{\frac{\pi}{2}} \right) = 1$。

满足密度函数的条件,故 $\varphi(x,y)$ 是联合密度。

(2) X 的边际密度 $\varphi_X(x) = \int_{-\sqrt{1-x^2}}^{\sqrt{1-x^2}} \varphi(x,y) \mathrm{d}y = \dfrac{2}{\pi} \sqrt{1-x^2} \qquad (-1,1)$

同理,Y 的边际密度函数 $\varphi_Y(y) = \dfrac{2}{\pi} \sqrt{1-y^2} \qquad (-1,1)$

(3) $\varphi(x,y) = \dfrac{1}{\pi} \neq \varphi_X(x) \cdot \varphi_Y(y) = \dfrac{4}{\pi^2} \sqrt{1-x^2} \cdot \sqrt{1-y^2}$

故不相互独立。

$\text{Cov}(X,Y) = E[X \cdot Y] - E[X] \cdot E[Y]$

$E[X] = \dfrac{2}{\pi} \int_{-1}^{1} x \sqrt{1-x^2} \mathrm{d}x = 0$

(因为被积函数为奇函数)

同理 $E[Y] = 0$

而 $E[X \cdot Y] = \iint\limits_{D} xy\varphi(x,y)\mathrm{d}x\mathrm{d}y = \frac{1}{\pi}\int_{-1}^{1} x\mathrm{d}x \int_{-\sqrt{1-x^2}}^{\sqrt{1-x^2}} y\mathrm{d}y = 0$

所以 $\mathrm{Cov}(X,Y) = 0$，即 X、Y 不相关。

(本题为 $\mathrm{Cov}(X,Y) = 0$，但 X、Y 不独立的又一个著名的例子)。

31. $F(x) = \int_{-\infty}^{x} \varphi(t)\mathrm{d}t = \int_{0}^{x} \lambda \mathrm{e}^{-\lambda t}\mathrm{d}t (x > 0)$

$\qquad = -\mathrm{e}^{-\lambda t}\big|_{0}^{x} = 1 - \mathrm{e}^{-\lambda x}$

故 $F(x) = \begin{cases} 1 - \mathrm{e}^{-\lambda x} & x > 0 \\ 0 & x \leqslant 0 \end{cases}$

$P(|X| \leqslant 1) = P(-1 \leqslant X \leqslant 1) = P(-1 \leqslant X \leqslant 0) + P(0 \leqslant X \leqslant 1)$

$\qquad = 0 + F(1) - F(0) = F(1)$

$\qquad = 1 - \mathrm{e}^{-\lambda}$

$P(-2 < X < 1) = P(-2 < X \leqslant 0) + P(0 < X < 1) = 0 + F(1) - F(0) = F(1) = 1 - \mathrm{e}^{-\lambda}$

[此题说明：指数分布之分布函数可由密度函数积分得出显性的初等函数形式，表达为 $1 - \mathrm{e}^{-\lambda x}(x > 0)$，很方便计算。所以对指数分布用不着像其他分布那样造表(计算分布函数值时需查表)。]

35. $\sum_{m=0}^{n} P(X = m) = \sum_{m=0}^{n} C_n^m \left(\frac{1}{2}\right)^n$

$\qquad = \left(\frac{1}{2}\right)^n \cdot \sum_{m=0}^{n} C_n^m = \left(\frac{1}{2}\right)^n [C_n^0 + C_n^1 + \cdots + C_n^{n-1} + C_n^n]$

$\qquad = \left(\frac{1}{2}\right)^n (1+1)^n = \left(\frac{1}{2}\right)^n \cdot 2^n = 1$

37. $\varphi(x) = A\mathrm{e}^{-|x|} = \begin{cases} A\mathrm{e}^{-x} & x \geqslant 0 \\ A\mathrm{e}^{x} & x < 0 \end{cases}$

$\begin{cases} \varphi(x) \geqslant 0 \to A \geqslant 0 \\ \int_{-\infty}^{\infty} \varphi(x)\mathrm{d}x = \int_{-\infty}^{0} + \int_{0}^{\infty} = \int_{-\infty}^{0} A\mathrm{e}^{x}\mathrm{d}x + \int_{0}^{\infty} A\mathrm{e}^{-x}\mathrm{d}x \end{cases}$

$\qquad = A[\mathrm{e}^{x}\big|_{-\infty}^{0} + (-1)\mathrm{e}^{-x}\big|_{0}^{\infty}]$

$\qquad = A[1 + 1] = 1 \to A = 1/2$

所以 $\varphi(x) = \begin{cases} \frac{1}{2}\mathrm{e}^{-x} & x > 0 \\ \frac{1}{2}\mathrm{e}^{x} & x < 0 \end{cases}$

如右图所示。

$F(x) = \int_{-\infty}^{x} \varphi(u)\mathrm{d}u = \begin{cases} \int_{-\infty}^{x} \frac{1}{2}\mathrm{e}^{u}\mathrm{d}u = \frac{1}{2}\mathrm{e}^{x} & x < 0 \\ \frac{1}{2} + \int_{0}^{x} \frac{1}{2}\mathrm{e}^{-u}\mathrm{d}u = 1 - \frac{1}{2}\mathrm{e}^{-x} & x \geqslant 0 \end{cases}$

43. 令 X 为专业棋手与 10 个业余棋手下棋所胜的盘数。

$X \sim B(10, 0.95)$

(1) $P(X < 10) = 1 - P(X = 10) = 1 - (0.95)^{10} = 1 - 0.599 \approx 0.4$

(2) $P(X < 9) = 1 - P(X = 10) - P(X = 9) = 1 - (0.95)^{10} - 10 \times 0.95^9 \times 0.05$
$\approx 1 - 0.6 - 0.315 = 0.085$

(3) $P(X = 8) = C_{10}^8 (0.95)^8 (0.05)^2 = \dfrac{109}{2} \times 0.663 \times 0.0025 = 0.074$

49. 矛盾在于,当 $P(A) = 0$ 时,$P(B \mid A)$ 是没有定义的。

53. $n = 1, \bar{t} = t_1 = \begin{cases} t - w & \text{概率 } 1/2 \\ t + w & \text{概率 } 1/2 \end{cases}$

$n = 2, \bar{t} = \dfrac{1}{2}(t_1 + t_2)$

由 $t_1 + t_2$ 的取值如右表,四种取值每种的概率皆为 1/4,

$t_1 + t_2$		t_2	
		$t - w$	$t + w$
t_1	$t - w$	$2t - 2w$	$2t$
	$t + w$	$2t$	$2t + 2w$

故 $\bar{t} = \dfrac{1}{2}(t_1 + t_2) = \begin{cases} t - w & \text{概率 } 1/4 \\ t & \text{概率 } 1/2 \\ t + w & \text{概率 } 1/4 \end{cases}$

当 $n = 3, \bar{t} = \dfrac{1}{3}(t_1 + t_2 + t_3)$

$t_1 + t_2 + t_3$ 的取值如右表所示。

$t_1 + t_2 + t_3$		$t_1 + t_2$		
		$2t - 2w$	$2t$	$2t + 2w$
t_3	$t - w$	$3t - 3w$	$3t - w$	$3t + w$
	$t + w$	$3t - w$	$3t + w$	$3t + 3w$

$\bar{t} = \dfrac{1}{3}(t_1 + t_2 + t_3) =$
$\begin{cases} t - w & \text{概率} \dfrac{1}{4} \times \dfrac{1}{2} = \dfrac{1}{8} \\ t - w/3 & \text{概率} \dfrac{1}{2} \times \dfrac{1}{2} + \dfrac{1}{2} \times \dfrac{1}{4} = \dfrac{3}{8} \\ t + w/3 & \text{概率} \dfrac{1}{2} \times \dfrac{1}{2} + \dfrac{1}{2} \times \dfrac{1}{4} = \dfrac{3}{8} \\ t + w & \text{概率} \dfrac{1}{4} \times \dfrac{1}{2} = \dfrac{1}{8} \end{cases}$

$n = 4$

$\bar{t} = \dfrac{1}{4}(t_1 + t_2 + t_3 + t_4)$

$t_1 + t_2 + t_3 + t_4$ 之取值如右表所示。

$t_1 + t_2 + t_3 + t_4$		$t_1 + t_2 + t_3$			
		$3t - 3w$	$3t - w$	$3t + w$	$3t + 3w$
t_4	$t - w$	$4t - 4w$	$4t - 2w$	$4t$	$4t + 2w$
	$t + w$	$4t - 2w$	$4t$	$4t + 2w$	$4t + 4w$

$\bar{t} = \dfrac{1}{4}(t_1 + t_2 + t_3 + t_4) =$
$\begin{cases} t - w & \text{概率} \dfrac{1}{8} \times \dfrac{1}{2} = \dfrac{1}{16} \\ t - w/2 & \text{概率} \dfrac{3}{8} \times \dfrac{1}{2} + \dfrac{1}{8} \times \dfrac{1}{2} = \dfrac{1}{4} \\ t & \text{概率} \dfrac{3}{8} \times \dfrac{1}{2} + \dfrac{3}{8} \times \dfrac{1}{2} = \dfrac{6}{16} \\ t + w/2 & \text{概率} \dfrac{3}{8} \times \dfrac{1}{2} + \dfrac{1}{8} \times \dfrac{1}{2} = \dfrac{1}{4} \\ t + w & \text{概率} \dfrac{1}{8} \times \dfrac{1}{2} = \dfrac{1}{16} \end{cases}$

[由此题可看出 $\bar{t}$ 之分布为单峰、对称,当 $n \to \infty$,$\bar{t}$ 之分布从直观看是可能趋于正态分布的。这正是德国数学家高斯在研究误差(本例中之 w)时发现正态密度曲线的,此正态密度曲线又被称为高斯(Gauss)曲线,也被称为钟形曲线。]

58. 由 (X,Y) 的二维联合概率函数

p_{ij}		1	2	3	4	5	6
						Y	
	1	1/36	1/36	⋯			1/36
	2	1/36	1/36	⋯			1/36
X	3	⋮	⋮				⋮
	4						
	5						
	6	1/36	1/36	⋯			1/36

$Z = \min(X,Y)$

Z 的可能值为 $1,2,3,4,5,6$。在二维联合分布中为所画出的直角形的点,故其概率函数为:

Z	1	2	3	4	5	6	
P	11/36	9/36	7/36	5/36	3/36	1/36	1

60. $y^2 + Xy + 1 = 0$ 之判别式 $B^2 - 4AC$ 为 $B^2 - 4AC = X^2 - 4 \geq 0$

即 $X^2 \geq 4$ $X \geq 2 (\because X \geq 0)$

$$P(X \geq 2) = \int_2^{10} \frac{1}{10} dx = \frac{8}{10} = 0.8$$

63. 因为 $E(X-C)^2 - [E(X-C)]^2 = D[X-C] = D[X] + D[C] = D[X]$

66. $D[X] = pq = p(1-p) = p - p^2 = \frac{1}{4} + p - p^2 - \frac{1}{4} = \frac{1}{4} - \left(p^2 - p + \frac{1}{4}\right) = \frac{1}{4} - \left(p - \frac{1}{2}\right)^2 \leq \frac{1}{4}$

67. $T_i \sim$ 指数分布 $E_p(\lambda = 0.1)$

$$E[T_i] = \frac{1}{\lambda} = 10$$

$$D[T_i] = \frac{1}{\lambda^2} = 100$$

令 $T = \sum_{i=1}^{40} T_i \to E(T) = 400, D[T] = 4\,000$

$T \overset{\text{近似}}{\sim} N(400, 4\,000) = N[400, (63.24)^2]$

$P(T > 360) = 1 - P(T < 360) = 1 - \Phi_0\left(\frac{360-400}{63.24}\right) = 1 - \Phi_0(-0.63)$

$\qquad\qquad\qquad = 1 - 0.264\,3 = 0.735\,7$

68. 设 X_i 为第 i 个人购买此商品的个数,可能值为 $0,1$。$X_i \sim 0-1$ 分布($B(1,0.7)$ 分布)。

$E[X_i] = 0.7, D[X_i] = 0.21$

以上对 $i = 1,2,\cdots,1\,000$ 均成立。

令 $X = \sum_{i=1}^{1\,000} X_i \overset{\text{近似}}{\sim} N(700, (14.49)^2)$

因为 $E[X] = 700, D[X] = 210 = (14.49)^2, P(X < u) = \Phi_0\left(\frac{u-700}{14.49}\right) = 0.997$

查表得 $\dfrac{u-700}{14.49} = 2.75$

所以 $u = 739.8 \approx 740$

70. 设机器之开动的个数为 X

$X \sim B(200, 0.8)$

$E[X] = np = 200 \cdot (0.8) = 160$

$D[X] = npq = 200 \cdot (0.8)(0.2) = 32 = (5.65)^2$

$X \xrightarrow{近似} N(160, (5.65)^2)$

因为 $P\left(\dfrac{X - 160}{5.65} < 1.645\right) = 0.95$

$\dfrac{X - 160}{5.65} < 1.645 \Rightarrow X < 169.3$

电能 $\geq 169.3 \times (16) = 2\,708.89$

72. 由 $X \sim \varphi(x) = \begin{cases} \lambda e^{-\lambda x} & x \geq 0 \\ 0 & x < 0 \end{cases}$

$E[X] = \dfrac{1}{\lambda} = 1\,000 \Rightarrow \lambda = 0.001$

$F(x) = 1 - e^{-\lambda x}$

$P(1\,000 < X < 1\,200) = F(1\,200) - F(1\,000) = \left(1 - e^{-\frac{1}{1\,000}(1\,200)}\right) - \left(1 - e^{-\frac{1}{1\,000}(1\,000)}\right) = e^{-1} - e^{-1.2} = 0.368 - 0.301 = 0.067$

习题 2

1. 如某水库之水位。在水位标杆上某一区间内所有的实数点都是可能值。

再如 $(0,1)$ 内所有的有理数为总体即为一无限总体。

又如某一圆之内接三角形所构成的总体也为无限总体。

如心脏病人死亡的时间,为 $[0,24]$ 小时内每一点都可能,故取值为此区间,此区间的每一点为总体单元。

11. 如 $1, 2, 3, 4, 5, 6$

算术平均 $\bar{x} = 3.5$

几何平均 $G = 2.994$

调和平均 $H = 2.449$

故此例有 $H < G < \bar{x}$

13. 5 个应包括在问卷中的问题:如家庭年收入;看病的年支出;孩子的年支出;旅游的年支出;3 年内有否购买商品房或汽车的计划。

在抽样时,要以调查组属于某一上级组织的名义发文保证不泄漏被调查者的信息,如有泄漏要承担法律责任并保证给予赔偿;不记名;不涉及深层次个人隐私只对政府工作有利。

申明,反映真实情况是公民的责任,也是公民应具备的重要的素质。

对个别的所得到的调查数据为极端值时,应做进一步核实。

习题 3

2. 误差限减少(在其他如样本单元数 n 不变的条件下)则可靠性也减少。所以,当 A 减少为 $A/2$ 时,可靠性 B 也将减少,减少为多少与 θ 的分布有关。

4. $\hat{\sigma}^2 = A \displaystyle\sum_{i=1}^{n-1} [(x_{i+1} - \mu) - (x_i - \mu)]^2$

$$= A \sum [(x_{i+1} - \mu)^2 + (x_i - \mu)^2 - 2(x_i - \mu)(x_{i+1} - \mu)]$$

$$E[\hat{\sigma}^2] = A \sum (E(x_{i+1} - \mu)^2 + E(x_i - \mu)^2 - 2E[(x_{i+1} - \mu)(x_i - \mu)])$$

$$= A \sum (\sigma^2 + \sigma^2 - 0) = 2A \sum \sigma^2$$

$$= 2A(n-1)\sigma^2$$

令 $E[\hat{\sigma}^2] = \sigma^2 \Rightarrow A = \dfrac{1}{2(n-1)}$

9. 可信度有 95.5% 认为:此 1 000 hm² 面积的材积(/0.1 hm²) 在 (4,8) 之内。或平均每公顷材积在 (40,80) 之内。

10. 换算为每公顷 $\bar{x} = 9/0.06 = 150 (\text{m}^3/\text{hm}^2)$

$S = 1.63/0.06 = 27.16 (\text{m}^3/\text{hm}^2)$

$\Delta = 1.96 \times \dfrac{27.16}{\sqrt{50}} = 7.53$

1 000 hm² 之绝对误差限 $= 1\,000 \cdot \Delta = 7\,530$

故 95% 总蓄积置信区间为 $(150\,000 - 7\,530, 150\,000 + 7\,530) = (142\,470, 157\,530)$ 实测值 142 500 属于以上区间。

实际误差 $= |150\,000 - 142\,500| = 7\,500$

实际精度 $= 1 - 7\,500/150\,000 = 0.95 = 95\%$

11. 绝对误差限 $\Delta = 0.6 = U_\alpha \cdot \dfrac{S}{\sqrt{n}} = 2 \cdot \dfrac{4.5}{\sqrt{n}} = \dfrac{9}{\sqrt{n}}$

所以 $\sqrt{n} = 9/0.6 = 15 \Rightarrow n = 225$

12. 相对误差 $= \dfrac{\Delta}{3.6} = 0.1$

所以 $\Delta = 0.36 = 2 \cdot \dfrac{4.5}{\sqrt{n}} = \dfrac{9}{\sqrt{n}}$

$\sqrt{n} = 9/0.36 = 25 \Rightarrow n = 625$

13. 绝对误差限 $\Delta = 1.96 \sqrt{\dfrac{(0.3)(0.7)}{200}} = 0.06$

相对误差限 $\Delta' = \dfrac{\Delta}{0.3} = \dfrac{0.06}{0.3} = 20\%$

(因为病腐木频率 $w = \dfrac{m}{n} = \dfrac{60}{200} = 0.3$)

14. $\bar{x} = 116.21, s = 1.18, n = 19$(小样本)

$\Delta = t_{0.05}(18) \dfrac{s}{\sqrt{n}} = 2.101 \times \dfrac{1.18}{\sqrt{19}} = 0.569$

95% 置信区间为 $(\bar{x} \mp \Delta) = (115.64, 116.78)$

15. $n = 20$(小样本),$\bar{x} = 3\,188, s = 353.77$

$\Delta = t_{0.05}(19) \cdot \dfrac{s}{\sqrt{n}} = 165.56$

$\mu \in (3\,188 \mp 165.56) = (3\,022.44, 3\,353.56)$

由查表得

$\chi^2_{0.025}(19) = 32.9, \quad \chi^2_{0.975}(19) = 8.91$

$\sigma^2 \in \left(\dfrac{(n-1)s^2}{32.9}, \dfrac{(n-1)s^2}{8.91} \right) = (3\,613, 13\,343)$

16. 相对误差 $\Delta' = \dfrac{\Delta}{w} = \dfrac{1.96\sqrt{0.9 \times 0.1/n}}{0.9}$

所以 $n = 170$

17. 信度增大 $\Rightarrow$ 误差限 Δ 增大（因为 U_α 增大）

18. s 不一定减少，因为 $s^2 \to \sigma^2 (n \to \infty)$（依概率），所以 n 大，s^2 会更接近 σ^2。

19. 只能 n 增大。

24. 不能，因为不能得到似然函数。

习题 4

1. $n = 50$（大样本），$\bar{x} = 64$，$s = 9$，$\mu \geqslant 60$ 可以出厂，故不能出厂的为 $\mu < 60$，只需检验 $\mu < 60$ 是否在统计上被决策，为左侧检验。

$H_0: \mu \geqslant 60 \longleftrightarrow H_1: \mu < 60$

因为 $64 > 60$，不可能作出 $\mu < 60$ 的决策

所以承认 H_0。

或 $U = \dfrac{60 - 64}{9/\sqrt{50}} = 3.14 \not< -U_{2\alpha} = -1.645$

故不能拒绝 H_0，只能承认 H_0。

5. $T = \dfrac{\bar{x}_1 - \bar{x}_2}{\sqrt{\dfrac{(n_1-1)s_1^2 + (n_2-1)s_2^2}{n_1+n_2-2}}\sqrt{\dfrac{1}{n_1}+\dfrac{1}{n_2}}} \sim t(n_1+n_2-2)$

$H_0: \mu_1 = \mu_2 \longleftrightarrow H_1: \mu_1 \neq \mu_2$

$T = \dfrac{248.3 - 249.55}{\sqrt{\dfrac{39 \times 57.68 + 19 \times 55.56}{40+20-2}}\sqrt{\dfrac{1}{40}+\dfrac{1}{20}}} = -0.081$

$t_{0.05}(58) = 2 > |t| = 0.081$

所以接受 H_0。

9. (a) 此题属 2×2 联列表分析。

H_0：烧表土处理无效 $\longleftrightarrow H_1$：有效

H_0 成立下的各理论值：

81	29	110
80	10	90
161	39	200

$E_{11} = 161 \times 110/200 = 88.55$

$E_{12} = 39 \times 110/200 = 21.45$

$E_{21} = 161 \times 90/200 = 72.45$

$E_{22} = 39 \times 90/200 = 17.55$

$\chi^2 = \dfrac{(81-88.55)^2}{88.55} + \dfrac{(21.45-29)^2}{21.45} + \dfrac{(80-72.45)^2}{72.45} + \dfrac{(10-17.55)^2}{17.55}$

$= 0.643 + 2.657 + 0.787 + 3.248$

$= 7.335 > \chi^2_{0.05}[(2-1) \times (2-1)] = \chi^2_{0.05}(1) = 3.841$

结论：拒绝 H_0，烧表土处理消毒是有效的，贡献率以发病苗数 E_{12} 及 E_{22} 与实验数据差异显著。

13. 将数据整理为两种药物 A、B 在恶心与否的表现上是否同质，故数据应如下表：

		服后情况		
		恶心	不恶心	
药	A	22	78	100
物	B	88	12	100
		110	90	200

H_0:A,B 两种药在恶心与否上同质 $\longleftrightarrow$ H_1:不同质

由上表计算出在承认 H_0 下的理论频数,相应值为:

55	45
55	45

于是:

$$\chi^2 = \frac{(22-55)^2}{55} + \frac{(78-45)^2}{45} + \frac{(88-55)^2}{55} + \frac{(12-45)^2}{45}$$

$$= 19.8 + 24.2 + 19.8 + 24.2 = 88$$

$$> \chi^2_{0.01}(1) = 6.635$$

结论:拒绝 H_0,两药物不同质,差异极其显著,且 4 项每一项都极其显著。

15. 由 $k = 7,8,9,10$ 为拒绝域, $\beta = P($接受$H_0 \mid H_1)$

H_1:$p > \frac{1}{3} = 0.33$

可取 $p = 0.4, 0.5, 0.6, \cdots$

当 $p = 0.4$ 时, $P(k \leq 6) = \beta$

由 $Q(10,7,0.4) = 0.055 \to \beta = 0.945$

当 $p = 0.5$, $P(k \leq 6) = \beta$

由 $Q(10,7,0.5) = 0.172 \to \beta = 0.828$

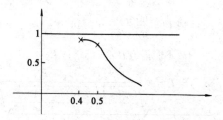

如此下去得出图中的点,将点连成曲线即为 OC 曲线(如右图)。

16. 因为 $\mu_0 = 39.001 \neq \mu = 39$。虽然相差只 0.001,但仍然是不相等。$n$ 增大使检验的敏锐性增大,n 大到 10^{10},可使相差 0.001 的也可被检验出来。

18. 每次打 $n = 10$ 发,重复 100 次,共打 1 000 发,中靶数 $= 1 \times 2 + 2 \times 4 + \cdots + 9 \times 2 = 500$,故命中率 $\hat{p} = 500/1\,000 = 1/2$

每次 $n = 10$ 发中靶数设为 X_i

显然 $X_i \sim B(10, 1/2)(i = 1, 2, 3, \cdots, 100)$

$$P(X_i = m) = C_{10}^m \left(\frac{1}{2}\right)^{10} \quad (m = 0, 1, \cdots, 10)$$

理论值 $E(m) = 100 \cdot P(X_i = m)$

m	0	1	2	3	4	5	6	7	8	9	10
$E(m)$	0.1	1.0	4.4	11.7	20.5	24.6	20.5	11.7	4.4	1.0	0.1

$$\chi^2 = \frac{(0-0.1)^2}{0.1} + \frac{(2-1)^2}{1} + \frac{(4-4.4)^2}{4.4} + \cdots + \frac{(0-0.1)^2}{0.1}$$

$$= 2.827 < \chi^2_{0.05}(11-1-1) = \chi^2_{0.05}(9) = 16.919$$

H_0:符合 $\beta(10,1/2)$ 分布 $\longleftrightarrow$ H_1:不符合。

结论:不能拒绝 H_0,只能接受 H_0,认为符合 $B(10,1/2)$ 分布。

19. 计算 $\bar{x} = \frac{1}{500} \sum x_i f_i = \frac{1}{500}(0 \times 94 + 1 \times 168 + 2 \times 131 + \cdots + 7 \times 1) = \frac{1}{500} \times 800 = 1.6$

$= \hat{\lambda}$

设 X_i 为一个小土样方内的虫卵数,检验 $H_0: X_i \sim P(1.6) \longleftrightarrow H_1: X_i$ 不符合 $P(1.6)$。

查油松分布 $P(1.6)$ 表得概率为

X_i	0	1	2	3	4	5	6	7
P	0.202	0.323	0.258	0.138	0.055	0.018	0.005	0.001
理论频数 $E_i = 500 \cdot P$	101	161.5	129	69	27.5	9	2.5	0.5

$$\chi^2 = \frac{(94-101)^2}{101} + \frac{(168-161.5)^2}{161.5} + \cdots + \frac{(1-0.5)^2}{0.5}$$

$$= 4.309 < \chi^2_{0.05}(8-1-1) = \chi^2_{0.05}(6) = 12.592$$

结论:不能拒绝 H_0,只能接受 H_0。

20. (1) 趋势检验:样本值按出现顺序 $x_1, x_2, \cdots, x_n$。

$$①\Delta = \frac{1}{n-1}[(x_1-x_2)^2 + (x_2-x_3)^2 + \cdots + (x_{n-1}-x_n)^2]$$

$$= \frac{1}{30-1}[(1-4)^2 + (4-1)^2 + (1-5)^2 + \cdots + (7-9)^2]$$

$$= \frac{1}{29} \times 342$$

$$V = \frac{\Delta}{s^2} = \frac{342}{\sum (x_i - \bar{x})^2} = \frac{342}{196.7} = 1.739 > V_{0.05}(30) = 1.42$$

H_0:没有趋势 $\longleftrightarrow H_1$:有增(或减)的趋势

结论:接受 H_0,认为没有趋势。

② 按 2 位作趋势检验,即

3. (14)(15)(92)(65)(35)(89)(79)(32)(38)(46)(26)(43)(38)(32)(79) 得

$$V = \frac{(14-15)^2 + (15-92)^2 + \cdots + (32-79)^2}{(14-\bar{x})^2 + (15-\bar{x})^2 + \cdots + (79-\bar{x})^2}$$

$$= 15\,821/9\,466.4 = 1.671 > V_{0.05}(15) = 1.205\,3$$

$$\left(\bar{x} = \frac{1}{15}(14 + \cdots + 79) = 48.2\right)$$

结论为:接受 H_0,按 2 位计数也无趋势。

(2) 周期性

① 令 $F = \{0,1,2,3,4\}$;$S = \{5,6,7,8,9\}$

$$3.\ \underset{3F}{\underline{14\ 1}}\ \underset{2S}{5\ 9}\ \underset{F}{\underline{2}}\ \underset{2S}{65}\ \underset{F}{\underline{3}}\ \underset{5S}{5\ 89\ 79}\ \underset{3F}{\underline{32\ 3}}\ \underset{S}{8}\ \underset{F}{\underline{4}}\ \underset{S}{6}\ \underset{F}{\underline{2}}\ \underset{S}{6}\ \underset{3F}{\underline{433}}\ \underset{S}{8}\ \underset{2F}{\underline{32}}\ \underset{2S}{79}$$

F 个数 $n_1 = 15$, S 个数 $n_2 = 15, n = n_1 + n_2 = 30$

游程数 $r = 16 \in [r_1 = (0.05,15,15) = 10,\ r_2 = (0.05,15,15) = 20]$

故未出现 $r < r_1$ 或 $r > r_2$。

结论:接受 H_1,没有周期性。

② 令 $F = \{1,2,9\}$, $S = \{0,3,4,5,6,7,8\}$

3. 1 4 1 5 9 2 6 5 3 5 8 9 7 9 3 2 3 8 4 6 2 6 4 3 3 8 3 2 7 9

F S F S F F S S S S S F S F S F S S S S F S S S S S S F S F

$n_1 = 10, n_2 = 20$。

$r = 17$

$r_1 = (0.05, 10, 20) = 9$, $r_2 = (0.05, 10, 20) = 20$

$r = 17 \in (9, 20)$

故接受 H_0，无周期性。

习题 5

2. 由

y_{ij}		含水率(%)					$\sum$	$\bar{y}_i$
贮藏法	1	7.3	8.3	7.6	8.4	8.3	39.9	7.98
	2	5.4	7.4	7.1	8.1	6.4	34.4	6.88
	3	7.9	9.5	10.0	7.1	6.8	41.3	8.26
$n = 15$						$T = 115.6$		$\bar{y} = 7.70$

$$SS_{\text{总}} = \sum_{i,j}(y_{ij} - \bar{y})^2 = \sum_{ij} y_{ij}^2 - T^2/n$$

$$= 909.6 - (115.6)^2/15 = 18.71$$

$$SS_{\text{间}} = SS_1 = \sum_{ij}(\bar{y}_i - \bar{y})^2 = \frac{1}{m}\sum T_i^2 - T^2/n$$

$$= \frac{1}{5}(39.9^2 + 34.4^2 + 41.3^2) - 115.6^2/15$$

$$= 896.212 - 890.89 = 5.32$$

$SS_{\text{内}} = SS_2 = SS - SS_1 = 13.39$

方差分析表

变差来源	SS	f	MS	F
组间	$SS_1 = 5.32$	2	2.66	2.375
组内	$SS_2 = 13.39$	12	1.22	
总计	$SS = 18.71$	14		

因为 $F_{0.05}(2, 12) = 3.89 > 2.375$

结论：3 种贮藏法差异不显著。

4. 由

y_{ijk}		肥料				$T_i.$	$\bar{y}_i.$
		对照	N	K	P		
土壤	砂土	31,35,30	76,71,75	60,64,62	40,38,42	624	52
	壤土	50,52,54	88,90,92	74,75,70	56,58,60	819	68.25
	黏土	40,45,44	86,84,84	70,71,69	50,52,51	746	62.17
$T._j$		381	746	615	447	$T = 2\,189$	
$\bar{y}._j$		42.8	82.87	68.33	49.67		$\bar{y} = 60.80$

$n = 36$

$SS_{\text{总}} = SS = \sum_{ijk} y_{ijk}^2 - T^2/n = 10\,877.64$ $CT = T^2/n = 133\,103.36$

$$SS_{土} = \frac{1}{12}(624^2 + 819^2 + 746^2) - CT = 1\ 617.72$$

$$SS_{肥} = \frac{1}{9}(381^2 + 746^2 + 615^2 + 447^2) - CT = 9\ 086.75$$

$$SS_{剩} = SS_e = SS - SS_{土} - SS_{肥} = 102.67$$

方差分析表

变差来源	SS	f	MS	F
土壤	1 617.72	2	808.86	236.5**
肥料	9 086.75	3	3 028.92	885.65**
剩余	102.67	30	3.42	
总计	10 877.64	35		

两主效应均极其显著。

16. 首先,搜集数据时,如果调查的目的是居民的生活水平,则不能收录因公或生意、工作中所打电话。如调查的目的是区别各大城市生意、工作的繁忙程度,则不应收录家庭或个人因私所打的电话。另外,节假日应排除,在调查个人因私的电话中是否也可考虑直系亲属间的电话,如排除有困难也可不排除。

本问题,将各大城市看作同一因素之不同的水平,9 个城市共有 9 个水平。这个问题是很复杂又很有趣的。首先从数量的多少上看各城市是否有区别,这要做双因素方差分析及多重比较。有区别的各城市自然可以说明我们要作出的结论。对多重比较中没有显著差异的部分城市还要做联列表分析,因为总的数量上没有差异但在不同的通话时间上可能有差异,比如城市甲、乙总数量皆为 220,但城甲有 150 次在 ≤ 3 分钟的部分,在 ≥ 30 的部分仅有 10 次,而城市乙正好相反,故两城市在各通话时间的比例上是不同质的,这两个城市仍属有显著差异。本题具体计算如下:

步骤 1. 双因素无交互作用之方差分析:

| 数据 | B | | | | | $\sum$ | $\bar{y}_i$ |
	≤ 3	3 ~ 10	11 ~ 20	21 ~ 30	≥ 30		
上海	57	28	20	26	37	168	$\bar{y}_1 = 33.6$
北京	62	40	32	48	51	233	$\bar{y}_2 = 46.6$
厦门	41	67	53	33	29	223	$\bar{y}_3 = 44.6$
郑州	55	42	31	29	18	175	$\bar{y}_4 = 35.0$
武汉	44	43	39	27	21	174	$\bar{y}_5 = 34.8$
长沙	43	27	21	19	11	121	$\bar{y}_6 = 24.2$
昆明	38	32	25	12	10	117	$\bar{y}_7 = 23.4$
重庆	52	41	38	23	18	172	$\bar{y}_8 = 34.4$
兰州	31	21	17	11	7	87	$\bar{y}_9 = 17.4$
$\sum$	423	341	276	228	202	1 470	

$$CT = \frac{T^2}{n} = \frac{(\sum y_{ij})^2}{n} = 48\ 020$$

$$SS_{总} = \sum_{ij} y_{ij}^2 - CT = 57\ 532 - 48\ 020 = 9\ 512$$

$$SS_A = \frac{1}{5} \times (168^2 + 233^2 + \cdots + 87^2) - CT = 51\ 725.2 - 48\ 020 = 3\ 705.2$$

$$SS_B = \frac{1}{9} \times (423^2 + \cdots + 202^2) - CT = 51\ 574.9 - 48\ 020 = 3\ 554.9$$

$$SS_e = SS_{总} - SS_A - SS_B = 2\ 251.9$$

方差分析表

变差来源	平方和	自由度	平均平方和	F 值及显著性
不同城市	$SS_A = 3\ 705.2$	$f_A = 8$	$MS_A = 463.15$	$F_A = 6.58**$
通话时间	$SS_B = 3\ 554.9$	$f_B = 4$	$MS_B = 888.72$	$F_B = 12.63**$
剩　余	$SS_e = 2\ 251.9$	$f_e = 32$	$MS_e = 70.37$	
总　计	$SS = 9\ 512$	$f = 44$		

$F_{0.01}(8,32) = 3.13; F_{0.01}(4,32) = 3.97$

步骤 2:多重比较。

$$LSD = t_a(f_2)\sqrt{MS_2\left(\frac{1}{m_i} + \frac{1}{m_j}\right)} = t_{0.05}(8)\sqrt{70.37 \times \frac{2}{5}} = 2.306 \times 5.305 = 12.234$$

$\bar{y}_j - \bar{y}_i$	$\bar{y}_2$	$\bar{y}_3$	$\bar{y}_4$	$\bar{y}_5$	$\bar{y}_8$	$\bar{y}_1$	$\bar{y}_6$	$\bar{y}_7$
$\bar{y}_9$	29.2*	27.2*	17.6*	17.4*	17*	16.2*	—	—
$\bar{y}_7$	23.2*	21.2*	—	—	—	—	—	
$\bar{y}_6$	22.4*	20.4*	—	—	—	—		
$\bar{y}_1$	13*	—	—	—	—			
$\bar{y}_8$	—	—	—	—				
$\bar{y}_5$	—	—	—					
$\bar{y}_4$	—	—						
$\bar{y}_3$	—							

2　3　4　5　8　1　6　7　9

步骤 3:如 2 3 4 5 8 总量差异不显著,我们进行联列表分析,看各项比例是否同质,如不同质仍属差异显著的城市。

	分　类					Σ
	≤3	3~10	11~20	21~30	≥30	
2. 北京	62　60.58	40　55.57	32　46.03	48　38.16	51　32.67	233
3. 厦门	41　57.98	67　53.18	53　44.05	33　36.52	29　31.27	223
4. 郑州	55　45.50	42　41.73	31　34.57	29　28.66	18　24.54	175
5. 武汉	44　45.24	43　41.50	39　34.37	27　28.50	21　24.40	174
8. 重庆	52　44.72	41　41.02	38　33.98	23　28.17	18　24.12	172
Σ	254	233	193	160	137	977

$$\chi^2 = \frac{1.42^2}{60.58} + \frac{15.57^2}{55.57} + \frac{14.03^2}{46.03} + \frac{9.84^2}{38.16} + \frac{18.33^2}{32.67} + \frac{16.98^2}{57.98} + \frac{13.82^2}{53.18} + \frac{8.95^2}{44.05} + \frac{3.52^2}{36.52} + \frac{2.27^2}{31.27}$$

$$+ \frac{9.5^2}{45.5} + \frac{0.27^2}{41.73} + \frac{3.57^2}{34.57} + \frac{0.34^2}{28.66} + \frac{6.54^2}{24.54} + \frac{1.24^2}{45.24} + \frac{1.5^2}{41.5} + \frac{4.53^2}{34.37} + \frac{1.5^2}{28.5} + \frac{3.4^2}{24.4} + \frac{7.28^2}{44.72}$$

$$+ \frac{0.02^2}{41.02} + \frac{4.02^2}{33.98} + \frac{5.17^2}{28.17} + \frac{6.12^2}{24.12}$$

$$= 0.033 + \underline{4.362} + \underline{4.276} + 2.537 + \underline{10.28} + \underline{4.973} + \underline{3.591} + 1.818 + 0.339 + 0.165 +$$
$$1.983 + 0.002 + 0.369 + 0.004 + 1.743 + 0.034 + 0.054 + 0.597 + 0.079 + 0.473 +$$
$$1.185 + 0.000 + 0.475 + 0.949 + 1.553$$

$$= 41.874 > \chi_{0.01}[(5-1) \times (5-1)] = \chi_{0.01}(16) = 32$$

各城市不同质,其中可以认为郑州、武汉、重庆三城市差异不显著,北京与厦门与以上三城市在通话分类上差异显著,北京与厦门也不同质,在 > 30 分钟这一项上差异显著。结论为类似地,还要对 4 5 8 1 6 7 进行联列表分析。

$$\begin{array}{cccccc} & & 2 & 3 & 4 & 5 & 8 \end{array}$$

习题 6

2. N:昆虫发育历期;T:历期内每日平均温度之平均值。由昆虫学知

$$N = \frac{K}{T-C}; K、C \text{ 为未知常量}。$$

$$\frac{1}{N} = \frac{T-C}{K} = \frac{1}{K}T - \frac{C}{K}$$

$$y = a + bx$$

其中:$y = \frac{1}{N}$;$x = T$;$b = \frac{1}{K}$;$a = -C/K$。

x	11.8	14.7	15.4	16.5	17.1	18.3	19.8	20.3
y	0.033	0.067	0.072	0.079	0.093	0.133	0.147	0.175

$$\begin{cases} b = (\sum x_i y_i - n\bar{x}\bar{y})/(\sum x_i^2 - n\bar{x}^2) = 0.016 \\ a = \bar{y} - b\bar{x} = -0.168 \end{cases}$$

于是 $K = \frac{1}{b} = 62.5 \quad C = -ak = 10.5$

故得 $N = \frac{62.5}{T - 10.5}$

5. 散点图如下:

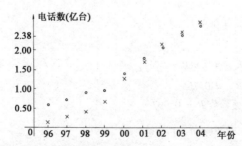

从直观看两者皆可用直线模型进行回归,固定电话:

$$y = a_1 + b_1 x$$

其中 x 表示时间；y 表示固定电话数。

$$b = (\sum x_i y_i - n\bar{x}\bar{y})/n\sigma_x^2 = 0.258$$

$$a = \bar{y} - b\bar{x} = -514.52$$

$$\hat{y} = -514.52 + 0.258x$$

当 $x = 2005$，$\hat{y} = 2.77$

当 $x = 2006$，$\hat{y} = 3.03$

$r = 0.98 > r_{0.01}(9-2) = 0.7977$

故回归可用，以上回归方程及预报值有效。

对移动电话，可类似进行。

以上预报值为对 2005 及 2006 年，虽然属于外延部分，由于与 2004 年非常接近，所以仍可认为具有有效的参考价值。

6. 由 $\hat{y} = b_0 + b_1 x_1 + b_2 x_2$

其中 $b_0 = \bar{y} - b_1 \bar{x}_1 - b_2 \bar{x}_2$ 及 $\begin{cases} l_{11} b_1 + l_{12} b_2 = l_{10} \\ l_{12} b_1 + l_{22} b_2 = l_{20} \end{cases}$

$l_{11} = \sum (x_{1i} - \bar{x}_1)^2 = n\sigma_1^2 = 10 \times 0.3825^2 = 1.46364$

$l_{22} = \sum (x_{2i} - \bar{x}_2)^2 = n\sigma_2^2 = 10 \times 0.08623^2 = 0.07436$

$l_{12} = \sum (x_{1i} - \bar{x}_1)(x_{2i} - \bar{x}_2) = \sum x_{1i} x_{2i} - n\bar{x}_1 \bar{x}_2 = 90.0708 - 10 \times 2.714 \times 3.308 = 0.29168$

$l_{01} = \sum (x_{1i} - \bar{x}_1)(y_i - \bar{y}) = \sum x_{1i} y_i - n\bar{x}_1 \bar{y} = 153.9321 - 10 \times 2.714 \times 5.611 = 1.64956$

$l_{02} = \sum (x_{2i} - \bar{x}_2)(y_i - \bar{y}) = \sum x_{2i} y_i - n\bar{x}_2 \bar{y} = 185.9562 - 10 \times 3.308 \times 5.611 = 0.34432$

$\begin{cases} 1.46364 b_1 + 0.29168 b_2 = 1.64956 \\ 0.29168 b_1 + 0.07436 b_2 = 0.34432 \end{cases}$

$b_1 = 0.02223/0.023759 = 0.9356454$

$b_2 = 0.0228168/0.023759 = 0.9603461$

$b_0 = 5.611 - 0.9356454 \times 2.714 - 0.9603461 \times 3.308 = -0.1051665$

故回归方程为

$$\hat{y} = -0.105 + 0.936 x_1 + 0.96 x_2$$

相关矩阵

$$\boldsymbol{R} = \begin{bmatrix} 1 & 0.993 & 0.920 \\ 0.993 & 1 & 0.884 \\ 0.920 & 0.884 & 1 \end{bmatrix}$$

复相关系数

$$R = \sqrt{1 - |R|/R_{00}} = 0.997$$

偏相关系数

$r_{01,2} = -R_{01}/\sqrt{R_{00} R_{11}} = 0.980$

$r_{02,1} = -R_{02}/\sqrt{R_{00} R_{22}} = 0.764$

F 检验：$p = 2$，复相关系数 $R = 0.997$

$$F = \frac{R^2 (n - p - 1)}{(1 - R^2) p} \sim F(p, n - p - 1)$$

$$F = \frac{0.997^2 \times (10 - 2 - 1)}{(1 - 0.997^2) \times 2} = 580.71 > F_{0.01}(2, 7) = 9.55$$

结论:线性模型极其显著。

11. 由于 $y = 3 + 2.4x + \varepsilon; \varepsilon \sim N(0, 0.5)$。

$\beta_0 = 3, \beta_1 = 2.4$ 均为真值,不再是估计值 b_0, b_1,所以回归直线

$$\hat{y} = 3 + 2.4x$$

是回归直线之真实直线,不再是样本回归线(或经验回归线),只不过其 95% 置信区间有 $1.96\sqrt{0.5} = 1.386$ 的上下波动。

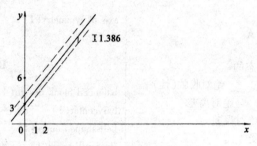

故其 95% 之置信区在两条平行线之间,不再是喇叭口形曲线。

12. 过坐标原点的直线回归模型

$$Y_i = \beta X_i + \varepsilon_i (i = 1, \cdots, n)$$
$$\varepsilon_i \sim N(0, \sigma^2)(i = 1, \cdots, n)$$
$$\varepsilon_1, \cdots, \varepsilon_n \text{ 相互独立}$$

找 b 使以下 SS_e 最小:

$$SS_e = \sum(y_i - bx_i)^2, \text{其中} \hat{y}_i = bx_i$$

$$\frac{\partial}{\partial b} SS_e = -2\sum(y_i - bx_i)x_i = 0$$

即
$$b = \sum x_i y_i / \sum x_i^2$$

$$SS_e = \sum y_i^2 - 2b\sum x_i y_i + b^2 \sum x_i^2$$
$$= \sum y_i^2 - b\sum x_i y_i = \sum y_i^2 - b^2 \sum x_i^2$$

中英文名词对照表
(括号中数字表示出现的章次)

A

abnormal(1) 非正态的
absolute convergence(1) 绝对收敛(性)
absolute dispersion(2) 绝对离差
absolute error(3) 绝对误差
acceptance(4) 接受
acceptance region(4) 接受区域
accidental factor(2) 偶然因素
accumulated probability(1) 累积概率
acnode(1) 孤立点
addition theorem(1) 加法定理
additivity(1) 可加性
admissible error(3) 容许误差
almost surely(1) 几乎必然
alternative hypothesis(4) 备择假设
analogue(6) 模拟
analysis of variance(5) 方差分析
analysis of variance table(5) 方差分析表
anomalous(4) 反常的
antinomy(4) 悖论
aperiodic(4) 非周期的
applied probability(1) 应用概率
approximate(3) 近似的
applied theory of statistics(2) 应用统计理论
area chart(1) 面积图
argumentation(3) 论证,论据
art of computation(2) 计算技巧
artificial(4) 人造的
associative law(1) 结合律
assumed(1) 假定的
asymmetrical(1) 非对称的
asymtotic distribution(1,3) 渐近分布
autoregressive(6) 自回归
auxiliary(6) 辅助的
average(2) 平均,平均值
axiom(1) 公理

axis of symmetry(1) 对称轴

B

balanced block design(4,5) 平衡区组设计
barycenter(1) 重心
bell-shaped curve(1) 钟形曲线
Bernoulli trials(1) 伯努利试验
best linear unbiased estimator(3) 最优线性无偏估计量
best predictor(6) 最佳预报值
best unbiased test(4) 最佳无偏检验
biased(3) 有偏的
binary(6) 二元的,二进制的
binomial distribution(1) 二项分布
biostatistics(2) 生物统计学
bivariate population(1,2) 二元总体
bondage(3) 约束
bound term(3) 约束项
branches of mathematics(1) 数学的分支
brief(1) 摘要
broken line(1) 折线

C

calculable(2) 可计算的
canonical(1,2) 典范的,标准的
cap(1) 交,求交运算
capacity(2) 容量
carry out(2) 实现,执行
Cartesian coordinates(1) 笛卡儿坐标
casting(1) 投,掷
category(3,4) 范畴,类型
causal relations(4) 因果关系
Cauchy distribution(1) 柯西分布
center of gravity(1) 重心
centralization(2) 中心化

certain event(1)　必然事件
chance(1)　机会
characteristic value(1)　特征值
chart(2)　图(表)
chi square distribution(3)　χ^2 分布
class mean(2)　组平均
class mid-value(2)　组中值
classical theory of statistics(1,2)　经典统计学
coefficient(3,6)　系数
coefficient of partial correlation(6)　偏相关系数
coefficient of total correlation(6)　全相关系数
collating(2,3,4)　合并
commutative law(1)　交换律
comparable(4)　可比的
complementarity law(1)　互补律
complementary set(1)　补集
complete group(1)　完备群
computational stability(2,3)　计算的稳定性
compatible event(1)　相容的事件
compatibility(3)　相容性,一致性
consistent estimation(3)　相容估计
constant term(6)　常数项
contingency table(4)　联列表
continuous distribution(1)　连续型分布
continuous random varible(1)　连续随机变量
contradictory propositions(1)　矛盾命题
convergence of a probability distribution(1)　概率分布的收敛
convergence in probability(1)　依概率收敛
conversational statistics(2)　对话统计学
correlation coefficient(6)　相关系数
countable aggregate(1)　可数集
covariance matrix　协方差阵
critical value　临界值
cumulative frequency diagram(2)　累积频率图

D

data(2)　数据
data handling(2)　数据处理
death rate(2)　死亡率
decision process(4)　决策过程
decomposition theorem(4)　分解定理

deduction(1)　推论,演绎法
define(1)　定义
definition(1)　定义
definite estimator(3)　定值估计值
degree of freedom(3)　自由度
degree of accuracy(3)　精度
degree of confidence(3)　信度
degree of precision(3)　精度
density function(1)　密度函数
dependent(6)　相关的
dependent variable(6)　因变量
determinacy(1)　确定性
deterministic system(6)　确定性系统
deviation(2)　离差
digit figure(2)　数字
dimension(1)　维,量纲
discontinuous(1)　间断的,不连续的
discrete(1)　离散的
discrete Markov process(1)　离散马尔可夫过程
discrete stochastic process(1)　离散随机过程
disjoint event(1)　互斥事件
distribution of exponential type(1)　指数分布
divergent(1)　发散的
dot estmation(3)　点估计
double summation(1)　二重求和
dual theorem(1)　对偶定理

E

edge distribution(1)　边际分布
efficiency(1)　效率
element(2)　元素,单元
elementary event(1)　基本事件
empty set(1)　空集
empirical distribution(2)　经验分布
equilibrium(2)　平衡
equivalent(4)　等价的
error diagnostics(3)　误差诊断
estimate by a interval(3)　区间估计
Euclidean vector space(1)　欧几里得向量空间
even function(1)　偶函数
event chain(1)　事件链,事件序列
event of small probability(4)　小概率事件

exception case(1,3)　　例外情况
exclusive events(1)　　互斥事件
excluded middle(4)　　排中的
exercise(1)　　习题
existence proof(1)　　存在性证明
expectation(1)　　期望
expected value(1)　　期望值
experiment design(5)　　实验设计
explicit(1)　　显式
exponent(2)　　指数
extended mean value(2)　　广义均值
extension(6)　　外延,扩张
extrapolation(6)　　外插,外推
extremum(6)　　极值

F

factorial(1)　　阶乘
false(4)　　假,不成立
family(1)　　族
fictitious(4)　　虚构的
fiducial interval(3)　　置信区间
field of definitions(1)　　定义域
finite(1)　　有限的
first order equation(6)　　一阶方程
fitting of a curve(6)　　曲线拟合
forecasting(6)　　预测
fractional error(3)　　相对误差
frequency(2)　　频率,频数

G

gaming simulation(4)　　对策模拟
Gaussian curve(1)　　高斯曲线
generalized least squares estimator(6)　　广义最小二乘估计量
geometric distribution(1)　　几何分布
goodness of fit(6)　　拟合优度
gravity center(1)　　重心

H

hamonic mean(2)　　调和平均
high correlation(6)　　高度相关

higher space(6)　　高维空间
homogeneous(4)　　齐性的
hypergeometric(1)　　超几何的
hyperplane(6)　　超平面
hypothesis testing(4)　　假设检验

I

ill-conditioned(6)　　病态的
inclusive(1)　　可兼容的
inconsistent(1)　　不相容的,非一致的
incompatible events(1)　　互斥事件
independent(1)　　独立的,无关的
index number(2)　　指数
inference(1)　　推理,推论
influence function(6)　　影响函数
inhomogeneous(3)　　非齐性的
initial data(2)　　原始数据
interaction(5)　　交互作用
intercept(6)　　截距
interpolation(3,4)　　内插法
inverse correlation(6)　　负相关
isolated point(1)　　孤立点
iteration(3,4)　　迭代
ith component(2)　　第 i 个分量

J

joint probability distribution(1)　　联合概率分布
jump function(1)　　跳跃函数

L

large number theorem(1)　　大数定理
large sample(2)　　大样本
law of large numbers(1)　　大数定律
leap function(1)　　跳跃函数
least significant difference(5)　　最小显著差
least squares estimator(6)　　最小二乘估计量
likelihood function(3)　　似然函数
line of regression(6)　　回归线
linear regression(6)　　线性回归
list(1)　　目录[表]
long-time trend(4,6)　　长期趋势

M

main effects(5)　　主效应
majorized(5)　　优化的
major premise(5)　　大前提
marginal density(1)　　边际密度
mathematical statistics(2)　　数理统计学
matrix(6)　　矩阵
maximal(3,6)　　极大的
maximum likelihood criterion(3)　　极大似然准则
mean square deviation(2)　　均方差
measure of skewness(2)　　偏度
median(2)　　中位数
median unbiased estimator(3)　　中位数无偏估计量
merging(2,3,4)　　合并
middle term(3,4)　　中间项
minimax(5,6)　　极小化极大
minus(1,2)　　减
mode(2)　　众数
modified value(6)　　修正值
monadic(2)　　一元的
monotone increasing(1)　　单调增函数
most powerful(4)　　最大功效
multilevel(5)　　多水平的
multimodal(1)　　多峰的
multiplestage sampling(2)　　多阶段抽样
multiplication(1)　　乘法
multivariate analysis(6)　　多元分析
mutually disjoint(1)　　互不相交的
mutually exclusive events(1)　　互斥事件
mutually inverse(1)　　互逆的
mutually prime(1)　　互素的

N

n-dimensional normal distribution(1)　　n 维正态分布
necessary and sufficient condition(1)　　必要充分条件
negative binomial distribution(1)　　负二项分布
negative correlation(6)　　负相关
negative exponential distribution(1)　　负指数分布
n-faced dice(1)　　n 面骰子
noncentral distribution(1)　　非中心分布
non-degenerate(6)　　非退化的
non-homogeneous(4,5)　　非齐性的
nonlinear(6)　　非线性的
nonparametric statistics(4)　　非参数统计
nonsingular(6)　　满秩的、非奇的
normal(1)　　正态的,正规的
normal equation(6)　　正规方程
note(1)　　注,注记
null hypothesis(4)　　原假设,零假设
null set(1)　　空集,零集
numerator(1)　　分子

O

occurrence of event(1)　　事件的出现
odd function(1)　　奇函数
omit(1)　　省略
one-side test(4)　　单侧检验
one-tailed test(4)　　单侧检验
opposite sign(4)　　异号
optimal estimation(3)　　最优估计
order statistic(2)　　顺序统计量
orthogonal Latin squares(4)　　正交拉丁方
overlay(4)　　叠加
output(4)　　输出

P

paired(4)　　成对的
pairwise independent events(1)　　两两独立事件
partial correlation(6)　　偏相关
particular case(1)　　特例
Pascal distribution(1)　　帕斯卡分布
peak value(1)　　峰值
percentage(2)　　百分数
percentiles(2)　　百分位数
performance(2)　　实现
permutation and combinations(1)　　排列组合
piecewise smooth curve(1)　　分段光滑曲线
point estmation(3)　　点估计

Poisson distribution(1) 泊松分布
pooled(4) 合并的
population(2) 总体
population kurtosis(2) 总体峭度
population parameter(2) 总体参数
positive(2) 正的
possibility(2) 可能性
power exponent(1) 幂指数
precision(2) 精度
prediction(2) 预报
primary record(2) 原始记录
probability density function(1) 概率密度函数
problematic(2) 或然性的
process(4) 步骤、过程
progressive average(2) 累加平均
proof by contradiction(2) 反证法
proper value(2) 特征值
proportional sampling(2) 按比例抽样
pseudorandom numbers(2) 伪随机数
purposive sampling(2) 目的抽样

Q

quadratic sum(4) 平方和
quantity index number(4) 数量指标

R

randomized decision function(4) 随机化决策函数
random walk(1) 随机游动
range(2) 极差,范围
reduced(5) 简化的
reflexive law(1) 自反律
regression(6) 回归
regular equation(6) 正则方程
reject(4) 拒绝
rejection region(4) 拒绝域
relation of indusion(1) 包含关系
relative error(2) 相对误差
relatively prime numbers(2) 互素数
reliability(2) 可靠性
remanent(5) 剩余的
repeated trials(5) 重复试验

representativeness(5) 代表性
residual sum of squares(5) 残差平方和
response(5) 响应,反应
rest(5) 剩余
restricted(5) 约束的
reversible(1) 可逆的
right continuous(1) 右连续的
risk function(4) 风险函数
roundoff error(2) 舍入误差
runs 游程

S

sample size(2) 样本量
sampling(2) 抽样
sampling with replacement(2) 有放回的抽样
sampling without replacement(2) 无放回的抽样
sampling investigation(2) 抽样调查
scale parameter(2) 尺度参数
scattered(2) 分散的
secondary parameters(2) 第二参数
second-degree polynomial(6) 二次多项式
secular trend(6) 长期趋势
sensitivity(4) 灵敏度
sequence of events(1) 事件序列
sequential sampling(2) 序贯抽样
set(1) 集合
set intersection(1) 集的交
set union(1) 集的并
shaded area(1) 阴影面积
shifting(1) 平移
short-cut method(3) 简捷的方法
sign of sigma-additive(2) Σ和号
significant(4) 显著的
significance level(4) 显著性水平
signify(2,3) 符号化
simple statistical hypothesis(4) 简单统计假设
simple loss function(4) 简单损失函数
simulate(4) 模拟
simultaneous distribution(2) 联合分布
simultaneous linear equations(6) 线性联立方程
singular(6) 奇异的,降秩的

skewness(2)　偏斜度
slope(6)　斜率
solid line(6)　实线
solve(1-6)　解
spline(6)　样条
stable(6)　稳定的
star(1-6)　星号
statistical decision function(4)　统计决策函数
statistically significant(4)　统计上显著的
statistically evident(4)　统计上显著的
stepwise regression(6)　逐步回归
stochastic(1)　随机的
straight line(6)　直线
stratified sampling(2)　分层抽样
strictly monotone(6)　严格单调的
strong law of large number(1)　强大数定律
subscript(2)　下标
subset(1)　子集
successive(4,6)　逐次的,累次的
sufficient(1)　充分的
sum(2)　和
supplementary set(1)　补集
surplus factor(4,5,6)　剩余因子
symbol(1,2)　符号
symmetric(1)　对称的

T

table(2,4,5)　表
tail(4)　尾部
test(4)　检验
test criterion(4)　检验判据
test statistics(4)　检验统计量
total correlation coefficient(6)　全相关系数
totality(2)　总体
truncated distribution(1)　截尾分布
two-sided chi square test(4)　双侧 χ^2 检验
two-tailed test(4)　双侧检验

U

unbiased(2)　无偏的
unbiasedness(2)　无偏性
uncorrelated(6)　不相关的
undetermined(6)　待定的
uniform distribution(1)　均匀分布
uniformly most powerful test(4)　一致最大功效检验
unilateral(4)　单侧的
unimodal(1)　单峰的
union of set(1)　集的并
unique(6)　惟一的
unit element(2)　单元
unity(2)　单位
univariate(6)　一元的
universal set(1)　全集
unknown parameter(2)　未知参数
utility(3)　效用

V

validity(3)　有效性
variable(1)　变量
vector(2)　向量

W

weight(2)　权重
weighted average(2)　加权平均
weighted means(2)　加权平均
whole event(1)　全事件
without bias(2)　无偏性

Z

zero-one distribution(1)　0,1分布

参 考 文 献

[1] 陈希孺. 2000. 概率论与数理统计. 北京:科学出版社,中国科技大学出版社.
[2] 方开泰,许建伦. 1987. 统计分布. 北京:科学出版社.
[3] 肖明耀. 1984. 实验误差估计与数据处理. 北京:科学出版社.
[4] 袁荫棠. 1989. 概率论与数理统计. 北京:中国人民大学出版社.
[5] 邵崇斌. 2004. 概率论与数理统计. 北京:中国林业出版社.
[6] David V. Huntsberger and Patrick Billingsley. 1981. Elemeuts of Statistical Inference. Allyn and Bacon INC.
[7] Lyman Ott. 1968. An Introduction to Liener and the Design and Analysis of Experiments. Duxbury Press.

附表:常用数理统计用表

1. 正态分布的密度函数表

$$\varphi(u) = \frac{1}{\sqrt{2\pi}} e^{-\frac{u^2}{2}}$$

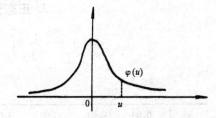

u	0.00	0.01	0.02	0.03	0.04	0.05	0.06	0.07	0.08	0.09	u
0.0	0.3989	0.3989	0.3989	0.3983	0.3986	0.3984	0.3982	0.3980	0.3977	0.3973	0.0
0.1	.3970	.3965	.3961	.3956	.3951	.3945	.3939	.3932	.3925	.3918	0.1
0.2	.3910	.3902	.3894	.3885	.3876	.3867	.3857	.3847	.3836	.3825	0.2
0.3	.3814	.3802	.3790	.3778	.3765	.3752	.3739	.3725	.3712	.3697	0.3
0.4	.3683	.3668	.3653	.3637	.3621	.3605	.3589	.3572	.3555	.3538	0.4
0.5	.3521	.3503	.3485	.3467	.3448	.3429	.3410	.3391	.3872	.3352	0.5
0.6	.3332	.3312	.3292	.3271	.3251	.3230	.3209	.3187	.3166	.3144	0.6
0.7	.3123	.3101	.3079	.3056	.3034	.3011	.2989	.2966	.2943	.2920	0.7
0.8	.2897	.2874	.2850	.2827	.2808	.2780	.2756	.2732	.2709	.2685	0.8
0.9	.2661	.2637	.2618	.2589	.2565	.2541	.2516	.2492	.2468	.2444	0.9
1.0	.2420	.2896	.2371	.2347	.2323	.2299	.2275	.2251	.2227	.2203	1.0
1.1	.2179	.2155	.2131	.2107	.2083	.2059	.2036	.2012	.1989	.1965	1.1
1.2	.1942	.1919	.1895	.1872	.1849	.1826	.1804	.1781	.1758	.1736	1.2
1.3	.1714	.1691	.1669	.1647	.1626	.1604	.1582	.1561	.1539	.1518	1.3
1.4	.1497	.1476	.1456	.1435	.1415	.1394	.1374	.1354	.1334	.1315	1.4
1.5	.1295	.1276	.1257	.1238	.1219	.1200	.1182	.1163	.1145	.1127	1.5
1.6	.1109	.1092	.1074	.1057	.1010	.1023	.1006	.09898	.09728	.09566	1.6
1.7	.09405	.09246	.09089	.08933	.08780	.08628	.08478	.08329	.08183	.08038	1.7
1.8	.07895	.07754	.07614	.07477	.07341	.07206	.07074	.06943	.06814	.06687	1.8
1.9	.06562	.06438	.06316	.06195	.06077	.05959	.05844	.05730	.05618	.05508	1.9
2.0	.05399	.05292	.05186	.05082	.04980	.04879	.04780	.04682	.04586	.04491	2.0
2.1	.04398	.04307	.04217	.04128	.04041	.03955	.03871	.03788	.03706	.03626	2.1
2.2	.03547	.03470	.03394	.03319	.03246	.03174	.03103	.03034	.02965	.02898	2.2
2.3	.02833	.02763	.02705	.02643	.02582	.02522	.02463	.02406	.02349	.02294	2.3
2.4	.02239	.02186	.02134	.02083	.02033	.01984	.01936	.01888	.01842	.01797	2.4
2.5	.01753	.01709	.01667	.01625	.01585	.01545	.01506	.01468	.01431	.01394	2.5
2.6	.01358	.01323	.01289	.01256	.01223	.01191	.01160	.01130	.01100	.01071	2.6
2.7	.01042	.01014	$.0^2 9871$	$.0^2 9606$	$.0^2 9347$	$.0^2 9094$	$.0^2 8846$	$.0^2 8605$	$.0^2 8370$	$.0^2 8140$	2.7
2.8	$.0^2 7915$	$.0^2 7697$	$.0^2 7483$	$.0^2 7274$	$.0^2 7071$	$.0^2 6373$	$.0^2 6679$	$.0^2 6491$	$.0^2 6307$	$.0^2 6127$	2.8
2.9	$.0^2 5953$	$.0^2 5782$	$.0^2 5616$	$.0^2 5464$	$.0^2 5296$	$.0^2 5143$	$.0^2 4993$	$.0^2 4847$	$.0^2 4705$	$.0^2 4567$	2.9
3.0	$.0^2 4432$	$.0^2 4301$	$.0^2 4173$	$.0^2 4049$	$.0^2 3928$	$.0^2 3810$	$.0^2 3695$	$.0^2 3584$	$.0^2 3475$	$.0^2 3370$	3.0
3.1	$.0^2 3267$	$.0^2 3167$	$.0^2 3070$	$.0^2 2975$	$.0^2 2884$	$.0^2 2794$	$.0^2 2707$	$.0^2 2633$	$.0^2 2541$	$.0^2 2461$	3.1
3.2	$.0^2 2384$	$.0^2 2309$	$.0^2 2236$	$.0^2 2165$	$.0^2 2096$	$.0^2 2029$	$.0^2 1964$	$.0^2 1901$	$.0^2 1840$	$.0^2 1780$	3.2
3.3	$.0^2 1723$	$.0^2 1667$	$.0^2 1612$	$.0^2 1560$	$.0^2 1508$	$.0^2 1459$	$.0^2 1411$	$.0^2 1364$	$.0^2 1319$	$.0^2 1275$	3.3
3.4	$.0^2 1232$	$.0^2 1191$	$.0^2 1151$	$.0^2 1112$	$.0^2 1075$	$.0^2 1038$	$.0^2 1003$	$.0^3 9689$	$.0^3 9358$	$.0^3 9037$	3.4
3.5	$.0^3 8727$	$.0^3 8426$	$.0^3 8135$	$.0^3 7853$	$.0^3 7581$	$.0^3 7317$	$.0^3 7061$	$.0^3 6814$	$.0^3 6575$	$.0^3 6343$	3.5
3.6	$.0^3 6119$	$.0^3 5902$	$.0^3 5693$	$.0^3 5490$	$.0^3 5294$	$.0^3 5105$	$.0^3 4921$	$.0^3 4744$	$.0^3 4573$	$.0^3 4408$	3.6
3.7	$.0^3 4248$	$.0^3 4093$	$.0^3 3944$	$.0^3 3800$	$.0^3 3661$	$.0^3 3526$	$.0^3 3396$	$.0^3 3271$	$.0^3 3149$	$.0^3 3032$	3.7
3.8	$.0^3 2919$	$.0^3 2810$	$.0^3 2705$	$.0^3 2604$	$.0^3 2506$	$.0^3 2411$	$.0^3 2320$	$.0^3 2232$	$.0^3 2147$	$.0^3 2065$	3.8
3.9	$.0^3 1987$	$.0^3 1910$	$.0^3 1837$	$.0^3 1766$	$.0^3 1698$	$.0^3 1633$	$.0^3 1569$	$.0^3 1508$	$.0^3 1449$	$.0^3 1893$	3.9
4.0	$.0^3 1338$	$.0^3 1286$	$.0^3 1235$	$.0^3 1186$	$.0^3 1140$	$.0^3 1094$	$.0^3 1051$	$.0^3 1009$	$.0^4 9687$	$.0^4 9299$	4.0
4.1	$.0^4 8926$	$.0^4 8567$	$.0^4 8222$	$.0^4 7890$	$.0^4 7570$	$.0^4 7263$	$.0^4 6967$	$.0^4 6688$	$.0^4 6410$	$.0^4 6147$	4.1
4.2	$.0^4 5894$	$.0^4 5652$	$.0^4 5418$	$.0^4 5194$	$.0^4 4979$	$.0^4 4772$	$.0^4 4573$	$.0^4 4382$	$.0^4 4199$	$.0^4 4023$	4.2
4.3	$.0^4 3854$	$.0^4 3691$	$.0^4 3535$	$.0^4 3386$	$.0^4 3242$	$.0^4 3104$	$.0^4 2972$	$.0^4 2845$	$.0^4 2723$	$.0^4 2606$	4.3
4.4	$.0^4 2494$	$.0^4 2387$	$.0^4 2284$	$.0^4 2185$	$.0^4 2090$	$.0^4 1999$	$.0^4 1912$	$.0^4 1829$	$.0^4 1749$	$.0^4 1672$	4.4
4.5	$.0^4 1598$	$.0^4 1528$	$.0^4 1461$	$.0^4 1396$	$.0^4 1334$	$.0^4 1275$	$.0^4 1218$	$.0^4 1164$	$.0^4 1112$	$.0^4 1062$	4.5
4.6	$.0^4 1014$	$.0^5 9684$	$.0^5 9248$	$.0^5 8830$	$.0^5 8430$	$.0^5 8047$	$.0^5 7681$	$.0^5 7381$	$.0^5 6996$	$.0^5 6676$	4.6
4.7	$.0^5 6370$	$.0^5 6077$	$.0^5 5797$	$.0^5 5530$	$.0^5 5274$	$.0^5 5030$	$.0^5 4796$	$.0^5 4573$	$.0^5 4360$	$.0^5 4156$	4.7
4.8	$.0^5 3961$	$.0^5 3775$	$.0^5 3598$	$.0^5 3428$	$.0^5 3267$	$.0^5 3112$	$.0^5 2965$	$.0^5 2824$	$.0^5 2690$	$.0^5 2561$	4.8
4.9	$.0^5 2439$	$.0^5 2322$	$.0^5 2211$	$.0^5 2105$	$.0^5 2003$	$.0^5 1907$	$.0^5 1814$	$.0^5 1727$	$.0^5 1643$	$.0^5 1563$	4.9

2. 正态分布表

$$\Phi(u) = \frac{1}{\sqrt{2\pi}} \int_{-\infty}^{u} e^{-\frac{x^2}{2}} dx \quad (u \leq 0)$$

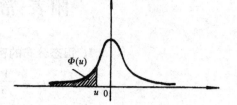

u	0.00	0.01	0.02	0.03	0.04	0.05	0.06	0.07	0.08	0.09	u
-0.0	0.5000	0.4960	0.4920	0.4880	0.4840	0.4801	0.4761	0.4721	0.4681	0.4641	-0.0
-0.1	.4602	.4562	.4522	.4483	.4443	.4404	.4364	.4325	.4286	.4247	-0.1
-0.2	.4207	.4168	.4129	.4090	.4052	.4013	.3974	.3936	.3897	.3859	-0.2
-0.3	.3821	.3783	.3745	.3707	.3669	.3632	.3594	.3557	.3520	.3483	-0.3
-0.4	.3446	.3409	.3372	.3336	.3800	.3264	.3228	.3192	.3156	.3121	-0.4
-0.5	.3085	.3050	.3015	.2981	.2946	.2912	.2877	.2843	.2810	.2776	-0.5
-0.6	.2743	.2709	.2676	.2643	.2611	.2578	.2546	.2514	.2483	.2451	-0.6
-0.7	.2420	.2389	.2358	.2327	.2297	.2266	.2236	.2206	.2177	.2148	-0.7
-0.8	.2119	.2090	.2061	.2033	.2005	.1977	.1949	.1922	.1894	.1867	-0.8
-0.9	.1841	.1814	.1788	.1762	.1736	.1711	.1685	.1660	.1635	.1611	-0.9
-1.0	.1587	.1562	.1539	.1515	.1492	.1469	.1446	.1423	.1401	.1379	-1.0
-1.1	.1357	.1335	.1314	.1292	.1271	.1251	.1230	.1210	.1190	.1170	-1.1
-1.2	.1151	.1131	.1112	.1093	.1075	.1056	.1038	.1020	.1003	.09853	-1.2
-1.3	.09680	.09510	.09342	.09176	.09012	.08851	.08691	.08534	.08379	.08226	-1.3
-1.4	.08076	.07927	.07780	.07686	.07493	.07358	.07215	.07078	.06944	.06811	-1.4
-1.5	.06681	.06552	.06426	.06301	.06178	.06057	.05938	.05821	.05705	.05592	-1.5
-1.6	.05480	.05370	.05262	.05155	.05050	.04947	.04846	.04746	.04648	.04551	-1.6
-1.7	.04457	.04363	.04272	.04182	.04093	.04006	.03920	.03836	.03754	.03673	-1.7
-1.8	.03593	.03515	.03438	.03362	.03288	.03216	.03144	.03074	.03005	.02938	-1.8
-1.9	.02872	.02807	.02743	.02680	.02619	.02559	.02500	.02442	.02385	.02330	-1.9
-2.0	.02275	.02222	.02169	.02118	.02068	.02018	.01970	.01923	.01876	.01831	-2.0
-2.1	.01786	.01743	.01700	.01659	.01618	.01578	.01539	.01500	.01463	.01426	-2.1
-2.2	.01390	.01355	.01321	.01287	.01255	.01222	.01191	.01160	.01130	.01101	-2.2
-2.3	.01072	.01044	.01017	$.0^2 9903$	$.0^2 9642$	$.0^2 9387$	$.0^2 9137$	$.0^2 8894$	$.0^2 8656$	$.0^2 8424$	-2.3
-2.4	$.0^2 8198$	$.0^2 7976$	$.0^2 7760$	$.0^2 7549$	$.0^2 7344$	$.0^2 7143$	$.0^2 6947$	$.0^2 6756$	$.0^2 6569$	$.0^2 6387$	-2.4
-2.5	$.0^2 6210$	$.0^2 6037$	$.0^2 5868$	$.0^2 5703$	$.0^2 5543$	$.0^2 5386$	$.0^2 5234$	$.0^2 5085$	$.0^2 4940$	$.0^2 4799$	-2.5
-2.6	$.0^2 4661$	$.0^2 4527$	$.0^2 4396$	$.0^2 4269$	$.0^2 4145$	$.0^2 4025$	$.0^2 3907$	$.0^2 3793$	$.0^2 3681$	$.0^2 3573$	-2.6
-2.7	$.0^2 3467$	$.0^2 3364$	$.0^2 3264$	$.0^2 3167$	$.0^2 3072$	$.0^2 2980$	$.0^2 2890$	$.0^2 2803$	$.0^2 2718$	$.0^2 2635$	-2.7
-2.8	$.0^2 2555$	$.0^2 2477$	$.0^2 2401$	$.0^2 2327$	$.0^2 2256$	$.0^2 2186$	$.0^2 2118$	$.0^2 2052$	$.0^2 1988$	$.0^2 1926$	-2.8
-2.9	$.0^2 1866$	$.0^2 1807$	$.0^2 1750$	$.0^2 1695$	$.0^2 1641$	$.0^2 1589$	$.0^2 1538$	$.0^2 1489$	$.0^2 1441$	$.0^2 1395$	-2.9
-3.0	$.0^2 1350$	$.0^2 1306$	$.0^2 1264$	$.0^2 1223$	$.0^2 1183$	$.0^2 1144$	$.0^2 1107$	$.0^2 1070$	$.0^2 1035$	$.0^2 1001$	-3.0
-3.1	$.0^3 9676$	$.0^3 9354$	$.0^3 9043$	$.0^3 8740$	$.0^3 8447$	$.0^3 8164$	$.0^3 7888$	$.0^3 7622$	$.0^3 7364$	$.0^3 7114$	-3.1
-3.2	$.0^3 6871$	$.0^3 6637$	$.0^3 6410$	$.0^3 6190$	$.0^3 5976$	$.0^3 5770$	$.0^3 5571$	$.0^3 5377$	$.0^3 5190$	$.0^3 5009$	-3.2
-3.3	$.0^3 4834$	$.0^3 4665$	$.0^3 4501$	$.0^3 4342$	$.0^3 4189$	$.0^3 4041$	$.0^3 3897$	$.0^3 3758$	$.0^3 3624$	$.0^3 3495$	-3.3
-3.4	$.0^3 3369$	$.0^3 3248$	$.0^3 3131$	$.0^3 3018$	$.0^3 2909$	$.0^3 2803$	$.0^3 2701$	$.0^3 2602$	$.0^3 2507$	$.0^3 2415$	-3.4
-3.5	$.0^3 2326$	$.0^3 2241$	$.0^3 2158$	$.0^3 2078$	$.0^3 2001$	$.0^3 1926$	$.0^3 1854$	$.0^3 1785$	$.0^3 1718$	$.0^3 1653$	-3.5
-3.6	$.0^3 1591$	$.0^3 1531$	$.0^3 1473$	$.0^3 1417$	$.0^3 1363$	$.0^3 1311$	$.0^3 1261$	$.0^3 1213$	$.0^3 1166$	$.0^3 1121$	-3.6
-3.7	$.0^3 1078$	$.0^3 1036$	$.0^4 9961$	$.0^4 9574$	$.0^4 9201$	$.0^4 8842$	$.0^4 8496$	$.0^4 8162$	$.0^4 7841$	$.0^4 7532$	-3.7
-3.8	$.0^4 7235$	$.0^4 6948$	$.0^4 6673$	$.0^4 6407$	$.0^4 6152$	$.0^4 5906$	$.0^4 5669$	$.0^4 5442$	$.0^4 5223$	$.0^4 5012$	-3.8
-3.9	$.0^4 4810$	$.0^4 4615$	$.0^4 4427$	$.0^4 4247$	$.0^4 4074$	$.0^4 3908$	$.0^4 3747$	$.0^4 3594$	$.0^4 3446$	$.0^4 3304$	-3.9
-4.0	$.0^4 3167$	$.0^4 3086$	$.0^4 2910$	$.0^4 2789$	$.0^4 2673$	$.0^4 2561$	$.0^4 2454$	$.0^4 2351$	$.0^4 2252$	$.0^4 2157$	-4.0
-4.1	$.0^4 2066$	$.0^4 1978$	$.0^4 1894$	$.0^4 1814$	$.0^4 1737$	$.0^4 1662$	$.0^4 1591$	$.0^4 1523$	$.0^4 1458$	$.0^4 1395$	-4.1
-4.2	$.0^4 1335$	$.0^4 1277$	$.0^4 1222$	$.0^4 1168$	$.0^4 1118$	$.0^4 1069$	$.0^4 1022$	$.0^5 9774$	$.0^5 9345$	$.0^5 8934$	-4.2
-4.3	$.0^5 8540$	$.0^5 8163$	$.0^5 7801$	$.0^5 7455$	$.0^5 7124$	$.0^5 6807$	$.0^5 6503$	$.0^5 6212$	$.0^5 5934$	$.0^5 5668$	-4.3
-4.4	$.0^5 5413$	$.0^5 5169$	$.0^5 4935$	$.0^5 4712$	$.0^5 4493$	$.0^5 4294$	$.0^5 4098$	$.0^5 3911$	$.0^5 3732$	$.0^5 3561$	-4.4
-4.5	$.0^5 3398$	$.0^5 3241$	$.0^5 3092$	$.0^5 2949$	$.0^5 2813$	$.0^5 2682$	$.0^5 2558$	$.0^5 2439$	$.0^5 2325$	$.0^5 2216$	-4.5
-4.6	$.0^5 2112$	$.0^5 2018$	$.0^5 1919$	$.0^5 1828$	$.0^5 1742$	$.0^5 1660$	$.0^5 1581$	$.0^5 1506$	$.0^5 1434$	$.0^5 1366$	-4.6
-4.7	$.0^5 1301$	$.0^5 1239$	$.0^5 1179$	$.0^5 1123$	$.0^5 1069$	$.0^5 1017$	$.0^6 9680$	$.0^6 9211$	$.0^6 8765$	$.0^6 8339$	-4.7
-4.8	$.0^6 7933$	$.0^6 7547$	$.0^6 7178$	$.0^6 6827$	$.0^6 6492$	$.0^6 6173$	$.0^6 5869$	$.0^6 5580$	$.0^6 5304$	$.0^6 5042$	-4.8
-4.9	$.0^6 4792$	$.0^6 4554$	$.0^6 4327$	$.0^6 4111$	$.0^6 3906$	$.0^6 3711$	$.0^6 3525$	$.0^6 3348$	$.0^6 3179$	$.0^6 3019$	-4.9

2. 正态分布表

$$\Phi_0(u) = \frac{1}{\sqrt{2\pi}} \int_{-\infty}^{u} e^{-\frac{x^2}{2}} dx \quad (u \geq 0)$$

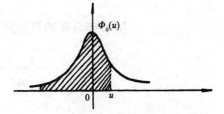

u	0.00	0.01	0.02	0.03	0.04	0.05	0.06	0.07	0.08	0.09	u
0.0	0.5000	0.5040	0.5080	0.5120	0.5160	0.5199	0.5239	0.5279	0.5319	05359	0.0
0.1	.5398	.5438	.5478	.5517	.5557	.5596	.5636	.5675	.5714	.5753	0.1
0.2	.5793	.5832	.5871	.5910	.5948	.5987	.6026	.6064	.6103	.6141	0.2
0.3	.6179	.6217	.6255	.6293	.6331	.6368	.6406	.6443	.6480	.6517	0.3
0.4	.6554	.6591	.6628	.6664	.6700	.6736	.6772	.6808	.6844	.6879	0.4
0.5	.6915	.6950	.6985	.7019	.7054	.7088	.7123	.7157	.7190	.7224	0.5
0.6	.7257	.7291	.7324	.7357	.7389	.7422	.7454	.7486	.7517	.7549	0.6
0.7	.7580	.7611	.7642	.7673	.7703	.7734	.7764	.7794	.7823	.7852	0.7
0.8	.7881	.7910	.7939	.7967	.7995	.8023	.8051	.8078	.8106	.8133	0.8
0.9	.8159	.8186	.8212	.8238	.8264	.8289	.8315	.8340	.8365	.8389	0.9
1.0	.8413	.8438	.8461	.8485	.8508	.8531	.8554	.8577	.8599	.8621	1.0
1.1	.8643	.8665	.8686	.8703	.8729	.8749	.8770	.8790	.8810	.8830	1.1
1.2	.8849	.8869	.8888	.8907	.8925	.8944	.8962	.8980	.8997	.90147	1.2
1.3	.90320	.90490	.90658	.90824	.90988	.91149	.91309	.91466	.91621	.91774	1.3
1.4	.91924	.92073	.92220	.92364	.92507	.92647	.92785	.92922	.93056	.93189	1.4
1.5	.93319	.93448	.93574	.93699	.93822	.93943	.94062	.94179	.94295	.94408	1.5
1.6	.94520	.94630	.94738	.94845	.94950	.95053	.95154	.95254	.95352	.95449	1.6
1.7	.95543	.95637	.95728	.95818	.95907	.95994	.96080	.96164	.96246	.96327	1.7
1.8	.96407	.96485	.96562	.96638	.96712	.96784	.96856	.96926	.96995	.97062	1.8
1.9	.97128	.97193	.97257	.97320	.97381	.97441	.97500	.97558	.97615	.97670	1.9
2.0	.97725	.97778	.97831	.97882	.97932	.97982	.98030	.98077	.98124	.98169	2.0
2.1	.98214	.98257	.98300	.98341	.93382	.98422	.98461	.98500	.98537	.98574	2.1
2.2	.98610	.98645	.98679	.98713	.98745	.98778	.98809	.98840	.98870	.98899	2.2
2.3	.98928	.98956	.98983	.$9^2$0097	.$9^2$0358	.$9^2$0613	.$9^2$0863	.$9^2$1106	.$9^2$1344	.$9^2$1576	2.3
2.4	.$9^2$1802	.$9^2$2024	.$9^2$2240	.$9^2$2451	.$9^2$2656	.$9^2$2857	.$9^2$3053	.$9^2$3244	.$9^2$3431	.$9^2$3613	2.4
2.5	.$9^2$3790	.$9^2$3963	.$9^2$4132	.$9^2$4297	.$9^2$4457	.$9^2$4614	.$9^2$4766	.$9^2$4915	.$9^2$5060	.$9^2$5201	2.5
2.6	.$9^2$5339	.$9^2$5473	.$9^2$5604	.$9^2$5731	.$9^2$5855	.$9^2$5975	.$9^2$6093	.$9^2$6207	.$9^2$6319	.$9^2$6427	2.6
2.7	.$9^2$6533	.$9^2$6636	.$9^2$6736	.$9^2$6833	.$9^2$6928	.$9^2$7020	.$9^2$7110	.$9^2$7197	.$9^2$7282	.$9^2$7365	2.7
2.8	.$9^2$7445	.$9^2$7523	.$9^2$7599	.$9^2$7673	.$9^2$7744	.$9^2$7814	.$9^2$7882	.$9^2$7948	.$9^2$8012	.$9^2$8074	2.8
2.9	.$9^2$8134	.$9^2$8193	.$9^2$8250	.$9^2$8305	.$9^2$8359	.$9^2$8411	.$9^2$8462	.$9^2$8511	.$9^2$8559	.$9^2$8605	2.9
3.0	.$9^2$8650	.$9^2$8694	.$9^2$8736	.$9^2$8777	.$9^2$8817	.$9^2$8856	.$9^2$8893	.$9^2$8930	.$9^2$8965	.$9^2$8999	3.0
3.1	.$9^3$0324	.$9^3$0646	.$9^3$0957	.$9^3$1260	.$9^3$1553	.$9^3$1836	.$9^3$2112	.$9^3$2378	.$9^3$2636	.$9^3$2886	3.1
3.2	.$9^3$3129	.$9^3$3363	.$9^3$3590	.$9^3$3810	.$9^3$4024	.$9^3$4230	.$9^3$4429	.$9^3$4623	.$9^3$4810	.$9^3$4991	3.2
3.3	.$9^3$5166	.$9^3$5335	.$9^3$5499	.$9^3$5658	.$9^3$5811	.$9^3$5959	.$9^3$6103	.$9^3$6242	.$9^3$6376	.$9^3$6505	3.3
3.4	.$9^3$6631	.$9^3$6752	.$9^3$6869	.$9^3$6982	.$9^3$7091	.$9^3$7197	.$9^3$7299	.$9^3$7398	.$9^3$7493	.$9^3$7585	3.4
3.5	.$9^3$7674	.$9^3$7759	.$9^3$7842	.$9^3$7922	.$9^3$7999	.$9^3$8074	.$9^3$8146	.$9^3$8215	.$9^3$8282	.$9^3$8347	3.5
3.6	.$9^3$8409	.$9^3$8469	.$9^3$8527	.$9^3$8583	.$9^3$8637	.$9^3$8689	.$9^3$8739	.$9^3$8787	.$9^3$8834	.$9^3$8879	3.6
3.7	.$9^3$8922	.$9^3$8964	.$9^4$0039	.$9^4$0426	.$9^4$0799	.$9^4$1158	.$9^4$1504	.$9^4$1838	.$9^4$2159	.$9^4$2468	3.7
3.8	.$9^4$2765	.$9^4$3052	.$9^4$3327	.$9^4$3593	.$9^4$3848	.$9^4$4094	.$9^4$4331	.$9^4$4558	.$9^4$4777	.$9^4$4988	3.8
3.9	.$9^4$5190	.$9^4$5385	.$9^4$5573	.$9^4$5753	.$9^4$5926	.$9^4$6092	.$9^4$6253	.$9^4$6406	.$9^4$6554	.$9^4$6696	3.9
4.0	.$9^4$6833	.$9^4$6964	.$9^7$7090	.$9^4$7211	.$9^4$7327	.$9^4$7439	.$9^4$7546	.$9^4$7649	.$9^4$7748	.$9^4$7843	4.0
4.1	.$9^4$7934	.$9^4$8022	.$9^4$8106	.$9^4$8186	.$9^4$8263	.$9^4$8338	.$9^4$8409	.$9^4$8477	.$9^4$8542	.$9^4$8605	4.1
4.2	.$9^4$8665	.$9^4$8723	.$9^4$8778	.$9^4$8832	.$9^4$8882	.$9^4$8931	.$9^4$8978	.$9^5$0226	.$9^5$0655	.$9^5$1066	4.2
4.3	.$9^5$1460	.$9^5$1837	.$9^5$2199	.$9^5$2545	.$9^5$2876	.$9^5$3193	.$9^5$3497	.$9^5$3788	.$9^5$4066	.$9^5$4332	4.3
4.4	.$9^5$4587	.$9^5$4831	.$9^5$5065	.$9^5$5288	.$9^5$5502	.$9^5$5706	.$9^5$5902	.$9^5$6089	.$9^5$6268	.$9^5$6439	4.4
4.5	.$9^5$6602	.$9^5$6759	.$9^5$6908	.$9^5$7051	.$9^5$7187	.$9^5$7318	.$9^5$7442	.$9^5$7561	.$9^5$7675	.$9^5$7784	4.5
4.6	.$9^5$7888	.$9^5$7987	.$9^5$8081	.$9^5$8172	.$9^5$8258	.$9^5$8340	.$9^5$8419	.$9^5$3494	.$9^5$8566	.$9^5$8634	4.6
4.7	.$9^5$8699	.$9^5$8761	.$9^5$8821	.$9^5$8877	.$9^5$8931	.$9^5$8983	.$9^6$0320	.$9^6$0789	.$9^6$1235	.$9^6$1661	4.7
4.8	.$9^6$2067	.$9^6$2453	.$9^6$2822	.$9^6$3173	.$9^6$3508	.$9^6$3827	.$9^6$4131	.$9^6$4420	.$9^6$4696	.$9^6$4958	4.8
4.9	.$9^6$5208	.$9^6$5446	.$9^6$5673	.$9^6$5889	.$9^6$6094	.$9^6$6289	.$9^6$6475	.$9^6$6652	.$9^6$6821	.$9^6$6981	4.9

3. 正态分布的双侧分位数 (u_α) 表

$$\alpha = 1 - \frac{1}{\sqrt{2\pi}} \int_{-u_\alpha}^{u_\alpha} e^{-u^2/2} du$$

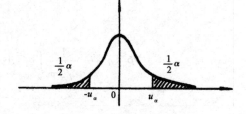

α	0.00	0.01	0.02	0.03	0.04	0.05	0.06	0.07	0.08	0.09	α
0.0	∞	2.575829	2.326348	2.170090	2.053749	1.959964	1.880794	1.811911	1.750686	1.695398	0.0
0.1	1.644854	1.598193	1.554774	1.514102	1.475791	1.439531	1.405072	1.372204	1.340755	1.310579	0.1
0.2	1.281552	1.253565	1.226528	1.200359	1.174987	1.150349	1.126391	1.103063	1.080319	1.058122	0.2
0.3	1.036433	1.015222	0.994458	0.974114	0.954165	0.934589	0.915365	0.896473	0.877896	1.859617	0.3
0.4	0.841621	0.823894	.806421	.789192	.772193	.755415	.738847	.722479	.706303	.690309	0.4
0.5	674490	.658838	.643345	.628006	.612813	.597760	.582841	.568051	.553385	.538836	0.5
0.6	.524401	.510073	.495850	.481727	.467699	.453762	.439913	.426148	.412463	.398855	0.6
0.7	.385320	.371856	.358459	.345125	.331853	.318639	.305481	.292375	.279319	.266311	0.7
0.8	.253347	.240426	.227545	.214702	.201893	.189118	.176374	.163658	.150969	.138304	0.8
0.9	.125661	.113039	.100434	.087845	.075270	.062707	.050154	.037608	.025069	.012533	0.9

α	0.001	0.0001	0.00001	0.000001	0.0000001	0.00000001	α
u_α	3.29053	3.89059	4.41717	4.89164	5.32672	5.73073	u_α

4. 二项分布表

$$Q(n,k,p) = \sum_{i=k}^{n} \binom{n}{i} p^i (1-p)^{n-1}$$

n	p / k	0.01	0.02	0.04	0.06	0.08	0.1	0.2	0.3	0.4	0.5	p / k	n
5	5						0.00000	0.00001	0.00032	0.00243	0.01024	0.03125	5	
	4	0.00000	0.00000	0.00001	0.00006	0.00019	.00046	.00672	.03078	.08704	.18750	4	
	3	.00001	.00008	.00060	.00197	.00453	.00856	.05792	.16308	.31744	.50000	3	5
	2	.00098	.00384	.01476	.03187	.05436	.08146	.26272	.47178	.66304	.81250	2	
	1	.04901	.09608	.18463	.26610	.34092	.40951	.67232	.83193	.92224	.96875	1	
10	10								0.00001	0.00010	0.00098	10	
	9							0.00000	.00014	.00168	.01074	9	
	8							0.00000	.00008	.00159	.01229	.05469	8	
	7					0.00000	0.00000	.00001	.00086	.01059	.05476	.17188	7	
	6			0.00000	.00001	.00004	.00015	.00637	.04735	.16624	.37695	6	10
	5		.00000	.00002	.00015	.00059	.00163	.03279	.15027	.36690	.62305	5	
	4	.00000	.00003	.00044	.00203	.00580	.01280	.12087	.35039	.61772	.82813	4	
	3	.00011	.00086	.00621	.01884	.04008	.07019	.32220	.61722	.83271	.94531	3	
	2	.00427	.01618	.05815	.11759	.18788	.26390	.62419	.85069	.95364	.98926	2	
	1	.09562	.18293	.33517	.46138	.56561	.65132	.89263	.97175	.99395	.99902	1	
15	15								0.00000	0.00003	15	
	14								0.00000	.00003	.00049	14	
	13								.00001	.00028	.00369	13	
	12							0.00000	.00009	.00193	.01758	12	
	11							.00001	.00067	.00935	.05923	11	
	10							.00011	.00365	.03383	.15088	10	
	9				0.00000	0.00000	.00079	.01524	.09505	.30362	9	
	8				0.00000	.00001	.00003	.00424	.05001	.21310	.50000	8	15
	7			0.00000	.00001	.00008	.00031	.01806	.13114	.39019	.69638	7	
	6		0.00000	.00001	.00015	.00070	.00225	.06105	.27838	.59678	.84912	6	
	5	0.00000	.00001	.00022	.00140	.00497	.01272	.16423	.48451	.78272	.94077	5	
	4	.00001	.00018	.00245	.01036	.02731	.05556	.35184	.70313	.90950	.98242	4	
	3	.00042	.00304	.02029	.05713	.11297	.18406	.60198	.87317	.97289	.99631	3	
	2	.00963	.03534	.11911	.22624	.34027	.45096	.83287	.96473	.99483	.99951	2	
	1	.13994	.26143	.45791	.60471	.71370	.79411	.96482	.99525	.99953	.99997	1	
20	20										0.00000	20	
	19									0.00000	.00002	19	
	18									.00001	.00020	18	
	17								0.00000	.00005	.00129	17	
	16								.00001	.00032	.00591	16	
	15								.00004	.00161	.02069	15	
	14							0.00000	.00026	.00647	.05766	14	
	13							.00002	.00128	.02103	.13159	13	
	12							.00010	.00514	.05653	.25172	12	
	11						0.00000	.00056	.01714	.12752	.41190	11	20
	10					0.00000	.00001	.00259	.04796	.24466	.58810	10	
	9				0.00000	.00001	.00006	.00998	.11333	.40440	.74828	9	
	8			0.00000	.00001	.00009	.00042	.03214	.22773	.58411	.86841	8	
	7		.00001	.00011	.00064	.00239	.08669	.39199	.74999	.94234	7	
	6	0.00000	.00010	.00087	.00380	.01125	.19579	.58363	.87440	.97931	6	
	5	0.00000	.00004	.00096	.00563	.01834	.04317	.37035	.76249	.94905	.99409	5	
	4	.00004	.00060	.00741	.02897	.07062	.13295	.58855	.89291	.98404	.99871	4	
	3	.00100	.00707	.04386	.11497	.21205	.32307	.79392	.96452	.99639	.99980	3	
	2	.01686	.05990	.18966	.33955	.48314	.60825	.93082	.99236	.99948	.99998	2	
	1	.18209	.33239	.55800	.70989	.81131	.87842	.98847	.99920	.99996	1.0000	1	

（续）

n	k \ p	0.01	0.02	0.04	0.06	0.08	0.1	0.2	0.3	0.4	0.5	p / k	n
	25											25	
	24										0.00000	24	
	23										.00001	23	
	22									0.00000	.00008	22	
	21									.00001	.00046	21	
	20									.00005	.00204	20	
	19								0.00000	.00028	.00732	19	
	18								.00002	.00121	.02164	18	
	17								.00010	.00433	.05388	17	
	16							0.00000	.00045	.01317	.11476	16	
	15							.00001	.00178	.03439	.21218	15	
	14							.00008	.00599	.07780	.34502	14	
25	13							.00037	.01747	.15377	.50000	13	25
	12						0.00000	.00154	.04425	.26772	.65498	12	
	11					0.00000	.00001	.00556	.09780	.41423	.78782	11	
	10				0.00000	.00001	.00008	.01733	.18944	.57538	.88524	10	
	9				.00001	.00002	.00046	.04677	.32307	.72647	.94612	9	
	8			0.00000	.00007	.00052	.00226	.10912	.48815	.84645	.97836	8	
	7		0.00000	.00004	.00051	.00277	.00948	.21996	.65935	.92643	.99268	7	
	6		.00001	.00038	.00306	.01229	.03340	.38331	.80651	.97064	.99796	6	
	5	0.00000	.00012	.00278	.01505	.04514	.09799	.57933	.90953	.99053	.99954	5	
	4	.00011	.00145	.01652	.05976	.13509	.23641	.76601	.96676	.99763	.99992	4	
	3	.00195	.01324	.07648	.18711	.32317	.46291	.90177	.99104	.99957	.99999	3	
	2	.02576	.08865	.26419	.44734	.60528	.72879	.97261	.99843	.99995	1.0000	2	
	1	.22218	.69654	.63960	.78709	.87564	.92821	.99622	.99987	1.00000	1.00000	1	
	30											30	
	29											29	
	28											28	
	27										0.00000	27	
	26										.00003	26	
	25									0.00000	.00016	25	
	24									.00001	.00072	24	
	23									.00005	.00261	23	
	22								0.00000	.00022	.00806	22	
	21								.00001	.00086	.02139	21	
	20								.00004	.00285	.04937	20	
	19								.00016	.00830	.10024	19	
	18							0.00000	.00063	.02124	.18080	18	
	17							.00001	.00212	.04811	.29233	17	
30	16							.00005	.00637	.09706	.42777	16	30
	15							.00023	.01694	.17537	.57223	15	
	14							.00090	.04005	.28550	.70767	14	
	13						0.00000	.00311	.08447	.42153	.81920	13	
	12					0.00000	.00002	.00949	.15932	.56891	.89976	12	
	11				0.00000	.00001	.00009	.02562	.26963	.70853	.95063	11	
	10				.00001	.00007	.00045	.06109	.41119	.82371	.97861	10	
	9			0.00000	.00005	.00041	.00202	.12865	.56848	.90599	.99194	9	
	8			.00002	.00030	.00197	.00778	.23921	.71862	.95648	.99739	8	
	7		0.00000	.00015	.00167	.00825	.02583	.39303	.84048	.98282	.99928	7	
	6	0.00000	.00003	.00106	.00795	.02929	.07319	.57249	.92341	.99434	.99984	6	
	5	.00001	.00030	.00632	.03154	.08736	.17549	.54477	.96985	.99849	.99997	5	
	4	.00022	.00289	.03059	.10262	.21579	.35256	.87729	.99068	.99969	1.00000	4	
	3	.00332	.02172	.11690	.26760	.43460	.58865	.95582	.99789	.99995	1.00000	3	
	2	.03615	.12055	.33882	.54453	.70421	.81630	.98948	.99969	1.00000	1.00000	2	
	1	.26030	.45452	.70614	.84374	.91803	.95761	.99876	1.00000	1.00000	1.00000	1	

5. 二项分布参数 p 的置信区间表

$1-\alpha=0.95$

$n-k$ \ k	1	2	3	4	5	6	7	8	9	10	12	14	16	$n-k$ \ k
0	0.975 0.000	0.842 0.000	0.708 0.000	0.602 0.000	0.522 0.000	0.459 0.000	0.410 0.000	0.369 0.000	0.336 0.000	0.308 0.000	0.265 0.000	0.232 0.000	0.206 0.000	0
1	.987 .013	.906 .008	.806 .006	.716 .005	.641 .004	.579 .004	.527 .003	.483 .003	.445 .003	.413 .003	.360 .002	.319 .002	.287 .001	1
2	.992 .094	.932 .068	.853 .053	.777 .043	.710 .037	.651 .032	.600 .028	.556 .025	.518 .023	.484 .021	.428 .018	.383 .016	.347 .014	2
3	.994 .194	.947 .147	.882 .118	.816 .099	.755 .085	.701 .075	.652 .067	.610 .060	.572 .055	.538 .050	.481 .043	.434 .038	.396 .034	3
4	.995 .284	.957 .223	.901 .184	.843 .157	.788 .137	.738 .122	.692 .109	.651 .099	.614 .091	.581 .084	.524 .073	.476 .064	.437 .057	4
5	.996 .359	.963 .290	.915 .245	.863 .212	.813 .187	.766 .167	.723 .151	.684 .139	.649 .128	.616 .118	.560 .103	.512 .091	.471 .082	5
6	.996 .421	.968 .349	.925 .299	.878 .262	.833 .234	.789 .211	.749 .192	.711 .177	.677 .163	.646 .152	.590 .133	.543 .119	.502 .107	6
7	.997 .473	.972 .400	.933 .348	.891 .308	.849 .277	.808 .251	.770 .230	.734 .213	.701 .198	.671 .184	.616 .163	.570 .146	.529 .132	7
8	.997 .517	.975 .444	.940 .390	.901 .349	.861 .316	.823 .289	.787 .266	.753 .247	.722 .230	.692 .215	.639 .191	.593 .172	.553 .156	8
9	.997 .555	.977 .482	.945 .428	.909 .386	.872 .351	.837 .323	.802 .299	.770 .278	.740 .260	.711 .244	.660 .218	.615 .197	.575 .180	9
10	.998 .587	.979 .516	.950 .462	.916 .419	.882 .384	.848 .354	.816 .329	.785 .308	.756 .289	.728 .272	.678 .244	.634 .221	.595 .202	10
12	.998 .640	.982 .572	.957 .519	.927 .476	.897 .440	.867 .410	.837 .384	.809 .361	.782 .340	.756 .322	.709 .291	.666 .266	.628 .245	12
14	.998 .681	.984 .617	.962 .566	.936 .524	.909 .488	.831 .457	.854 .430	.828 .407	.803 .385	.779 .366	.734 .334	.694 .306	.657 .283	14
16	.999 .713	.986 .653	.966 .604	.943 .563	.918 .529	.893 .498	.868 .471	.844 .447	.820 .425	.798 .405	.755 .372	.717 .343	.681 .319	16
18	.999 .740	.988 .683	.970 .637	.948 .597	.925 .564	.902 .533	.879 .506	.857 .482	.835 .460	.814 .440	.773 .406	.736 .376	.702 .351	18
20	.999 .762	.989 .703	.972 .664	.953 .626	.932 .593	.910 .564	.889 .537	.868 .513	.847 .492	.827 .472	.789 .437	.753 .407	.720 .381	20
22	.999 .781	.990 .730	.975 .688	.956 .651	.937 .619	.917 .590	.897 .565	.877 .541	.858 .519	.839 .500	.803 .465	.768 .434	.737 .408	22
24	.999 .797	.991 .749	.976 .708	.960 .673	.942 .642	.923 .614	.904 .589	.885 .566	.867 .545	.849 .525	.814 .490	.782 .460	.751 .433	24
26	.999 .810	.991 .765	.978 .726	.962 .693	.945 .663	.928 .636	.910 .611	.893 .588	.875 .567	.858 .548	.825 .513	.794 .483	.764 .456	26
28	.999 .822	.992 .779	.980 .743	.965 .710	.949 .681	.932 .655	.916 .631	.899 .609	.882 .588	.866 .569	.834 .535	.804 .504	.776 .478	28
30	.999 .833	.992 .792	.981 .757	.967 .725	.952 .697	.936 .672	.920 .649	.904 .627	.889 .607	.873 .588	.843 .554	.814 .524	.786 .498	30
40	.999 .871	.994 .838	.985 .809	.975 .783	.963 .759	.951 .737	.938 .717	.925 .698	.912 .679	.900 .662	.875 .631	.850 .602	.827 .578	40
60	1.000 .912	.996 .888	.990 .867	.983 .848	.975 .830	.966 .813	.957 .797	.948 .782	.939 .767	.929 .752	.911 .727	.893 .703	.874 .681	60
100	1.000 .946	.998 .931	.994 .917	.989 .904	.984 .892	.979 .881	.973 .870	.967 .859	.962 .849	.955 .838	.943 .820	.931 .802	.919 .786	100
200	1.000 .973	.999 .965	.997 .957	.995 .951	.992 .944	.989 .938	.986 .939	.983 .926	.980 .920	.977 .914	.970 .903	.964 .893	.957 .883	200
500	1.000 0.989	1.000 0.986	.999 .983	.998 .980	.997 .977	.996 .974	.995 .972	.993 .969	.992 .967	.991 .964	.988 .960	.985 .955	.982 .950	500

$1-\alpha = 0.95$ （续）

k \ $n-k$	18	20	22	24	26	28	30	40	60	100	200	500	$n-k$ \ k
0	0.185 0.000	0.168 0.000	0.154 0.000	0.142 0.000	0.132 0.000	0.123 0.000	0.116 0.000	0.088 0.000	0.060 0.000	0.036 0.000	0.018 0.000	0.007 0.000	0
1	.260 .001	.238 .001	.219 .001	.203 .001	.190 .001	.178 .001	.167 .001	.129 .001	.088 .001	.054 .000	.027 .000	.011 .000	1
2	.317 .012	.292 .011	.270 .010	.251 .009	.235 .009	.221 .008	.208 .008	.162 .006	.112 .004	.069 .002	.035 .001	.014 .000	2
3	.363 .030	.336 .028	.312 .025	.292 .024	.274 .022	.257 .020	.243 .019	.191 .015	.133 .010	.083 .006	.043 .003	.017 .001	3
4	.403 .052	.374 .047	.349 .044	.327 .040	.307 .038	.290 .035	.275 .033	.217 .025	.152 .017	.096 .011	.049 .005	.020 .002	4
5	.436 .075	.407 .068	.381 .063	.358 .058	.337 .055	.319 .051	.303 .048	.241 .037	.170 .025	.108 .016	.056 .008	.023 .003	5
6	.467 .098	.436 .090	.410 .083	.386 .077	.364 .072	.345 .068	.328 .064	.263 .049	.187 .034	.119 .021	.062 .011	.026 .004	6
7	.494 .121	.463 .111	.435 .103	.411 .096	.389 .090	.369 .084	.351 .080	.283 .062	.203 .043	.130 .027	.068 .014	.028 .005	7
8	.518 .143	.487 .132	.459 .123	.434 .115	.412 .107	.391 .101	.373 .096	.302 .075	.218 .052	.141 .033	.074 .017	.031 .007	8
9	.540 .165	.508 .153	.481 .142	.455 .133	.433 .125	.412 .118	.393 .111	.321 .088	.233 .061	.151 .038	.080 .020	.033 .008	9
10	.560 .186	.528 .173	.500 .161	.475 .151	.452 .142	.431 .134	.412 .127	.338 .100	.248 .071	.162 .045	.086 .023	.036 .009	10
12	.594 .227	.563 .211	.535 .197	.510 .186	.487 .175	.465 .166	.446 .157	.369 .125	.273 .089	.180 .057	.097 .030	.040 .012	12
14	.624 .264	.593 .247	.566 .232	.540 .218	.517 .206	.496 .196	.476 .186	.398 .150	.297 .107	.198 .069	.107 .036	.045 .015	14
16	.649 .298	.619 .280	.592 .263	.567 .249	.544 .236	.522 .224	.502 .214	.422 .173	.319 .126	.214 .081	.117 .043	.050 .018	16
18	.671 .329	.642 .310	.615 .293	.590 .277	.568 .264	.547 .251	.527 .240	.445 .196	.340 .143	.230 .093	.127 .050	.054 .021	18
20	.690 .358	.662 .338	.636 .320	.612 .304	.589 .289	.568 .276	.548 .264	.467 .217	.359 .160	.245 .105	.137 .057	.059 .024	20
22	.707 .385	.680 .364	.654 .346	.631 .329	.608 .314	.588 .300	.568 .287	.487 .237	.378 .177	.260 .117	.146 .063	.063 .027	22
24	.723 .410	.696 .388	.671 .369	.648 .352	.626 .337	.605 .322	.586 .309	.505 .257	.395 .193	.274 .128	.155 .070	.067 .030	24
26	.736 .432	.711 .411	.686 .392	.663 .374	.642 .358	.622 .343	.603 .330	.522 .276	.411 .208	.287 .140	.164 .077	.072 .033	26
28	.749 .453	.724 .432	.700 .412	.678 .395	.657 .378	.637 .363	.618 .349	.538 .294	.426 .223	.300 .153	.172 .083	.076 .036	28
30	.760 .473	.736 .452	.713 .432	.691 .414	.670 .397	.651 .382	.632 .368	.552 .311	.441 .237	.313 .162	.181 .090	.080 .039	30
40	.804 .555	.783 .533	.763 .513	.743 .495	.724 .478	.706 .462	.689 .448	.614 .386	.503 .303	.368 .213	.220 .122	.099 .053	40
60	.857 .660	.840 .641	.823 .622	.807 .605	.792 .589	.777 .574	.763 .559	.697 .497	.593 .407	.455 .300	.287 .181	.136 .083	60
100	.907 .770	.895 .755	.883 .740	.872 .726	.860 .713	.847 .700	.838 .687	.787 .632	.700 .545	.571 .429	.395 .280	.199 .138	100
200	.950 .873	.943 .863	.937 .854	.930 .845	.923 .836	.917 .828	.910 .819	.878 .780	.819 .713	.720 .605	.550 .450	.319 .253	200
500	.979 .946	.976 .941	.973 .937	.970 .933	.967 .928	.964 .924	.961 .920	.947 .901	.917 .864	.862 .801	.747 .681	.531 .469	500

5. 二项分布参数 p 的置信区间表

$1-\alpha=0.99$ （续）

k \ $n-k$	1	2	3	4	5	6	7	8	9	10	12	14	16	$n-k$ \ k
0	0.995 0.000	0.929 0.000	0.829 0.000	0.734 0.000	0.653 0.000	0.586 0.000	0.531 0.000	0.484 0.000	0.445 0.000	0.411 0.000	0.357 0.000	0.315 0.000	0.282 0.000	0
1	.997 .003	.959 .002	.889 .001	.815 .001	.746 .001	.685 .001	.632 .001	.585 .001	.544 .001	.509 .001	.449 .000	.402 .000	.363 .000	1
2	.998 .041	.971 .029	.917 .023	.856 .019	.797 .016	.742 .014	.693 .012	.648 .011	.608 .010	.573 .009	.512 .008	.463 .007	.422 .006	2
3	.999 .111	.977 .083	.934 .066	.882 .055	.830 .047	.781 .042	.735 .037	.693 .033	.655 .030	.621 .028	.561 .024	.510 .021	.468 .019	3
4	.909 .185	.981 .144	.945 .118	.900 .100	.854 .087	.809 .077	.767 .069	.728 .062	.691 .057	.658 .053	.599 .045	.549 .040	.507 .036	4
5	.999 .254	.984 .203	.953 .170	.913 .146	.872 .128	.831 .114	.791 .103	.755 .094	.720 .087	.688 .080	.631 .070	.582 .062	.539 .055	5
6	.999 .315	.986 .258	.958 .219	.923 .191	.886 .169	.848 .152	.811 .138	.777 .127	.744 .117	.714 .109	.658 .095	.610 .085	.567 .076	6
7	.999 .368	.988 .307	.963 .265	.931 .233	.897 .209	.862 .189	.828 .172	.795 .159	.764 .147	.735 .137	.681 .121	.634 .108	.592 .097	7
8	.999 .415	.989 .352	.967 .307	.938 .272	.906 .245	.873 .223	.841 .205	.811 .189	.781 .176	.753 .165	.701 .146	.655 .131	.614 .119	8
9	.999 .456	.990 .392	.970 .345	.943 .309	.913 .280	.883 .256	.853 .236	.824 .219	.795 .205	.768 .192	.718 .171	.674 .154	.634 .140	9
10	1.000 0.491	.991 .427	.972 .379	.947 .342	.920 .312	.891 .286	.863 .265	.835 .247	.808 .232	.782 .218	.734 .195	.690 .176	.651 .161	10
12	1.000 0.551	.992 .488	.976 .439	.955 .401	.930 .369	.905 .342	.879 .319	.854 .299	.829 .282	.805 .266	.760 .240	.719 .218	.682 .200	12
14	1.000 0.598	.993 .537	.979 .490	.960 .451	.938 .418	.915 .390	.892 .366	.869 .345	.846 .326	.824 .310	.782 .281	.743 .257	.707 .237	14
16	1.000 0.637	.994 .578	.981 .532	.964 .493	.945 .461	.924 .433	.903 .408	.881 .386	.860 .366	.839 .349	.800 .318	.763 .293	.728 .272	16
18	1.000 0.669	.995 .613	.983 .568	.968 .530	.950 .498	.931 .469	.911 .445	.891 .422	.872 .402	.852 .384	.815 .353	.780 .326	.747 .304	18
20	1.000 0.696	.995 .642	.985 .599	.971 .562	.954 .530	.936 .502	.918 .478	.900 .455	.881 .435	.863 .417	.828 .384	.794 .357	.763 .334	20
22	1.000 0.719	.996 .668	.986 .626	.973 .590	.958 .559	.941 .531	.924 .507	.907 .484	.890 .464	.873 .445	.839 .413	.807 .385	.777 .361	22
24	1.000 0.738	.996 .690	.987 .649	.975 .615	.961 .584	.946 .557	.930 .533	.913 .511	.897 .490	.881 .471	.849 .439	.819 .410	.789 .386	24
26	1.000 0.755	.996 .709	.988 .670	.977 .637	.963 .607	.949 .580	.934 .557	.919 .535	.903 .515	.888 .496	.858 .463	.829 .434	.800 .410	26
28	1.000 0.770	.996 .726	.989 .689	.978 .656	.966 .627	.952 .602	.938 .578	.924 .557	.909 .537	.894 .518	.866 .485	.838 .457	.811 .432	28
30	1.000 0.784	.997 .741	.989 .705	.980 .674	.968 .646	.955 .621	.942 .598	.928 .577	.914 .557	.900 .539	.873 .506	.846 .478	.820 .452	30
40	1.000 0.832	.998 .797	.992 .767	.984 .740	.975 .716	.965 .694	.955 .673	.944 .654	.933 .636	.921 .619	.899 .588	.876 .560	.854 .536	40
60	1.000 0.884	.998 .859	.995 .836	.989 .816	.983 .797	.976 .780	.969 .763	.961 .748	.953 .733	.945 .719	.928 .693	.912 .668	.895 .646	60
100	1.000 0.929	.999 .912	.997 .897	.993 .884	.990 .871	.985 .858	.981 .847	.976 .836	.971 .825	.965 .815	.955 .795	.943 .777	.932 .761	100
200	1.000 0.964	.999 .955	.998 .947	.997 .939	.995 .932	.992 .925	.990 .919	.988 .913	.985 .907	.982 .901	.976 .890	.970 .878	.964 .868	200
500	1.000 0.985	1.000 .982	.999 .978	.999 .975	.998 .972	.997 .969	.996 .967	.995 .964	.994 .961	.993 .959	.990 .953	.988 .949	.985 .944	500

$1-\alpha=0.99$ (续)

k \ n-k	18	20	22	24	26	28	30	40	60	100	200	500	n-k \ k
0	0.255 0.000	0.233 0.000	0.214 0.000	0.198 0.000	0.184 0.000	0.172 0.000	0.162 0.000	0.124 0.000	0.085 0.000	0.052 0.000	0.026 0.000	0.011 0.000	0
1	.331 .000	.304 .000	.281 .000	.262 .000	.245 .000	.230 .000	.216 .000	.168 .000	.116 .000	.071 .000	.036 .000	.015 .000	1
2	.387 .005	.358 .005	.332 .004	.310 .004	.291 .004	.274 .004	.259 .003	.203 .002	.141 .002	.088 .001	.045 .001	.018 .000	2
3	.432 .017	.401 .015	.374 .014	.351 .013	.330 .012	.311 .011	.295 .011	.233 .008	.164 .005	.103 .003	.053 .002	.022 .001	3
4	.470 .032	.438 .029	.410 .027	.385 .025	.363 .023	.344 .022	.326 .020	.260 .016	.184 .011	.116 .007	.061 .003	.025 .001	4
5	.502 .050	.470 .046	.441 .042	.416 .039	.393 .037	.373 .034	.354 .032	.284 .025	.203 .017	.129 .010	.068 .005	.028 .002	5
6	.531 .069	.498 .064	.469 .059	.443 .054	.420 .051	.398 .048	.379 .045	.306 .035	.220 .024	.142 .015	.075 .008	.031 .003	6
7	.555 .089	.522 .082	.493 .076	.467 .070	.443 .066	.422 .062	.402 .058	.327 .045	.237 .031	.153 .019	.081 .010	.033 .004	7
8	.578 .109	.545 .100	.516 .093	.489 .087	.465 .081	.443 .076	.423 .072	.346 .056	.252 .039	.164 .024	.087 .012	.036 .005	8
9	.598 .128	.565 .119	.536 .110	.510 .103	.485 .097	.463 .091	.443 .086	.364 .067	.267 .047	.175 .029	.093 .015	.039 .006	9
10	.616 .148	.583 .137	.555 .127	.529 .119	.504 .112	.482 .106	.461 .100	.381 .079	.281 .055	.185 .035	.099 .018	.041 .007	10
12	.647 .185	.616 .172	.587 .161	.561 .151	.537 .142	.515 .134	.494 .127	.412 .101	.307 .072	.205 .045	.110 .024	.047 .010	12
14	.674 .220	.643 .206	.615 .193	.590 .181	.566 .171	.543 .162	.522 .154	.440 .124	.332 .088	.223 .057	.122 .030	.051 .012	14
16	.696 .253	.666 .237	.639 .223	.614 .211	.590 .200	.568 .189	.548 .180	.464 .146	.354 .105	.239 .068	.132 .036	.056 .015	16
18	.716 .284	.687 .267	.661 .252	.636 .238	.612 .226	.591 .215	.570 .205	.486 .167	.374 .122	.255 .079	.142 .042	.061 .018	18
20	.733 .313	.705 .295	.679 .279	.655 .264	.632 .251	.611 .239	.591 .229	.507 .187	.394 .137	.271 .090	.152 .048	.066 .020	20
22	.748 .339	.721 .321	.696 .304	.673 .289	.650 .274	.629 .263	.609 .251	.526 .207	.411 .153	.286 .101	.162 .054	.070 .023	22
24	.762 .364	.736 .345	.711 .327	.688 .312	.666 .298	.646 .285	.626 .273	.543 .226	.428 .168	.300 .112	.171 .061	.075 .026	24
26	.774 .388	.749 .368	.726 .350	.702 .334	.681 .319	.661 .306	.642 .293	.560 .244	.444 .183	.313 .122	.180 .067	.079 .029	26
28	.785 .409	.761 .389	.737 .371	.715 .354	.694 .339	.675 .325	.656 .312	.575 .262	.459 .198	.326 .133	.189 .073	.083 .031	28
30	.795 .430	.771 .409	.749 .391	.727 .374	.707 .358	.688 .344	.669 .331	.589 .278	.473 .212	.339 .143	.197 .079	.088 .034	30
40	.833 .514	.813 .493	.793 .474	.774 .457	.756 .440	.738 .425	.722 .411	.646 .354	.534 .276	.394 .193	.237 .110	.108 .048	40
60	.878 .625	.863 .606	.847 .589	.832 .572	.817 .556	.802 .541	.788 .527	.724 .466	.620 .380	.479 .278	.305 .167	.145 .076	60
100	.921 .745	.910 .729	.899 .714	.888 .700	.878 .687	.867 .674	.857 .661	.807 .606	.722 .521	.593 .407	.407 .265	.209 .129	100
200	.958 .858	.952 .848	.946 .838	.939 .829	.933 .820	.927 .811	.921 .803	.890 .763	.833 .695	.735 .593	.565 .435	.332 .243	200
500	.982 .939	.980 .934	.977 .930	.974 .925	.971 .921	.969 .917	.966 .912	.952 .892	.924 .855	.871 .791	.757 .668	.541 .459	500

6. 泊松(Poisson)分布表

$$1 - F(c) = \sum_{k=c}^{\infty} \frac{\lambda^k}{k!} e^{-\lambda}$$

c \ λ	0.001	0.002	0.003	0.004	0.005	0.006	0.007	0.008
0	1.000 0000	1.000 0000	1.000 0000	1.000 0000	1.000 0000	1.000 0000	1.000 0000	1.000 0000
1	0.000 9995	0.001 9980	0.002 9955	0.003 9920	0.004 9875	0.005 9820	0.006 9756	0.007 9681
2	.000 0005	.000 0020	.000 0045	.000 0080	.000 0125	.000 0179	.000 0244	.000 0318
3							.000 0001	.000 0001

c \ λ	0.009	0.010	0.02	0.03	0.04	0.05	0.06	0.07
0	1.000 0000	1.000 0000	1.000 0000	1.000 0000	1.000 0000	1.000 0000	1.000 0000	1.000 0000
1	0.008 9596	0.009 9502	0.019 8013	0.029 5545	0.039 2106	0.048 7706	0.058 2355	0.067 6062
2	.000 0403	.000 0497	.000 1973	.000 4411	.000 7790	.001 2091	.001 7296	.002 3386
3	.000 0001	.000 0002	.000 0013	.000 0044	.000 0104	.000 0201	.000 0344	.000 0542
4					.000 0001	.000 0003	.000 0005	.000 0009

c \ λ	0.08	0.09	0.10	0.11	0.12	0.13	0.14	0.15
0	1.000 0000	1.000 0000	1.000 0000	1.000 0000	1.000 0000	1.000 0000	1.000 0000	1.000 0000
1	0.076 8837	0.086 0688	0.095 1626	0.104 1659	0.113 0796	0.121 9046	0.130 6418	0.139 2920
2	.003 0343	.003 8150	.004 6788	.005 6241	.006 6491	.007 7522	.008 9316	.010 1858
3	.000 0804	.000 1136	.000 1547	.000 2043	.000 2633	.000 3323	.000 4119	.000 5029
4	.000 0016	.000 0025	.000 0038	.000 0056	.000 0079	.000 0107	.000 0143	.000 0187
5				.000 0001	.000 0002	.000 0003	.000 0004	.000 0006

c \ λ	0.16	0.17	0.18	0.19	0.20	0.21	0.22	0.23
0	1.000 0000	1.000 0000	1.000 0000	1.000 0000	1.000 0000	1.000 0000	1.000 0000	1.000 0000
1	0.147 8562	0.156 3352	0.164 7298	0.173 0409	0.181 2692	0.189 4158	0.197 4812	0.205 4664
2	.011 5132	.012 9122	.014 3812	.015 9187	.017 5231	.019 1931	.020 9271	.022 7237
3	.000 6058	.000 7212	.000 8498	.000 9920	.001 1485	.001 3197	.001 5060	.001 7083
4	.000 0240	.000 0304	.000 0379	.000 0467	.000 0568	.000 0685	.000 0819	.000 0971
5	.000 0008	.000 0010	.000 0014	.000 0018	.000 0023	.000 0029	.000 0036	.000 0044
6					.000 0001	.000 0001	.000 0001	.000 0002

c \ λ	0.24	0.25	0.26	0.27	0.28	0.29	0.30	0.40
0	1.000 0000	1.000 0000	1.000 0000	1.000 0000	1.000 0000	1.000 0000	1.000 0000	1.000 0000
1	0.213 3721	0.221 1992	0.228 9484	0.236 6205	0.244 2163	0.251 7364	0.259 1818	0.329 6800
2	.024 5815	.026 4990	.028 4750	.030 5080	.032 5968	.034 7400	.036 9363	.061 5519
3	.001 9266	.002 1615	.002 4135	.002 6829	.002 9701	.003 2755	.003 5995	.007 9263
4	.000 1142	.000 1334	.000 1548	.000 1786	.000 2049	.000 2339	.000 2658	.000 7763
5	.000 0054	.000 0066	.000 0080	.000 0096	.000 0113	.000 0134	.000 0158	.000 0612
6	.000 0002	.000 0003	.000 0003	.000 0004	.000 0005	.000 0006	.000 0008	.000 0040
7								.000 0002

（续）

c \ λ	0.5	0.6	0.7	0.8	0.9	1.0	1.1	1.2
0	1.000 000	1.000 000	1.000 000	1.000 000	1.000 000	1.000 000	1.000 000	1.000 000
1	0.393 469	0.451 188	0.503 415	0.550 671	0.593 430	0.632 121	0.667 129	0.698 806
2	.090 204	.121 901	.155 805	.191 208	.227 518	.264 241	.300 971	.337 373
3	.014 388	.023 115	.034 142	.047 423	.062 857	.080 301	.099 584	.120 513
4	.001 752	.003 358	.005 753	.009 080	.013 459	.018 988	.025 742	.033 769
5	.000 172	.000 394	.000 786	.001 411	.002 344	.003 660	.005 435	.007 746
6	.000 014	.000 039	.000 090	.000 184	.000 343	.000 594	.000 968	.001 500
7	.000 001	.000 003	.000 009	.000 021	.000 043	.000 083	.000 149	.000 251
8			.000 001	.000 002	.000 005	.000 010	.000 020	.000 037
9						.000 001	.000 002	.000 005
10								.000 001

c \ λ	1.3	1.4	1.5	1.6	1.7	1.8	1.9	2.0
0	1.000 000	1.000 000	1.000 000	1.000 000	1.000 000	1.000 000	1.000 000	1.000 000
1	0.727 468	0.753 403	0.776 870	0.798 103	0.817 316	0.834 701	0.850 431	0.864 665
2	.373 177	.408 167	.442 175	.475 069	.506 754	.537 163	.566 251	.593 994
3	.142 888	.166 502	.191 153	.216 642	.242 777	.269 379	.296 280	.323 324
4	.043 095	.053 725	.065 642	.078 813	.093 189	.108 708	.125 298	.142 877
5	.010 663	.014 253	.018 576	.023 682	.029 615	.036 407	.044 081	.052 653
6	.002 231	.003 201	.004 456	.006 040	.007 999	.010 378	.013 219	.016 564
7	.000 404	.000 622	.000 926	.001 336	.001 875	.002 569	.003 446	.004 534
8	.000 064	.000 107	.000 170	.000 260	.000 388	.000 562	.000 793	.001 097
9	.000 009	.000 016	.000 028	.000 045	.000 072	.000 110	.000 163	.000 237
10	.000 001	.000 002	.000 004	.000 007	.000 012	.000 019	.000 030	.000 046
11			.000 001	.000 001	.000 002	.000 003	.000 005	.000 008
12							.000 001	.000 001

c \ λ	2.1	2.2	2.3	2.4	2.5	2.6	2.7	2.8
0	1.000 000	1.000 000	1.000 000	1.000 000	1.000 000	1.000 000	1.000 000	1.000 000
1	0.877 544	0.889 197	0.899 741	0.909 282	0.917 615	0.925 726	0.932 794	0.939 190
2	.620 385	.645 430	.669 146	.691 559	.712 703	.732 615	.751 340	.768 922
3	.350 369	.377 286	.403 961	.430 291	.456 187	.481 570	.506 376	.530 546
4	.161 357	.180 648	.200 653	.221 277	.242 424	.263 998	.285 908	.308 063
5	.062 126	.072 496	.083 751	.095 869	.108 822	.122 577	.137 092	.152 324
6	.020 449	.024 910	.029 976	.035 673	.042 021	.049 037	.056 732	.065 110
7	.005 862	.007 461	.009 362	.011 594	.014 187	.017 170	.020 569	.024 411
8	.001 486	.001 978	.002 589	.003 339	.004 247	.005 334	.006 621	.008 131
9	.000 337	.000 470	.000 642	.000 862	.001 140	.001 487	.001 914	.002 433
10	.000 069	.000 101	.000 144	.000 202	.000 277	.000 376	.000 501	.000 660
11	.000 013	.000 020	.000 029	.000 043	.000 062	.000 087	.000 120	.000 164
12	.000 002	.000 004	.000 006	.000 008	.000 013	.000 018	.000 026	.000 037
13		.000 001	.000 001	.000 002	.000 002	.000 004	.000 005	.000 008
14					.000 001	.000 001	.000 001	.000 002

c \ λ	2.9	3.0	3.1	3.2	3.3	3.4	3.5	3.6
0	1.000 000	1.000 000	1.000 000	1.000 000	1.000 000	1.000 000	1.000 000	1.000 000
1	0.944 977	0.950 213	0.954 951	0.959 238	0.963 117	0.966 627	0.969 803	0.972 676
2	.785 409	.800 852	.815 298	.828 799	.841 402	.853 158	.864 112	.874 311

6. 泊松(Poisson)分布表

(续)

c \ λ	2.9	3.0	3.1	3.2	3.3	3.4	3.5	3.6
3	0.554 037	0.576 810	0.598 837	0.620 096	0.640 574	0.660 260	0.679 153	0.697 253
4	.330 377	.352 768	.375 160	.397 480	.419 662	.441 643	.463 367	.484 784
5	.168 223	.184 737	.201 811	.219 387	.237 410	.255 818	.274 555	.293 562
6	.074 174	.083 918	.094 334	.105 408	.117 123	.129 458	.142 386	.155 881
7	.028 717	.033 509	.038 804	.044 619	.050 966	.057 853	.065 288	.073 273
8	.009 885	.011 905	.014 213	.016 830	.019 777	.023 074	.026 739	.030 789
9	.003 058	.003 803	.004 683	.005 714	.006 912	.008 293	.009 874	.011 671
10	.000 858	.001 102	.001 401	.001 762	.002 195	.002 709	.003 315	.004 024
11	.000 220	.000 292	.000 383	.000 497	.000 638	.000 810	.001 019	.001 271
12	.000 052	.000 071	.000 097	.000 129	.000 171	.000 223	.000 289	.000 370
13	.000 011	.000 016	.000 023	.000 031	.000 042	.000 057	.000 076	.000 100
14	.000 002	.000 003	.000 005	.000 007	.000 010	.000 014	.000 919	.000 025
15		.000 001	.000 001	.000 001	.000 002	.000 003	.000 004	.000 005
16					.000 001	.000 001	.000 001	.000 001

c \ λ	3.7	3.8	3.9	4.0	4.1	4.2	4.3	4.4
0	1.000 000	1.000 000	1.000 000	1.000 000	1.000 000	1.000 000	1.000 000	1.000 000
1	0.975 276	0.977 629	0.979 758	0.981 684	0.983 427	0.985 004	0.986 431	0.987 723
2	.883 799	.892 620	.900 815	.908 422	.915 479	.922 023	.928 087	.933 702
3	.714 567	.731 103	.746 875	.761 897	.776 186	.789 762	.802 645	.814 858
4	.505 847	.526 515	.546 753	.566 530	.585 818	.604 597	.622 846	.640 552
5	.312 781	.332 156	.351 635	.371 163	.390 692	.410 173	.429 562	.448 816
6	.169 912	.184 444	.199 442	.214 870	.230 688	.246 857	.263 338	.280 288
7	.081 809	.090 892	.100 517	.110 674	.121 352	.132 536	.144 210	.156 355
8	.035 241	.040 107	.045 402	.051 134	.057 312	.063 943	.071 032	.078 579
9	.013 703	.015 984	.018 533	.021 363	.024 492	.027 932	.031 698	.035 803
10	.004 848	.005 799	.006 890	.008 132	.009 540	.011 127	.012 906	.014 890
11	.001 572	.001 929	.002 349	.002 840	.003 410	.004 069	.004 825	.005 688
12	.000 470	.000 592	.000 739	.000 915	.001 125	.001 374	.001 666	.002 008
13	.000 130	.000 168	.000 216	.000 274	.000 345	.000 431	.000 534	.000 658
14	.000 034	.000 045	.000 059	.000 076	.000 098	.000 126	.000 160	.000 201
15	.000 008	.000 011	.000 015	.000 020	.000 026	.000 034	.000 045	.000 058
16	.000 002	.000 003	.000 004	.000 005	.000 007	.000 009	.000 012	.000 016
17		.000 001	.000 001	.000 001	.000 002	.000 002	.000 003	.000 004
18						.000 001	.000 001	

c \ λ	4.5	4.6	4.7	4.8	4.9	5.0	5.1	5.2
0	1.000 000	1.000 000	1.000 000	1.000 000	1.000 000	1.000 000	1.000 000	1.000 000
1	0.988 891	0.989 948	0.990 905	0.991 770	0.992 553	0.993 262	0.993 903	0.994 483
2	.938 901	.943 710	.948 157	.952 267	.956 065	.959 572	.962 810	.965 797
3	.826 422	.837 361	.847 700	.857 461	.866 669	.875 348	.883 522	.891 213
4	.657 704	.674 294	.690 316	.705 770	.720 655	.734 974	.748 732	.761 935
5	.467 896	.486 766	.505 391	.523 741	.541 788	.559 507	.576 875	.593 872
6	.297 070	.314 240	.331 562	.348 994	.366 499	.384 039	.401 580	.419 087
7	.168 949	.181 971	.195 395	.209 195	.223 345	.237 817	.252 580	.267 607
8	.086 586	.095 051	.103 969	.113 334	.123 138	.133 372	.144 023	.155 078
9	.040 257	.045 072	.050 256	.055 817	.061 761	.068 094	.074 818	.081 935
10	.017 093	.019 527	.022 206	.025 141	.028 345	.031 828	.035 601	.039 674
11	.006 669	.007 777	.009 022	.010 417	.011 971	.013 695	.015 601	.017 699
12	.002 404	.002 863	.003 389	.003 992	.004 677	.005 453	.006 328	.007 310
13	.000 805	.000 979	.001 183	.001 422	.001 699	.002 019	.002 387	.002 809
14	.000 252	.000 312	.000 385	.000 473	.000 576	.000 698	.000 841	.001 008

(续)

c \ λ	4.5	4.6	4.7	4.8	4.9	5.0	5.1	5.2
15	0.000 074	0.000 093	0.000 118	0.000 147	0.000 183	0.000 226	0.000 278	0.000 339
16	.000 020	.000 026	.000 034	.000 043	.000 055	.000 069	.000 086	.000 108
17	.000 005	.000 007	.000 009	.000 012	.000 015	.000 020	.000 025	.000 032
18	.000 001	.000 002	.000 002	.000 003	.000 004	.000 005	.000 007	.000 009
19		.000 001	.000 001	.000 001	.000 001	.000 001	.000 002	.000 002
20								.000 001

c \ λ	5.3	5.4	5.5	5.6	5.7	5.8	5.9	6.0
0	1.000 000	1.000 000	1.000 000	1.000 000	1.000 000	1.000 000	1.000 000	1.000 000
1	0.995 008	0.995 483	0.995 913	0.996 302	0.996 654	0.996 972	0.997 261	0.997 521
2	.968 553	.971 094	.973 436	.975 594	.977 582	.979 413	.981 098	.982 649
3	.898 446	.905 242	.911 624	.917 612	.923 227	.928 489	.933 418	.938 031
4	.774 590	.786 709	.798 301	.809 378	.819 952	.830 037	.839 647	.848 796
5	.610 482	.626 689	.642 482	.657 850	.672 785	.687 282	.701 335	.714 943
6	.436 527	.453 868	.471 081	.488 139	.505 015	.521 685	.538 127	.554 320
7	.282 866	.298 329	.313 964	.329 742	.345 634	.361 609	.377 639	.393 697
8	.166 523	.178 341	.190 515	.203 025	.215 851	.228 974	.242 371	.256 020
9	.089 446	.097 350	.105 643	.114 322	.123 382	.132 814	.142 611	.152 763
10	.044 056	.048 755	.053 777	.059 130	.064 817	.070 844	.077 212	.083 924
11	.020 000	.022 514	.025 251	.028 222	.031 436	.034 901	.038 627	.042 621
12	.008 409	.009 632	.010 988	.012 487	.014 138	.015 950	.017 931	.020 092
13	.003 289	.003 835	.004 451	.005 144	.005 922	.006 790	.007 756	.008 827
14	.001 202	.001 427	.001 685	.001 981	.002 319	.002 703	.003 138	.003 628
15	.000 412	.000 498	.000 599	.000 716	.000 852	.001 010	.001 192	.001 400
16	.000 133	.000 164	.000 200	.000 244	.000 295	.000 356	.000 426	.000 509
17	.000 041	.000 051	.000 063	.000 078	.000 096	.000 118	.000 144	.000 175
18	.000 012	.000 015	.000 019	.000 024	.000 030	.000 037	.000 046	.000 057
19	.000 003	.000 004	.000 005	.000 007	.000 009	.000 011	.000 014	.000 018
20	.000 001	.000 001	.000 001	.000 002	.000 002	.000 003	.000 004	.000 005
21					.000 001	.000 001	.000 001	.000 001

c \ λ	6.1	6.2	6.3	6.4	6.5	6.6	6.7	6.8
0	1.000 000	1.000 000	1.000 000	1.000 000	1.000 000	1.000 000	1.000 000	1.000 000
1	0.997 757	0.997 971	0.998 164	0.998 338	0.998 497	0.998 640	0.998 769	0.998 886
2	.984 076	.985 388	.986 595	.987 704	.988 724	.989 661	.990 522	.991 313
3	.942 347	.946 382	.950 154	.953 676	.956 964	.960 032	.962 894	.965 562
4	.857 499	.865 771	.873 626	.881 081	.888 150	.894 849	.901 192	.907 194
5	.728 106	.740 823	.753 096	.764 930	.776 328	.787 296	.797 841	.807 969
6	.570 246	.585 887	.601 228	.616 256	.630 959	.645 327	.659 351	.673 023
7	.409 755	.425 787	.441 767	.457 671	.473 476	.489 161	.504 703	.520 084
8	.269 899	.283 984	.298 252	.312 679	.327 242	.341 918	.356 683	.371 514
9	.163 258	.174 086	.185 233	.196 685	.208 427	.220 443	.232 716	.245 230
10	.090 980	.098 379	.106 121	.114 201	.122 616	.131 361	.140 430	.149 816
11	.046 890	.051 441	.056 280	.061 411	.066 839	.072 567	.078 598	.081 934
12	.022 440	.024 985	.027 734	.030 697	.033 880	.037 291	.040 937	.044 825
13	.010 012	.011 316	.012 748	.014 316	.016 027	.017 889	.019 910	.022 097
14	.004 180	.004 797	.005 485	.006 251	.007 100	.008 038	.009 072	.010 208
15	.001 639	.001 910	.002 217	.002 565	.002 956	.003 395	.003 886	.004 434
16	.000 605	.000 716	.000 844	.000 992	.001 160	.001 352	.001 569	.001 816
17	.000 211	.000 254	.000 304	.000 362	.000 430	.000 509	.000 599	.000 703

6. 泊松(Poisson)分布表

(续)

λ \ c	6.1	6.2	6.3	6.4	6.5	6.6	6.7	6.8
18	0.000 070	0.000 085	0.000 104	0.000 126	0.000 151	0.000 182	0.000 217	0.000 258
19	.000 022	.000 027	.000 034	.000 041	.000 051	.000 062	.000 075	.000 090
20	.000 007	.000 008	.000 010	.000 013	.000 016	.000 020	.000 024	.000 030
21	.000 002	.000 002	.000 003	.000 004	.000 005	.000 006	.000 008	.000 010
22	.000 001	.000 001	.000 001	.000 001	.000 001	.000 002	.000 002	.000 003
23						.000 001	.000 001	.000 001

λ \ c	6.9	7.0	7.1	7.2	7.3	7.4	7.5	7.6
0	1.000 000	1.000 000	1.000 000	1.000 000	1.000 000	1.000 000	1.000 000	1.000 000
1	0.998 992	0.999 088	0.999 175	0.999 253	0.999 324	0.999 389	0.999 447	0.999 500
2	.992 038	.992 705	.993 317	.993 878	.994 393	.994 865	.995 299	.995 696
3	.968 048	.970 364	.972 520	.974 526	.976 393	.978 129	.979 743	.981 243
4	.912 870	.918 235	.923 301	.928 083	.932 594	.936 847	.940 855	.944 629
5	.817 689	.827 008	.835 937	.844 484	.852 660	.860 475	.867 938	.875 061
6	.686 338	.699 292	.711 881	.724 103	.735 957	.747 443	.758 564	.769 319
7	.535 285	.550 289	.565 080	.579 644	.593 968	.608 038	.621 845	.635 379
8	.386 389	.401 286	.416 183	.431 059	.445 893	.460 667	.475 361	.489 958
9	.257 967	.270 909	.284 036	.297 332	.310 776	.324 349	.338 033	.351 808
10	.150 510	.169 504	.179 788	.190 350	.201 180	.212 265	.223 592	.235 149
11	.091 575	.098 521	.105 771	.113 323	.121 175	.129 323	.137 762	.146 487
12	.048 961	.053 350	.057 997	.062 906	.068 081	.073 526	.079 241	.085 230
13	.024 458	.027 000	.029 730	.032 655	.035 782	.039 117	.042 666	.046 434
14	.011 452	.012 811	.014 292	.015 901	.017 645	.019 531	.021 565	.023 753
15	.005 042	.005 717	.006 463	.007 285	.008 188	.009 178	.010 260	.011 441
16	.002 094	.002 407	.002 757	.003 149	.003 586	.004 071	.004 608	.005 202
17	.000 822	.000 958	.001 113	.001 288	.001 486	.001 709	.001 959	.002 239
18	.000 306	.000 362	.000 426	.000 500	.000 584	.000 680	.000 790	.000 915
19	.000 108	.000 130	.000 155	.000 184	.000 218	.000 258	.000 303	.000 355
20	.000 037	.000 044	.000 054	.000 065	.000 078	.000 093	.000 111	.000 132
21	.000 012	.000 014	.000 018	.000 022	.000 026	.000 032	.000 039	.000 046
22	.000 004	.000 005	.000 006	.000 007	.000 009	.000 011	.000 013	.000 016
23	.000 001	.000 001	.000 002	.000 002	.000 003	.000 003	.000 004	.000 005
24				.000 001	.000 001	.000 001	.000 001	.000 002

λ \ c	7.7	7.8	7.9	8.0	8.1	8.2	8.3	8.4
0	1.000 000	1.000 000	1.000 000	1.000 000	1.000 000	1.000 000	1.000 000	1.000 000
1	0.999 547	0.999 590	0.999 629	0.999 665	0.999 696	0.999 725	0.999 751	0.999 777
2	.996 060	.996 394	.996 700	.996 981	.997 238	.997 473	.997 689	.997 886
3	.982 636	.983 930	.985 131	.986 246	.987 280	.988 239	.989 129	.989 953
4	.948 181	.951 523	.954 666	.957 620	.960 395	.963 000	.965 446	.967 740
5	.881 855	.888 330	.894 497	.900 368	.905 951	.911 260	.916 303	.921 092
6	.779 713	.789 749	.799 431	.808 764	.817 753	.826 406	.834 727	.842 723
7	.648 631	.661 593	.674 260	.686 626	.698 686	.710 438	.721 879	.733 007
8	.504 440	.518 791	.532 996	.547 039	.560 908	.574 591	.588 074	.601 348
9	.365 657	.379 559	.393 497	.407 453	.421 408	.435 347	.449 252	.463 106
10	.246 920	.258 891	.271 048	.283 376	.295 858	.308 481	.321 226	.334 080
11	.155 492	.164 770	.174 314	.184 114	.194 163	.204 450	.214 965	.225 699
12	.091 493	.098 030	.104 841	.111 924	.119 278	.126 900	.134 787	.142 934
13	.050 427	.054 649	.059 104	.063 797	.068 731	.073 907	.079 330	.084 999
14	.026 103	.028 620	.031 311	.034 181	.037 236	.040 481	.043 923	.047 564

(续)

c \ λ	7.7	7.8	7.9	8.0	8.1	8.2	8.3	8.4
15	0.012 725	0.014 118	0.015 627	0.017 257	0.019 014	0.020 903	0.022 931	0.025 103
16	.005 857	.006 577	.007 367	.008 231	.009 174	.010 201	.011 316	.012 525
17	.002 552	.002 901	.003 289	.003 718	.004 192	.004 715	.005 291	.005 922
18	.001 055	.001 215	.001 393	.001 594	.001 819	.002 070	.002 349	.002 659
19	.000 415	.000 484	.000 562	.000 650	.000 751	.000 864	.000 992	.001 136
20	.000 156	.000 184	.000 216	.000 253	.000 296	.000 344	.000 400	.000 463
21	.000 056	.000 067	.000 079	.000 094	.000 111	.000 131	.000 154	.000 180
22	.000 019	.000 023	.000 028	.000 033	.000 040	.000 048	.000 057	.000 067
23	.000 006	.000 008	.000 009	.000 011	.000 014	.000 017	.000 020	.000 024
24	.000 002	.000 002	.000 003	.000 004	.000 005	.000 006	.000 007	.000 008
25	.000 001	.000 001	.000 001	.000 001	.000 001	.000 002	.000 002	.000 003
26						.000 001	.000 001	.000 001

c \ λ	8.5	8.6	8.7	8.8	8.9	9.0	9.1	9.2
0	1.000 000	1.000 000	1.000 000	1.000 000	1.000 000	1.000 000	1.000 000	1.000 000
1	0.999 797	0.999 816	0.999 833	0.999 849	0.999 864	0.999 877	0.999 888	0.999 899
2	.998 067	.998 233	.998 384	.998 523	.998 650	.998 766	.998 872	.998 969
3	.990 717	.991 424	.992 080	.992 686	.993 248	.993 768	.994 249	.994 693
4	.969 891	.971 907	.973 797	.975 566	.977 223	.978 774	.980 224	.981 580
5	.925 636	.929 946	.934 032	.937 902	.941 567	.945 036	.948 318	.951 420
6	.850 403	.857 772	.864 840	.871 613	.878 100	.884 309	.890 249	.895 926
7	.743 822	.754 324	.764 512	.774 390	.783 958	.793 219	.802 177	.810 835
8	.614 403	.627 229	.639 819	.652 166	.664 262	.676 103	.687 684	.699 000
9	.476 895	.490 603	.504 216	.517 719	.531 101	.544 347	.557 448	.570 391
10	.347 026	.360 049	.373 132	.386 260	.399 419	.412 592	.425 765	.438 924
11	.236 638	.247 772	.259 089	.270 577	.282 222	.294 012	.305 933	.317 974
12	.151 338	.159 992	.168 892	.178 030	.187 399	.196 992	.206 800	.216 815
13	.090 917	.097 084	.103 499	.110 162	.117 072	.124 227	.131 624	.139 261
14	.051 411	.055 467	.059 736	.064 221	.068 925	.073 851	.079 001	.084 376
15	.027 425	.029 902	.032 540	.035 343	.038 317	.041 466	.044 795	.048 309
16	.013 833	.015 245	.016 767	.018 402	.020 157	.022 036	.024 044	.026 188
17	.006 613	.007 367	.008 190	.009 084	.010 055	.011 106	.012 242	.013 468
18	.003 002	.003 382	.003 800	.004 261	.004 766	.005 320	.005 924	.006 584
19	.001 297	.001 478	.001 679	.001 903	.002 151	.002 426	.002 731	.003 066
20	.000 535	.000 616	.000 707	.000 811	.000 926	.001 056	.001 201	.001 362
21	.000 211	.000 245	.000 285	.000 330	.000 381	.000 439	.000 505	.000 579
22	.000 079	.000 094	.000 110	.000 129	.000 150	.000 175	.000 203	.000 235
23	.000 029	.000 034	.000 041	.000 048	.000 057	.000 067	.000 078	.000 092
24	.000 010	.000 012	.000 014	.000 017	.000 021	.000 025	.000 029	.000 034
25	.000 003	.000 004	.000 005	.000 006	.000 007	.000 009	.000 010	.000 012
26	.000 001	.000 001	.000 002	.000 002	.000 002	.000 003	.000 004	.000 004
27			.000 001	.000 001	.000 001	.000 001	.000 001	.000 001

c \ λ	9.3	9.4	9.5	9.6	9.7	9.8	9.9	10.0
0	1.000 000	1.000 000	1.000 000	1.000 000	1.000 000	1.000 000	1.000 000	1.000 000
1	0.999 909	0.999 917	0.999 925	0.999 932	0.999 939	0.999 945	0.999 950	0.999 955
2	.999 058	.999 140	.999 214	.999 282	.999 344	.999 401	.999 453	.999 501
3	.995 105	.995 485	.995 836	.996 161	.996 461	.996 738	.996 994	.997 231
4	.982 848	.984 033	.985 140	.986 174	.987 139	.988 040	.988 880	.989 664
5	.954 353	.957 122	.959 737	.962 205	.964 533	.966 729	.968 798	.970 747
6	.901 350	.906 529	.911 472	.916 185	.920 678	.924 959	.929 035	.932 914
7	.819 197	.827 267	.835 051	.842 553	.849 779	.856 735	.863 426	.869 859

(续)

c \ λ	9.3	9.4	9.5	9.6	9.7	9.8	9.9	10.0
8	0.710 050	0.720 829	0.731 337	0.741 572	0.751 533	0.761 221	0.770 636	0.779 779
9	.583 166	.595 765	.608 177	.620 394	.632 410	.644 217	.655 809	.667 180
10	.452 054	.465 142	.478 174	.491 138	.504 021	.516 812	.529 498	.542 070
11	.330 119	.342 356	.354 672	.367 052	.379 484	.391 955	.404 451	.416 960
12	.227 029	.237 430	.248 010	.258 759	.269 665	.280 719	.291 909	.303 224
13	.147 133	.155 238	.163 570	.172 124	.180 895	.189 876	.199 062	.208 444
14	.089 978	.095 807	.101 864	.108 148	.114 659	.121 395	.128 355	.135 536
15	.052 010	.055 903	.059 992	.064 279	.068 767	.073 458	.078 355	.083 458
16	.028 470	.030 897	.033 473	.036 202	.039 090	.042 139	.045 355	.048 740
17	.014 788	.016 206	.017 727	.019 357	.021 098	.022 956	.024 936	.027 042
18	.007 302	.008 083	.008 923	.009 844	.010 832	.011 898	.013 045	.014 278
19	.003 435	.003 840	.004 284	.004 770	.005 300	.005 877	.006 505	.007 187
20	.001 542	.001 742	.001 962	.002 207	.002 476	.002 772	.003 098	.003 454
21	.000 662	.000 755	.000 859	.000 976	.001 106	.001 250	.001 411	.001 588
22	.000 272	.000 314	.000 361	.000 414	.000 473	.000 540	.000 616	.000 700
23	.000 107	.000 125	.000 145	.000 168	.000 194	.000 224	.000 258	.000 296
24	.000 041	.000 048	.000 056	.000 066	.000 077	.000 089	.000 104	.000 120
25	.000 015	.000 018	.000 021	.000 025	.000 029	.000 034	.000 040	.000 047
26	.000 005	.000 006	.000 007	.000 009	.000 011	.000 013	.000 015	.000 018
27	.000 002	.000 002	.000 003	.000 003	.000 004	.000 004	.000 005	.000 006
28	.000 001	.000 001	.000 001	.000 001	.000 001	.000 002	.000 002	.000 002
29						.000 001	.000 001	.000 001

7. 泊松(Poisson)分布参数 λ 的置信区间表

$1-\alpha$ / c	0.99		0.98		0.95		0.90		$1-\alpha$ / c
0	0.0000	5.30	0.0000	4.61	0.0000	3.69	0.0000	3.00	0
1	0.0050	7.43	0.0101	6.64	0.0253	5.57	0.0513	4.74	1
2	0.103	9.27	0.149	8.41	0.242	7.22	0.355	6.30	2
3	0.338	10.98	0.436	10.05	0.619	8.77	0.818	7.75	3
4	0.672	12.59	0.823	11.60	1.09	10.24	1.37	9.15	4
5	1.08	14.15	1.28	13.11	1.62	11.67	1.97	10.51	5
6	1.54	15.66	1.79	14.57	2.20	13.06	2.61	11.84	6
7	2.04	17.13	2.33	16.00	2.81	14.42	3.29	13.15	7
8	2.57	18.58	2.91	17.40	3.45	15.76	3.98	14.43	8
9	3.13	20.00	3.51	18.78	4.12	17.08	4.70	15.71	9
10	3.72	21.40	4.13	20.14	4.80	18.39	5.43	16.96	10
11	4.32	22.78	4.77	21.49	5.49	19.68	6.17	18.21	11
12	4.94	24.14	5.43	22.82	6.20	20.96	6.92	19.44	12
13	5.58	25.50	6.10	24.14	6.92	22.23	7.69	20.67	13
14	6.23	26.84	6.78	25.45	7.65	23.49	8.46	21.89	14
15	6.89	28.16	7.48	26.74	8.40	24.74	9.25	23.10	15
16	7.57	29.48	8.18	28.03	9.15	25.98	10.04	24.30	16
17	8.25	30.79	8.89	29.31	9.90	27.22	10.83	25.50	17
18	8.94	32.09	9.62	30.58	10.67	28.45	11.63	26.69	18
19	9.64	33.38	10.35	31.85	11.44	29.67	12.44	27.88	19
20	10.35	34.67	11.08	33.10	12.22	30.89	13.25	29.06	20
21	11.07	35.95	11.82	34.36	13.00	32.10	14.07	30.24	21
22	11.79	37.22	12.57	35.60	13.79	33.31	14.89	31.42	22
23	12.52	38.48	13.33	36.84	14.58	34.51	15.72	32.59	23
24	13.25	39.74	14.09	38.08	15.38	35.71	16.55	33.75	24
25	14.00	41.00	14.85	39.31	16.18	36.90	17.38	34.92	25
26	14.74	42.25	15.62	40.53	16.98	38.10	18.22	36.08	26
27	15.49	43.50	16.40	41.76	17.79	39.28	19.06	37.23	27
28	16.24	44.74	17.17	42.98	18.61	40.47	19.90	38.39	28
29	17.00	45.98	17.96	44.19	19.42	41.65	20.75	39.54	29
30	17.77	47.21	18.74	45.40	20.24	42.83	21.59	40.69	30
35	21.64	53.32	22.72	51.41	24.38	48.68	25.87	46.40	35
40	25.59	59.36	26.77	57.35	28.58	54.47	30.20	52.07	40
45	29.60	65.34	30.88	63.23	32.82	60.21	34.56	57.69	45
50	33.66	71.27	35.03	69.07	37.11	65.29	38.96	63.29	50

8. χ^2 分布表

$$P(\chi_f^2 > j) = \frac{1}{2^{f/2}\Gamma\left(\frac{f}{2}\right)} \int_j^\infty z^{\frac{f}{2}-1} e^{-\frac{z}{2}} dz$$

f \ j	1	2	3	4	5	6	7	8	9	10	11	12	13	14	15
1	0.3173	0.6065	0.8013	0.9098	0.9626	0.9856	0.9948	0.9982	0.9994	0.9998	0.9999	1.0000	1.0000	1.0000	1.0000
2	.1574	.3679	.5724	.7358	.8491	.9197	.9598	.9810	.9915	.9963	.9985	.9994	.9998	.9999	1.0000
3	.0833	.2231	.3916	.5578	.7000	.8088	.8850	.9344	.9643	.9814	.9907	.9955	.9979	.9991	.9996
4	.0455	.1353	.2615	.4060	.5494	.6767	.7798	.8571	.9114	.9473	.9699	.9834	.9912	.9955	.9977
5	.0254	.0821	.1718	.2873	.4159	.5438	.6600	.7576	.8343	.8912	.9312	.9580	.9752	.9858	.9921
6	.0143	.0498	.1116	.1991	.3062	.4232	.5398	.6472	.7399	.8153	.8734	.9161	.9462	.9665	.9797
7	.0081	.0302	.0719	.1359	.2206	.3208	.4289	.5366	.6371	.7254	.7991	.8576	.9022	.9347	.9576
8	.0047	.0183	.0460	.0916	.1562	.2381	.3326	.4335	.5341	.6288	.7133	.7851	.8436	.8893	.9238
9	.0027	.0111	.0293	.0611	.1091	.1736	.2527	.3423	.4373	.5321	.6219	.7029	.7729	.8311	.8775
10	.0016	.0067	.0186	.0404	.0752	.1247	.1886	.2650	.3505	.4405	.5304	.6160	.6939	.7622	.8197
11	.0009	.0041	.0117	.0266	.0514	.0884	.1386	.2017	.2757	.3575	.4433	.5289	.6108	.6860	.7526
12	.0005	.0025	.0074	.0174	.0348	.0620	.1006	.1512	.2133	.2851	.3626	.4457	.5276	.6063	.6790
13	.0003	.0015	.0046	.0113	.0234	.0430	.0721	.1119	.1626	.2237	.2933	.3690	.4478	.5265	.6023
14	.0002	.0009	.0029	.0073	.0156	.0296	.0512	.0818	.1223	.1730	.2330	.3007	.3738	.4497	.5255
15	.0001	.0006	.0018	.0047	.0104	.0203	.0360	.0591	.0909	.1321	.1825	.2414	.3074	.3782	.4514
16	.0001	.0003	.0011	.0030	.0068	.0138	.0251	.0424	.0669	.0996	.1411	.1912	.2491	.3134	.3821
17	.0001	.0002	.0007	.0019	.0045	.0093	.0174	.0301	.0487	.0744	.1079	.1496	.1993	.2562	.3189
18	.0000	.0001	.0004	.0012	.0029	.0062	.0120	.0212	.0352	.0550	.0816	.1157	.1575	.2068	.2627
19		.0001	.0003	.0008	.0019	.0042	.0085	.0149	.0252	.0403	.0611	.0885	.1231	.1649	.2137
20		.0000	.0002	.0005	.0013	.0028	.0056	.0103	.0179	.0293	.0453	.0671	.0952	.1301	.1719
21			.0001	.0003	.0008	.0018	.0038	.0071	.0126	.0211	.0334	.0504	.0729	.1016	.1368
22			.0001	.0002	.0005	.0012	.0025	.0049	.0089	.0151	.0244	.0375	.0554	.0786	.1078
23			.0000	.0001	.0003	.0008	.0017	.0034	.0062	.0107	.0177	.0277	.0417	.0603	.0841
24				.0001	.0002	.0005	.0011	.0023	.0043	.0076	.0127	.0203	.0311	.0458	.0651
25				.0000	.0001	.0003	.0008	.0016	.0030	.0053	.0091	.0148	.0231	.0346	.0499
26					.0001	.0002	.0005	.0010	.0020	.0037	.0065	.0107	.0170	.0259	.0380
27					.0001	.0001	.0003	.0007	.0014	.0026	.0046	.0077	.0124	.0193	.0287
28					.0000	.0001	.0002	.0005	.0010	.0018	.0032	.0055	.0090	.0142	.0216
29						.0001	.0001	.0003	.0006	.0012	.0023	.0039	.0065	.0104	.0161
30						.0000	.0001	.0002	.0004	.0009	.0016	.0028	.0047	.0076	.0119

(续) f \ j	16	17	18	19	20	21	22	23	24	25	26	27	28	29	30
1	1.0000	1.0000	1.0000	1.0000	1.0000	1.0000	1.0000	1.0000	1.0000	1.0000	1.0000	1.0000	1.0000	1.0000	1.0000
2	1.0000	1.0000	1.0000	1.0000	1.0000	1.0000	1.0000	1.0000	1.0000	1.0000	1.0000	1.0000	1.0000	1.0000	1.0000
3	0.9998	.9999	1.0000	1.0000	1.0000	1.0000	1.0000	1.0000	1.0000	1.0000	1.0000	1.0000	1.0000	1.0000	1.0000
4	.9989	.9995	.9998	.9999	1.0000	1.0000	1.0000	1.0000	1.0000	1.0000	1.0000	1.0000	1.0000	1.0000	1.0000
5	.9958	.9978	.9989	.9994	.9997	.9999	.9999	1.0000	1.0000	1.0000	1.0000	1.0000	1.0000	1.0000	1.0000
6	.9881	.9932	.9962	.9979	.9989	.9994	.9997	.9999	.9999	1.0000	1.0000	1.0000	1.0000	1.0000	1.0000
7	.9733	.9835	.9901	.9942	.9967	.9981	.9990	.9995	.9997	.9999	.9999	1.0000	1.0000	1.0000	1.0000
8	.9489	.9665	.9786	.9867	.9919	.9951	.9972	.9984	.9991	.9995	.9997	.9999	.9999	1.0000	1.0000
9	.9134	.9403	.9597	.9735	.9829	.9892	.9933	.9960	.9976	.9986	.9992	.9995	.9997	.9999	.9999
10	.8666	.9036	.9319	.9539	.9682	.9789	.9863	.9913	.9945	.9967	.9980	.9988	.9993	.9996	.9998
11	.8095	.8566	.8944	.9238	.9462	.9628	.9747	.9832	.9890	.9929	.9955	.9972	.9983	.9990	.9994
12	.7440	.8001	.8472	.8856	.9161	.9396	.9574	.9705	.9799	.9866	.9912	.9943	.9964	.9977	.9980
13	.6728	.7362	.7916	.8386	.8774	.9086	.9332	.9520	.9661	.9765	.9840	.9892	.9929	.9954	.9970
14	.5987	.6671	.7291	.7837	.8305	.8696	.9015	.9269	.9466	.9617	.9730	.9813	.9872	.9914	.9943
15	.5246	.5955	.6620	.7226	.7764	.8230	.8622	.8946	.9208	.9414	.9573	.9694	.9784	.9850	.9393
16	.4530	.5238	.5925	.6573	.7166	.7696	.8159	.8553	.8881	.9148	.9362	.9529	.9658	.9755	.9827
17	.3856	.4544	.5231	.5899	.6530	.7111	.7634	.8093	.8487	.8818	.9091	.9311	.9486	.9622	.9726
18	.3239	.3888	.4557	.5224	.5874	.6490	.7060	.7575	.8030	.8424	.8758	.9035	.9261	.9443	.9585
19	.2687	.3285	.3918	.4568	.5218	.5851	.6453	.7012	.7520	.7971	.8364	.8700	.8931	.9213	.9400
20	.2202	.2742	.3328	.3946	.4579	.5213	.5830	.6419	.6968	.7468	.7916	.8308	.8645	.8929	.9165
21	.1785	.2263	.2794	.3368	.3971	.4589	.5207	.5811	.6387	.6926	.7420	.7863	.8253	.8591	.8879
22	.1432	.1847	.2320	.2843	.3405	.3995	.4599	.5203	.5793	.6357	.6887	.7374	.7813	.8202	.8540
23	.1137	.1493	.1906	.2373	.2888	.3440	.4017	.4608	.5198	.5776	.6329	.6850	.7330	.7765	.8153
24	.0895	.1194	.1550	.1962	.2424	.2931	.3472	.4038	.4616	.5194	.5760	.6303	.6815	.7289	.7720
25	.0698	.0947	.1249	.1605	.2014	.2472	.2971	.3503	.4058	.4624	.5190	.5745	.6278	.6782	.7250
26	.0540	.0745	.0998	.1302	.1658	.2064	.2517	.3009	.3532	.4076	.4631	.5186	.5730	.6255	.6751
27	.0415	.0581	.0790	.1047	.1353	.1709	.2112	.2560	.3045	.3559	.4093	.4638	.5182	.5717	.6233
28	.0316	.0449	.0621	.0834	.1094	.1402	.1757	.2158	.2600	.3079	.3585	.4110	.4644	.5179	.5704
29	.0239	.0345	.0484	.0660	.0878	.1140	.1449	.1803	.2201	.2639	.3111	.3609	.4125	.4651	.5176
30	.0180	.0263	.0374	.0518	.0699	.0920	.1185	.1494	.1848	.2243	.2676	.3142	.3632	.4140	.4657

9. χ^2 分布的上侧分位数表

$$P(\chi_f^2 > \chi_\alpha^2) = \alpha$$

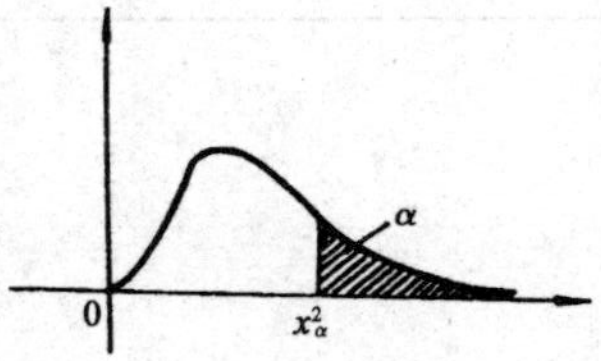

f \ α	0.99	0.98	0.975	0.95	0.90	0.80	0.70	0.50	0.30	0.20	0.10	0.05	0.025	0.02	0.01	0.001	α / f
1	$0.0^{3}157$	$0.0^{3}628$	$0.0^{3}982$	$0.0^{2}393$	0.0158	0.0642	0.148	0.455	1.074	1.642	2.706	3.841	5.02	5.412	6.635	10.828	1
2	0.0201	0.0404	0.0506	0.103	0.211	0.446	0.713	1.386	2.408	3.219	4.605	5.991	7.38	7.824	9.210	13.816	2
3	0.115	0.185	0.216	0.352	0.584	1.005	1.424	2.366	3.665	4.642	6.251	7.815	9.35	9.837	11.345	16.266	3
4	0.297	0.429	0.484	0.711	1.064	1.649	2.195	3.357	4.878	5.989	7.779	9.488	11.1	11.668	12.277	18.467	4
5	0.554	0.752	0.831	1.145	1.610	2.343	3.000	4.351	6.064	7.289	9.236	11.070	12.8	13.388	15.068	20.515	5
6	0.872	1.134	1.24	1.635	2.204	3.070	3.828	5.348	7.231	8.558	10.645	12.592	14.4	15.033	16.812	22.458	6
7	1.239	1.564	1.69	2.167	2.833	3.822	4.671	6.346	8.383	9.803	12.017	14.067	16.0	16.622	18.475	24.322	7
8	1.646	2.032	2.18	2.733	3.490	4.594	5.527	7.344	9.524	11.030	13.362	15.507	17.5	18.168	20.090	26.125	8
9	2.088	2.532	2.70	3.325	4.168	5.380	6.393	8.343	10.656	12.242	14.684	16.919	19.0	19.679	21.666	27.877	9
10	2.558	3.059	3.25	3.940	4.865	6.179	7.267	9.342	11.781	13.442	15.987	18.307	20.5	21.161	23.209	29.588	10
11	3.053	3.609	3.82	4.575	5.578	6.989	8.148	10.341	12.899	14.631	17.275	19.675	21.9	22.618	24.725	31.264	11
12	3.571	4.178	4.40	5.226	6.304	7.807	9.034	11.340	14.011	15.812	18.549	21.026	23.3	24.054	26.217	32.909	12
13	4.107	4.765	5.01	5.892	7.042	8.634	9.926	12.340	15.119	16.985	19.812	22.362	24.7	25.472	27.688	34.528	13
14	4.660	5.368	5.63	6.571	7.790	9.467	10.821	13.339	16.222	18.151	21.064	23.685	26.1	26.873	29.141	36.123	14
15	5.229	5.985	6.26	7.261	8.547	10.307	11.721	14.339	17.322	19.311	22.307	24.996	27.5	28.259	30.578	37.697	15
16	5.812	6.614	6.91	7.962	9.312	11.152	12.624	15.338	18.418	20.465	23.542	26.296	28.8	29.638	32.000	39.252	16
17	6.408	7.255	7.56	8.672	10.085	12.002	13.531	16.338	19.511	21.615	24.769	27.587	30.2	30.995	33.409	40.790	17
18	7.015	7.906	8.23	9.390	10.865	12.857	14.440	17.338	20.601	22.760	25.989	28.869	31.5	32.346	34.805	42.312	18
19	7.633	8.567	8.91	10.117	11.651	13.716	15.352	18.338	21.689	23.900	27.204	30.144	32.9	33.687	36.191	43.820	19
20	8.260	9.237	9.59	10.851	12.443	14.578	16.266	19.337	22.775	25.038	28.412	31.410	34.2	35.020	37.566	45.315	20
21	8.897	9.915	10.3	11.591	13.240	15.445	17.182	20.337	23.858	26.171	29.615	32.671	35.5	36.343	38.932	46.797	21
22	9.542	10.600	11.0	12.338	14.041	16.314	18.101	21.337	24.939	27.301	30.813	33.924	36.8	37.659	40.289	48.268	22
23	10.196	11.293	11.7	13.091	14.848	17.187	19.021	22.337	26.018	28.429	32.007	35.172	38.1	38.968	41.638	49.728	23
24	10.856	11.992	12.4	13.848	15.659	18.062	19.943	23.337	27.096	29.553	33.196	36.415	39.4	40.270	42.980	51.179	24
25	11.524	12.697	13.1	14.611	16.473	18.940	20.867	24.337	28.172	30.675	34.382	37.652	40.6	41.566	44.314	52.618	25
26	12.198	13.409	13.8	15.379	17.292	19.820	21.792	25.336	29.246	31.795	35.563	38.885	41.9	42.856	45.642	54.052	
27	12.879	14.125	14.6	16.151	18.114	20.703	22.719	26.336	30.319	32.912	36.741	40.113	43.2	44.140	46.963	55.476	
28	13.565	14.847	15.3	16.928	18.939	21.588	23.647	27.336	31.391	34.027	37.916	41.337	44.5	45.419	48.278	56.893	
29	14.256	15.574	16.0	17.708	19.768	22.475	24.577	28.336	32.461	35.139	39.087	42.557	45.7	46.693	49.588	58.301	
30	14.953	16.306	16.8	18.493	20.599	23.364	25.508	29.336	33.530	36.250	40.256	43.773	47.0	47.962	50.892	59.703	

10. t 分布表

$$P(t<x) = \frac{1}{\sqrt{f}\,B\left(\frac{1}{2},\frac{f}{2}\right)} \int_{-\infty}^{x} \frac{1}{(1+t^2/f)^{\frac{f+1}{2}}} dt$$

x\f	2	3	4	5	6	7	8	9	10	11	12	13	14	15	16	17	18	19	20	8	f\x
0.0	0.500	0.500	0.500	0.500	0.500	0.500	0.500	0.500	0.500	0.500	0.500	0.500	0.500	0.500	0.500	0.500	0.500	0.500	0.500	0.500	0.0
0.1	.532	.535	.537	.537	.533	.538	.538	.539	.539	.539	.539	.539	.539	.539	.539	.539	.539	.539	.539	.540	0.1
0.2	.563	.570	.573	.574	.575	.576	.576	.577	.577	.577	.577	.578	.578	.578	.578	.578	.578	.578	.578	.579	0.2
0.3	.593	.604	.608	.610	.612	.613	.614	.614	.614	.615	.615	.615	.616	.616	.616	.616	.616	.616	.616	.618	0.3
0.4	.621	.636	.642	.645	.647	.648	.650	.650	.651	.651	.652	.652	.652	.652	.653	.653	.653	.653	.653	.655	0.4
0.5	.648	.667	.674	.678	.681	.683	.684	.685	.686	.686	.686	.687	.687	.688	.688	.688	.688	.688	.689	.691	0.5
0.6	.672	.695	.705	.710	.713	.715	.716	.717	.718	.719	.720	.720	.721	.721	.721	.722	.722	.722	.722	.726	0.6
0.7	.694	.722	.733	.739	.742	.745	.747	.748	.749	.750	.751	.751	.752	.752	.753	.753	.753	.754	.754	.758	0.7
0.8	.715	.746	.759	.766	.770	.773	.775	.777	.778	.779	.780	.780	.781	.781	.782	.782	.783	.783	.783	.788	0.8
0.9	.733	.768	.783	.790	.795	.799	.801	.803	.804	.805	.806	.807	.807	.808	.809	.809	.810	.810	.810	.816	0.9
1.0	.750	.789	.804	.813	.818	.822	.825	.827	.828	.830	.831	.832	.832	.833	.833	.834	.834	.835	.835	.841	1.0
1.1	.765	.807	.824	.834	.839	.843	.846	.848	.850	.851	.853	.854	.854	.855	.856	.856	.857	.857	.857	.864	1.1
1.2	.779	.823	.842	.852	.858	.862	.865	.868	.870	.871	.872	.873	.874	.875	.876	.876	.877	.877	.878	.885	1.2
1.3	.791	.838	.858	.868	.875	.879	.883	.885	.887	.889	.890	.891	.892	.893	.893	.894	.894	.895	.895	.903	1.3
1.4	.803	.852	.872	.883	.890	.894	.898	.900	.902	.904	.905	.907	.908	.908	.909	.910	.910	.910	.911	.919	1.4
1.5	.813	.864	.885	.896	.903	.908	.911	.914	.916	.918	.919	.920	.921	.922	.923	.923	.924	.924	.925	.933	1.5
1.6	.822	.875	.896	.908	.915	.920	.923	.926	.928	.930	.931	.932	.933	.934	.935	.935	.936	.936	.937	.945	1.6
1.7	.831	.884	.906	.918	.925	.930	.934	.936	.938	.940	.941	.943	.944	.945	.945	.946	.946	.947	.947	.955	1.7
1.8	.839	.893	.915	.927	.934	.939	.943	.945	.947	.949	.950	.952	.952	.953	.954	.955	.955	.956	.956	.964	1.8
1.9	.846	.901	.923	.935	.942	.947	.950	.953	.955	.957	.958	.959	.960	.961	.962	.962	.963	.963	.964	.971	1.9
2.0	.852	.908	.930	.942	.949	.954	.957	.960	.962	.963	.965	.966	.967	.967	.968	.969	.969	.970	.970	.977	2.0
2.2	.864	.921	.942	.954	.960	.965	.968	.970	.972	.974	.975	.976	.977	.977	.978	.979	.979	.979	.980	.986	2.2
2.4	.874	.931	.952	.963	.969	.973	.976	.978	.980	.981	.982	.983	.984	.985	.985	.986	.986	.986	.987	.992	2.4
2.6	.883	.938	.960	.970	.976	.980	.982	.984	.986	.987	.988	.988	.989	.990	.990	.990	.991	.991	.991	.995	2.6
2.8	.891	.946	.966	.976	.981	.984	.987	.988	.990	.991	.991	.992	.992	.993	.993	.994	.994	.994	.994	.997	2.8
3.0	.898	.952	.971	.980	.985	.988	.990	.992	.993	.993	.994	.994	.995	.995	.996	.996	.996	.996	.996	.999	3.0
3.2	.904	.957	.975	.984	.988	.991	.992	.994	.995	.995	.996	.996	.997	.997	.997	.997	.997	.998	.998	.999	3.2
3.4	.909	.962	.979	.986	.990	.992	.994	.995	.996	.997	.997	.997	.998	.998	.998	.998	.998	.998	.998	.999	3.4
3.6	.914	.965	.982	.989	.992	.994	.996	.996	.997	.998	.998	.998	.998	.999	.999	.999	.999	.999	.999	1.000	3.6
3.8	.918	.969	.984	.990	.994	.996	.997	.997	.998	.998	.999	.999	.999	.999	.999	.999	.999	.999	.999		3.8
4.0	.922	.971	.986	.992	.995	.996	.997	.998	.998	.999	.999	.999	.999	.999	.999	.999	1.000	1.000	1.000		4.0
4.2	.926	.974	.988	.993	.996	.997	.998	.998	.999	.999	.999	.999	1.000	1.000	1.000	1.000					4.2
4.4	.929	.976	.989	.994	.996	.998	.998	.999	.999	.999	1.000	1.000									4.4
4.6	.932	.978	.990	.995	.997	.998	.999	.999	.999	1.000											4.6
4.8	.935	.980	.991	.996	.997	.998	.999	.999	1.000												4.8
5.0	.937	.981	.992	.996	.998	.999	.999	.999													5.0
5.2	.940	.982	.993	.997	.998	.999	.999	1.000													5.2
5.4	.942	.984	.994	.997	.999	.999	.999														5.4
5.6	.944	.985	.994	.998	.999	.999	1.000														5.6
5.8	.946	.986	.995	.998	.999	.999															5.8
6.0	.947	.987	.995	.998	.999	1.000															6.0

11. t 分布的双侧分位数表

$P(|t| > t) = \alpha$

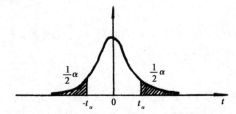

α \ f	0.9	0.8	0.7	0.6	0.5	0.4	0.3	0.2	0.1	0.05	0.02	0.01	0.001	α \ f
1	0.158	0.325	0.510	0.727	1.000	1.376	1.963	3.078	6.314	12.706	31.821	63.657	636.619	1
2	.142	.289	.445	.617	0.816	1.061	1.386	1.886	2.920	4.303	6.965	9.925	31.598	2
3	.137	.277	.424	.584	.765	0.978	1.250	1.638	2.353	3.182	4.541	5.841	12.924	3
4	.134	.271	.414	.569	.741	.941	1.190	1.533	2.132	2.776	3.747	4.604	8.610	4
5	.132	.267	.408	.559	.727	.920	1.156	1.476	2.015	2.571	3.365	4.032	6.859	5
6	.131	.265	.404	.553	.718	.906	1.134	1.440	1.943	2.447	3.143	3.707	5.959	6
7	.130	.263	.402	.549	.711	.896	1.119	1.415	1.895	2.365	2.998	3.499	5.405	7
8	.130	.262	.399	.546	.706	.889	1.108	1.397	1.860	2.306	2.896	3.355	5.041	8
9	.129	.261	.398	.543	.703	.883	1.100	1.383	1.833	2.262	2.821	3.250	4.781	9
10	.129	.260	.397	.542	.700	.879	1.093	1.372	1.812	2.228	2.764	3.169	4.587	10
11	.129	.260	.396	.540	.697	.876	1.088	1.363	1.796	2.201	2.718	3.106	4.437	11
12	.128	.259	.395	.539	.695	.873	1.083	1.356	1.782	2.179	2.681	3.055	4.318	12
13	.128	.259	.394	.538	.694	.870	1.079	1.350	1.771	2.160	2.650	3.012	4.221	13
14	.128	.258	.393	.537	.692	.868	1.076	1.345	1.761	2.145	2.624	2.977	4.140	14
15	.128	.258	.393	.536	.691	.866	1.074	1.341	1.753	2.131	2.602	2.947	4.073	15
16	.128	.258	.392	.535	.690	.865	1.071	1.337	1.746	2.120	2.583	2.921	4.015	16
17	.128	.257	.392	.534	.689	.863	1.069	1.333	1.740	2.110	2.567	2.898	3.965	17
18	.127	.257	.392	.534	.688	.862	1.067	1.330	1.734	2.101	2.552	2.878	3.922	18
19	.127	.257	.391	.533	.688	.861	1.066	1.328	1.729	2.093	2.539	2.861	3.883	19
20	.127	.257	.391	.533	.687	.860	1.064	1.325	1.725	2.086	2.528	2.845	3.850	20
21	.127	.257	.391	.532	.686	.859	1.063	1.323	1.721	2.080	2.518	2.831	3.819	21
22	.127	.256	.390	.532	.686	.858	1.061	1.321	1.717	2.074	2.508	2.819	3.792	22
23	.127	.256	.390	.532	.685	.858	1.060	1.319	1.714	2.069	2.500	2.807	3.767	23
24	.127	.256	.390	.531	.685	.857	1.059	1.318	1.711	2.064	2.492	2.797	3.745	24
25	.127	.256	.390	.531	.684	.856	1.058	1.316	1.708	2.060	2.485	2.787	3.725	25
26	.127	.256	.390	.531	.684	.856	1.058	1.315	1.706	2.056	2.479	2.779	3.707	26
27	.127	.256	.389	.531	.684	.855	1.057	1.314	1.703	2.052	2.473	2.771	3.690	27
28	.127	.256	.389	.530	.683	.855	1.056	1.313	1.701	2.048	2.467	2.763	3.674	28
29	.127	.256	.389	.530	.683	.854	1.055	1.311	1.699	2.045	2.462	2.756	3.659	29
30	.127	.256	.389	.530	.683	.854	1.055	1.310	1.697	2.042	2.457	2.750	3.646	30
40	.126	.255	.388	.529	.681	.851	1.050	1.303	1.684	2.021	2.423	2.704	3.551	40
60	.126	.254	.387	.527	.679	.848	1.046	1.296	1.671	2.000	2.390	2.660	3.460	60
120	.126	.254	.386	.526	.677	.845	1.041	1.289	1.658	1.980	2.358	2.617	3.373	120
∞	.126	.253	.385	.524	.674	.842	1.036	1.282	1.645	1.960	2.326	2.576	3.291	∞

12. F 检验的临界值表

$$P(F > F_\alpha) = \alpha$$

$\alpha = 0.10$

f_1 \ f_2	1	2	3	4	5	6	7	8	9	10	15	20	30	50	100	200	500	∞	f_1 \ f_2
1	39.9	49.5	53.6	55.8	57.2	58.2	58.9	59.4	59.9	60.2	61.2	61.7	62.3	62.7	63.0	63.2	63.3	63.3	1
2	8.53	9.00	9.16	9.24	9.29	9.33	9.35	9.37	9.38	9.39	9.42	9.44	9.46	9.47	9.48	9.49	9.49	9.49	2
3	5.54	5.46	5.39	5.34	5.31	5.28	5.27	5.25	5.24	5.23	5.20	5.18	5.17	5.15	5.14	5.14	5.14	5.13	3
4	4.54	4.32	4.19	4.11	4.05	4.01	3.98	3.95	3.94	3.92	3.87	3.84	3.82	3.80	3.78	3.77	3.76	3.76	4
5	4.06	3.78	3.62	3.52	3.45	3.40	3.37	3.34	3.32	3.30	3.24	3.21	3.17	3.15	3.13	3.12	3.11	3.10	5
6	3.78	3.46	3.29	3.18	3.11	3.05	3.01	2.98	2.96	2.94	2.87	2.84	2.80	2.77	2.75	2.73	2.73	2.72	6
7	3.59	3.26	3.07	2.96	2.88	2.83	2.78	2.75	2.72	2.70	2.63	2.59	2.56	2.52	2.50	2.48	2.48	2.47	7
8	3.46	3.11	2.92	2.81	2.73	2.67	2.62	2.59	2.56	2.54	2.46	2.42	2.38	2.35	2.32	2.31	2.30	2.29	8
9	3.36	3.01	2.81	2.69	2.61	2.55	2.51	2.47	2.44	2.42	2.34	2.30	2.25	2.22	2.19	2.17	2.17	2.16	9
10	3.28	2.92	2.73	2.61	2.52	2.46	2.41	2.38	2.35	2.32	2.24	2.20	2.16	2.12	2.09	2.07	2.06	2.06	10
11	3.23	2.86	2.66	2.54	2.45	2.39	2.34	2.30	2.27	2.25	2.17	2.12	2.08	2.04	2.00	1.99	1.98	1.97	11
12	3.18	2.81	2.61	2.48	2.39	2.33	2.28	2.24	2.21	2.19	2.10	2.06	2.01	1.97	1.94	1.92	1.91	1.90	12
13	3.14	2.76	2.56	2.43	2.35	2.28	2.23	2.20	2.16	2.14	2.05	2.01	1.96	1.92	1.88	1.86	1.85	1.85	13
14	3.10	2.73	2.52	2.39	2.31	2.24	2.19	2.15	2.12	2.10	2.01	1.96	1.91	1.87	1.83	1.82	1.80	1.80	14
15	3.07	2.70	2.49	2.36	2.27	2.21	2.16	2.12	2.09	2.06	1.97	1.92	1.87	1.83	1.79	1.77	1.76	1.76	15
16	3.05	2.67	2.46	2.33	2.24	2.18	2.13	2.09	2.06	2.03	1.94	1.89	1.84	1.79	1.76	1.74	1.73	1.72	16
17	3.03	2.64	2.44	2.31	2.22	2.15	2.10	2.06	2.03	2.00	1.91	1.86	1.81	1.76	1.73	1.71	1.69	1.69	17
18	3.01	2.62	2.42	2.29	2.20	2.13	2.08	2.04	2.00	1.98	1.89	1.84	1.78	1.74	1.70	1.68	1.67	1.66	18
19	2.99	2.61	2.40	2.27	2.18	2.11	2.06	2.02	1.98	1.96	1.86	1.81	1.76	1.71	1.67	1.65	1.64	1.63	19
20	2.97	2.59	2.38	2.25	2.16	2.09	2.04	2.00	1.96	1.94	1.84	1.79	1.74	1.69	1.65	1.63	1.62	1.61	20
22	2.95	2.56	2.35	2.22	2.13	2.06	2.01	1.97	1.93	1.90	1.81	1.76	1.70	1.65	1.61	1.59	1.58	1.57	22
24	2.93	2.54	2.33	2.19	2.10	2.04	1.98	1.94	1.91	1.88	1.78	1.73	1.67	1.62	1.58	1.56	1.54	1.53	24
26	2.91	2.52	2.31	2.17	2.08	2.01	1.96	1.92	1.88	1.86	1.76	1.71	1.65	1.59	1.55	1.53	1.51	1.50	26
28	2.89	2.50	2.29	2.16	2.06	2.00	1.94	1.90	1.87	1.84	1.74	1.69	1.63	1.57	1.53	1.50	1.49	1.48	28
30	2.88	2.49	2.28	2.14	2.05	1.98	1.93	1.88	1.85	1.82	1.72	1.67	1.61	1.55	1.51	1.48	1.47	1.46	30
40	2.84	2.44	2.23	2.09	2.00	1.98	1.87	1.83	1.79	1.76	1.66	1.61	1.54	1.48	1.43	1.41	1.39	1.38	40
50	2.81	2.41	2.20	2.06	1.97	1.90	1.84	1.80	1.76	1.73	1.63	1.57	1.50	1.44	1.39	1.36	1.34	1.33	50
60	2.79	2.39	2.18	2.04	1.95	1.87	1.82	1.77	1.74	1.71	1.60	1.54	1.48	1.41	1.36	1.33	1.31	1.29	60
80	2.77	2.37	2.15	2.02	1.92	1.85	1.79	1.75	1.71	1.68	1.57	1.51	1.44	1.38	1.32	1.28	1.26	1.24	80
100	2.76	2.36	2.14	2.00	1.91	1.83	1.78	1.73	1.70	1.66	1.56	1.49	1.42	1.35	1.29	1.26	1.23	1.21	100
200	2.73	2.33	2.11	1.97	1.88	1.80	1.75	1.70	1.66	1.63	1.52	1.46	1.38	1.31	1.24	1.20	1.17	1.14	200
500	2.72	2.31	2.10	1.96	1.86	1.79	1.73	1.68	1.64	1.61	1.50	1.44	1.36	1.28	1.21	1.16	1.12	1.09	500
∞	2.71	2.30	2.03	1.94	1.85	1.77	1.72	1.67	1.63	1.60	1.49	1.42	1.34	1.26	1.18	1.13	1.08	1.00	∞

$\alpha = 0.05$

（续）

f_1 \ f_2	1	2	3	4	5	6	7	8	9	10	12	14	16	18	20	f_1 \ f_2
1	161	200	216	225	230	234	237	239	241	242	244	246	246	247	248	1
2	18.5	19.0	19.2	19.2	19.3	19.3	19.4	19.4	19.4	19.4	19.4	19.4	19.4	19.4	19.4	2
3	10.1	9.55	9.28	9.12	9.01	8.94	8.89	8.85	8.81	8.79	8.74	8.71	8.69	8.67	8.66	3
4	7.71	6.94	6.59	6.39	6.26	6.16	6.09	6.04	6.00	5.96	5.91	5.87	5.84	5.82	5.80	4
5	6.61	5.79	5.41	5.19	5.05	4.95	4.88	4.82	4.77	4.74	4.68	4.64	4.60	4.58	4.56	5
6	5.99	5.14	4.76	4.53	4.39	4.28	4.21	4.15	4.10	4.06	4.00	3.96	3.92	3.90	3.87	6
7	5.59	4.74	4.35	4.12	3.97	3.87	3.79	3.73	3.68	3.64	3.57	3.53	3.49	3.47	3.44	7
8	5.32	4.46	4.07	3.84	3.69	3.58	3.50	3.44	3.39	3.35	3.28	3.24	3.20	3.17	3.15	8
9	5.12	4.26	3.86	3.63	3.48	3.37	3.29	3.23	3.18	3.14	3.07	3.03	2.99	2.96	2.94	9
10	4.96	4.10	3.71	3.48	3.33	3.22	3.14	3.07	3.02	2.98	2.91	2.86	2.83	2.80	2.77	10
11	4.84	3.98	3.59	3.36	3.20	3.09	3.01	2.95	2.90	2.85	2.79	2.74	2.70	2.67	2.65	11
12	4.75	3.89	3.49	3.26	3.11	3.00	2.91	2.85	2.80	2.75	2.69	2.64	2.60	2.57	2.54	12
13	4.67	3.81	3.41	3.18	3.03	2.92	2.83	2.77	2.71	2.67	2.60	2.55	2.51	2.48	2.46	13
14	4.60	3.74	3.34	3.11	2.96	2.85	2.76	2.70	2.65	2.60	2.53	2.48	2.44	2.41	2.39	14
15	4.54	3.68	3.29	3.06	2.90	2.79	2.71	2.64	2.59	2.54	2.48	2.42	2.38	2.35	2.33	15
16	4.49	3.63	3.24	3.01	2.85	2.74	2.66	2.59	2.54	2.49	2.42	2.37	2.33	2.30	2.28	16
17	4.45	3.59	3.20	2.96	2.81	2.70	2.61	2.55	2.49	2.45	2.38	2.33	2.29	2.26	2.23	17
18	4.41	3.55	3.16	2.93	2.77	2.66	2.58	2.51	2.46	2.41	2.34	2.29	2.25	2.22	2.19	18
19	4.38	3.52	3.13	2.90	2.74	2.63	2.54	2.48	2.42	2.38	2.31	2.26	2.21	2.18	2.16	19
20	4.35	3.49	3.10	2.87	2.71	2.60	2.51	2.45	2.39	2.35	2.28	2.22	2.18	2.15	2.12	20
21	4.32	3.47	3.07	2.84	2.68	2.57	2.49	2.42	2.37	2.32	2.25	2.20	2.16	2.12	2.10	21
22	4.30	3.44	3.05	2.82	2.66	2.55	2.46	2.40	2.34	2.30	2.23	2.17	2.13	2.10	2.07	22
23	4.28	3.42	3.03	2.80	2.64	2.53	2.44	2.37	2.32	2.27	2.20	2.15	2.11	2.07	2.05	23
24	4.26	3.40	3.01	2.78	2.62	2.51	2.42	2.36	2.30	2.25	2.18	2.13	2.09	2.05	2.03	24
25	4.24	3.39	2.99	2.76	2.60	2.49	2.40	2.34	2.28	2.24	2.16	2.11	2.07	2.04	2.01	25
26	4.23	3.37	2.98	2.74	2.59	2.47	2.39	2.32	2.27	2.22	2.15	2.09	2.05	2.02	1.99	26
27	4.21	3.35	2.96	2.73	2.57	2.46	2.37	2.31	2.25	2.20	2.13	2.08	2.04	2.00	1.97	27
28	4.20	3.34	2.95	2.71	2.56	2.45	2.36	2.29	2.24	2.19	2.12	2.06	2.02	1.99	1.96	28
29	4.18	3.33	2.93	2.70	2.55	2.43	2.35	2.28	2.22	2.18	2.10	2.05	2.01	1.97	1.94	29
30	4.17	3.32	2.92	2.69	2.53	2.42	2.33	2.27	2.21	2.16	2.09	2.04	1.99	1.96	1.93	30
32	4.15	3.29	2.90	2.67	2.51	2.40	2.31	2.24	2.19	2.14	2.07	2.01	1.97	1.94	1.91	32
34	4.13	3.28	2.88	2.65	2.49	2.38	2.29	2.23	2.17	2.12	2.05	1.99	1.95	1.92	1.89	34
36	4.11	3.26	2.87	2.63	2.48	2.36	2.28	2.21	2.15	2.11	2.03	1.98	1.93	1.90	1.87	36
38	4.10	3.24	2.85	2.62	2.46	2.35	2.26	2.19	2.14	2.09	2.02	1.96	1.92	1.88	1.85	38
40	4.08	3.23	2.84	2.61	2.45	2.34	2.25	2.18	2.12	2.08	2.00	1.95	1.90	1.87	1.84	40
42	4.07	3.22	2.83	2.59	2.44	2.32	2.24	2.17	2.11	2.06	1.99	1.93	1.89	1.86	1.83	42
44	4.06	3.21	2.82	2.58	2.43	2.31	2.23	2.16	2.10	2.05	1.98	1.92	1.88	1.84	1.81	44
46	4.05	3.20	2.81	2.57	2.42	2.30	2.22	2.15	2.09	2.04	1.97	1.91	1.87	1.83	1.80	46
48	4.04	3.19	2.80	2.57	2.41	2.29	2.21	2.14	2.08	2.03	1.96	1.90	1.86	1.82	1.79	48
50	4.03	3.18	2.79	2.56	2.40	2.29	2.20	2.13	2.07	2.03	1.95	1.89	1.85	1.81	1.78	50
60	4.00	3.15	2.76	2.53	2.37	2.25	2.17	2.10	2.04	1.99	1.92	1.86	1.82	1.78	1.75	60
80	3.96	3.11	2.72	2.49	2.33	2.21	2.13	2.06	2.00	1.95	1.88	1.82	1.77	1.73	1.70	80
100	3.94	3.09	2.70	2.46	2.31	2.19	2.10	2.03	1.97	1.93	1.85	1.79	1.75	1.71	1.68	100
125	3.92	3.07	2.68	2.44	2.29	2.17	2.08	2.01	1.96	1.91	1.83	1.77	1.72	1.69	1.65	125
150	3.90	3.06	2.66	2.43	2.27	2.16	2.07	2.00	1.94	1.89	1.82	1.76	1.71	1.67	1.64	150
200	3.89	3.04	2.65	2.42	2.26	2.14	2.06	1.98	1.93	1.88	1.80	1.74	1.69	1.66	1.62	200
300	3.87	3.03	2.63	2.40	2.24	2.13	2.04	1.97	1.91	1.86	1.78	1.72	1.68	1.64	1.61	300
500	3.86	3.01	2.62	2.39	2.23	2.12	2.03	1.96	1.90	1.85	1.77	1.71	1.66	1.62	1.59	500
1000	3.85	3.00	2.61	2.38	2.22	2.11	2.02	1.95	1.89	1.84	1.76	1.70	1.65	1.61	1.58	1000
∞	3.84	3.00	2.60	2.37	2.21	2.10	2.01	1.94	1.88	1.83	1.75	1.69	1.64	1.60	1.57	∞

$\alpha = 0.05$

(续)

f_1 \ f_2	22	24	26	28	30	35	40	45	50	60	80	100	200	500	∞	f_2
1	249	249	249	250	250	251	251	251	252	252	252	253	254	254	254	1
2	19.5	19.5	19.5	19.5	19.5	19.5	19.5	19.5	19.5	19.5	19.5	19.5	19.5	19.5	19.5	2
3	8.65	8.64	8.63	8.62	8.62	8.60	8.59	8.59	8.58	8.57	8.56	8.55	8.54	8.53	8.53	3
4	5.79	5.77	5.76	5.75	5.75	5.73	5.72	5.71	5.70	5.69	5.67	5.66	5.65	5.64	5.63	4
5	4.54	4.53	4.52	4.50	4.50	4.48	4.46	4.45	4.44	4.43	4.41	4.41	4.39	4.37	4.37	5
6	3.86	3.84	3.83	3.82	3.81	3.79	3.77	3.76	3.75	3.74	3.72	3.71	3.69	3.68	3.67	6
7	3.43	3.41	3.40	3.39	3.38	3.36	3.34	3.33	3.32	3.30	3.29	3.27	3.25	3.24	3.23	7
8	3.13	3.12	3.10	3.09	3.08	3.06	3.04	3.03	3.02	3.01	2.99	2.97	2.95	2.94	2.93	8
9	2.92	2.90	2.89	2.87	2.86	2.84	2.83	2.81	2.80	2.79	2.77	2.76	2.73	2.72	2.71	9
10	2.75	2.74	2.72	2.71	2.70	2.68	2.66	2.65	2.64	2.62	2.60	2.59	2.56	2.55	2.54	10
11	2.63	2.61	2.59	2.58	2.57	2.55	2.53	2.52	2.51	2.49	2.47	2.46	2.43	2.42	2.40	11
12	2.52	2.51	2.49	2.48	2.47	2.44	2.43	2.41	2.40	2.38	2.36	2.35	2.32	2.31	2.30	12
13	2.44	2.42	2.41	2.39	2.38	2.36	2.34	2.33	2.31	2.30	2.27	2.26	2.23	2.22	2.21	13
14	2.37	2.35	2.33	2.32	2.31	2.28	2.27	2.25	2.24	2.22	2.20	2.19	2.16	2.14	2.13	14
15	2.31	2.29	2.27	2.26	2.25	2.22	2.20	2.19	2.18	2.16	2.14	2.12	2.10	2.08	2.07	15
16	2.25	2.24	2.22	2.21	2.19	2.17	2.15	2.14	2.12	2.11	2.08	2.07	2.04	2.02	2.01	16
17	2.21	2.19	2.17	2.16	2.15	2.12	2.10	2.09	2.08	2.06	2.03	2.02	1.99	1.97	1.96	17
18	2.17	2.15	2.13	2.12	2.11	2.08	2.06	2.05	2.04	2.02	1.99	1.98	1.95	1.93	1.92	18
19	2.13	2.11	2.10	2.08	2.07	2.05	2.03	2.01	2.00	1.98	1.96	1.94	1.91	1.89	1.88	19
20	2.10	2.08	2.07	2.05	2.04	2.01	1.99	1.98	1.97	1.95	1.92	1.91	1.88	1.86	1.84	20
21	2.07	2.05	2.04	2.02	2.01	1.98	1.96	1.95	1.94	1.92	1.89	1.88	1.84	1.82	1.81	21
22	2.05	2.03	2.01	2.00	1.98	1.96	1.94	1.92	1.91	1.89	1.86	1.85	1.82	1.80	1.78	22
23	2.02	2.00	1.99	1.97	1.96	1.93	1.91	1.90	1.88	1.86	1.84	1.82	1.79	1.77	1.76	23
24	2.00	1.98	1.97	1.95	1.94	1.91	1.89	1.88	1.86	1.84	1.82	1.80	1.77	1.75	1.73	24
25	1.98	1.96	1.95	1.93	1.92	1.89	1.87	1.86	1.84	1.82	1.80	1.78	1.75	1.73	1.71	25
26	1.97	1.95	1.93	1.91	1.90	1.87	1.85	1.84	1.82	1.80	1.78	1.76	1.73	1.71	1.69	26
27	1.95	1.93	1.91	1.90	1.88	1.86	1.84	1.82	1.81	1.79	1.76	1.74	1.71	1.69	1.67	27
28	1.93	1.91	1.90	1.88	1.87	1.84	1.82	1.80	1.79	1.77	1.74	1.73	1.69	1.67	1.65	28
29	1.92	1.90	1.88	1.87	1.85	1.83	1.81	1.79	1.77	1.75	1.73	1.71	1.67	1.65	1.64	29
30	1.91	1.89	1.87	1.85	1.84	1.81	1.79	1.77	1.76	1.74	1.71	1.70	1.66	1.64	1.62	30
32	1.88	1.86	1.85	1.83	1.82	1.79	1.77	1.75	1.74	1.71	1.69	1.67	1.63	1.61	1.59	32
34	1.86	1.84	1.82	1.80	1.80	1.77	1.75	1.73	1.71	1.69	1.66	1.65	1.61	1.59	1.57	34
36	1.85	1.82	1.81	1.79	1.78	1.75	1.73	1.71	1.69	1.67	1.64	1.62	1.59	1.56	1.55	36
38	1.83	1.81	1.79	1.77	1.76	1.73	1.71	1.69	1.68	1.65	1.62	1.61	1.57	1.54	1.53	38
40	1.81	1.79	1.77	1.76	1.74	1.72	1.69	1.67	1.66	1.64	1.61	1.59	1.55	1.53	1.51	40
42	1.80	1.78	1.76	1.74	1.73	1.70	1.68	1.66	1.65	1.62	1.59	1.57	1.53	1.51	1.49	42
44	1.79	1.77	1.75	1.73	1.72	1.69	1.67	1.65	1.63	1.61	1.58	1.56	1.52	1.49	1.48	44
46	1.78	1.76	1.74	1.72	1.71	1.68	1.65	1.64	1.62	1.60	1.57	1.55	1.51	1.48	1.46	46
48	1.77	1.75	1.73	1.71	1.70	1.67	1.64	1.62	1.61	1.59	1.56	1.54	1.49	1.47	1.45	48
50	1.76	1.74	1.72	1.70	1.69	1.66	1.63	1.61	1.60	1.58	1.54	1.52	1.48	1.46	1.44	50
60	1.72	1.70	1.68	1.66	1.65	1.62	1.59	1.57	1.56	1.53	1.50	1.48	1.44	1.41	1.39	60
80	1.68	1.65	1.63	1.62	1.60	1.57	1.54	1.52	1.51	1.48	1.45	1.43	1.38	1.35	1.32	80
100	1.65	1.63	1.61	1.59	1.57	1.54	1.52	1.49	1.48	1.45	1.41	1.39	1.34	1.31	1.28	100
125	1.63	1.60	1.58	1.57	1.55	1.52	1.49	1.47	1.45	1.42	1.39	1.36	1.31	1.27	1.25	125
150	1.61	1.59	1.57	1.55	1.53	1.50	1.48	1.45	1.44	1.41	1.37	1.34	1.29	1.25	1.22	150
200	1.60	1.57	1.55	1.53	1.52	1.48	1.46	1.43	1.41	1.39	1.35	1.32	1.26	1.22	1.19	200
300	1.58	1.55	1.53	1.51	1.50	1.46	1.43	1.41	1.39	1.36	1.32	1.30	1.23	1.19	1.15	300
500	1.56	1.54	1.52	1.50	1.48	1.45	1.42	1.40	1.38	1.34	1.30	1.28	1.21	1.16	1.11	500
1000	1.55	1.53	1.51	1.49	1.47	1.44	1.41	1.38	1.36	1.33	1.29	1.26	1.19	1.13	1.08	1000
∞	1.54	1.52	1.50	1.48	1.46	1.42	1.39	1.37	1.35	1.32	1.27	1.24	1.17	1.11	1.00	∞

$\alpha = 0.01$

（续）

f_1 \ f_2	1	2	3	4	5	6	7	8	9	10	12	14	16	18	20	f_1 \ f_2
1	405	500	540	563	576	586	593	598	602	606	611	614	617	619	621	1
2	98.5	99.0	99.2	99.2	99.3	99.3	99.4	99.4	99.4	99.4	99.4	99.4	99.4	99.4	99.4	2
3	34.1	30.8	29.5	28.7	28.2	27.9	27.7	27.5	27.3	27.2	27.1	26.9	26.8	26.8	26.7	3
4	21.2	18.0	16.7	16.0	15.5	15.2	15.0	14.8	14.7	14.5	14.4	14.2	14.2	14.1	14.0	4
5	16.3	13.3	12.1	11.4	11.0	10.7	10.5	10.3	10.2	10.1	9.89	9.77	9.68	9.61	9.55	5
6	13.7	10.9	9.78	9.15	8.75	8.47	8.26	8.10	7.98	7.87	7.72	7.60	7.52	7.45	7.40	6
7	12.2	9.55	8.45	7.85	7.46	7.19	6.99	6.84	6.72	6.62	6.47	6.36	6.27	6.21	6.16	7
8	11.3	8.65	7.59	7.01	6.63	6.37	6.18	6.03	5.91	5.81	5.67	5.56	5.48	5.41	5.36	8
9	10.6	8.02	6.99	6.42	6.06	5.80	5.61	5.47	5.35	5.26	5.11	5.00	4.92	4.86	4.81	9
10	10.0	7.56	6.55	5.99	5.64	5.39	5.20	5.06	4.94	4.85	4.71	4.60	4.52	4.46	4.41	10
11	9.65	7.21	6.22	5.67	5.32	5.07	4.89	4.74	4.63	4.54	4.40	4.29	4.21	4.15	4.10	11
12	9.33	6.93	5.95	5.41	5.06	4.82	4.64	4.50	4.39	4.30	4.16	4.05	3.97	3.91	3.86	12
13	9.07	6.70	5.74	5.21	4.86	4.62	4.44	4.30	4.19	4.10	3.96	3.86	3.78	3.71	3.66	13
14	8.86	6.51	5.56	5.04	4.70	4.46	4.28	4.14	4.03	3.94	3.80	3.70	3.62	3.56	3.51	14
15	8.68	6.36	5.42	4.89	4.56	4.32	4.14	4.00	3.89	3.80	3.67	3.56	3.49	3.42	3.37	15
16	8.53	6.23	5.29	4.77	4.44	4.20	4.03	3.89	3.78	3.69	3.55	3.45	3.37	3.31	3.26	16
17	8.40	6.11	5.18	4.67	4.34	4.10	3.93	3.79	3.68	3.59	3.46	3.35	3.27	3.21	3.16	17
18	8.29	6.01	5.09	4.58	4.25	4.01	3.84	3.71	3.60	3.51	3.37	3.27	3.19	3.13	3.08	18
19	8.18	5.93	5.01	4.50	4.17	3.94	3.77	3.63	3.52	3.43	3.30	3.19	3.12	3.05	3.00	19
20	8.10	5.85	4.94	4.43	4.10	3.87	3.70	3.56	3.46	3.37	3.23	3.13	3.05	2.99	2.94	20
21	8.02	5.78	4.87	4.37	4.04	3.81	3.64	3.51	3.40	3.31	3.17	3.07	2.99	2.93	2.88	21
22	7.95	5.72	4.82	4.31	3.99	3.76	3.59	3.45	3.35	3.26	3.12	3.02	2.94	2.88	2.83	22
23	7.88	5.66	4.76	4.26	3.94	3.71	3.54	3.41	3.30	3.21	3.07	2.97	2.89	2.83	3.78	23
24	7.82	5.61	4.72	4.22	3.90	3.67	3.50	3.36	3.26	3.17	3.03	2.93	2.85	2.79	2.74	24
25	7.77	5.57	4.68	4.18	3.86	3.63	3.46	3.32	3.22	3.13	2.99	2.89	2.81	2.75	2.70	25
26	7.72	5.53	4.64	4.14	3.82	3.59	3.42	3.29	3.18	3.09	2.96	2.86	2.78	2.72	2.66	26
27	7.68	5.49	4.60	4.11	3.78	3.56	3.39	3.26	3.15	3.06	2.93	2.82	2.75	2.68	2.63	27
28	7.64	5.45	4.57	4.07	3.75	3.53	3.36	3.23	3.12	3.03	2.90	2.79	2.72	2.65	2.60	28
29	7.60	5.42	4.54	4.04	3.73	3.50	3.33	3.20	3.09	3.00	2.87	2.77	2.69	2.62	2.57	29
30	7.56	5.39	4.51	4.02	3.70	3.47	3.30	3.17	3.07	2.98	2.84	2.74	2.66	2.60	2.55	30
32	7.50	5.34	4.46	3.97	3.65	3.43	3.26	3.13	3.02	2.93	2.80	2.70	2.62	2.55	2.50	32
34	7.44	5.29	4.42	3.93	3.61	3.39	3.22	3.09	2.98	2.89	2.76	2.66	2.58	2.51	2.46	34
36	7.40	5.25	4.38	3.89	3.57	3.35	3.18	3.05	2.95	2.86	2.72	2.62	2.54	2.48	2.43	36
38	7.35	5.21	4.34	3.86	3.54	3.32	3.15	3.02	2.92	2.83	2.69	2.59	2.51	2.45	2.40	38
40	7.31	5.18	4.31	3.83	3.51	3.29	3.12	2.99	2.89	2.80	2.66	2.56	2.48	2.42	2.37	40
42	7.28	5.15	4.29	3.80	3.49	3.27	3.10	2.97	2.86	2.78	2.64	2.54	2.46	2.40	2.34	42
44	7.25	5.12	4.26	3.78	3.47	3.24	3.08	2.95	2.84	2.75	2.62	2.52	2.44	2.37	2.32	44
46	7.22	5.10	4.24	3.76	3.44	3.22	3.06	2.93	2.82	2.73	2.60	2.50	2.42	2.35	2.30	46
48	7.20	5.08	4.22	3.74	3.43	3.20	3.04	2.91	2.80	2.72	2.58	2.48	2.40	2.33	2.28	48
50	7.17	5.06	4.20	3.72	3.41	3.19	3.02	2.89	2.79	2.70	2.56	2.46	2.38	2.32	2.27	50
60	7.08	4.98	4.13	3.65	3.34	3.12	2.95	2.82	2.72	2.63	2.50	2.39	2.31	2.25	2.20	60
80	6.96	4.88	4.04	3.56	3.26	3.04	2.87	2.74	2.64	2.55	2.42	2.31	2.23	2.17	2.12	80
100	6.90	4.82	3.98	3.51	3.21	2.99	2.82	2.69	2.59	2.50	2.37	2.26	2.19	2.12	2.07	100
125	6.84	4.78	3.94	3.47	3.17	2.95	2.79	2.66	2.55	2.47	2.33	2.23	2.15	2.08	2.03	125
150	6.81	4.75	3.92	3.45	3.14	2.92	2.76	2.63	2.53	2.44	2.31	2.20	2.12	2.06	2.00	150
200	6.76	4.71	3.88	3.41	3.11	2.89	2.73	2.60	2.50	2.41	2.27	2.17	2.09	2.02	1.97	200
300	6.72	4.68	3.85	3.38	3.08	2.86	2.70	2.57	2.47	2.38	2.24	2.14	2.06	1.99	1.94	300
500	6.69	4.65	3.82	3.36	3.05	2.84	2.68	2.55	2.44	2.36	2.22	2.12	2.04	1.97	1.92	500
1000	6.66	4.63	3.80	3.34	3.04	2.82	2.66	2.53	2.43	2.34	2.20	2.10	2.02	1.95	1.90	1000
∞	6.63	4.61	3.78	3.32	3.02	2.80	2.64	2.51	2.41	2.32	2.18	2.08	2.00	1.93	1.88	∞

$\alpha = 0.01$ （续）

f_2 \ f_1	22	24	26	28	30	35	40	45	50	60	80	100	200	500	∞	f_2
1	622	623	624	625	626	628	629	630	630	631	633	633	635	636	637	1
2	99.5	99.5	99.5	99.5	99.5	99.5	99.5	99.5	99.5	99.5	99.5	99.5	99.5	99.5	99.5	2
3	26.6	26.6	26.6	26.5	26.5	26.5	26.4	26.4	26.4	26.3	26.3	26.2	26.2	26.1	26.1	3
4	14.0	13.9	13.9	13.9	13.8	13.8	13.7	13.7	13.7	13.7	13.6	13.6	13.5	13.5	13.5	4
5	9.51	9.47	9.43	9.40	9.38	9.33	9.29	9.26	9.24	9.20	9.16	9.13	9.08	9.04	9.02	5
6	7.35	7.31	7.28	7.25	7.23	7.18	7.14	7.11	7.09	7.06	7.01	6.99	6.93	6.90	6.88	6
7	6.11	6.07	6.04	6.02	5.99	5.94	5.91	5.88	5.86	5.82	5.78	5.75	5.70	5.67	5.65	7
8	5.32	5.28	5.25	5.22	5.20	5.15	5.12	5.00	5.07	5.03	4.99	4.96	4.91	4.88	4.86	8
9	4.77	4.73	4.70	4.67	4.65	4.60	4.57	4.54	4.52	4.48	4.44	4.42	4.36	4.33	4.31	9
10	4.36	4.33	4.30	4.27	4.25	4.20	4.17	4.14	4.12	4.08	4.04	4.01	3.96	3.93	3.91	10
11	4.06	4.02	3.99	3.96	3.94	3.89	3.86	3.83	3.81	3.78	3.73	3.71	3.66	3.62	3.60	11
12	3.82	3.78	3.75	3.72	3.70	3.65	3.62	3.59	3.57	3.54	3.49	3.47	3.41	3.38	3.36	12
13	3.62	3.59	3.56	3.53	3.51	3.46	3.43	3.40	3.38	3.34	3.30	3.27	3.22	3.19	3.17	13
14	3.46	3.43	3.40	3.37	3.35	3.30	3.27	3.24	3.22	3.18	3.14	3.11	3.06	3.03	3.00	14
15	3.33	3.29	3.26	3.24	3.21	3.17	3.13	3.10	3.08	3.05	3.00	2.98	2.92	2.89	2.87	15
16	3.22	3.18	3.15	3.12	3.10	3.05	3.02	2.99	2.97	2.93	2.89	2.86	2.81	2.78	2.75	16
17	3.12	3.08	3.05	3.03	3.00	2.96	2.92	2.89	2.87	2.83	2.79	2.76	2.71	2.68	2.65	17
18	3.03	3.00	2.97	2.94	2.92	2.87	2.84	2.81	2.78	2.75	2.70	2.68	2.62	2.59	2.57	18
19	2.96	2.92	2.89	2.87	2.84	2.80	2.76	2.73	2.71	2.67	2.63	2.60	2.55	2.51	2.49	19
20	2.90	2.86	2.83	2.80	2.78	2.73	2.69	2.67	2.64	2.61	2.56	2.54	2.48	2.44	2.42	20
21	2.84	2.80	2.77	2.74	2.72	2.67	2.64	2.61	2.58	2.55	2.50	2.48	2.42	2.38	2.36	21
22	2.78	2.75	2.72	2.69	2.67	2.62	2.58	2.55	2.53	2.50	2.45	2.42	2.36	2.33	2.31	22
23	2.74	2.70	2.67	2.64	2.62	2.57	2.54	2.51	2.48	2.45	2.40	2.37	2.32	2.28	2.26	23
24	2.70	2.66	2.63	2.60	2.58	2.53	2.49	2.46	2.44	2.40	2.36	2.33	2.27	2.24	2.21	24
25	2.66	2.62	2.59	2.56	2.54	2.49	2.45	2.42	2.40	2.36	2.32	2.29	2.23	2.19	2.17	25
26	2.62	2.58	2.55	2.53	2.50	2.45	2.42	2.39	2.36	2.33	2.28	2.25	2.19	2.16	2.13	26
27	2.59	2.55	2.52	2.49	2.47	2.42	2.38	2.35	2.33	2.29	2.25	2.22	2.16	2.12	2.10	27
28	2.56	2.52	2.49	2.46	2.44	2.39	2.35	2.32	2.30	2.26	2.22	2.19	2.13	2.09	2.06	28
29	2.53	2.49	2.46	2.44	2.41	2.36	2.33	2.30	2.27	2.23	2.19	2.16	2.10	2.06	2.03	29
30	2.51	2.47	2.44	2.41	2.39	2.34	2.30	2.27	2.25	2.21	2.16	2.13	2.07	2.03	2.01	30
32	2.46	2.42	2.39	2.36	2.34	2.29	2.25	2.22	2.20	2.16	2.11	2.08	2.02	1.98	1.96	32
34	2.42	2.38	2.35	2.32	2.30	2.25	2.21	2.18	2.16	2.12	2.07	2.04	1.98	1.94	1.91	34
36	2.38	2.35	2.32	2.29	2.26	2.21	2.17	2.14	2.12	2.08	2.03	2.00	1.94	1.90	1.87	36
38	2.35	2.32	2.28	2.26	2.23	2.18	2.14	2.11	2.09	2.05	2.00	1.97	1.90	1.86	1.84	38
40	2.33	2.29	2.26	2.23	2.20	2.15	2.11	2.08	2.06	2.02	1.97	1.94	1.87	1.83	1.80	40
42	2.30	2.26	2.23	2.20	2.18	2.13	2.09	2.06	2.03	1.99	1.94	1.91	1.85	1.80	1.78	42
44	2.28	2.24	2.21	2.18	2.15	2.10	2.06	2.03	2.01	1.97	1.92	1.89	1.82	1.78	1.75	44
46	2.26	2.22	2.19	2.16	2.13	2.08	2.04	2.01	1.99	1.95	1.90	1.86	1.80	1.75	1.73	46
48	2.24	2.20	2.17	2.14	2.12	2.06	2.02	1.99	1.97	1.93	1.88	1.84	1.78	1.73	1.70	48
50	2.22	2.18	2.15	2.12	2.10	2.05	2.01	1.97	1.95	1.91	1.86	1.82	1.76	1.71	1.68	50
60	2.15	2.12	2.08	2.05	2.03	1.98	1.94	1.90	1.88	1.84	1.78	1.75	1.68	1.63	1.60	60
80	2.07	2.03	2.00	1.97	1.94	1.89	1.85	1.81	1.79	1.75	1.69	1.66	1.58	1.53	1.49	80
100	2.02	1.98	1.94	1.92	1.89	1.84	1.80	1.76	1.73	1.69	1.63	1.60	1.52	1.47	1.43	100
125	1.98	1.94	1.91	1.88	1.85	1.80	1.76	1.72	1.69	1.65	1.59	1.55	1.47	1.41	1.37	125
150	1.96	1.92	1.88	1.85	1.83	1.77	1.73	1.69	1.66	1.62	1.56	1.52	1.43	1.38	1.33	150
200	1.93	1.89	1.85	1.82	1.79	1.74	1.69	1.66	1.63	1.58	1.52	1.48	1.39	1.33	1.28	200
300	1.89	1.85	1.82	1.79	1.76	1.71	1.66	1.62	1.59	1.55	1.48	1.44	1.35	1.28	1.22	300
500	1.87	1.83	1.79	1.76	1.74	1.68	1.63	1.60	1.56	1.52	1.45	1.41	1.31	1.23	1.16	500
1000	1.85	1.81	1.77	1.74	1.72	1.66	1.61	1.57	1.54	1.50	1.43	1.38	1.28	1.19	1.11	1000
∞	1.83	1.79	1.76	1.72	1.70	1.64	1.59	1.55	1.52	1.47	1.40	1.36	1.25	1.15	1.00	∞

13. 随机数表

```
03 47 43 73 86    36 96 47 36 61    46 93 63 71 62    33 26 16 80 45    60 11 14 10 95
97 74 24 67 62    42 81 14 57 20    42 53 32 37 32    27 07 36 07 51    24 51 79 89 73
16 76 62 27 66    56 50 26 71 07    32 90 79 78 53    13 55 38 58 59    88 97 54 14 10
12 56 85 99 26    96 96 68 27 31    05 03 72 93 15    57 12 10 14 21    83 26 49 81 76
55 59 56 35 64    38 54 82 46 22    31 62 43 09 90    06 18 44 32 53    23 83 01 30 30

16 22 77 94 39    49 54 43 54 82    17 37 93 23 78    87 35 20 96 43    84 26 34 91 64
84 42 17 53 31    57 24 55 06 88    77 04 74 47 67    21 76 33 50 25    83 92 12 06 76
63 01 63 78 59    16 95 55 67 19    98 10 50 71 75    12 86 73 58 07    44 39 52 38 79
33 21 12 34 29    78 64 56 07 82    52 42 07 44 38    15 51 00 13 42    99 66 02 79 54
57 60 86 32 44    09 47 27 96 54    49 17 46 09 62    90 52 84 77 27    08 02 73 43 28

18 18 07 92 45    44 17 16 58 09    79 83 86 19 62    06 76 50 03 10    55 23 64 05 05
26 62 38 97 75    84 16 07 44 99    83 11 46 32 24    20 14 85 88 45    10 93 72 88 71
23 42 40 64 74    82 97 77 77 81    07 45 32 14 08    32 98 94 07 72    93 85 79 10 75
52 36 28 19 95    50 92 26 11 97    00 56 76 31 38    80 22 02 53 53    86 60 42 04 53
37 85 94 35 12    83 39 50 08 30    42 34 07 96 88    54 42 06 87 98    35 85 29 48 39

70 29 17 12 13    40 33 20 38 26    13 89 51 03 74    17 76 37 13 04    07 74 21 19 30
56 62 18 37 35    96 83 50 87 75    97 12 25 93 47    70 33 24 03 54    97 77 46 44 80
99 49 57 22 77    88 42 95 45 72    16 64 36 16 00    04 43 18 66 79    94 77 24 21 90
16 08 15 04 72    33 27 14 34 09    45 59 34 68 49    12 72 07 34 45    99 27 72 95 14
31 16 93 32 43    50 27 89 87 19    20 15 37 00 49    52 85 66 60 44    38 68 88 11 80

68 34 30 13 70    55 74 30 77 40    44 22 78 84 26    04 33 46 09 52    68 07 97 06 57
74 57 25 65 76    59 29 97 68 60    71 91 38 67 54    13 58 18 24 76    15 54 55 95 52
27 42 37 86 53    48 55 90 65 72    96 57 69 36 10    96 46 92 42 45    97 60 49 04 91
00 39 68 29 61    66 37 32 20 30    77 84 57 03 29    10 45 65 04 26    11 04 96 67 24
29 94 98 94 24    68 49 69 10 82    53 75 91 93 30    34 25 20 57 27    40 48 73 51 92

16 90 82 66 59    83 62 64 11 12    67 19 00 71 74    60 47 21 29 68    02 02 37 03 31
11 27 94 75 06    06 09 19 74 66    02 94 37 34 02    76 70 90 30 86    38 45 94 30 38
35 24 10 16 20    33 32 51 26 38    79 78 45 04 91    16 92 53 56 16    02 75 50 95 98
38 23 16 86 38    42 38 97 01 50    87 75 66 81 41    40 01 74 91 62    48 51 84 08 32
31 96 25 91 47    96 44 33 49 13    34 86 82 53 91    00 52 43 48 85    27 55 26 89 62

66 67 40 67 14    64 05 71 95 86    11 05 65 09 68    76 83 20 37 90    57 16 00 11 66
14 90 84 45 11    75 73 88 05 90    52 27 41 14 86    22 98 12 22 08    07 52 74 95 80
68 05 51 18 00    33 96 02 75 19    07 60 62 93 55    59 33 82 43 90    49 37 38 44 59
20 46 78 73 90    97 51 40 14 02    04 02 33 31 08    39 54 16 49 36    47 95 93 13 30
64 19 58 97 79    15 06 15 93 20    01 90 10 75 06    40 78 78 89 62    02 67 74 17 33

05 26 93 70 60    22 35 85 15 13    92 03 51 59 77    59 56 78 06 83    52 91 05 70 74
07 97 10 88 23    09 98 42 99 64    61 71 62 99 15    06 51 29 16 93    58 05 77 09 51
68 71 86 85 85    54 87 66 47 54    73 32 08 11 12    44 95 92 63 16    29 56 24 29 48
26 99 61 65 53    58 37 78 80 70    42 10 50 67 42    32 17 55 85 74    94 44 67 16 94
14 65 52 68 75    87 59 36 22 41    26 78 63 06 55    13 08 27 01 50    15 29 39 39 43

17 53 77 58 71    71 41 61 50 72    12 41 94 96 26    44 95 27 36 99    02 96 74 30 83
90 26 59 21 19    23 52 23 33 12    96 93 02 18 39    07 02 18 36 07    25 99 32 70 23
41 23 52 55 99    31 04 49 69 96    10 47 48 45 88    13 41 43 89 20    97 17 14 49 17
60 20 50 81 69    31 99 73 68 68    35 81 33 03 76    24 30 12 48 60    18 99 10 72 34
91 25 38 05 90    94 58 28 41 36    45 37 59 03 09    90 35 57 29 12    82 62 54 65 60

34 50 57 74 37    98 80 33 00 91    09 77 93 19 82    74 94 80 04 04    45 07 31 66 49
85 22 04 39 43    73 81 53 94 79    33 62 46 86 28    08 31 54 46 31    53 94 13 38 47
09 79 13 77 48    73 82 97 22 21    05 03 27 24 83    72 89 44 05 60    35 80 39 94 88
88 75 80 18 14    22 95 75 42 49    39 32 82 22 49    02 48 07 70 37    16 04 61 67 87
90 96 23 70 00    39 00 03 06 90    55 85 78 38 36    94 37 30 69 32    90 89 00 76 33
```

（续）

53	74	23	99	67	61	32	28	69	84	94	62	67	86	24	98	33	41	19	95	47	53	53	38	09
63	38	06	86	54	99	00	65	26	94	02	82	90	23	07	79	62	67	80	60	75	91	12	81	19
35	30	58	21	46	06	72	17	10	94	25	21	31	75	96	49	28	24	00	49	55	65	79	78	07
63	43	36	82	69	65	51	18	37	88	61	38	44	12	45	32	92	85	88	65	54	34	81	85	35
98	25	37	55	26	01	91	82	81	46	74	71	12	94	97	24	02	71	37	07	03	92	18	66	75
02	63	21	17	69	71	50	80	89	56	38	15	70	11	48	43	40	45	86	98	00	83	26	91	03
64	55	22	21	82	48	22	28	06	00	61	54	13	43	91	82	78	12	23	29	06	66	24	12	27
85	07	26	13	89	01	10	07	82	04	59	63	69	36	03	69	11	15	83	80	13	29	54	19	28
58	54	16	24	15	51	54	44	82	00	62	61	65	04	69	38	18	65	18	97	85	72	13	49	21
34	85	27	84	87	61	48	64	56	26	90	18	48	13	26	37	70	15	42	57	65	65	80	39	07
03	92	18	27	46	57	99	16	96	56	30	33	72	85	22	84	64	38	56	98	99	01	30	98	64
62	93	30	27	59	37	75	41	66	48	86	97	80	61	45	23	53	04	01	63	45	76	08	64	27
08	45	93	15	22	60	21	75	46	91	98	77	27	85	42	28	88	61	08	84	69	62	03	42	73
07	08	55	18	40	45	44	75	13	90	24	94	96	61	02	57	55	66	83	15	73	42	37	11	61
01	85	89	95	66	51	10	19	34	88	15	84	97	19	75	12	76	39	43	78	64	63	91	08	25
72	84	71	14	35	19	11	58	49	26	50	11	17	17	76	86	31	57	20	18	95	60	78	46	75
88	78	28	16	84	13	52	53	94	53	75	45	69	30	96	73	89	65	70	31	99	17	43	48	76
45	17	75	65	57	28	40	19	72	12	25	12	74	75	67	60	40	60	81	19	24	62	01	61	16
96	76	28	12	54	22	01	11	94	25	71	96	16	16	88	68	64	36	74	45	19	59	50	88	92
43	31	67	72	30	24	02	94	08	63	38	32	36	66	02	69	36	38	25	39	48	03	45	15	22
50	44	66	44	21	66	06	58	05	62	68	15	54	35	02	42	35	48	96	32	14	52	41	52	48
22	66	22	15	86	26	63	75	41	99	58	42	36	72	24	58	37	52	18	51	03	37	18	39	11
96	24	40	14	51	23	22	30	88	57	95	67	47	29	83	94	69	40	06	07	18	16	36	78	86
31	73	91	61	19	60	20	72	93	48	98	57	07	23	69	65	95	39	69	58	56	80	30	19	44
78	60	73	99	84	43	89	94	36	45	56	69	47	07	41	90	22	91	07	12	78	35	34	08	72
84	37	90	61	56	70	10	23	98	05	85	11	34	76	60	76	48	45	34	60	01	64	18	39	96
36	67	10	08	23	98	93	35	08	86	99	29	76	29	81	33	34	91	58	93	63	14	52	32	52
07	28	59	07	48	89	64	58	89	75	83	85	62	27	89	30	14	78	56	27	86	63	59	80	02
10	15	83	87	60	79	24	31	66	56	21	48	24	06	93	91	98	94	05	49	01	47	59	38	00
55	19	68	97	65	03	73	52	16	56	00	53	55	90	27	33	42	29	38	87	22	13	88	83	34
53	81	29	13	39	35	01	20	71	34	62	33	74	82	14	53	73	19	09	03	56	54	29	56	93
51	86	32	68	92	33	98	74	66	99	40	14	71	94	58	45	94	19	38	81	14	44	99	81	07
35	91	70	29	13	80	03	54	07	27	96	94	78	32	66	50	95	52	74	33	13	80	55	62	54
37	71	67	95	13	20	02	44	95	94	64	85	04	05	72	01	32	90	76	14	53	89	74	60	41
93	66	13	83	27	92	79	64	64	72	28	54	96	53	84	48	14	52	98	94	56	07	93	89	30
02	96	08	45	65	13	05	00	41	84	93	07	54	72	59	21	45	57	09	77	19	48	56	27	44
49	83	43	48	35	82	88	33	69	96	72	36	04	19	76	47	45	15	18	60	82	11	08	95	97
84	60	71	62	46	40	80	81	30	37	34	39	23	05	38	25	15	35	71	30	88	12	57	21	77
18	17	30	88	71	44	91	14	88	47	89	23	30	63	15	56	34	20	47	89	99	82	93	24	98
79	69	10	61	78	71	32	76	95	62	87	00	22	58	40	92	54	01	75	25	43	11	71	99	31
75	93	36	57	83	56	20	14	82	11	74	21	97	90	65	96	42	68	63	86	74	54	13	26	94
38	30	92	29	03	06	28	81	39	38	62	25	06	84	63	61	29	08	93	67	04	32	92	08	09
51	29	50	10	34	31	57	75	95	80	51	97	02	74	77	76	15	48	49	44	18	55	63	77	09
21	31	38	86	24	37	79	81	53	74	73	24	16	10	33	52	83	90	94	76	70	47	14	54	36
29	01	23	87	88	58	02	39	37	67	42	10	14	20	92	16	55	23	42	45	54	96	09	11	06
95	33	95	22	00	18	74	72	00	18	38	79	58	69	32	81	76	80	26	92	82	80	84	25	39
90	84	60	79	80	24	36	59	87	38	82	07	53	89	35	96	35	23	79	18	05	98	90	07	35
46	40	62	98	82	54	97	20	56	95	15	74	80	08	32	16	46	70	50	80	67	72	16	42	79
20	31	89	03	43	38	46	82	68	72	32	14	82	99	70	80	60	47	18	97	63	49	30	21	30
71	59	73	05	50	08	22	23	71	77	91	01	93	20	49	82	96	59	26	94	66	39	67	98	60

14. 多重比较中的 q 表

(t-化极差 $q_{k,f} = W/\sqrt{\chi^2/f}$ 的上侧分位数)

$\alpha = 0.05$

f \ k	2	3	4	5	6	7	8	9	10	11	12	13	14	15	16	17	18	19	20
1	17.97	26.98	32.82	37.08	40.41	43.12	45.40	47.36	49.07	50.59	51.96	53.20	54.33	55.36	56.32	57.22	58.04	58.83	59.56
2	6.08	8.33	9.80	10.88	11.74	12.44	13.03	13.54	13.99	14.39	14.75	15.08	15.38	15.65	15.91	16.14	16.37	16.57	16.77
3	4.50	5.91	6.82	7.50	8.04	8.48	8.85	9.18	9.46	9.72	9.95	10.15	10.35	10.52	10.69	10.84	10.98	11.11	11.24
4	3.93	5.04	5.76	6.29	6.71	7.05	7.35	7.60	7.83	8.03	8.21	8.37	8.52	8.66	8.79	8.91	9.03	9.13	9.23
5	3.64	4.60	5.22	5.67	6.03	6.33	6.58	6.80	6.99	7.17	7.32	7.47	7.60	7.72	7.83	7.93	8.03	8.12	8.21
6	3.46	4.34	4.90	5.30	5.63	5.90	6.12	6.32	6.49	6.65	6.79	6.92	7.03	7.14	7.24	7.34	7.43	7.51	7.59
7	3.34	4.16	4.68	5.06	5.36	5.61	5.82	6.00	6.16	6.30	6.43	6.55	6.66	6.76	6.85	6.94	7.02	7.10	7.17
8	3.26	4.04	4.53	4.89	5.17	5.40	5.60	5.77	5.92	6.05	6.18	6.29	6.39	6.48	6.57	6.65	6.73	6.80	6.87
9	3.20	3.95	4.41	4.76	5.02	5.24	5.43	5.59	5.74	5.87	5.98	6.09	6.19	6.28	6.36	6.44	6.51	6.58	6.64
10	3.15	3.88	4.33	4.65	4.91	5.12	5.30	5.46	5.60	5.72	5.83	5.93	6.03	6.11	6.19	6.27	6.34	6.40	6.47
11	3.11	3.82	4.26	4.57	4.82	5.03	5.20	5.35	5.49	5.61	5.71	5.81	5.90	5.98	6.06	6.13	6.20	6.27	6.33
12	3.08	3.77	4.20	4.51	4.75	4.95	5.12	5.27	5.39	5.51	5.61	5.71	5.80	5.88	5.95	6.02	6.09	6.15	6.21
13	3.06	3.73	4.15	4.45	4.69	4.88	5.05	5.19	5.32	5.43	5.53	5.63	5.71	5.79	5.86	5.93	5.99	6.05	6.11
14	3.03	3.70	4.11	4.41	4.64	4.83	4.99	5.13	5.25	5.36	5.46	5.55	5.64	5.71	5.79	5.85	5.91	5.97	6.03
15	3.01	3.67	4.08	4.37	4.59	4.78	4.94	5.08	5.20	5.31	5.40	5.49	5.57	5.65	5.72	5.78	5.85	5.90	5.96
16	3.00	3.65	4.05	4.33	4.56	4.74	4.90	5.03	5.15	5.26	5.35	5.44	5.52	5.59	5.66	5.73	5.79	5.84	5.90
17	2.98	3.63	4.02	4.30	4.52	4.70	4.86	4.99	5.11	5.21	5.31	5.39	5.47	5.54	5.61	5.67	5.73	5.79	5.84
18	2.97	3.61	4.00	4.28	4.49	4.67	4.82	4.96	5.07	5.17	5.27	5.35	5.43	5.50	5.57	5.63	5.69	5.74	5.79
19	2.96	3.59	3.98	4.25	4.47	4.65	4.79	4.92	5.04	5.14	5.23	5.31	5.39	5.46	5.53	5.59	5.65	5.70	5.75
20	2.95	3.58	3.96	4.23	4.45	4.62	4.77	4.90	5.01	5.11	5.20	5.28	5.36	5.43	5.49	5.55	5.61	5.66	5.71
24	2.92	3.53	3.90	4.17	4.37	4.54	4.68	4.81	4.92	5.01	5.10	5.18	5.25	5.32	5.38	5.44	5.49	5.55	5.59
30	2.89	3.49	3.85	4.10	4.30	4.46	4.60	4.72	4.82	4.92	5.00	5.08	5.15	5.21	5.27	5.33	5.38	5.43	5.47
40	2.86	3.44	3.79	4.04	4.23	4.39	4.52	4.63	4.73	4.82	4.90	4.98	5.04	5.11	5.16	5.22	5.27	5.31	5.36
60	2.83	3.40	3.74	3.98	4.16	4.31	4.44	4.55	4.65	4.73	4.81	4.88	4.94	5.00	5.06	5.11	5.15	5.20	5.24
120	2.80	3.36	3.68	3.92	4.10	4.24	4.36	4.47	4.56	4.64	4.71	4.78	4.84	4.90	4.95	5.00	5.04	5.09	5.13
∞	2.77	3.31	3.63	3.86	4.03	4.17	4.29	4.39	4.47	4.55	4.62	4.68	4.74	4.80	4.85	4.89	4.93	4.97	5.01

(续)

α=0.01 k\f	2	3	4	5	6	7	8	9	10	11	12	13	14	15	16	17	18	19	20	k\f
1	90.03	135.0	164.3	185.6	202.2	215.8	227.2	237.0	245.6	253.2	260.0	266.2	271.8	277.0	281.8	286.3	290.4	294.3	298.0	1
2	14.04	19.02	22.29	24.72	26.63	28.20	29.53	30.68	31.69	32.59	33.40	34.13	34.81	35.43	36.00	36.53	37.03	37.50	37.95	2
3	8.26	10.62	12.17	13.33	14.24	15.00	15.64	16.20	16.69	17.13	17.53	17.89	18.22	18.52	18.81	19.07	19.32	19.55	19.77	3
4	6.51	8.12	9.17	9.96	10.58	11.10	11.55	11.93	12.27	12.57	12.84	13.09	13.32	13.53	13.73	13.91	14.08	14.24	14.40	4
5	5.70	6.98	7.80	8.42	8.91	9.32	9.67	9.97	10.24	10.48	10.70	10.89	11.08	11.24	11.40	11.55	11.68	11.81	11.93	5
6	5.24	6.33	7.03	7.56	7.97	8.32	8.61	8.87	9.10	9.30	9.48	9.65	9.81	9.95	10.08	10.21	10.32	10.43	10.54	6
7	4.95	5.92	6.54	7.01	7.37	7.68	7.94	8.17	8.37	8.55	8.71	8.86	9.00	9.12	9.24	9.35	9.46	9.55	9.65	7
8	4.75	5.64	6.20	6.62	6.96	7.24	7.47	7.68	7.86	8.03	8.18	8.31	8.44	8.55	8.66	8.76	8.85	8.94	9.03	8
9	4.60	5.43	5.96	6.35	6.66	6.91	7.13	7.33	7.49	7.65	7.78	7.91	8.03	8.13	8.23	8.33	8.41	8.49	8.57	9
10	4.48	5.27	5.77	6.14	6.43	6.67	6.87	7.05	7.21	7.36	7.49	7.60	7.71	7.81	7.91	7.99	8.08	8.15	8.23	10
11	4.39	5.15	5.62	5.97	6.25	6.48	6.67	6.84	6.99	7.13	7.25	7.36	7.46	7.56	7.65	7.73	7.81	7.88	7.95	11
12	4.32	5.05	5.50	5.84	6.10	6.32	6.51	6.67	6.81	6.94	7.06	7.17	7.26	7.36	7.44	7.52	7.59	7.66	7.73	12
13	4.26	4.96	5.40	5.73	5.98	6.19	6.37	6.53	6.67	6.79	6.90	7.01	7.10	7.19	7.27	7.35	7.42	7.48	7.55	13
14	4.21	4.89	5.32	5.63	5.88	6.08	6.26	6.41	6.54	6.66	6.77	6.87	6.96	7.05	7.13	7.20	7.27	7.33	7.39	14
15	4.17	4.84	5.25	5.56	5.80	5.99	6.16	6.31	6.44	6.55	6.66	6.76	6.84	6.93	7.00	7.07	7.14	7.20	7.26	15
16	4.13	4.79	5.19	5.49	5.72	5.92	6.08	6.22	6.35	6.46	6.56	6.66	6.74	6.82	6.90	6.97	7.03	7.09	7.15	16
17	4.10	4.74	5.14	5.43	5.66	5.85	6.01	6.15	6.27	6.38	6.48	6.57	6.66	6.73	6.81	6.87	6.94	7.00	7.05	17
18	4.07	4.70	5.09	5.38	5.60	5.79	5.94	6.08	6.20	6.31	6.41	6.50	6.58	6.65	6.73	6.79	6.85	6.91	6.97	18
19	4.05	4.67	5.05	5.33	5.55	5.73	5.89	6.02	6.14	6.25	6.34	6.43	6.51	6.58	6.65	6.72	6.78	6.84	6.89	19
20	4.02	4.64	5.02	5.29	5.51	5.69	5.84	5.97	6.09	6.19	6.28	6.37	6.45	6.52	6.59	6.65	6.71	6.77	6.82	20
24	3.96	4.55	4.91	5.17	5.37	5.54	5.69	5.81	5.92	6.02	6.11	6.19	6.26	6.33	6.39	6.45	6.51	6.56	6.61	24
30	3.89	4.45	4.80	5.05	5.24	5.40	5.54	5.65	5.76	5.85	5.93	6.01	6.08	6.14	6.20	6.26	6.31	6.36	6.41	30
40	3.82	4.37	4.70	4.93	5.11	5.26	5.39	5.50	5.60	5.69	5.76	5.83	5.90	5.96	6.02	6.07	6.12	6.16	6.21	40
60	3.76	4.28	4.59	4.82	4.99	5.13	5.25	5.36	5.45	5.53	5.60	5.67	5.73	5.78	5.84	5.89	5.93	5.97	6.01	60
120	3.70	4.20	4.50	4.71	4.87	5.01	5.12	5.21	5.30	5.37	5.44	5.50	5.56	5.61	5.66	5.71	5.75	5.79	5.83	120
∞	3.64	4.12	4.40	4.60	4.76	4.88	4.99	5.08	5.16	5.23	5.29	5.35	5.40	5.45	5.49	5.54	5.57	5.61	5.65	∞

15. 多重比较中的 S 表

$$S_{k-1,f}(\alpha) = \sqrt{(k-1)F_{k-1,f}(\alpha)}$$

$\alpha = 0.05$

$k-1$ \ f	2	3	4	5	6	7	8	9	10	12	15	20	24	30	$k-1$ \ f
1	19.97	25.44	29.97	33.92	37.47	40.71	43.72	46.53	49.18	54.10	60.74	70.43	77.31	86.62	1
2	6.16	7.58	8.77	9.82	10.77	11.64	12.45	13.21	13.93	15.26	17.07	19.72	21.61	24.16	2
3	4.37	5.28	6.04	6.71	7.32	7.89	8.41	8.91	9.37	10.24	11.47	13.16	14.40	16.08	3
4	3.73	4.45	5.06	5.59	6.08	6.53	6.95	7.35	7.72	8.42	9.37	10.77	11.77	13.13	4
5	3.40	4.03	4.56	5.03	5.45	5.84	6.21	6.55	6.88	7.49	8.32	9.55	10.43	11.61	5
6	3.21	3.78	4.26	4.68	5.07	5.43	5.76	6.07	6.37	6.93	7.69	8.80	9.60	10.69	6
7	3.08	3.61	4.06	4.46	4.82	5.15	5.46	5.75	6.03	6.55	7.26	8.30	9.05	10.06	7
8	2.99	3.49	3.92	4.29	4.64	4.95	5.24	5.52	5.79	6.28	6.95	7.94	8.65	9.61	8
9	2.92	3.40	3.81	4.17	4.50	4.80	5.08	5.35	5.60	6.07	6.72	7.66	8.34	9.27	9
10	2.86	3.34	3.73	4.08	4.39	4.68	4.96	5.21	5.46	5.91	6.53	7.45	8.10	9.00	10
11	2.82	3.28	3.66	4.00	4.31	4.59	4.86	5.11	5.34	5.78	6.39	7.28	7.91	8.78	11
12	2.79	3.24	3.61	3.94	4.24	4.52	4.77	5.02	5.25	5.68	6.27	7.13	7.75	8.60	12
13	2.76	3.20	3.57	3.89	4.18	4.45	4.70	4.94	5.17	5.59	6.16	7.01	7.62	8.45	13
14	2.73	3.17	3.53	3.85	4.13	4.40	4.65	4.88	5.10	5.51	6.08	6.91	7.51	8.32	14
15	2.71	3.14	3.50	3.81	4.09	4.35	4.60	4.83	5.04	5.45	6.00	6.82	7.41	8.21	15
16	2.70	3.12	3.47	3.76	4.06	4.31	4.55	4.78	4.99	5.39	5.94	6.75	7.33	8.11	16
17	2.68	3.10	3.44	3.75	4.02	4.28	4.51	4.74	4.95	5.34	5.83	6.68	7.25	8.03	17
18	2.67	3.08	3.42	3.72	4.00	4.25	4.48	4.70	4.91	5.30	5.83	6.62	7.18	7.95	18
19	2.65	3.06	3.40	3.70	3.97	7.22	4.45	4.67	4.88	5.26	5.79	6.57	7.12	7.88	19
20	2.64	3.05	3.39	3.68	3.95	4.20	4.42	4.64	4.85	5.23	5.75	6.52	7.07	7.82	20
24	2.61	3.00	3.33	3.62	3.83	4.12	4.34	4.55	4.75	5.12	5.62	6.37	6.90	7.63	24
30	2.58	2.96	3.28	3.56	3.81	4.04	4.26	4.46	4.65	5.01	5.50	6.22	6.73	7.43	30
40	2.54	2.92	3.23	3.50	3.74	3.97	4.18	4.37	4.56	4.90	5.37	6.06	6.56	7.23	40
60	2.51	2.88	3.18	3.44	3.63	3.89	4.10	4.28	4.46	4.80	5.25	5.91	6.39	7.03	60
120	2.48	2.84	3.13	3.38	3.61	3.82	4.02	4.20	4.37	4.69	5.12	5.76	6.21	6.83	120
∞	2.45	2.80	3.08	3.33	3.55	3.75	3.94	4.11	4.28	4.59	5.00	5.60	6.04	6.62	∞

$\alpha = 0.01$

$k-1$ \ f	2	3	4	5	6	7	8	9	10	12	15	20	24	30	$k-1$ \ f
1	100.0	127.3	150.0	169.8	187.5	203.7	218.8	232.8	246.1	270.7	303.9	352.4	386.8	433.4	1
2	14.07	17.25	19.92	22.28	24.41	26.37	28.20	29.91	31.53	34.54	38.62	44.60	48.86	54.63	2
3	7.85	9.40	10.72	11.88	12.94	13.92	14.83	15.69	16.50	18.02	20.08	23.10	25.27	28.20	3
4	6.00	7.08	7.99	8.81	9.55	10.24	10.88	11.49	12.06	13.13	14.59	16.74	18.28	20.37	4
5	5.15	6.02	6.75	7.41	8.00	8.56	9.07	9.56	10.03	10.89	12.08	13.82	15.07	16.77	5
6	4.67	5.42	6.05	6.61	7.13	7.60	8.05	8.47	8.87	9.62	10.65	12.16	13.25	14.73	6
7	4.37	5.04	5.60	6.11	6.57	7.00	7.40	7.78	8.14	8.81	9.73	11.10	12.08	13.41	7
8	4.16	4.77	5.29	5.76	6.18	6.58	6.94	7.29	7.63	8.25	9.10	10.35	11.26	12.49	8
9	4.01	4.58	5.07	5.50	5.90	6.27	6.61	6.94	7.25	7.83	8.63	9.81	10.65	11.81	9
10	3.89	4.43	4.90	5.31	5.68	6.03	6.36	6.67	6.96	7.51	8.27	9.39	10.19	11.29	10
11	3.80	4.32	4.76	5.16	5.52	5.85	6.16	6.46	6.74	7.26	7.99	9.05	9.82	10.87	11
12	3.72	4.23	4.65	5.03	5.38	5.70	6.00	6.28	6.55	7.06	7.76	8.78	9.53	10.54	12
13	3.66	4.15	4.56	4.93	5.27	5.58	5.87	6.14	6.40	6.89	7.57	8.56	9.28	10.26	13
14	3.61	4.09	4.49	4.85	5.17	5.47	5.76	6.02	6.28	6.75	7.41	8.37	9.07	10.02	14
15	3.57	4.03	4.42	4.77	5.09	5.38	5.66	5.92	6.17	6.63	7.27	8.21	8.89	9.82	15
16	3.53	3.98	4.37	4.71	5.02	5.31	5.58	5.83	6.08	6.53	7.15	8.07	8.74	9.64	16
17	3.50	3.94	4.32	4.66	4.96	5.24	5.51	5.76	5.99	6.44	7.05	7.95	8.60	9.49	17
18	3.47	3.91	4.28	4.61	4.91	5.18	5.44	5.69	5.92	6.36	6.96	7.84	8.43	9.36	18
19	3.44	3.88	4.24	4.57	4.86	5.13	5.39	5.63	5.86	6.29	6.88	7.75	8.37	9.24	19
20	3.42	3.85	4.21	4.53	4.82	5.09	5.34	5.58	5.80	6.23	6.81	7.67	8.28	9.13	20
24	3.35	3.76	4.11	4.41	4.69	4.95	5.19	5.41	5.63	6.03	6.58	7.40	7.99	8.79	24
30	3.28	3.68	4.01	4.30	4.57	4.81	5.04	5.25	5.46	5.84	6.36	7.14	7.70	8.46	30
40	3.22	3.60	3.91	4.19	4.44	4.68	4.89	5.10	5.29	5.65	6.15	6.88	7.41	8.13	40
60	3.16	3.52	3.82	4.09	4.33	4.55	4.75	4.95	5.13	5.47	5.94	6.63	7.13	7.80	60
120	3.09	3.44	3.73	3.98	4.21	4.42	4.62	4.80	4.97	5.29	5.73	6.38	6.84	7.47	120
∞	3.03	3.37	3.64	3.88	4.10	4.30	4.48	4.65	4.82	5.12	5.53	6.13	6.56	7.13	∞

16. Hatley 检验临界值表

$\alpha = 0.05$

		\multicolumn{11}{c}{$k = n - 1$}
		2	3	4	5	6	7	8	9	10	11	12
m	2	39.00	87.50	142	202	266	333	403	475	550	626	704
	3	15.40	27.60	39.20	50.70	62.00	72.90	83.50	93.90	104	114	124
	4	9.60	15.50	20.60	25.20	29.50	33.60	37.50	41.10	44.60	48.00	51.40
	5	7.15	10.80	13.70	16.30	18.70	20.80	22.90	24.70	26.50	28.20	29.90
	6	5.82	8.38	10.40	12.10	13.70	15.00	16.30	17.50	18.60	19.70	20.70
	7	4.99	6.94	8.44	9.70	10.80	11.80	12.70	13.50	14.30	15.10	15.80
	8	4.43	6.00	7.18	8.12	9.03	9.78	10.50	11.10	11.70	12.20	12.70
	9	4.03	5.34	6.31	7.11	7.80	8.41	8.95	9.45	9.91	10.30	10.70
	10	3.72	4.85	5.67	6.34	6.92	7.42	7.87	8.28	8.66	9.01	9.34
	12	3.28	4.16	4.79	5.30	5.72	6.09	6.42	6.72	7.00	7.25	7.48
	15	2.86	3.54	4.01	4.37	4.68	4.95	5.19	5.40	5.59	5.77	5.93
	20	2.46	2.95	3.29	3.54	3.76	3.94	4.10	4.24	4.37	4.49	4.59
	30	2.07	2.40	2.61	2.78	2.91	3.02	3.12	3.21	3.29	3.36	3.39
	60	1.67	1.85	1.96	2.04	2.11	2.17	2.22	2.26	2.30	2.33	2.31
	∞	1.00	1.00	1.00	1.00	1.00	1.00	1.00	1.00	1.00	1.00	1.00

17. 检验相关系数 $\rho = 0$ 的临界值表

$P(|r| > r_\alpha) = \alpha$

α f	0.10	0.05	0.02	0.01	0.001
1	0.98769	0.99692	0.999507	0.999877	0.9999988
2	.90000	.95000	.98000	.99000	.99900
3	.8054	.8783	.93433	.95873	.99116
4	.7293	.8114	.8822	.91720	.97406
5	.6694	.7545	.8329	.8745	.95074
6	.6215	.7067	.7887	.8343	.92493
7	.5822	.6664	.7498	.7977	.8982
8	.5494	.6319	.7155	.7646	.8721
9	.5214	.6021	.6851	.7348	.8471
10	.4973	.5760	.6581	.7079	.8233
11	.4762	.5529	.6339	.6835	.8010
12	.4575	.5324	.6120	.6614	.7800
13	.4409	.5139	.5923	.6411	.7603
14	.4259	.4973	.5742	.6226	.7420
15	.4124	.4821	.5577	.6055	.7246
16	.4000	.4683	.5425	.5897	.7084
17	.3887	.4555	.5285	.5751	.6932
18	.3783	.4438	.5155	.5614	.6787
19	.3687	.4329	.5034	.5487	.6652
20	.3598	.4227	.4921	.5368	.6524
25	.3233	.3809	.4451	.4869	.5974
30	.2960	.3494	.4093	.4487	.5541
35	.2746	.3246	.3810	.4182	.5189
40	.2573	.3044	.3578	.3932	.4896
45	.2428	.2875	.3384	.3721	.4648
50	.2306	.2732	.3218	.3541	.4433
60	.2108	.2500	.2948	.3248	.4078
70	.1954	.2319	.2737	.3017	.3799
80	.1829	.2172	.2565	.2830	.3568
90	.1726	.2050	.2422	.2673	.3375
100	.1638	.1946	.2301	.2540	.3211

18. r 与 z 的换算表

$$z = \frac{1}{2} \ln \frac{1+r}{1-r} \text{(表内为 } r\text{)}$$

z	0.00	0.01	0.02	0.03	0.04	0.05	0.06	0.07	0.08	0.09	z
0.0	0.0000	0.0100	0.0200	0.0300	0.0400	0.0500	0.0599	0.0699	0.0798	0.0898	0.0
0.1	.0997	.1096	.1194	.1293	.1391	.1489	.1586	.1684	.1781	.1877	0.1
0.2	.1974	.2070	.2165	.2260	.2355	.2449	.2543	.2636	.2729	.2821	0.2
0.3	.2913	.3004	.3095	.3185	.3275	.3364	.3452	.3540	.3627	.3714	0.3
0.4	.3800	.3885	.3969	.4053	.4136	.4219	.4301	.4382	.4462	.4542	0.4
0.5	.4621	.4699	.4777	.4854	.4930	.5005	.5080	.5154	.5227	.5299	0.5
0.6	.5370	.5441	.5511	.5580	.5649	.5717	.5784	.5850	.5915	.5980	0.6
0.7	.6044	.6107	.6169	.6231	.6291	.6351	.6411	.6469	.6527	.6584	0.7
0.8	.6640	.6696	.6751	.6805	.6858	.6911	.6963	.7014	.7064	.7114	0.8
0.9	.7163	.7211	.7259	.7306	.7352	.7398	.7443	.7487	.7531	.7574	0.9
1.0	.7616	.7658	.7699	.7739	.7779	.7818	.7857	.7895	.7932	.7969	1.0
1.1	.8005	.8041	.8076	.8110	.8144	.8178	.8210	.8243	.8275	.8306	1.1
1.2	.8337	.8367	.8397	.8426	.8455	.8483	.8511	.8538	.8565	.8591	1.2
1.3	.8617	.8643	.8668	.8692	.8717	.8741	.8764	.8787	.8810	.8832	1.3
1.4	.8854	.8875	.8896	.8917	.8937	.8957	.8977	.8996	.9015	.9033	1.4
1.5	.9051	.9069	.9087	.9104	.9121	.9138	.9154	.9170	.9186	.9201	1.5
1.6	.9217	.9232	.9246	.9261	.9275	.9289	.9302	.9316	.9329	.9341	1.6
1.7	.9354	.9366	.9379	.9391	.9402	.9414	.9425	.9436	.9447	.9458	1.7
1.8	.94681	.94783	.94884	.94983	.95080	.95175	.95268	.95359	.95449	.95537	1.8
1.9	.95624	.95709	.95792	.95873	.95953	.96032	.96109	.96185	.96259	.96331	1.9
2.0	.96403	.96473	.96541	.96609	.96675	.96739	.96803	.96865	.96926	.96986	2.0
2.1	.97045	.97103	.97159	.97215	.97269	.97323	.97375	.97426	.97477	.97526	2.1
2.2	.97574	.97622	.97668	.97714	.97759	.97803	.97846	.97888	.97929	.97970	2.2
2.3	.98010	.98049	.98087	.98124	.98161	.98197	.98233	.98267	.98301	.98335	2.3
2.4	.98367	.98399	.98431	.98462	.98492	.98522	.98551	.98579	.98607	.98635	2.4
2.5	.98661	.98688	.98714	.98739	.98764	.98788	.98812	.98835	.98858	.98881	2.5
2.6	.98903	.98924	.98945	.98966	.98987	.99007	.99026	.99045	.99064	.99083	2.6
2.7	.99101	.99118	.99136	.99153	.99170	.99186	.99202	.99218	.99233	.99248	2.7
2.8	.99263	.99278	.99292	.99306	.99320	.99333	.99346	.99359	.99372	.99384	2.8
2.9	.99396	.99408	.99420	.99431	.99443	.99454	.99464	.99475	.99485	.99495	2.9

19. 趋势检验临界值表

$$V = \sum_{i=1}^{n-1}(x_i - x_{i+1})^2 / \sum_{i=1}^{n}(x_i - \bar{x})^2$$

$V < V_\alpha(n)$ 为 H_0 之拒绝域

n	0.1%	1%	5%	n	0.1%	1%	5%
4	0.5898	0.6256	0.7805	33	1.0055	1.2283	1.4434
5	0.4161	0.5379	0.8204	34	1.0180	1.2386	1.4511
6	0.3634	0.5615	0.8902	35	1.0300	1.2485	1.4585
7	0.3695	0.6140	0.9359	36	1.0416	1.2581	1.4656
8	0.4036	0.6628	0.9825	37	1.0529	1.2673	1.4726
9	0.4420	0.7088	1.0244	38	1.0639	1.2763	1.4793
10	0.4816	0.7518	1.0623	39	1.0746	1.2850	1.4858
11	0.5197	0.7915	1.0965	40	1.0850	1.2934	1.4921
12	0.5557	0.8280	1.1276	41	1.0950	1.3017	1.4982
13	0.5898	0.8618	1.1558	42	1.1048	1.3096	1.5041
14	0.6223	0.8931	1.1816	43	1.1142	1.3172	1.5098
15	0.6532	0.9221	1.2053	44	1.1233	1.3246	1.5154
16	0.6826	0.9491	1.2272	45	1.1320	1.3317	1.5206
17	0.7104	0.9743	1.2473	46	1.1404	1.3387	1.5257
18	0.7368	0.9979	1.2660	47	1.1484	1.3453	1.5305
19	0.7617	1.0199	1.2834	48	1.1561	1.3515	1.5351
20	0.7852	1.0406	1.2996	49	1.1635	1.3573	1.5395
21	0.8073	1.0601	1.3148	50	1.1705	1.3629	1.5437
22	0.8283	1.0785	1.3290	51	1.1774	1.3683	1.5477
23	0.8481	1.0958	1.3425	52	1.1843	1.3738	1.5518
24	0.8668	1.1122	1.3552	53	1.1910	1.3792	1.5557
25	0.8846	1.1278	1.3671	54	1.1976	1.3846	1.5596
26	0.9017	1.1426	1.3785	55	1.2041	1.3899	1.5634
27	0.9182	1.1567	1.3892	56	1.2104	1.3949	1.5670
28	0.9341	1.1702	1.3994	57	1.2166	1.3999	1.5707
29	0.9496	1.1830	1.4091	58	1.2227	1.4048	1.5743
30	0.9645	1.1951	1.4183	59	1.2288	1.4096	1.5779
31	0.9789	1.2067	1.4270	60	1.2349	1.4144	1.5814
32	0.9925	1.2177	1.4354	∞	2.0000	2.0000	2.0000

20. 游程数检验的临界值表

$r < r_1(0.05, n_1, n_2)$ 为成团性, 显著水平 $\alpha = 0.05$
$r < r_2(0.05, n_1, n_2)$ 为周期性, 显著水平 $\alpha = 0.05$

$n_1 \backslash n_2$	2	3	4	5	6	7	8	9	10	11	12	13	14	15	16	17	18	19	20
2	2	2	2			2	2	2	2	2	2	2	2	2	2	2	2	2	2
3		2	2	2–9	2–9	2	2	2	2	2	2	2	2	3	3	3	3	3	3
4		2	2	2–9	2–10	3–10	3–11	3–11	3	3	3	3	4	4	4	4	4	4	4
5		2	2	3	3–10	3–11	3–12	3–12	4–13	4–13	4	4	5	5	5	5	5	5	5
6		2	3	3	3–11	3–12	4–13	4–13	4–14	4–14	5–14	5–15	5–15	6–15	6	6	6	6	6
7		2	3	3	4–13	4–13	4–14	5–14	5–14	5–15	5–15	6–16	6–16	6–16	6–17	7–17	7–17	7–17	7–17
8		2	3	3	4–13	4–14	5–14	5–15	5–15	6–16	6–16	6–17	7–17	7–18	7–18	7–18	7–18	8–18	8–18
9		2	3	4	4–13	5–14	5–15	5–16	6–16	6–17	7–17	7–18	7–18	8–18	8–19	8–19	8–19	8–20	9–20
10		2	3	4	5	5–14	5–15	6–16	6–17	7–17	7–18	8–18	8–19	8–19	9–20	9–20	9–20	9–21	9–21
11		2	3	4	5	5–14	6–15	6–16	7–17	7–18	8–18	8–19	9–19	9–20	9–20	10–21	10–22	10–22	10–22
12		2	3	4	5	5–15	6–16	7–16	7–18	8–18	8–19	9–19	9–20	10–21	10–22	10–22	10–23	11–23	10–23
13		2	3	4	5	5–15	6–16	7–17	8–18	8–19	9–19	9–20	10–20	10–21	11–22	11–23	11–23	11–24	11–24
14		2	3	4	5	5–15	6–16	7–17	8–18	8–19	9–20	9–20	10–21	11–22	11–23	11–23	12–24	12–25	12–25
15		2	3	4	5	6	6–16	7–18	8–18	9–19	9–20	10–21	10–22	11–22	11–23	12–24	12–25	12–25	12–25
16		2	3	4	5	6	7–17	7–18	8–19	9–20	10–20	10–21	11–22	11–23	12–24	12–25	13–25	13–26	13–26
17		2	3	4	5	6	7–17	8–18	9–20	9–20	10–21	10–22	11–23	12–24	12–25	13–25	13–26	13–26	13–27
18		2	3	4	5	6	7–17	8–18	8–19	9–20	10–22	10–23	11–23	12–24	12–25	13–26	13–26	13–27	13–27
19		2	3	4	5	6	7–17	8–18	8–20	9–21	10–22	10–23	11–24	12–25	12–26	13–26	13–27	13–27	14–28
20		2	3	4	5	6	7–17	8–18	9–20	9–21	10–22	10–23	11–24	12–25	12–25	13–26	13–27	13–27	14–28

* 如 $n_1 = 13$, $n_2 = 6$ 时由 $\dfrac{F}{1}\,\dfrac{S}{2}\,\dfrac{F}{3}\,\dfrac{S}{4}\,\dfrac{F}{5}\,\dfrac{S}{6}\,\dfrac{F}{7}\,\dfrac{S}{8}\,\dfrac{F}{9}\,\dfrac{S}{10}\,\dfrac{F}{11}\,\dfrac{S}{12}\,\dfrac{F}{13}$ 即顶多13个游程, 故表中未注明。

21. k 个总体方差齐性考克伦(Cochran)检验临界值表

$$G = S_{max}^2 / (S_1^2 + S_2^2 + \cdots + S_k^2) \text{ 各组单元数皆为 } n, \gamma = n - 1$$

$\alpha = 0.05$

k \ v	1	2	3	4	5	6	7	8	9	10	16	36	144	-
2	0.9985	0.9750	0.9392	0.9057	0.8772	0.8534	0.8332	0.8159	0.8010	0.7880	0.7341	0.6602	0.5813	0.5000
3	0.9669	0.8709	0.7977	0.7457	0.7071	0.6771	0.6530	0.6333	0.6167	0.6025	0.5466	0.4748	0.4031	0.3333
4	0.9065	0.7679	0.6841	0.6287	0.5895	0.5598	0.5365	0.5175	0.5017	0.4884	0.4366	0.3720	0.3093	0.2500
5	0.8412	0.6838	0.5981	0.5441	0.5065	0.4783	0.4564	0.4387	0.4241	0.4118	0.3645	0.3066	0.2513	0.2000
6	0.7808	0.6161	0.5321	0.4803	0.4447	0.4184	0.3980	0.3817	0.3682	0.3568	0.3135	0.2612	0.2119	0.1667
7	0.7271	0.5612	0.4800	0.4307	0.3974	0.3726	0.3535	0.3384	0.3259	0.3154	0.2756	0.2278	0.1833	0.1429
8	0.6798	0.5157	0.4377	0.3910	0.3595	0.3362	0.3185	0.3043	0.2926	0.2829	0.2462	0.2022	0.1616	0.1250
9	0.6385	0.4775	0.4027	0.3584	0.3286	0.3067	0.2901	0.2768	0.2659	0.2568	0.2226	0.1820	0.1446	0.1111
10	0.6020	0.4450	0.3733	0.3311	0.3029	0.2823	0.2666	0.2541	0.2439	0.2353	0.2032	0.1655	0.1308	0.1000
12	0.5410	0.3924	0.3264	0.2880	0.2624	0.2439	0.2299	0.2187	0.2098	0.2020	0.1737	0.1403	0.1100	0.0833
15	0.4709	0.3346	0.2758	0.2419	0.2195	0.2034	0.1911	0.1815	0.1736	0.1671	0.1429	0.1144	0.0889	0.0667
20	0.3894	0.2705	0.2205	0.1921	0.1735	0.1602	0.1501	0.1422	0.1357	0.1303	0.1108	0.0879	0.0675	0.0500
24	0.3434	0.2354	0.1907	0.1656	0.1493	0.1374	0.1286	0.1216	0.1160	0.1113	0.0942	0.0743	0.0567	0.0417
30	0.2929	0.1980	0.1593	0.1377	0.1237	0.1137	0.1061	0.1002	0.0958	0.0921	0.0771	0.0604	0.0457	0.0333
40	0.2370	0.1576	0.1259	0.1082	0.0968	0.0887	0.0827	0.0780	0.0745	0.0713	0.0595	0.0462	0.0347	0.0250
60	0.1737	0.1131	0.0895	0.0765	0.0682	0.0623	0.0583	0.0552	0.0520	0.0497	0.0411	0.0316	0.0234	0.0167
120	0.0998	0.0632	0.0495	0.0419	0.0371	0.0337	0.0312	0.0292	0.0279	0.0266	0.0218	0.0165	0.0120	0.0083
-	0	0	0	0	0	0	0	0	0	0	0	0	0	0

$\alpha = 0.01$

k \ v	1	2	3	4	5	6	7	8	9	10	16	36	144	-
2	0.9999	0.9950	0.9794	0.9586	0.9373	0.9172	0.8988	0.8823	0.8674	0.8539	0.7949	0.7067	0.6062	0.5000
3	0.9933	0.9423	0.8831	0.8335	0.7933	0.7606	0.7335	0.7107	0.6912	0.6743	0.6059	0.5153	0.4230	0.3333
4	0.9676	0.8643	0.7814	0.7212	0.6761	0.6410	0.6129	0.5897	0.5702	0.5536	0.4884	0.4057	0.3251	0.2500
5	0.9279	0.7885	0.6957	0.6329	0.5875	0.5531	0.5259	0.5037	0.4854	0.4697	0.4094	0.3351	0.2644	0.2000
6	0.8828	0.7218	0.6258	0.5635	0.5195	0.4866	0.4608	0.4401	0.4229	0.4084	0.3529	0.2858	0.2229	0.1667
7	0.8376	0.6644	0.5685	0.5080	0.4659	0.4347	0.4105	0.3911	0.3751	0.3616	0.3105	0.2494	0.1929	0.1429
8	0.7945	0.6152	0.5209	0.4627	0.4226	0.3932	0.3704	0.3522	0.3373	0.3248	0.2779	0.2214	0.1700	0.1250
9	0.7544	0.5727	0.4810	0.4251	0.3870	0.3592	0.3378	0.3207	0.3067	0.2950	0.2514	0.1992	0.1521	0.1111
10	0.7175	0.5358	0.4469	0.3934	0.3572	0.3308	0.3106	0.2945	0.2813	0.2704	0.2297	0.1811	0.1376	0.1000
12	0.6528	0.4751	0.3919	0.3428	0.3099	0.2861	0.2680	0.2535	0.2419	0.2320	0.1961	0.1535	0.1157	0.0833
15	0.5747	0.4069	0.3317	0.2882	0.2593	0.2386	0.2228	0.2104	0.2002	0.1918	0.1612	0.1251	0.0934	0.0667
20	0.4799	0.3297	0.2654	0.2288	0.2048	0.1877	0.1748	0.1646	0.1567	0.1501	0.1248	0.0960	0.0709	0.0500
24	0.4247	0.2870	0.2295	0.1970	0.1759	0.1608	0.1495	0.1406	0.1338	0.1283	0.1060	0.0810	0.0595	0.0417
30	0.3632	0.2412	0.1913	0.1635	0.1454	0.1327	0.1232	0.1157	0.1100	0.1054	0.0867	0.0658	0.0480	0.0333
40	0.2940	0.1915	0.1508	0.1281	0.1135	0.1033	0.0957	0.0898	0.0853	0.0816	0.0668	0.0503	0.0363	0.0250
60	0.2151	0.1371	0.1069	0.0902	0.0796	0.0722	0.0668	0.0625	0.0594	0.0567	0.0461	0.0344	0.0245	0.0167
120	0.1225	0.0759	0.0585	0.0489	0.0429	0.0387	0.0357	0.0334	0.0316	0.0302	0.0242	0.0178	0.0125	0.0083
-	0	0	0	0	0	0	0	0	0	0	0	0	0	0

22. 邓肯(Duncan)多重比较临界值表

表中值为 $q'_\alpha(r, f_2)$

f_2	α	r												
		2	3	4	5	6	7	8	9	10	12	14	16	18	20
1	.05	18.0	18.0	18.0	18.0	18.0	18.0	18.0	18.0	18.0	18.0	18.0	18.0	18.0	18.0
	.01	90.0	90.0	90.0	90.0	90.0	90.0	90.0	90.0	90.0	90.0	90.0	90.0	90.0	90.0
2	.05	6.09	6.09	6.09	6.09	6.09	6.09	6.09	6.09	6.09	6.09	6.09	6.09	6.09	6.09
	.01	14.0	14.0	14.0	14.0	14.0	14.0	14.0	14.0	14.0	14.0	14.0	14.0	14.0	14.0
3	.05	4.50	4.50	4.50	4.50	4.50	4.50	4.50	4.50	4.50	4.50	4.50	4.50	4.50	4.50
	.01	8.26	8.5	8.6	8.7	8.8	8.9	8.9	9.0	9.0	9.0	9.1	9.2	9.3	9.3
4	.05	3.93	4.01	4.02	4.02	4.02	4.02	4.02	4.02	4.02	4.02	4.02	4.02	4.02	4.02
	.01	6.51	6.8	6.9	7.0	7.1	7.1	7.2	7.2	7.3	7.3	7.4	7.4	7.5	7.5
5	.05	3.64	3.74	3.79	3.83	3.83	3.83	3.83	3.83	3.83	3.83	3.83	3.83	3.83	3.83
	.01	5.70	5.96	6.11	6.18	6.26	6.33	6.40	6.44	6.5	6.6	6.6	6.7	6.7	6.8
6	.05	3.46	3.58	3.64	3.68	3.68	3.68	3.68	3.68	3.68	3.68	3.68	3.68	3.68	3.68
	.01	5.24	5.51	5.65	5.73	5.81	5.88	5.95	6.00	6.0	6.1	6.2	6.2	6.3	6.3
7	.05	3.35	3.47	3.54	3.58	3.60	3.61	3.61	3.61	3.61	3.61	3.61	3.61	3.61	3.61
	.01	4.95	5.22	5.37	5.45	5.53	5.61	5.69	5.73	5.8	5.8	5.9	5.9	6.0	6.0
8	.05	3.26	3.39	3.47	3.52	3.55	3.56	3.56	3.56	3.56	3.56	3.56	3.56	3.56	3.56
	.01	4.74	5.00	5.14	5.23	5.32	5.40	5.47	5.51	5.5	5.6	5.7	5.7	5.8	5.8
9	.05	3.20	3.34	3.41	3.47	3.50	3.52	3.52	3.52	3.52	3.52	3.52	3.52	3.52	3.52
	.01	4.60	4.86	4.99	5.08	5.17	5.25	5.32	5.36	5.4	5.5	5.5	5.6	5.7	5.7
10	.05	3.15	3.30	3.37	3.43	3.46	3.47	3.47	3.47	3.47	3.47	3.47	3.47	3.47	3.48
	.01	4.48	4.73	4.88	4.96	5.06	5.13	5.20	5.24	5.28	5.36	5.42	5.48	5.54	5.55
11	.05	3.11	3.27	3.35	3.39	3.43	3.44	3.45	3.46	3.46	3.46	3.46	3.46	3.47	3.48
	.01	4.39	4.63	4.77	4.86	4.94	5.01	5.06	5.12	5.15	5.24	5.28	5.34	5.38	5.39
12	.05	3.08	3.23	3.33	3.36	3.40	3.42	3.44	3.44	3.46	3.46	3.46	3.46	3.47	3.48
	.01	4.32	4.55	4.68	4.76	4.84	4.92	4.96	5.02	5.07	5.13	5.17	5.22	5.23	5.26
13	.05	3.06	3.21	3.30	3.35	3.38	3.41	3.42	3.44	3.45	3.45	3.46	3.46	3.47	3.47
	.01	4.26	4.48	4.62	4.69	4.74	4.84	4.88	4.94	4.98	5.04	5.08	5.13	5.14	5.15
14	.05	3.03	3.18	3.27	3.33	3.37	3.39	3.41	3.42	3.44	3.45	3.46	3.46	3.47	3.47
	.01	4.21	4.42	4.55	4.63	4.70	4.78	4.83	4.87	4.91	4.96	5.00	5.04	5.06	5.07
15	.05	3.01	3.16	3.25	3.31	3.36	3.38	3.40	3.42	3.43	3.44	3.45	3.46	3.47	3.47
	.01	4.17	4.37	4.50	4.58	4.64	4.72	4.77	4.81	4.84	4.90	4.94	4.97	4.99	5.00
16	.05	3.00	3.15	3.23	3.30	3.34	3.37	3.39	3.41	3.43	3.44	3.45	3.46	3.47	3.47
	.01	4.13	4.34	4.45	4.54	4.60	4.67	4.72	4.76	4.79	4.84	4.88	4.91	4.93	4.94
17	.05	2.98	3.13	3.22	3.28	3.33	3.36	3.38	3.40	3.42	3.44	3.45	3.46	3.47	3.47
	.01	4.10	4.30	4.41	4.50	4.56	4.63	4.68	4.72	4.75	4.80	4.83	4.86	4.88	4.89
18	.05	2.97	3.12	3.21	3.27	3.32	3.35	3.37	3.39	3.41	3.43	3.45	3.46	3.47	3.47
	.01	4.07	4.27	4.38	4.46	4.53	4.59	4.64	4.68	4.71	4.76	4.79	4.82	4.84	4.85
19	.05	2.96	3.11	3.19	3.26	3.31	3.35	3.37	3.39	3.41	3.43	3.44	3.46	3.47	3.47
	.01	4.05	4.24	4.35	4.43	4.50	4.56	4.61	4.64	4.67	4.72	4.76	4.79	4.81	4.82
20	.05	2.95	3.10	3.18	3.25	3.30	3.34	3.36	3.38	3.40	3.43	3.44	3.46	3.46	3.47
	.01	4.02	4.22	4.33	4.40	4.47	4.53	4.58	4.61	4.65	4.69	4.73	4.76	4.78	4.79
22	.05	2.93	3.08	3.17	3.24	3.29	3.32	3.35	3.37	3.39	3.42	3.44	3.45	3.46	3.47
	.01	3.99	4.17	4.28	4.36	4.42	4.48	4.53	4.57	4.60	4.65	4.68	4.71	4.74	4.75
24	.05	2.92	3.07	3.15	3.22	3.28	3.31	3.34	3.37	3.38	3.41	3.44	3.45	3.46	3.47
	.01	3.96	4.14	4.24	4.33	4.39	4.44	4.49	4.53	4.57	4.62	4.64	4.67	4.70	4.72
26	.05	2.91	3.06	3.14	3.21	3.27	3.30	3.34	3.36	3.38	3.41	3.43	3.45	3.46	3.47
	.01	3.93	4.11	4.21	4.30	4.36	4.41	4.46	4.50	4.53	4.58	4.62	4.65	4.67	4.69
28	.05	2.90	3.04	3.13	3.20	3.26	3.30	3.33	3.35	3.37	3.40	3.43	3.45	3.46	3.47
	.01	3.91	4.08	4.18	4.28	4.34	4.39	4.43	4.47	4.51	4.56	4.60	4.62	4.65	4.67
30	.05	2.89	3.04	3.12	3.20	3.25	3.29	3.32	3.35	3.37	3.40	3.43	3.44	3.46	3.47
	.01	3.89	4.06	4.16	4.22	4.32	4.36	4.41	4.45	4.48	4.54	4.58	4.61	4.63	4.65
40	.05	2.86	3.01	3.10	3.17	3.22	3.27	3.30	3.33	3.35	3.39	3.42	3.44	3.46	3.47
	.01	3.82	3.99	4.10	4.17	4.24	4.30	4.34	4.37	4.41	4.46	4.51	4.54	4.57	4.59
60	.05	2.83	2.98	3.08	3.14	3.20	3.24	3.28	3.31	3.33	3.37	3.40	3.43	3.45	3.47
	.01	3.76	3.92	4.03	4.12	4.17	4.23	4.27	4.31	4.34	4.39	4.44	4.47	4.50	4.53
100	.05	2.80	2.95	3.05	3.12	3.18	3.22	3.26	3.29	3.32	3.36	3.40	3.42	3.45	3.47
	.01	3.71	3.86	3.98	4.06	4.11	4.17	4.21	4.25	4.29	4.35	4.38	4.42	4.45	4.48
∞	.05	2.77	2.92	3.02	3.09	3.15	3.19	3.23	3.26	3.29	3.34	3.38	3.41	3.44	3.47
	.01	3.64	3.80	3.90	3.98	4.04	4.09	4.14	4.17	4.20	4.26	4.31	4.34	4.38	4.41

r：各组样本均值按从小到大排列后，所欲比较的两个组均值相隔的距离。如两者相邻，则 $r=2$。

f_2：方差分析表中组内平方和的自由度。$q'_\alpha(r, f_2)$ 参见 (5.3.5)。

23. 维尔科克松(Wilcoxon)临界值表

维尔科克松分布(非成对)

本表数字是大小为 n_1 的样本的秩次和 $\leq W_1$ 的情形数 ($n = n_1 + n_2$)

n_1	n_2	$C_{n,n1}$	\multicolumn{21}{c}{U 的值,其中 $U = W_1 - \frac{1}{2}n_1(n_1+1)$}																				
			0	1	2	3	4	5	6	7	8	9	10	11	12	13	14	15	16	17	18	19	20
3	3	20	1	2	4	7	10	13	16	18	19	20											
3	4	35	1	2	4	7	11	15	20	24	28	31	33	34	35								
4	4	70	1	2	4	7	12	17	24	31	39	46	53	58	63	66	68	69	70				
3	5	56	1	2	4	7	11	16	22	28	34	40	45	49	52	54	55	56					
4	5	126	1	2	4	7	12	18	26	35	46	57	69	80	91	100	108	114	119	122	124	125	126
5	5	252	1	2	4	7	12	19	28	39	53	69	87	106	126	146	165	183	199	213	224	233	240
3	6	84	1	2	4	7	11	16	23	30	38	46	54	61	68	73	77	80	82	83	84		
4	6	210	1	2	4	7	12	18	27	37	50	64	80	96	114	130	146	160	173	183	192	198	203
5	6	462	1	2	4	7	12	19	29	41	57	76	99	124	153	183	215	247	279	309	338	363	386
6	6	924	1	2	4	7	12	19	30	43	61	83	111	143	182	224	272	323	378	433	491	546	601
3	7	120	1	2	4	7	11	16	23	31	40	50	60	70	80	89	97	104	109	113	116	118	119
4	7	330	1	2	4	7	12	18	27	38	52	68	87	107	130	153	177	200	223	243	262	278	292
5	7	792	1	2	4	7	12	19	29	42	59	80	106	136	171	210	253	299	347	396	445	493	539
6	7	1716	1	2	4	7	12	19	30	44	61	87	118	155	201	253	314	382	458	539	627	717	811
7	7	3432	1	2	4	7	12	19	30	45	65	91	125	167	220	283	358	445	545	657	782	918	1064
3	8	165	1	2	4	7	11	16	23	31	41	52	64	76	89	101	113	124	134	142	149	154	158
4	8	495	1	2	4	7	12	18	27	38	53	70	91	114	141	169	200	231	264	295	326	354	381
5	8	1287	1	2	4	7	12	19	29	42	60	82	110	143	183	228	280	337	400	466	536	607	680
6	8	3003	1	2	4	7	12	19	30	44	64	89	122	162	213	272	343	424	518	621	737	860	994
7	8	6435	1	2	4	7	12	19	30	45	66	93	129	174	232	302	388	489	609	746	904	1080	1277
8	8	12870	1	2	4	7	12	19	30	45	67	95	133	181	244	321	418	534	675	839	1033	1254	1509

维尔科克松分布(成对)

这些表所给数字是秩次和 $\leq W_1$ 的情形数

表 $V\alpha \cdot W_1 \leq n$ 情形

W_1		W_1		W_1		W_1	
0	1	6	14	11	55	16	169
1	2	7	19	12	70	17	207
2	3	8	25	13	88	18	253
3	5	9	33	14	110	19	307
4	7	10	43	15	137	20	371
5	10						

24. 克拉斯尅-瓦立斯检验临界值表

n_1	n_2	n_3	临界值	α	n_1	n_2	n_3	临界值	α
2	1	1	2.7000	0.500				4.7000	0.101
2	2	1	3.6000	0.200	4	4	1	6.6667	0.010
2	2	2	4.5714	0.067				6.1667	0.022
			3.7143	0.200				4.9667	0.048
3	1	1	3.2000	0.300				4.8667	0.054
3	2	1	4.2857	0.100				4.1667	0.082
			3.8571	0.133				4.0667	0.102
3	2	2	5.3572	0.029	4	4	2	7.0364	0.006
			4.7143	0.048				6.8727	0.011
			4.5000	0.067				5.4545	0.046
			4.4643	0.105				5.2364	0.052
3	3	1	5.1429	0.043				4.5545	0.098
			4.5714	0.100				4.4455	0.103
			4.0000	0.129	4	4	3	7.1439	0.010
3	3	2	6.2500	0.011				7.1364	0.011
			5.3611	0.032				5.5985	0.049
			5.1389	0.061				5.5758	0.051
			4.5556	0.100				4.5455	0.099
			4.2500	0.121				4.4773	0.102
3	3	3	7.2000	0.004	4	4	4	7.6538	0.008
			6.4889	0.011				7.5385	0.011
			5.6889	0.029				5.6923	0.049
			5.6000	0.050				5.6538	0.054
			5.0667	0.086				4.6539	0.097
			4.6222	0.100				4.5001	0.104
4	1	1	3.5714	0.200	5	1	1	3.8571	0.143
4	2	1	4.8214	0.057	5	2	1	5.2500	0.036
			4.5000	0.076				5.0000	0.048
			4.0179	0.114				4.4500	0.071
4	2	2	6.0000	0.014				4.2000	0.095
			5.3333	0.033				4.0500	0.119
			5.1250	0.052	5	2	2	6.5333	0.008
			4.4583	0.100				6.1333	0.013
			4.1667	0.105				5.1600	0.034
4	3	1	5.8333	0.021				5.0400	0.056
			5.2083	0.050				4.3733	0.090
			5.0000	0.057				4.2933	0.122
			4.0556	0.093	5	3	1	6.4000	0.012
			3.8889	0.129				4.9600	0.048
4	3	2	6.4444	0.008				4.8711	0.052
			6.3000	0.011				4.0178	0.095
			5.4444	0.046				3.8400	0.123
			5.4000	0.051	5	3	2	6.9091	0.009
			4.5111	0.098				6.8218	0.010
			4.4444	0.102				5.2509	0.049
4	3	3	6.7455	0.010				5.1055	0.052
			6.7091	0.013				4.6509	0.091
			5.7909	0.046				4.4945	0.101
			5.7273	0.050	5	3	3	7.0788	0.009
			4.7091	0.092				6.9818	0.011

25. 秩相关的斯皮尔曼(Spearman)检验临界值表

$$P(r_s > r_s^*) \leq \alpha$$

其中:

r_s^* 为临界值,显著水平为 α

左侧检验之临界值为 $-r_s^*$

r_s^*	α					
	.001	.005	.010	.025	.050	.100
4	-	-	-	-	.8000	.8000
5	-	-	.9000	.9000	.8000	.7000
6	-	.9429	.8857	.8286	.7714	.6000
7	.9643	.8929	.8571	.7450	.6786	.5357
8	.9286	.8571	.8095	.7143	.6190	.5000
9	.9000	.8167	.7667	.6833	.5833	.4667
10	.8667	.7818	.7333	.6364	.5515	.4424
11	.8364	.7545	.7000	.6091	.5273	.4182
12	.8182	.7273	.6713	.5804	.4965	.3986
13	.7912	.6978	.6429	.5549	.4780	.3791
14	.7670	.6747	.6220	.5341	.4593	.3626
15	.7464	.6536	.6000	.5179	.4429	.3500
16	.7265	.6324	.5824	.5000	.4265	.3382
17	.7083	.6152	.5637	.4853	.4118	.3260
18	.6904	.5975	.5480	.4716	.3994	.3148
19	.6737	.5825	.5333	.4579	.3895	.3070
20	.6586	.5684	.5203	.4451	.3789	.2977
21	.6455	.5545	.5078	.4351	.3688	.2909
22	.6318	.5426	.4963	.4241	.3597	.2829
23	.6186	.5306	.4852	.4150	.3518	.2767
24	.6070	.5200	.4748	.4061	.3435	.2704
25	.5962	.5100	.4654	.3977	.3362	.2646
26	.5856	.5002	.4564	.3894	.3299	.2588
27	.5757	.4915	.4481	.3822	.3236	.2540
28	.5660	.4828	.4401	.3749	.3175	.2490
29	.5567	.4744	.4320	.3685	.3113	.2443
30	.5479	.4665	.4251	.3620	.3059	.2400

26. 快速方差分析检验法之临界值表（Link and Wallace）

$$k = k_\alpha(a, m)$$

a 为组数，m 为各组样本单元数

$\alpha = 0.05$

k\n	2	3	4	5	6	7	8	9	10	11	12	13	14	15	16	17	18	19	20	30	40	50
2	3.43	2.35	1.74	1.39	1.15	0.99	0.87	0.77	0.70	0.63	0.58	0.54	0.50	0.47	0.443	0.418	0.396	0.376	0.358	0.245	0.187	0.151
3	1.90	1.44	1.14	0.94	0.80	0.70	0.62	0.56	0.51	0.47	0.43	0.40	0.38	0.35	0.335	0.317	0.301	0.287	0.274	0.189	0.146	0.119
4	1.62	1.25	1.01	0.84	0.72	0.63	0.57	0.51	0.47	0.43	0.40	0.37	0.35	0.33	0.310	0.294	0.279	0.266	0.254	0.177	0.136	0.112
5	1.53	1.19	0.96	0.81	0.70	0.61	0.55	0.50	0.45	0.42	0.39	0.36	0.34	0.32	0.303	0.287	0.273	0.260	0.249	0.173	0.134	0.110
6	1.50	1.17	0.95	0.80	0.69	0.61	0.55	0.49	0.45	0.42	0.39	0.36	0.34	0.32	0.302	0.287	0.273	0.260	0.249	0.174	0.135	0.110
7	1.49	1.17	0.95	0.80	0.69	0.61	0.55	0.50	0.45	0.42	0.39	0.36	0.34	0.32	0.304	0.289	0.275	0.262	0.251	0.175	0.136	0.111
8	1.49	1.18	0.96	0.81	0.70	0.62	0.55	0.50	0.46	0.42	0.39	0.37	0.35	0.32	0.308	0.292	0.278	0.265	0.254	0.178	0.138	0.113
9	1.50	1.19	0.97	0.82	0.71	0.62	0.56	0.51	0.46	0.43	0.40	0.37	0.35	0.33	0.312	0.297	0.282	0.269	0.258	0.180	0.140	0.115
10	1.52	1.20	0.98	0.83	0.72	0.63	0.57	0.52	0.47	0.44	0.41	0.38	0.36	0.33	0.317	0.301	0.287	0.274	0.262	0.183	0.142	0.117
11	1.54	1.22	0.99	0.84	0.73	0.64	0.58	0.52	0.48	0.44	0.41	0.38	0.36	0.34	0.322	0.306	0.291	0.278	0.266	0.186	0.145	0.119
12	1.56	1.23	1.01	0.85	0.74	0.65	0.58	0.53	0.49	0.45	0.42	0.39	0.37	0.35	0.327	0.311	0.296	0.282	0.270	0.189	0.147	0.121
13	1.58	1.25	1.02	0.86	0.75	0.66	0.59	0.54	0.49	0.46	0.42	0.40	0.37	0.35	0.332	0.316	0.300	0.287	0.274	0.192	0.149	0.122
14	1.60	1.26	1.03	0.87	0.76	0.67	0.60	0.55	0.50	0.46	0.43	0.40	0.38	0.36	0.337	0.320	0.305	0.291	0.279	0.195	0.152	0.124
15	1.62	1.28	1.05	0.89	0.77	0.68	0.61	0.55	0.51	0.47	0.43	0.41	0.38	0.36	0.342	0.325	0.310	0.295	0.283	0.198	0.154	0.126
16	1.64	1.30	1.06	0.90	0.78	0.69	0.62	0.56	0.52	0.48	0.44	0.41	0.39	0.37	0.348	0.330	0.314	0.300	0.287	0.201	0.156	0.128
17	1.66	1.32	1.08	0.91	0.79	0.70	0.63	0.57	0.52	0.48	0.45	0.42	0.39	0.37	0.352	0.335	0.319	0.304	0.291	0.204	0.158	0.130
18	1.68	1.33	1.09	0.92	0.80	0.71	0.64	0.58	0.53	0.49	0.46	0.43	0.40	0.38	0.357	0.339	0.323	0.308	0.295	0.207	0.161	0.132
19	1.70	1.35	1.10	0.93	0.81	0.72	0.64	0.59	0.54	0.50	0.46	0.43	0.41	0.38	0.362	0.344	0.327	0.312	0.299	0.210	0.163	0.134
20	1.72	1.36	1.12	0.95	0.82	0.73	0.65	0.59	0.54	0.50	0.47	0.44	0.41	0.39	0.367	0.348	0.332	0.317	0.303	0.212	0.165	0.135
30	1.92	1.52	1.24	1.05	0.91	0.81	0.73	0.66	0.60	0.56	0.52	0.49	0.46	0.43	0.408	0.387	0.369	0.352	0.337	0.237	0.184	0.151
40	2.08	1.66	1.35	1.14	0.99	0.88	0.79	0.72	0.66	0.61	0.57	0.53	0.50	0.47	0.444	0.422	0.402	0.384	0.367	0.258	0.201	0.165
50	2.23	1.77	1.45	1.22	1.06	0.94	0.85	0.77	0.71	0.65	0.61	0.57	0.53	0.50	0.476	0.453	0.431	0.412	0.394	0.277	0.216	0.177
100	2.81	2.23	1.83	1.55	1.34	1.19	1.07	0.97	0.89	0.83	0.77	0.72	0.67	0.64	0.60	0.573	0.546	0.521	0.499	0.351	0.273	0.224
200	3.61	2.88	2.35	1.99	1.73	1.53	1.38	1.25	1.15	1.06	0.99	0.93	0.87	0.82	0.78	0.74	0.70	0.67	0.64	0.454	0.353	0.290
500	5.15	4.10	3.35	2.84	2.47	2.19	1.97	1.79	1.64	1.52	1.42	1.32	1.24	1.17	1.11	1.06	1.01	0.96	0.92	0.65	0.504	0.414
1000	6.81	5.43	4.44	3.77	3.28	2.90	2.61	2.37	2.18	2.02	1.88	1.76	1.65	1.56	1.47	1.40	1.33	1.27	1.22	0.86	0.669	0.549

（续）

α=0.01 k	2	3	4	5	6	7	8	9	10	11	12	13	14	15	16	17	18	19	20	30	40	50
2	7.92	4.32	2.84	2.10	1.66	1.38	1.17	1.02	0.91	0.82	0.74	0.68	0.63	0.58	0.54	0.51	0.480	0.454	0.430	0.285	0.214	0.172
3	3.14	2.12	1.57	1.25	1.04	0.89	0.78	0.69	0.62	0.57	0.52	0.48	0.45	0.42	0.39	0.37	0.352	0.334	0.318	0.217	0.165	0.134
4	2.48	1.74	1.33	1.08	0.91	0.78	0.69	0.62	0.56	0.51	0.47	0.44	0.41	0.38	0.36	0.34	0.323	0.307	0.293	0.200	0.153	0.125
5	2.24	1.60	1.24	1.02	0.86	0.75	0.66	0.59	0.54	0.49	0.46	0.42	0.40	0.37	0.35	0.33	0.314	0.299	0.285	0.196	0.151	0.123
6	2.14	1.55	1.21	0.99	0.85	0.74	0.65	0.59	0.53	0.49	0.45	0.42	0.39	0.37	0.35	0.33	0.313	0.298	0.284	0.196	0.151	0.123
7	2.10	1.53	1.20	0.99	0.84	0.73	0.65	0.59	0.53	0.49	0.45	0.42	0.39	0.37	0.35	0.33	0.314	0.299	0.286	0.198	0.152	0.124
8	2.09	1.53	1.20	0.99	0.85	0.74	0.66	0.59	0.54	0.49	0.46	0.43	0.40	0.37	0.36	0.33	0.318	0.303	0.289	0.200	0.154	0.126
9	2.09	1.54	1.21	1.00	0.85	0.75	0.66	0.60	0.54	0.50	0.46	0.43	0.40	0.38	0.36	0.34	0.322	0.307	0.293	0.203	0.156	0.127
10	2.10	1.55	1.22	1.01	0.86	0.76	0.67	0.61	0.55	0.51	0.47	0.44	0.41	0.38	0.36	0.34	0.327	0.311	0.297	0.206	0.159	0.129
11	2.11	1.56	1.23	1.02	0.87	0.76	0.68	0.61	0.56	0.51	0.48	0.44	0.42	0.39	0.37	0.35	0.332	0.316	0.302	0.209	0.161	0.132
12	2.13	1.58	1.25	1.04	0.89	0.78	0.69	0.62	0.57	0.52	0.48	0.45	0.42	0.40	0.37	0.35	0.337	0.321	0.306	0.213	0.164	0.134
13	2.15	1.60	1.26	1.05	0.90	0.79	0.70	0.63	0.58	0.53	0.49	0.46	0.43	0.40	0.38	0.36	0.342	0.326	0.311	0.216	0.166	0.136
14	2.18	1.62	1.28	1.06	0.91	0.80	0.71	0.64	0.58	0.54	0.50	0.46	0.43	0.41	0.39	0.36	0.347	0.330	0.316	0.219	0.169	0.138
15	2.20	1.63	1.30	1.08	0.92	0.81	0.72	0.65	0.59	0.54	0.50	0.47	0.44	0.41	0.39	0.37	0.352	0.335	0.320	0.222	0.171	0.140
16	2.22	1.65	1.31	1.09	0.93	0.82	0.73	0.66	0.60	0.55	0.51	0.48	0.45	0.42	0.40	0.38	0.357	0.340	0.325	0.226	0.174	0.142
17	2.25	1.67	1.33	1.10	0.95	0.83	0.74	0.67	0.61	0.56	0.52	0.48	0.45	0.43	0.40	0.38	0.362	0.345	0.329	0.229	0.176	0.144
18	2.27	1.69	1.34	1.12	0.96	0.84	0.75	0.68	0.62	0.57	0.53	0.49	0.46	0.43	0.41	0.39	0.367	0.350	0.334	0.232	0.179	0.146
19	2.30	1.71	1.36	1.13	0.97	0.85	0.76	0.68	0.62	0.57	0.53	0.50	0.46	0.43	0.41	0.39	0.372	0.354	0.338	0.235	0.181	0.148
20	2.32	1.73	1.38	1.14	0.98	0.86	0.77	0.69	0.63	0.58	0.54	0.50	0.47	0.44	0.42	0.40	0.376	0.359	0.343	0.238	0.184	0.150
30	2.59	1.95	1.54	1.27	1.09	0.96	0.85	0.77	0.70	0.65	0.60	0.56	0.52	0.49	0.46	0.44	0.419	0.399	0.381	0.266	0.205	0.168
40	2.80	2.11	1.66	1.38	1.18	1.04	0.93	0.84	0.76	0.70	0.65	0.61	0.57	0.54	0.51	0.48	0.456	0.435	0.415	0.289	0.223	0.183
50	2.99	2.25	1.78	1.48	1.27	1.11	0.99	0.90	0.82	0.75	0.70	0.65	0.61	0.57	0.54	0.51	0.489	0.466	0.446	0.310	0.240	0.196
100	3.74	2.83	2.24	1.86	1.60	1.40	1.25	1.13	1.03	0.95	0.88	0.82	0.77	0.73	0.69	0.65	0.62	0.590	0.564	0.393	0.304	0.248
200	4.79	3.63	2.88	2.39	2.06	1.81	1.61	1.46	1.33	1.23	1.14	1.06	0.99	0.94	0.88	0.84	0.80	0.76	0.73	0.507	0.392	0.320
500	6.81	5.16	4.10	3.41	2.93	2.58	2.30	2.08	1.90	1.75	1.62	1.52	1.42	1.34	1.26	1.20	1.14	1.09	1.04	0.73	0.560	0.458
1000	9.01	6.83	5.42	4.52	3.88	3.41	3.05	2.76	2.52	2.32	2.15	2.01	1.88	1.77	1.68	1.59	1.51	1.44	1.38	0.96	0.743	0.608

27. 曼-惠特尼(Mann-Whitney)检验临界值表

n_1	p	$n_2=2$	3	4	5	6	7	8	9	10	11	12	13	14	15	16	17	18	19	20
2	.001	0	0	0	0	0	0	0	0	0	0	0	0	0	0	0	0	0	0	0
	.005	0	0	0	0	0	0	0	0	0	0	0	0	0	0	0	0	0	1	1
	.01	0	0	0	0	0	0	0	0	0	1	1	1	1	1	1	1	1	2	2
	.025	0	0	0	0	0	0	1	1	1	1	2	2	2	2	2	3	3	3	3
	.05	0	0	0	1	1	1	2	2	2	2	3	3	4	4	4	4	5	5	5
	.10	0	1	1	2	2	2	3	3	4	4	5	5	6	6	7	7	8	8	8
3	.001	0	0	0	0	0	0	0	0	0	0	0	0	0	0	0	1	1	1	1
	.005	0	0	0	0	0	0	0	1	1	1	2	2	2	3	3	3	3	4	4
	.01	0	0	0	0	0	1	1	2	2	2	3	3	3	4	4	5	5	5	6
	.025	0	0	0	1	2	2	3	3	4	4	5	5	6	6	7	7	8	8	9
	.05	0	1	1	2	3	3	4	5	5	6	6	7	8	8	9	10	10	11	12
	.10	1	2	2	3	4	5	6	6	7	8	9	10	11	11	12	13	14	15	16
4	.001	0	0	0	0	0	0	0	1	1	1	2	2	2	3	3	4	4	4	4
	.005	0	0	0	0	1	1	2	2	3	3	4	4	5	5	6	6	7	7	8	9
	.01	0	0	0	1	2	2	3	4	4	5	6	6	7	7	8	9	9	10	10	11
	.025	0	0	1	2	3	4	5	5	6	7	8	9	10	10	11	12	13	14	15
	.05	0	1	2	3	4	5	6	7	8	9	10	11	12	13	15	16	17	18	19
	.10	1	2	4	5	7	8	10	11	12	13	14	16	17	18	19	21	22	23
5	.001	0	0	0	0	0	1	2	2	3	3	4	5	6	6	7	8	8
	.005	0	0	0	1	2	2	3	4	5	6	7	8	8	9	10	11	12	13	14
	.01	0	0	1	2	3	4	5	6	7	8	9	10	11	12	13	14	15	16	17
	.025	0	1	2	3	4	6	7	8	9	10	12	13	14	15	16	18	19	20	21
	.05	1	2	3	5	6	7	9	10	12	13	14	16	17	19	20	21	23	24	26
	.10	2	3	5	6	8	9	11	13	14	16	18	19	21	23	24	26	28	29	31
6	.001	0	0	0	0	0	2	3	4	5	5	6	7	8	9	10	11	12	13
	.005	0	0	1	2	3	4	5	6	7	8	9	10	11	12	13	14	15	17	18	19
	.01	0	0	2	3	4	5	7	8	9	10	12	13	14	16	17	19	20	21	23
	.025	0	2	3	4	6	7	9	11	12	14	15	17	18	20	22	23	25	26	28
	.05	1	3	4	6	8	9	11	13	15	17	18	20	22	24	26	27	29	31	33
	.10	2	4	6	8	10	12	14	16	18	20	22	24	26	28	30	32	35	37	39
7	.001	0	0	0	1	2	3	4	6	7	8	9	10	11	12	14	15	16	17
	.005	0	0	1	2	4	5	7	8	10	11	13	14	16	17	19	20	22	23	25
	.01	0	1	2	4	5	7	8	10	12	13	15	17	18	20	22	24	25	27	29
	.025	0	2	4	6	7	9	11	13	15	17	19	21	23	25	27	29	31	33	35
	.05	1	3	5	7	9	12	14	16	18	20	22	25	27	29	31	34	36	38	40
	.10	2	5	7	9	12	14	17	19	22	24	27	29	32	34	37	39	42	44	47
8	.001	0	0	0	1	2	3	5	6	7	9	10	12	13	15	16	18	19	21	22
	.005	0	0	2	3	5	7	8	10	12	14	16	18	19	21	23	25	27	29	31
	.01	0	1	3	5	7	8	10	12	14	16	18	21	23	25	27	29	31	33	35
	.025	1	3	5	7	9	11	14	16	18	20	23	25	27	30	32	35	37	39	42
	.05	2	4	6	9	11	14	16	19	21	24	27	29	32	34	37	40	42	45	48
	.10	3	6	8	11	14	17	20	23	25	28	31	34	37	40	43	46	49	52	55

（续）

n_1	p	$n_2=2$	3	4	5	6	7	8	9	10	11	12	13	14	15	16	17	18	19	20
9	.001	0	0	0	2	3	4	6	8	9	11	13	15	16	18	20	22	24	26	27
	.005	0	1	2	4	6	8	10	12	14	17	19	21	23	25	28	30	32	34	37
	.01	0	2	4	6	8	10	12	15	17	19	22	24	27	29	32	34	37	39	41
	.025	1	3	5	8	11	13	16	18	21	24	27	29	32	35	38	40	43	46	49
	.05	2	5	7	10	13	16	19	22	25	28	31	34	37	40	43	46	49	52	55
	.10	3	6	10	13	16	19	23	26	29	32	36	39	42	46	49	53	56	59	63
10	.001	0	0	1	2	4	6	7	9	11	13	15	18	20	22	24	26	28	30	33
	.005	0	1	3	5	7	10	12	14	17	19	22	25	27	30	32	35	38	40	43
	.01	0	2	4	7	9	12	14	17	20	23	25	28	31	34	37	39	42	45	48
	.025	1	4	6	9	12	15	18	21	24	27	30	34	37	40	43	46	49	53	56
	.05	2	5	8	12	15	18	21	25	28	32	35	38	42	45	49	52	56	59	63
	.10	4	7	11	14	18	22	25	29	33	37	40	44	48	52	55	59	63	67	71
11	.001	0	0	1	3	5	7	9	11	13	16	18	21	23	25	28	30	33	35	38
	.005	0	1	3	6	8	11	14	17	19	22	25	28	31	34	37	40	43	46	49
	.01	0	2	5	8	10	13	16	19	23	26	29	32	35	38	42	45	48	51	54
	.025	1	4	7	10	14	17	20	24	27	31	34	38	41	45	48	52	56	59	63
	.05	2	6	9	13	17	20	24	28	32	35	39	43	47	51	55	58	62	66	70
	.10	4	8	12	16	20	24	28	32	37	41	45	49	53	58	62	66	70	74	79
12	.001	0	0	1	3	5	8	10	13	15	18	21	24	26	29	32	35	38	41	43
	.005	0	2	4	7	10	13	16	19	22	25	28	32	35	38	42	45	48	52	55
	.01	0	3	6	9	12	15	18	22	25	29	32	36	39	43	47	50	54	57	61
	.025	2	5	8	12	15	19	23	27	30	34	38	42	46	50	54	58	62	66	70
	.05	3	6	10	14	18	22	27	31	35	39	43	48	52	56	61	65	69	73	78
	.10	5	9	13	18	22	27	31	36	40	45	50	54	59	64	68	73	78	82	87
13	.001	0	0	2	4	6	9	12	15	18	21	24	27	30	33	36	39	43	46	49
	.005	0	2	4	8	11	14	18	21	25	28	32	35	39	43	46	50	54	58	61
	.01	1	3	6	10	13	17	21	24	28	32	36	40	44	48	52	56	60	64	68
	.025	2	5	9	13	17	21	25	29	34	38	42	46	51	55	60	64	68	73	77
	.05	3	7	11	16	20	25	29	34	38	43	48	52	57	62	66	71	76	81	85
	.10	5	10	14	19	24	29	34	39	44	49	54	59	64	69	75	80	85	90	95
14	.001	0	0	2	4	7	10	13	16	20	23	26	30	33	37	40	44	47	51	55
	.005	0	2	5	8	12	16	19	23	27	31	35	39	43	47	51	55	59	64	68
	.01	1	3	7	11	14	18	23	27	31	35	39	44	48	52	57	61	66	70	74
	.025	2	6	10	14	18	23	27	32	37	41	46	51	56	60	65	70	75	79	84
	.05	4	8	12	17	22	27	32	37	42	47	52	57	62	67	72	78	83	88	93
	.10	5	11	16	21	26	32	37	42	48	53	59	64	70	75	81	86	92	98	103
15	.001	0	0	2	5	8	11	15	18	22	25	29	33	37	41	44	48	52	56	60
	.005	0	3	6	9	13	17	21	25	30	34	38	43	47	52	56	61	65	70	74
	.01	1	4	8	12	16	20	25	29	34	38	43	48	52	57	62	67	71	76	81
	.025	2	6	11	15	20	25	30	35	40	45	50	55	60	65	71	76	81	86	91
	.05	4	8	13	19	24	29	34	40	45	51	56	62	67	73	78	84	89	95	101
	.10	6	11	17	23	28	34	40	46	52	58	64	69	75	81	87	93	99	105	111

(续)

n_1	p	$n_2=2$	3	4	5	6	7	8	9	10	11	12	13	14	15	16	17	18	19	20
16	.001	0	0	3	6	9	12	16	20	24	28	32	36	40	44	49	53	57	61	66
	.005	0	3	6	10	14	19	23	28	32	37	42	46	51	56	61	66	71	75	80
	.01	1	4	8	13	17	22	27	32	37	42	47	52	57	62	67	72	77	83	88
	.025	2	7	12	16	22	27	32	38	43	48	54	60	65	71	76	82	87	93	99
	.05	4	9	15	20	26	31	37	43	49	55	61	66	72	78	84	90	96	102	108
	.10	6	12	18	24	30	37	43	49	55	62	68	75	81	87	94	100	107	113	120
17	.001	0	1	3	6	10	14	18	22	26	30	35	39	44	48	53	58	62	67	71
	.005	0	3	7	11	16	20	25	30	35	40	45	50	55	61	66	71	76	82	87
	.01	1	5	9	14	19	24	29	34	39	45	50	56	61	67	72	78	83	89	94
	.025	3	7	12	18	23	29	35	40	46	52	58	64	70	76	82	88	94	100	106
	.05	4	10	16	21	27	34	40	46	52	58	65	71	78	84	90	97	103	110	116
	.10	7	13	19	26	32	39	46	53	59	66	73	80	86	93	100	107	114	121	128
18	.001	0	1	4	7	11	15	19	24	28	33	38	43	47	52	57	62	67	72	77
	.005	0	3	7	12	17	22	27	32	38	43	48	54	59	65	71	76	82	88	93
	.01	1	5	10	15	20	25	31	37	42	48	54	60	66	71	77	83	89	95	101
	.025	3	8	13	19	25	31	37	43	49	56	62	68	75	81	87	94	100	107	113
	.05	5	10	17	23	29	36	42	49	56	62	69	76	83	89	96	103	110	117	124
	.10	7	14	21	28	35	42	49	56	63	70	78	85	92	99	107	114	121	129	136
19	.001	0	1	4	8	12	16	21	26	30	35	41	46	51	56	61	67	72	78	83
	.005	1	4	8	13	18	23	29	34	40	46	52	58	64	70	75	82	88	94	100
	.01	2	5	10	16	21	27	33	39	45	51	57	64	70	76	83	89	95	102	108
	.025	3	8	14	20	26	33	39	46	53	59	66	73	79	86	93	100	107	114	120
	.05	5	11	18	24	31	38	45	52	59	66	73	81	88	95	102	110	117	124	131
	.10	8	15	22	29	37	44	52	59	67	74	82	90	98	105	113	121	129	136	144
20	.001	0	1	4	8	13	17	22	27	33	38	43	49	55	60	66	71	77	83	89
	.005	1	4	9	14	19	25	31	37	43	49	55	61	68	74	80	87	93	100	106
	.01	2	6	11	17	23	29	35	41	48	54	61	68	74	81	88	94	101	108	115
	.025	3	9	15	21	28	35	42	49	56	63	70	77	84	91	99	106	113	120	128
	.05	5	12	19	26	33	40	48	55	63	70	78	85	93	101	108	116	124	131	139
	.10	8	16	23	31	39	47	55	63	71	79	87	95	103	111	120	128	136	144	152